住房和城乡建设部“十四五”规划教材
高等职业教育本科土建施工类专业系列教材

钢结构深化设计

胡晓玄 主 编

邢志远
董皇帅 副主编

中国建筑工业出版社

图书在版编目（CIP）数据

钢结构深化设计 / 胡晓玄主编 ； 邢志远，董皇帅副主编. -- 北京 ： 中国建筑工业出版社，2025. 2.
（住房和城乡建设部“十四五”规划教材）（高等职业教育本科土建施工类专业系列教材）. -- ISBN 978-7-112-30863-7

Ⅰ. TU391. 04

中国国家版本馆 CIP 数据核字第 20256GF695 号

本书共分为 5 个项目，分别为：钢结构基本知识、钢结构施工图识图与深化设计、Tekla Structures 软件基础操作、钢结构三维建模和钢结构数字深化设计。用一个完整的工程实例来介绍如何识读钢结构施工图，用传统方式进行钢结构深化设计，创建单层钢结构厂房的三维模型，以及用 BIM 对钢结构单层厂房进行数字深化设计。

本书适合高等职业教育本科土建施工类专业师生使用。

本书提供图纸、课件等配套教学资源，请扫描右侧二维码下载。

课件

责任编辑：李天虹　李　阳

责任校对：姜小莲

住房和城乡建设部“十四五”规划教材

高等职业教育本科土建施工类专业系列教材

钢结构深化设计

胡晓玄　主　编

邢志远
董皇帅　副主编

*

中国建筑工业出版社出版、发行(北京海淀三里河路 9 号)

各地新华书店、建筑书店经销

北京鸿文瀚海文化传媒有限公司制版

北京君升印刷有限公司印刷

*

开本：787 毫米×1092 毫米　1/16　印张：19　字数：474 千字

2025 年 2 月第一版　　2025 年 2 月第一次印刷

定价：**59.00** 元（赠教师课件）

ISBN 978-7-112-30863-7

（43983）

如有内容及印装质量问题，请与本社读者服务中心联系

电话：（010）58337283　QQ：2885381756

（地址：北京海淀三里河路 9 号中国建筑工业出版社 604 室　邮政编码：100037）

出版说明

党和国家高度重视教材建设。2016 年，中办国办印发了《关于加强和改进新形势下大中小学教材建设的意见》，提出要健全国家教材制度。2019 年 12 月，教育部牵头制定了《普通高等学校教材管理办法》和《职业院校教材管理办法》，旨在全面加强党的领导，切实提高教材建设的科学化水平，打造精品教材。住房和城乡建设部历来重视土建类学科专业教材建设，从“九五”开始组织部级规划教材立项工作，经过近 30 年的不断建设，规划教材提升了住房和城乡建设行业教材质量和认可度，出版了一系列精品教材，有效促进了行业部门引导专业教育，推动了行业高质量发展。

为进一步加强高等教育、职业教育住房和城乡建设领域学科专业教材建设工作，提高住房和城乡建设行业人才培养质量，2020 年 12 月，住房和城乡建设部办公厅印发《关于申报高等教育职业教育住房和城乡建设领域学科专业“十四五”规划教材的通知》（建办人函〔2020〕656 号），开展了住房和城乡建设部“十四五”规划教材选题的申报工作。经过专家评审和部人事司审核，512 项选题列入住房和城乡建设领域学科专业“十四五”规划教材（简称规划教材）。2021 年 9 月，住房和城乡建设部印发了《高等教育职业教育住房和城乡建设领域学科专业“十四五”规划教材选题的通知》（建人函〔2021〕36 号）。为做好“十四五”规划教材的编写、审核、出版等工作，《通知》要求：（1）规划教材的编著者应依据《住房和城乡建设领域学科专业“十四五”规划教材申请书》（简称《申请书》）中的立项目标、申报依据、工作安排及进度，按时编写出高质量的教材；（2）规划教材编著者所在单位应履行《申请书》中的学校保证计划实施的主要条件，支持编著者按计划完成书稿编写工作；（3）高等学校土建类专业课程教材与教学资源专家委员会、全国住房和城乡建设职业教育教学指导委员会、住房和城乡建设部中等职业教育专业指导委员会应做好规划教材的指导、协调和审稿等工作，保证编写质量；（4）规划教材出版单位应积极配合，做好编辑、出版、发行等工作；（5）规划教材封面和书脊应标注“住房和城乡建设部‘十四五’规划教材”字样和统一标识；（6）规划教材应在“十四五”期间完成出版，逾期不能完成的，不再作为《住房和城乡建设领域学科专业“十四五”规划教材》。

住房和城乡建设领域学科专业“十四五”规划教材的特点，一是重点以修订教育部、住房和城乡建设部“十二五”“十三五”规划教材为主；二是严格按照专业标准规范要求编写，体现新发展理念；三是系列教材具有明显特点，满足不同层次和类型的学校专业教学要求；四是配备了数字资源，适应现代化教学的要求。规划教材的出版凝聚了作者、主审及编辑的心血，得到了有关院校、出版单位的大力支持，教材建设管理过程有严格保障。希望广大院校及各专业师生在选用、使用过程中，对规划教材的编写、出版质量进行反馈，以促进规划教材建设质量不断提高。

住房和城乡建设部“十四五”规划教材办公室

2021 年 11 月

前言

随着钢结构技术的不断进步，其应用领域也在不断拓展。除了传统的工业建筑和民用建筑外，钢结构在体育场馆、会展中心、机场航站楼等大型公共建筑领域的应用也越来越广泛。随着绿色建筑理念的普及，钢结构因其可回收、环保的特性，在绿色建筑领域展现出了巨大的潜力。钢结构作为一种具有独特优势的建筑结构，在未来具有广阔的发展空间和巨大的市场需求。我们需要继续加强技术创新和产业链协同发展，推动钢结构行业的持续健康发展。

随着信息技术的快速发展，智能化和数字化已经成为钢结构行业发展的主要趋势。通过引入 BIM 技术、物联网技术等先进的信息技术手段，可以实现钢结构设计、制造、施工等各个环节的信息化管理和协同作业，提高工作效率和质量。同时，智能化和数字化的发展也为钢结构行业的可持续发展提供了有力支持。因此，培养具备钢结构 BIM 技术能力的复合型专业人才，是保证钢结构建筑行业快速发展、技术不断创新的关键。

本书以 A 厂房实际工程项目为载体，应用 Tekla Structures 软件，详细介绍钢结构单层厂房的施工图识图、细化、三维建模、数字深化设计过程。采用工作任务的编写体例，以“学习目标”明确学习者达到的学习标准；以“任务引入”明确学习任务；以“任务测试”检测学习者的学习效果；以“任务训练”强化学习者的钢结构识图与数字深化设计技能。

本书共分为 5 个项目，主要介绍钢结构基本知识、钢结构施工图识图与深化设计、Tekla Structures 软件基础操作、钢结构三维建模、钢结构数字深化设计等内容，用一个完整的工程实例来介绍如何识读钢结构施工图，用传统方式进行钢结构深化设计，创建单层钢结构厂房的三维模型，用 BIM 对钢结构单层厂房进行数字深化设计。

本书由浙江广厦建设职业技术大学胡晓玄担任主编，邢志远、董皇帅任副主编。项目 1 由浙江广厦建设职业技术大学董皇帅和邱少峰共同编写；项目 2 由浙江广厦建设职业技术大学邢志远、胡晓玄和浙江公路技师学院楼姣姣共同编写；项目 3 由浙江广厦建设职业技术大学邢志远和王慕宇共同编写；项目 4 由浙江广厦建设职业技术大学胡晓玄、邢志远、马建春共同编写；项目 5 由浙江广厦建设职业技术大学胡晓玄和浙江交通职业技术学院梁吉共同编写。杭州鼎天恒久钢结构有限公司的王则庶参与了本教材编写。全书由胡晓玄编稿、修改并定稿。

本书不仅适合高等职业院校土建类专业学生学习使用，也可供广大钢结构建模人员参考。由于编者水平所限，书中难免有不妥之处恳请同行专家和读者批评指正。

编者

2024 年 10 月

目录

项目 1

项目 2

项目 4

项目 5

项目 1　钢结构基本知识

学习目标

1. 知识目标

了解钢结构的类型、组成、特点、应用范围及发展；了解钢结构常规的机械性能；掌握建筑结构钢材的分类、规格及品种；掌握建筑结构钢材的验收依据及验收标准；掌握建筑结构钢材的标注样式；掌握焊缝的形式、构造要求、焊接焊缝计算及施工注意事项与焊缝的处理；掌握普通螺栓的形式、构造要求，普通螺栓的表达形式，普通螺栓的紧固和检验操作。

2. 技能目标

能认知钢结构的应用、组成、特点，掌握钢结构的实际应用情况；掌握钢结构常用材料的种类、性能及特点；能够认知钢结构施工中焊接的形式、构造要求；能认知常见焊缝的表达形式；能进行简单焊缝计算施工，有能力处理施工中常见的焊缝缺陷；能认知普通螺栓的形式、构造要求；能认知普通螺栓的表达形式；能对普通螺栓的紧固和检验进行操作。

3. 素质目标

养成认真负责、精益求精的工作态度；养成良好的组织协调、团结协作意识；养成自主学习新技术、新标准、新规范，灵活适应发展变化的创新能力；培养节能低碳环保、质量标准安全、生态绿色智慧意识，树立低碳、绿色、生态发展理念。

标准规范

(1)《钢结构通用规范》GB 55006—2021
(2)《钢结构设计标准》GB 50017—2017
(3)《轻型钢结构住宅技术规程》JGJ 209—2010
(4)《建设工程分类标准》GB/T 50841—2013
(5)《钢结构住宅设计标准》T/CECS 261—2024
(6)《碳素结构钢》GB/T 700—2006
(7)《低合金高强度结构钢》GB/T 1591—2018

项目导引

钢结构建筑是建筑家族里一类重要的成员。同传统的混凝土结构建筑一样，钢结构建筑的发展随人类的科技和经济水平的提高而不断提高。由传统的单层、小跨度简单结构，到目前的多高层、大跨度、复杂甚至超复杂结构，钢结构建筑已经成为人类科技和经济发展的一个缩影，时刻彰显着国民经济和科技实力。钢结构工程技术是实现钢结构建筑的必由之路，一个国家的钢结构工程技术的水平，亦是国家综合建造实力的体现。近年来，我国在钢结构工程中投入的研究经费和建造资金逐年上升，已成为钢结构建造大国和强国。钢结构工程是现代城市和工业企业建设与发展中重要的、不可缺少的基础环节之一，在人们的日常生活和国民经济组成中有着十分重要的意义。

本项目学习主要有钢结构绪论、钢结构的材料、钢结构连接三大任务，具体详见图 1.0.1。

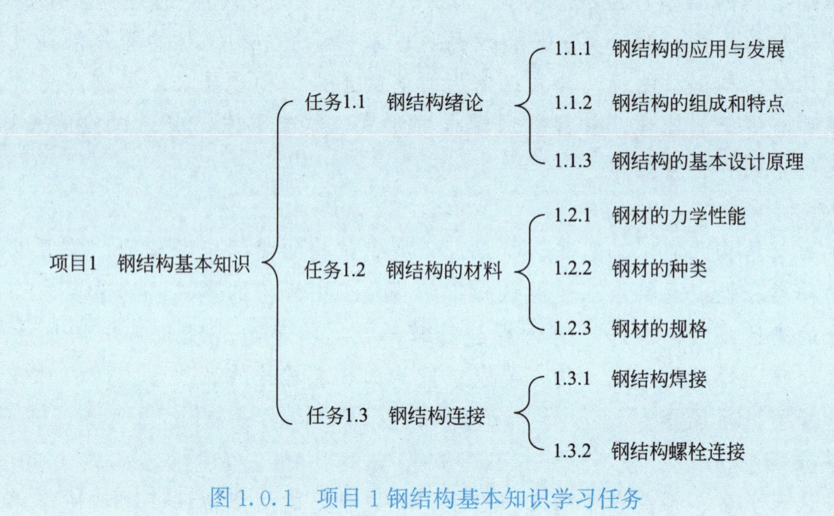

图 1.0.1 项目 1 钢结构基本知识学习任务

任务 1.1 钢结构绪论

任务引入

为能熟练应用钢结构工程技术进行合理的钢结构建筑施工，了解国内外钢结构应用和发展的历史是十分有必要的；不同钢结构建筑具有明显不同的建筑特点和结构特征，施工者应能够准确把握所建建筑的风格特色，因此，熟悉不同组成的钢结构建筑的特点是极为重要的；另外，施工者除了需要熟悉施工现场的各种管理知识和施工技术以外，还需了解钢结构设计的基本原理，能够对现场出现的各种实际问题进行基本的原理性分析和判断，并得出正确的结论。

因此，作为工程施工及管理储备人员，为使未来建造的产品符合标准规范要求，保证施工顺利进行，首先需对钢结构基础知识有一个基本认知：一是了解钢结构应用和发展历史，熟悉历史上重要的钢结构建筑，做到能辨认，知大概；二是熟悉常用不同风格的钢结构建筑的基本组成，以及不同组成的基本特点，做到心有数，胸有竹；三是了解钢结构设计的基本原理，能重复演绎应用该原理得到的各种结论，并在实际工程中做到应用自如。

本任务的学习内容详见表1.1.0。

钢结构绪论学习内容　　表1.1.0

任务	技能	知识	拓展
1.1　钢结构绪论	1.1.1　钢结构的应用与发展	1.1.1.1　钢结构的应用范围 1.1.1.2　钢结构的发展	钢结构未来趋势
	1.1.2　钢结构的组成和特点	1.1.2.1　钢结构的组成 1.1.2.2　钢结构的特点	钢结构基本结构
	1.1.3　钢结构的基本设计原理	1.1.3.1　结构设计的目的 1.1.3.2　钢结构的设计思想 1.1.3.3　钢结构的设计方法 1.1.3.4　设计表达式	荷载的各种代表值简介

任务实施

视频

钢结构的特点与应用

1.1.1　钢结构的应用与发展

在房屋建筑中，有大量的钢结构厂房、高层钢结构建筑、大跨度钢网架建筑、悬索结构建筑等，在公路及铁路上有各种形式的钢桥、钢塔及钢桅杆，广泛用作输电线塔、电视广播发射塔。目前，中国钢结构建筑的发展十分迅速，特别是能够代表我们国家经济实力、科技水平、材料工艺及建筑技术的一系列高层钢结构建筑的建成，将钢结构在中国的应用与发展推上了新的高潮。

1.1.1.1　钢结构的应用范围

钢结构是用钢材制成的结构，通常由型钢、钢板或冷加工成形的薄壁型钢等制成的拉杆、压杆、梁、柱、桁架等构件组成，各构件或部件间采用焊缝或螺栓连接。

钢结构的应用范围不仅取决于其本身的特点，还取决于国民经济发展的情况。其应用大致为：

1. 厂房结构（图1.1.1）

图1.1.1　马鞍山钢铁公司钢结构加工厂房

对于单层厂房，钢结构一般用于重型、大型车间的承重骨架。例如，冶金厂的平炉车间，重型机械厂的铸钢车间、锻压车间等。通常由檩条、天窗架、屋架、托架、柱、吊车梁、制动梁（桁架）、各种支撑及墙架等构件组成。

2. 大跨结构（图 1.1.2、图 1.1.3）

图 1.1.2 鸟巢

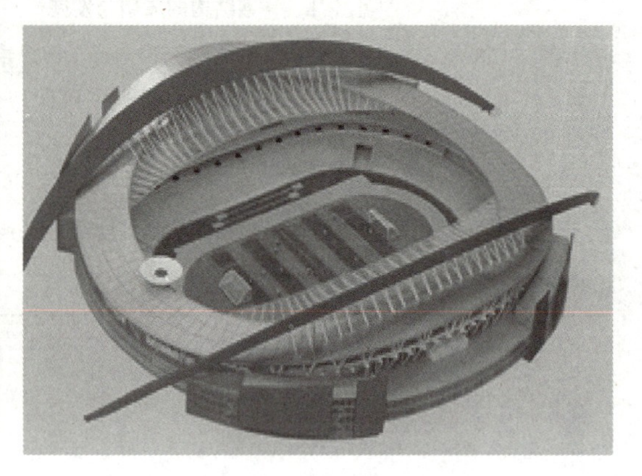

图 1.1.3 南京奥体中心主体育场

通常用于体育馆、影剧院、大会堂等公共建筑，结构跨度很大，有较大内部自由空间。减轻自重可获得明显的经济效益。其结构体系主要有框架结构、拱架结构、网架结构、悬索结构和预应力钢结构等。

图 1.1.4 广商中心大厦

3. 多高层结构（图 1.1.4）

对于高层建筑来说，当层数多、高度大时，也采用钢结构，如旅馆、饭店公寓等多层及高层楼房，目前高层钢结构的应用还在蓬勃发展着。

4. 高耸结构

高耸结构包括塔架和桅杆结构，如高压输电线塔架、广播和电视发射用的塔架和桅杆，多采用钢结构。这类结构的特点是高度大和主要承受风荷载，采用钢结构可以减轻自重，方便架设和安装，并因构件截面小而使风荷载大大减小，从而取得更大的经济效益。

5. 密闭压力容器

用于要求密闭的容器，如大型储液库、煤气库，要求能承受很大的内力，另外，温度急剧变化的高炉结构、大直径高压输油管和煤气管等均采用钢结构。

6. 可拆卸或移动的结构

钢结构不仅重量轻，还可以用螺栓或其他便于拆装的手段来连接，需要搬迁或移动的结构，如流动式展览馆和活动房屋，采用钢结构最适宜。另外，钢结构还用于水工闸门、桥式吊车和各种塔式起重机等。

7. 桥梁结构

钢结构广泛应用于中等跨度和大跨度的桥梁结构中，如武汉长江大桥和南京长江大桥均为钢结构，其难度和规模都举世闻名。上海南浦大桥、杨浦大桥为钢结构的斜拉桥。

8. 轻型钢结构

用于跨度较小、屋面较轻的工业和商业用房。常采用冷弯薄壁型钢、小角钢、圆钢等焊接而成。轻型钢结构因具有用钢量省、造价低、供货迅速、安装方便、外形美观、内部空旷等特点，在近年来得到迅速的发展。

9. 钢结构住宅

钢结构住宅是由以钢结构为骨架配合多种复合材料的轻型墙体拼装而成。所用材料均为工厂标准化、系列化、批量生产化，改变了传统的住宅中沿用已久的钢筋混凝土、砖、瓦、灰、沙、石传统的现成作业模式。

1.1.1.2 钢结构的发展

钢结构是由生铁结构逐步发展起来的，中国是最早用铁制造承重结构的国家。远在秦始皇时代，就有了用铁建造的桥墩。

我国工程技术人员在金属结构方面创造了卓越的成就。

20 世纪 50 年代后，钢结构的设计、制造、安装水平有了很大提高，建成了大量钢结构工程，有些在规模上和技术上已达到世界先进水平。

建筑结构的设计规范把技术先进作为对结构要求的一个重要方面。先进的技术并非一成不变，而是随时间推移而不断发展。钢结构的发展主要体现在以下几个方面：采用新的高性能钢材，深入了解和掌握结构的真实极限状态，开发新的结构形式和提高结构制造工业的技术水平。

高性能钢材的一个重要特性是强度高。仅从钢结构规范的修订上看，所用钢材的强度等级上限不断刷新，足以证明钢材性能已经不断提高。高性能不仅体现在强度上，还伴随着塑性和韧性要求以及其他方面的优良性能，如：屈服强度不随厚度增大而下降；屈服强度不仅有下限，还有上限等。改善钢材性能还有一个方向，就是改进它的耐腐蚀和耐火性能。今后估计还有进一步改善的趋势。其中，型钢的类型也在不断发展，尤其是冷弯薄壁型钢，截面形状越来越多样化。

促进结构形式改革的重要因素之一，是推广高强度钢索的应用。用高强钢丝作为悬索桥的主要承重构件，已有七八十年的历史。钢索用于房屋结构可以说是方兴未艾，新的大跨度结构形式如索膜结构和张拉整体结构等不断出现。钢索是只能承受拉力的柔性构件，需要和刚性构件如环、拱等配合使用，并施加一定的预应力。预应力技术也是钢结构形式改革的一个因素，可以少用钢材和减轻结构重量。

钢和混凝土组合结构，是使两种不同性能的材料取长补短相互协作而形成的结构。压型钢板组合楼板已经在多层和高层建筑中普遍采用。压型钢板兼充模板和受拉钢筋，不仅简化了施工，还可以减少楼板厚度。钢梁和所承受钢筋混凝土楼板（或组合楼板）协同工作，楼板充任钢梁的受压翼缘，可以节约钢材 4%～15%，降低造价约 10%。梁的高度也有所减少，节约了建筑空间。钢和混凝土组合柱有多样组合形式，其中钢管混凝土柱以其多方面的优点而推广得最为迅速。钢管有混凝土支撑，可以取较大的径厚比而不致局部失稳；混凝土受到钢管约束，抗压强度大为提高。钢管混凝土作为一个整体，具有很好的塑性和韧性，抗震性能很好。它的耐火性能也优于钢柱，所需防火涂料仅为钢柱的一半或更少。索和拱配合使用，常被称为杂交结构，这是结构形式的杂交。钢和混凝土组合结构，可以认为是不同材料的杂交。相信今后还会有其他方式的杂交出现。

制造业正在趋向于机电一体化，钢结构也不例外。发达国家的工业软件把钢材切割、焊接技术和焊接标准集成在一起，既保证构件质量又节省劳动力。我国参与国际竞争，必须在提高技术水平和降低成本方面下功夫。提高技术水平除了技术标准（包括设计规范）要和国际接轨外，制造和安装质量也必须跟上。

钢结构未来趋势

钢结构的应用与发展不仅取决于钢结构本身的特点，还受到国民经济发展情况的制约。中华人民共和国成立以后很长一段时间内，由于受钢产量的制约，钢结构被限制使用在其他结构不可能代替的重大工程项目中，在一定程度上影响了钢结构的发展。1996 年我国钢材产量达到 1 亿吨，2003 年更是达到了创纪录的 2.2 亿吨。逐步改变了钢材供不应求的局面。我国的钢结构技术政策，也从“限制使用”改为“积极合理地推广应用”。随着钢结构的广泛应用，钢结构工程的科学技术必将进一步提高。

1. 高性能钢材的研制

钢结构的突出特点就是强度高，因此特别适合大跨度和承受较大的荷载，采用高强度钢材，更能发挥钢结构这一优势。为保证必要的塑性、韧性和可焊性，钢结构用的高强度钢一般都是低合金钢。在钢桥方面，南京长江大桥采用屈服点为 345MPa 的 16Mnq 钢比用 16q 节省钢材 15%。屈服点达 420MPa 的 15MnVNqC（Q420qD）早在 1977 年就被用于京承铁路白河桥，比用 16Mnq 节约钢材 10%以上。国外高强度钢发展很快，日本、美国、俄罗斯等都已把屈服点为 700MPa 以上的钢列入规范。

耐腐蚀钢的研制也受到了广泛注意，美国、日本等国都已将耐候钢用于沿海工程建设中和桥梁结构。有的企业正在开发耐火钢，该钢在加热到 600℃时仍能保持常温 2/3 以上的强度。另外，宽翼缘工字形钢（或称 H 型钢）、方钢管、压型钢板、冷弯薄壁型钢等都能较好地发挥钢材的效能，取到较好的经济效果，有着广阔的发展前景。

2. 计算理论的研究和完善

我国现行《钢结构设计标准》GB 50017 采用了以概率论为基础的极限状态设计法，这是通过大量理论研究和试验分析取得的成果，但是还有很多问题需要进一步研究和完善，有大量的工作需要继续完成。例如，实际构件和结构几何缺陷的统计分析，残余应力的分布，缺陷和残余应力对承载力极限状态的影响；受压构件的极限承载力及其影响因素；多次重复荷载和动力荷载作用下结构和构件的极限状态；钢材的塑性利用和板件屈曲后的强度问题，考虑二阶非弹性的钢框架整体高等分析等等。对构件和结构的实际性能了解越深入，计算结果就越能反映实际情况，从而越能充分发挥钢材的作用并保证结构的安全。

3. 结构的革新

计算理论和计算手段的进步以及新材料、新工艺的出现，为钢结构形式的革新提供了条件。

计算机能够对十分复杂的结构迅速计算出结果，从而使网架一类的多杆件，且超静定次数高的空间结构得到了迅速推广应用；计算理论的研究和高强度钢丝的应用使大跨度悬索结构和斜拉结构在桥梁和建筑工程上得到了应用；预应力钢结构也是一种新型结构，它的主要形式是在一般钢结构中增加一些高强度钢构件并对结构施加预应力，其实质是以高强度钢材代替部分普通钢材以节约材料；钢和混凝土组合结构可以充分发挥材料的优势，钢管中填充素混凝土的钢管混凝土结构，在桥梁和厂房柱中已有应用，是一种很有发展前途的新型结构。

结构形式革新的另一种形式是把梁、拱、悬索等不同受力类型的结构融于同一结构中，如九江长江大桥、武汉天兴洲长江大桥、国家体育馆等。

随着高强度螺栓和焊接技术的发展，铆接结构已被栓焊或全焊结构代替。在厂房钢结构、塔桅结构、网架结构中已广泛应用了高强度螺栓连接，西陵长江大桥的箱形加劲梁采用了全焊接结构，孙口黄河大桥梁采用了整体焊接节点、节点外拼接的新形式。

高层建筑钢结构的研究也是一个重要方面。近年来，我国已建成一批高层建筑，如上海世茂国际广场主楼（333m）、南宁地王大厦（276m）、北京京广中心（209m）、上海锦江饭店分馆（153m）、深圳发展中心大厦（146m）等。

4. 优化设计的运用

优化设计的目的是使钢结构用钢量最少或造价最低。为此要选择优化的结构形式并确定优化的截面尺寸。计算机的普及应用使优化设计成为可能，并得以发展。目前，优化设计已应用于桥梁、吊车梁和其他钢结构的设计中，取得了明显的经济效益。

5. 制造和施工技术的研究

为了保证钢结构的质量，提高生产效率，进一步缩短施工周期，降低费用，应对制造工艺和安装架设的技术进一步研究和改进；对批量较大的产品可逐步实现标准化、系列化。

1.1.2　钢结构的组成和特点

1.1.2.1　钢结构的组成

钢结构是由钢板和型钢经过加工、组合，通过焊接和螺栓连接组成结构，以满足使用要求。其基本组成元素主要包括：钢柱、钢梁、钢板、钢桁架、钢支撑等。这些构件在工程中根据结构形式和功能需求进行灵活组合，形成各种类型的钢结构体系，如框架结构、网架结构、桁架结构等。

单层房屋钢结构的特点：主要承受重力荷载，由承重体系及附加构件两部分组成。一般的做法是形成一系列竖向的平面承重结构，并用纵向构件和支撑构件把它们连成空间整体。其结构都属于平面结构体系。

多高层房屋钢结构的特点：随着房屋高度的增加，水平荷载越来越重要。组成结构的主要体系有：框架体系、带刚性加强层的结构、悬挂结构。

钢结构在建筑工程中有着广泛的应用。由于使用功能及结构组成方式不同，钢结构种类繁多，形式各异。所有这些钢结构尽管用途、形式各不相同，但它们都是由钢板和型钢经过加工、组合连接制成，如拉杆（有时还包括钢索）、压杆、梁、柱及桁架等，将这些基本构件按一定方式通过焊接和螺栓连接组成结构，以满足使用要求（图 1.1.5、图 1.1.6）。

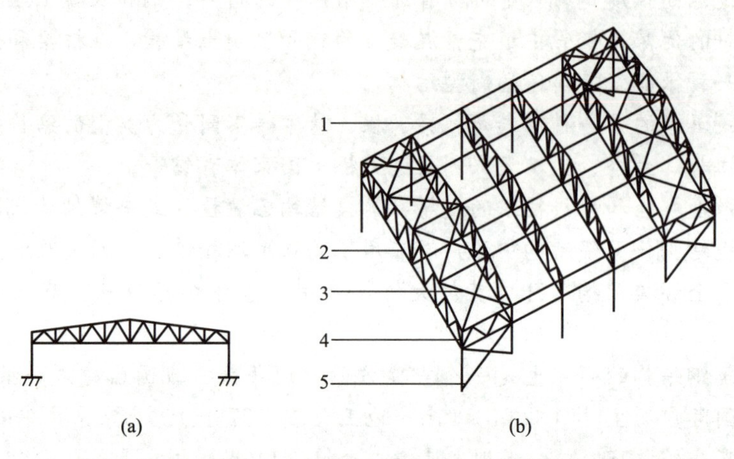

1—纵向构件；2—屋架；3—上弦横向支撑；4—垂直支撑；5—柱间支撑

图 1.1.5　单层房屋钢结构组成示意图

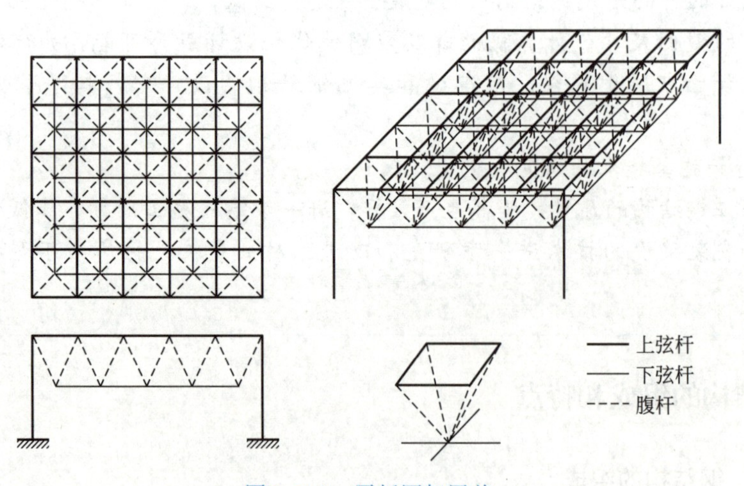

图 1.1.6　平板网架屋盖

1.1.2.2　钢结构的特点

1. 建筑钢材强度高，塑性韧性好

① 强度高——与其他建材相比其强度高得多，适用于建造大跨度结构、高层建筑结构以及重型结构；

② 塑性好——钢结构一般不会因偶然超载或局部超载而突然断裂破坏；

③ 韧性好——适宜在动力荷载作用下工作，在地震区采用钢结构较为有利。

2. 钢结构的重量轻

钢材重度 $\gamma=77\text{kN/m}^3$，但由于其强度高，故所需的构件截面小。

3. 材质均匀和力学计算的假定比较符合

内部组织比较均匀，接近各向同性体，为理想弹塑性体，在一般情况下处于弹性阶段工作，采用力学方法计算，其结果符合实际受力情况。

4. 钢结构工业化程度高

钢结构中各种构件均在金属结构厂中生产，成品精度高，在现场拼接简单，施工期短。

5. 钢结构密闭性较好

钢结构的钢材和连接的水密性和气密性较好，适宜做要求密闭的结构。

6. 钢结构耐腐蚀性差

在湿度大或有腐蚀性介质的环境中容易锈蚀，使结构受损，因此须采取防护措施，如除锈、刷油漆或涂料（锌、铝），维护费用高。

7. 钢材耐热但不耐火

钢材受热时，当温度在 100℃以内，其主要性能下降不多，当温度超过 200℃以后，随着温度增加，钢材的性能变化较大，达到 600℃时，将进入热塑性状态，完全丧失承载能力。钢材温度大于 150℃时需要防护。

8. 钢结构在低温和其他条件下，可能发生脆性断裂。

钢结构基本结构

钢结构一般有架构、桁架、球形网架（壳）、索膜、轻钢结构、塔桅等结构方式。

1. 钢结构架构（图 1.1.7）

图 1.1.7 钢结构架构

2. 桁架（图 1.1.8）

一种由杆件彼此之间在两边用螺钉连接而成的结构。

图1.1.8 桁架

桁架的优势是杆件承担拉力或压力，能够充分运用原材料的功效，节省原材料，降低结构净重。常见的有钢桁架、混凝土结构桁架、预制混凝土桁架、木桁架等。

3. 球形网架（图1.1.9）

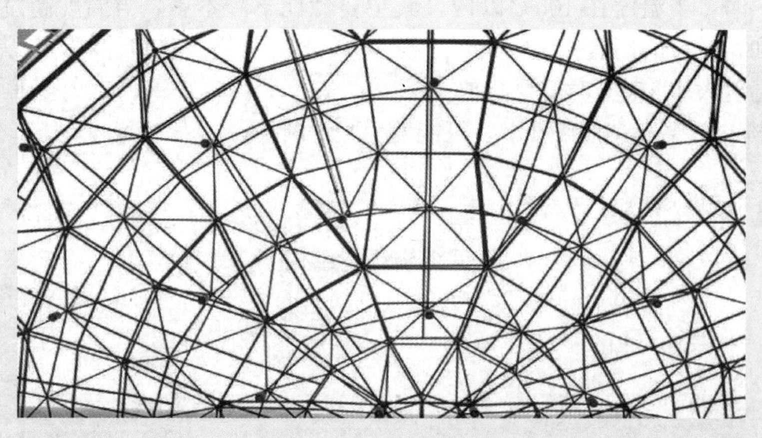

图1.1.9 球形网架

球形网架为由多条杆件按照一定的网格图方式相互连接而成的室内空间结构。形成网架结构的基本单位有三角锥、三棱体、立方体、截顶四角锥等，由这种基本单位可组成平面图外形的三边形、四边形、六边形、环形或任何其他形体。球形网架具有空间承受力大、重量较轻、弯曲刚度大、抗震能力好等特点，可以用于体育场馆、电影院、展厅、候车大厅、体育场看台雨棚、机库、双重柱子球形网架结构生产车间建筑等的屋架。主要缺点为汇交于连接点里的杆件数量众多，制造组装比平面结构繁杂。

4. 轻钢结构（图1.1.10）

轻钢结构是一种年轻而具有生命力的钢结构体系，已广泛用于一般工业和农业、商业服务、服务型工程建筑，如写字楼、独栋别墅、库房、运动场馆、游戏娱乐、度假旅游工程建筑和低高层住宅等。

图 1.1.10 轻钢结构

1.1.3 钢结构的基本设计原理

视频

钢结构基本设计原理

各类工程结构（如建筑、桥梁、输电塔等）的最重要功能，就是承受其生命全过程中可能出现的各种荷载。结构设计时，应考虑哪些荷载及荷载取值的大小，将直接影响结构工作时的安全性。因此，工程结构设计时，需考虑哪些荷载、这些荷载产生的背景，以及各种荷载的计算方法应是一名结构工程师所具备的基本专业知识。

1.1.3.1 结构设计的目的

结构设计的目的在于保证所设计的结构和结构构件在施工和工作过程中能满足预期的安全性和使用性要求。因此，结构设计准则应当这样来陈述：结构由各种荷载所产生的效应（内力和变形）不大于结构（包括连接）由材料性能和几何因素等所决定的抗力或规定限值。假如影响结构功能的各种因素，如荷载大小、材料强度的高低、截面尺寸、计算模式、施工质量等等都是确定性的，则按上述准则进行结构计算，应该说是非常容易的。但是，不幸的是，上述影响结构功能的诸因素都具有不定性，是随机变量（或随机过程），因此，荷载效应可能大于设计抗力，结构不可能百分之百可靠，而只能对其作出一定的概率保证。

1.1.3.2 钢结构的设计思想

首先，在了解钢结构的设计思想之前，需要了解钢结构的极限状态。和其他建筑结构一样，钢结构的极限状态分为承载能力极限状态和正常使用极限状态两大类。前者对应于结构或构件达到最大承载能力或出现不适于继续承载的变形，包括倾覆、强度破坏、疲劳破坏、丧失稳定、结构变成机动体系或出现过度的塑性变形。后者对应于结构或构件达到正常或耐久性能的某项规定限值，包括出现影响正常使用（或外观）的变形、振动和局部破坏等。

强度破坏是指构件的某个截面或连接件因应力超过材料强度而导致的破坏。有孔洞的钢构件在削弱截面拉断，属于一般的强度破坏。钢结构还有一种特殊情况，即在特定条件下出现低应力状态的脆性断裂。材质低劣、构造不合理和低温等因素都会促成这种断裂。

1.1.3.3 钢结构的设计方法

1. 容许应力法

如果将影响结构设计的诸因素取为定值，而用一个凭经验判定的安全系数来考虑设计诸因素变异的影响，衡量结构的安全度，这种方法称为定值法。它包括容许应力法和最大荷载法。

其中，容许应力法设计式为：

$$\sigma \leqslant [\sigma] \tag{1.1.1}$$

式中：σ——由标准荷载（荷载规范所规定的荷载值）与构件截面公称尺寸（设计尺寸）所计算的应力；

$[\sigma]$——容许应力：

$$[\sigma]=f_{k}/K \tag{1.1.2}$$

式中：f_{k}——材料的标准强度，对于钢材为屈服点；

K——大于1的安全系数，用以考虑各种不定性，凭工程经验取值。

容许应力法计算简单，但不能从定量上度量结构的可靠度，更不能使各类结构的安全度达到同一水准。一些设计人员往往从定值概念出发，将结构的安全度与安全系数等同起来。常常误认为采用了某一给定的安全系数，结构就能百分之百可靠；或认为安全系数大结构安全度就高，没有与抗力及作用力的变异性联系起来。例如砖石结构的安全系数最大，但不能说明砖石结构比其他结构更安全。所以定值法对结构可靠度的研究是处于以经验为基础的定性分析阶段。

2. 半概率法

随着工程技术的发展，建筑结构的设计方法也开始由长期采用的定值法转向概率设计法。在概率设计法的研究进程中，首先考虑荷载和材料强度的不定性，用概率方法确定它们的取值。根据经验确定分项安全系数，仍然没有将结构可靠度与概率联系起来，故称为半概率法。

材料强度和荷载的概率取值用下列公式计算：

$$f_{k}=\mu_{f}-\alpha_{f}\sigma_{f} \tag{1.1.3a}$$

$$Q_{k}=\mu_{Q}+\alpha_{Q}\sigma_{Q} \tag{1.1.3b}$$

式中：f_{k}、Q_{k}——材料强度和荷载的标准值；

μ_{f}、μ_{Q}——材料强度和荷载的平均值；

σ_{f}、σ_{Q}——材料强度和荷载的标准差；

α_{f}、α_{Q}——材料强度和荷载取值的保证系数。

当保证率为95%时，$\alpha=1.645$；当保证率为97.7%时，$\alpha=2$；当保证率为99.9%时，$\alpha=3$。半概率法的设计表达式仍可采用容许应力法的设计式，我国《钢结构设计规范》TJ 17—74的设计式就是这样决定的；但安全系数是多系数分析决定的，如式（1.1.4）所示：

$$\sigma \leqslant \frac{f_{yk}}{K_{1}K_{2}K_{3}}=\frac{f_{yk}}{K}=[\sigma] \tag{1.1.4}$$

式中：f_{yk}——钢材屈服点的标准值；

K_1——荷载系数；

K_2——材料系数；

K_3——调整系数。

3. 一次二阶矩法

概率设计法的研究，在20世纪60年代末期有了重大突破，这使概率设计法应用于规范成为可能。这个重大突破就是提出了一次二阶矩法，该法既有确定的极限状态，又可给出不超过该极限状态的概率（可靠度），因而是一种较为完善的概率极限状态设计方法，把结构可靠度的研究由以经验为基础的定性分析阶段推进到以概率论和数理统计为基础的定量分析阶段。

一次二阶矩法虽然已经是一种概率设计法，但由于在分析中忽略或简化了基本变量随一些复杂关系的变化，所以还只能算是一种近似的概率设计法。

4. 概率极限状态设计方法

钢结构设计的基本原则是要做到技术先进、经济合理、安全适用和确保质量。因此，结构设计要解决的根本问题是在结构的可靠和经济之间选择一种最佳的平衡，使由最经济的途径建成的结构能以适当的可靠度满足各种预定的功能要求。结构的可靠度理论近年来得到了迅速的发展，结构设计已经摆脱传统的定值设计方法，进入以概率理论为基础的极限状态设计方法，简称概率极限状态设计方法。

按极限状态进行结构设计时，首先应明确极限状态的概念。当结构或其组成部分超过某一特定状态就不能满足设计规定的某一功能要求时，此特定状态就称为该功能的极限状态。结构的极限状态可以分为两类：

（1）承载能力极限状态

对应于结构或结构构件达到最大承载能力或是出现不适于继续承载的变形，包括倾覆、强度破坏、疲劳破坏、丧失稳定、结构变为机动体系或出现过度的塑性变形。

（2）正常使用极限状态

对应于结构或结构构件达到正常使用或耐久性能的某项规定限值，包括出现影响正常使用或影响外观的变形，出现影响正常使用或耐久性能的局部损坏以及影响正常使用的振动。在简单的设计场合，以R代表结构的抗力，S代表荷载对结构的综合效应，那么：

$$Z=R-S \tag{1.1.5}$$

就是结构的功能函数。这一函数为正值时结构可以满足功能要求，为负值时则不能。这就是说，式（1.1.5）判别式的值Z大于0时，结构处于可靠状态；当判别式Z等于0时，结构处于极限临界状态；当判别式Z小于0时，结构处于失效状态。

传统的定值设计法认为结构的抗力R和综合效应S都是确定性的，结构只要按$Z \geqslant 0$设计，并赋予一定的安全系数，结构就是绝对安全的。事实并不是这样，结构失效的事例仍时有所闻。这是由于基本变量的不定性。作用在结构的荷载潜在着出现高值的可能，材料性能也潜在着出现低值的可能。即使设计者采用了相当保守的设计方案，但在结构投入使用后，谁也不能保证它绝对不会出现事故，因而对所设计的结构的功能只能作出一定概率的保证。这和进行其他有风险的工作一样，只要可靠的概率足够大，或者说，失效概率足够小，便可认为所设计的结构是安全的。

按照概率极限状态设计方法，结构的可靠度定义为：结构在规定的时间内，在规定的条件下，完成预定功能的概率。这里所说“完成预定功能”就是对于规定的某种功能来说结构不失效（$Z \geqslant 0$）。这样若以 p_s 表示结构的可靠度，则上述定义可表达为：

$$p_s = P(Z \geqslant 0) \tag{1.1.6}$$

结构的失效概率以 p_f 表示，则：

$$p_f = P(Z < 0) \tag{1.1.7}$$

由于事件（$Z<0$）与事件（$Z \geqslant 0$）是对立的，所以结构可靠度 p_s 与结构的失效概率 p_f 符合下式：

$$p_s + p_f = 1 \tag{1.1.8}$$

或

$$p_s = 1 - p_f \tag{1.1.9}$$

因此，结构可靠度的计算可以转换为结构失效概率的计算。可靠的结构设计指的是使结构失效概率的计算。可靠的结构设计指的是使失效概率 p_f 小到人们可以接受的程度，但绝不意味着结构绝对可靠。

结构的可靠度通常受荷载、材料性能、几何参数和计算公式精确性等因素的影响。这些具有随机性的因素称为“基本变量”。上述讨论中，所涉及的结构基本变量：荷载效应 S 和结构抗力 R，这二者都可以假定服从正太分布。根据概率论等相关知识，结构的功能函数 $Z=R-S$ 也是正态随机变量。以 μ 代表平均值，以 σ 代表标准差，则根据平均值和标准差的性质可得：

$$\mu_Z = \mu_R - \mu_S \tag{1.1.10}$$

$$\sigma_Z^2 = \sigma_R^2 + \sigma_S^2 \tag{1.1.11}$$

已知结构的失效概率表达为：

$$p_f = P(Z < 0) \tag{1.1.12}$$

由于标准差都取正值，式（1.1.12）可以改写为：

$$p_f = P\left(\frac{Z}{\sigma_Z} < 0\right) \tag{1.1.13a}$$

和

$$p_f = P\left(\frac{Z-\mu_Z}{\sigma_Z} < -\frac{\mu_Z}{\sigma_Z}\right) \tag{1.1.13b}$$

因为 $(Z-\mu_Z)/\sigma_Z$ 服从标准正态分布，因此，p_f 也可以表示为：

$$p_f = \varphi\left(-\frac{\mu_Z}{\sigma_Z}\right) \tag{1.1.14}$$

$\varphi(\cdot)$ 为标准正态分布函数。设：

$$\beta = \frac{\mu_Z}{\sigma_Z} \tag{1.1.15}$$

将式（1.1.10）和式（1.1.11）代入式（1.1.15）中，式（1.1.15）变成：

$$\beta = \frac{\mu_R - \mu_S}{\sqrt{\sigma_R^2 + \sigma_S^2}} \tag{1.1.16}$$

因此，

$$p_f=\varphi(-\beta) \quad (1.1.17)$$

因 φ 是正态分布函数，故：

$$p_s=1-p_f=\varphi(\beta) \quad (1.1.18)$$

为了计算结构的失效概率，最好是求得功能函数 Z 的分布。图 1.1.11 展示出了 Z 的概率密度曲线。图中纵坐标处 $Z=0$，结构处于极限状态；纵坐标以左 $Z<0$，结构处于失效状态；纵坐标以右 $Z>0$，结构处于可靠状态。

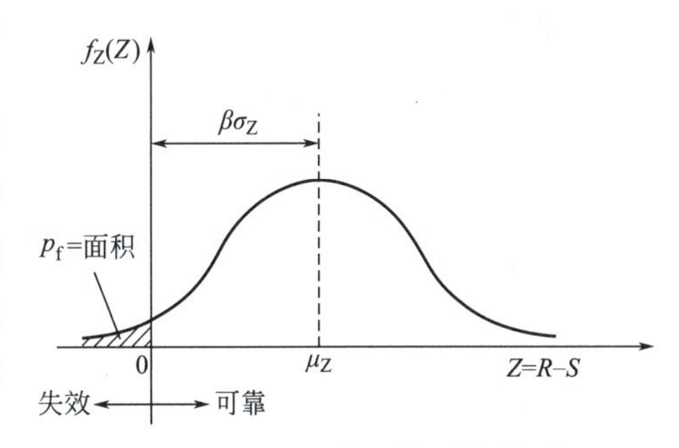

图 1.1.11　p_f 与 β 的对应关系

图中阴影面积表示事件（$Z<0$）的概率，就是失效概率，可用积分求得：

$$p_f=P(Z<0)=\int_{-\infty}^{0} f(Z)\mathrm{d}Z \quad (1.1.19)$$

显然，只要分布一定，β 与 p_f 就有一一对应关系；而且，β 增大，p_f 减小；β 减小，p_f 增大。如 Z 的分布为正态，则 β 与 p_f 的关系式为：

$$\beta=\varphi^{-1}(1-p_f) \quad (1.1.20a)$$

$$p_f=\varphi(-\beta) \quad (1.1.20b)$$

式中：$\varphi(\cdot)$ ——标准正态分布函数；

$\varphi^{-1}(\cdot)$ ——标准正态分布的反函数。

如为非正态分布，可用当量正态化方法转化为正态分布。正态分布时，β 与 p_f 的对应关系如表 1.1.1 所示。

正态分布时 β 与 p_f 的对应值　　　**表 1.1.1**

可靠指标 β	4.5	4.2	4.0	3.7	3.5
失效概率 p_f	3.4×10^{-6}	1.34×10^{-5}	3.17×10^{-5}	1.08×10^{-4}	2.33×10^{-4}
可靠指标 β	3.2	3.0	2.7	2.5	2.0
失效概率 p_f	6.87×10^{-4}	1.35×10^{-3}	3.47×10^{-3}	6.21×10^{-3}	2.28×10^{-3}

1.1.3.4　设计表达式

现行《钢结构设计标准》GB 50017—2017 除疲劳计算外，采用以概率理论为基础的极限状态设计方法，用分项系数的设计表达式进行计算。这是考虑到概率法的设计式，广大设计人员不熟悉也不习惯，同时许多基本统计参数还不完善，不能列出。因此，《建筑结构可靠性设计统一标准》GB 50068—2018 建议采用广大设计人员普遍所熟悉的分项系数设计表达式。但这与以往的设计方法不同，分项系数不是凭经验确定，而是以可靠指标 β 为基础用概率设计法求出，也就是以基本变量标准值和分项系数形式表达的极限状态设计式。

现以简单的荷载情况为例，分项系数设计式可写成：

$$\frac{R_k}{\gamma_R}\geqslant\gamma_Q S_{Gk}+\gamma_Q S_{Qk} \quad (1.1.21)$$

式中：R_k——抗力标准值（由材料强度标准值和截面公称尺寸计算而得）；

S_{Gk}——按标准值计算的永久荷载（G）效应值；

S_{Qk}——按标准值计算的可变荷载（Q）效应值；

γ——分项系数。

相应地，有：

$$R^* \geqslant S_G^* + S_Q^* \tag{1.1.22}$$

为使式（1.1.21）与式（1.1.22）等价，必须有：

$$\left.\begin{array}{l}\gamma_R = R_k / R^* \\ \gamma_G = S_G^* / S_{Gk} \\ \gamma_Q = S_Q^* / S_{Qk}\end{array}\right\} \tag{1.1.23}$$

由式（1.1.23）可知，R^*、S_G^*、S_Q^* 不仅与可靠指标 β 有关，而且与各基本变量统计参数（平均值、标准值）有关。因此，对每一种构件，在给定 β 的情况下，γ 值将随荷载效应比值 $\rho = S_{Qk}/S_{Gk}$ 变动而为一系列的值，这对于设计显然不方便；如分别取 γ_G、γ_Q 为定值，γ_R 亦按各种构件取不同的定值，则所设计的结构构件的实际可靠指标就不可能与给定的可靠指标完全一致。为此，可用优化法求最佳的分项系数值，使两者 β 的差值最小，并考虑工程经验确定。

《建筑结构可靠性设计统一标准》GB 50068—2018 经过计算和分析，规定在一般情况下荷载分项系数：$\gamma_G = 1.2$；$\gamma_Q = 1.4$。当永久荷载效应与可变荷载效应异号时，永久荷载对设计是有利的（如屋盖当风的作用而掀起时），应取：$\gamma_G = 1.0$；$\gamma_Q = 1.4$。

在荷载分项系数统一规定的条件下，现行《钢结构设计标准》GB 50017—2017 对钢结构构件抗力分项系数进行分析，使所设计的结构构件的实际 β 值与预期的 β 值差值甚小，并结合工程经验规定出 Q235 钢的 $\gamma_R = 1.087$；对 Q355、Q390 和 Q420 钢，$\gamma_R = 1.111$。

钢结构设计用应力表达，采用钢材强度设计值，所谓“强度设计值”（用 f 表示），是钢的屈服强度 f_y 除以抗力分项系数 γ_R 的商，如 Q235 钢抗拉强度设计值为 $f = f_y / 1.087$；对于端面承压和连接则为极限强度 f_u 除以抗力分项系数 γ_{Ru}，即 $f = f_u/\gamma_{Ru} = f_u/1.538$。

因此，对于承载能力极限状态荷载效应的基本组合按下列设计表达式中最不利值确定：

① 可变荷载效应控制的组合：

$$\gamma_0 \left(\gamma_G \sigma_{Gk} + \gamma_{Q1} \sigma_{Q1k} + \sum_{i=2}^{n} \gamma_{Qi} \psi_{ci} \sigma_{Qik}\right) \leqslant f \tag{1.1.24}$$

② 永久荷载效应控制的组合：

$$\gamma_0 \left(\gamma_G \sigma_{Gk} + \sum_{i=1}^{n} \gamma_{Qi} \psi_{ci} \sigma_{Qik}\right) \leqslant f \tag{1.1.25}$$

式中 γ_0——结构重要性系数，对安全等级为一级或设计工作年限为 100 年及以上的结构构件，不应小于 1.1；对安全等级为二级或设计工作年限为 50 年的结构构件，不应小于 1.0；对安全等级为三级或设计工作年限为 5 年的结构构件，不应小于 0.9；

σ_{Gk}——永久荷载标准在结构构件截面或连接中产生的应力；

σ_{Q1k}——起控制作用的第一个可变荷载标准值在结构构件截面或连接中产生的应力（该值使计算结果为最大）；

σ_{Qik}——其他第 i 个可变荷载标准值在结构构件截面或连接中产生的应力；

γ_G——永久荷载分项系数，当永久荷载效应对结构构件的承载能力不利时取 1.3；当永久荷载效应对结构构件的承载能力有利时，取为 1.0；验算结构倾覆、滑移或漂浮时取 0.9；

γ_{Q1}、γ_{Qi}——第 1 个和其他第 i 个可变荷载分项系数，当可变荷载效应对结构构件的承载能力不利时，取 1.4（当楼面活荷载大于 4.0kN/m^2 时，取 1.3）；有利时，取为 0；

ψ_{ci}——第 i 个可变载荷的组合值系数，可按荷载规范的规定采用。

以上两式，除第一个可变荷载的组合值系数 $\psi_{c1}=1.0$ 的楼盖（例如仪器车间仓库、金工车间、轮胎厂准备车间、粮食加工车间等的楼盖）或屋盖（高炉附近的屋面积灰），必然由式（1.1.25）控制设计外，其他只有大型混凝土屋面板的重型屋盖以及很特殊情况才有可能由式（1.1.24）控制设计。

对于一般排架、框架结构，可采用简化式计算：

由可变荷载效应控制的组合：

$$\gamma_0\left(\gamma_G\sigma_{Gk}+\psi\sum_{i=1}^{n}\gamma_{Qi}\sigma_{Qik}\right)\leqslant f \tag{1.1.26}$$

由永久荷载效应控制的组合，仍按式（1.1.26）进行计算。

式中　ψ——简化式中采用的荷载组合值系数，一般情况下可采用 0.9；当只有 1 个可变荷载时，取为 1.0。

对于偶然组合，极限状态设计表达式宜按下列原则确定：偶然作用的代表值不乘分项系数；与偶然作用同时出现的可变荷载，应根据观测资料和工程经验采用适当的代表值，具体的设计表达式及各种系数，应符合专门规范的规定。

对于正常使用极限状态，按《建筑结构可靠性设计统一标准》GB 50068—2018 的规定要求分别采用荷载的标准组合、频遇组合和准永久组合进行设计，并使变形等设计不超过相应的规定限值。

钢结构只考虑荷载的标准组合，其设计式为：

$$\nu_{Gk}+\nu_{Q1k}+\sum_{i=2}^{n}\psi_{ci}\nu_{Qik}\leqslant[\nu] \tag{1.1.27}$$

式中　ν_{Gk}——永久荷载的标准值在结构或结构构件中产生的变形值；

ν_{Q1k}——起控制作用的第一个可变荷载的标准值在结构或结构构件中产生的变形值（该值使计算结果为最大）；

ν_{Qik}——其他第 i 个可变荷载标准值在结构或结构构件中产生的变形值；

$[\nu]$——结构或结构构件的容许变形值。

荷载的各种代表值简介

在结构设计基准期内，各种荷载的最大值 Q_T 一般为一随机变量，但在结构设计规范中，为实际设计方便，仍采用荷载的具体数值，这些确定的荷载值可以理解为荷载的各种代表值。

一般可变荷载有如下代表值：标准值、准永久值、频域值和组合值。而永久荷载（恒载）仅有一个代表值，即标准值。

1. 标准值

标准值是荷载的基本代表值，其他代表值可以在标准值的基础上换算得到。荷载标准值 Q_k 可以定义为在结构设计基准期 T 中具有不被超越的概率 p_k，即：

$$F_T(Q_k)=p_k$$

不同国家，对 p_k 的规定世界各国没有统一的规定。即使我国自己，对于各种不同的荷载的标准值，其相应的 p_k 也不一致。

荷载的标准值 Q_k 也可以重现期 T_k 来定义。重现期为 T_k 的荷载值，也称为"T_k 年一遇"的值，即在年分布中可能出现大于此值的概率为 $1/T_k$。因此：

$$F_i(Q_k)=1-\frac{1}{T_k}$$

或

$$[F_T(Q_k)]^{\frac{1}{T}}=1-\frac{1}{T_k}$$

$$T_k=\frac{1}{1-p_k^{\frac{1}{T}}}$$

上列公式给出了重现期 T_k 与 p_k 间的关系。显然，今后为使荷载标准值的概率意义统一，应该规定 p_k 或 T_k 的值。

2. 准永久值

某一可变荷载随机过程的一个样本函数，设荷载超过 Q_x 的总持续时间为 $T_x=\sum^{n} t_i$，其与设计基准期 T 的比值 T_x/T 用 μ_x 表示，则荷载的准永久值可用 μ_x 来定义。

荷载的准永久值系指在结构上经常作用的可变荷载值，它在设计基准期内具有较长的持续时间 T_x，其对结构的影响相似于永久荷载，如进行混凝土结构有关徐变影响的计算时，应采用可变荷载的准永久值。

确定荷载准永久值 Q_x 时，一般取 $\mu_x \geqslant 0.5$。若 $\mu_x=0.5$，则准永久值大约相当于任意时点荷载概率分布 $F_i(x)$ 的中位值，即：

$$F_i(Q_x)=0.5$$

令：$\varphi_x=Q_x/Q_k$，称 φ_x 为荷载准永久系数。

3. 频遇值

对于可变荷载，在设计基准期内被超越的总时间仅为设计基准期一小部分的荷载值，或在设计基准期内其超越频率为某一给定频率的荷载值。显然，由于可变荷载的频遇值发生的概率小于准永久值，故频遇值的数值要大于准永久值。

4. 荷载组合值

当作用在结构上有两种或两种以上的可变荷载时，荷载不可能同时以其最大值出现，此时荷载的代表值可采用其组合值，通常可表达为荷载组合系数与标准值的乘积，即 φQ_k。

任务测试

一、单选题

1. 钢结构设计说明中，屋面活载 0.5kN/m^2，是指屋面每平方米可承受的活载为（　　）。

A. 0.5kg　　B. 5kg　　C. 50kg　　D. 500kg

2. 大跨度结构常采用钢结构的主要原因是钢结构（　　）。

A. 密封性好　　B. 自重轻　　C. 制造工厂化　　D. 便于拆装

3. 钢结构的密闭性（　　）。

A. 差　　B. 一般　　C. 好　　D. 无法判断

4. 钢材的设计强度是根据（　　）确定的。

A. 比例极限　　B. 弹性极限　　C. 屈服强度　　D. 极限强度

二、多选题

1. 钢结构的特点有（　　）。

A. 强度高　　B. 韧性好　　C. 塑性好　　D. 耐火

E. 耐腐蚀

2. 钢材的三脆是指（　　）。

A. 热脆　　B. 冷脆　　C. 蓝脆　　D. 断脆

E. 拉脆

任务训练

1. 钢结构的特点是什么？钢结构的主要结构体系有哪些？
2. 目前我国钢结构主要应用在哪些方面？
3. 结构设计中能否保证结构绝对安全，为什么？
4. 概率极限状态设计法的基本概念是什么？
5. 什么是结构设计的目的？应如何达到这个目的？

任务 1.2　钢结构的材料

任务引入

钢结构的质量是由结构材料、分析设计、加工制造、运输安装、维护使用等多个环节共同决定的。在荷载作用下，钢结构性能主要受所用钢材性能的影响，而钢材的种类繁多，性能差别很大。为了在钢结构工程中做到合理选材，以保证工程质量，降低工程成本，确保结构安全要求，设计与工程技术人员应对相关钢材性能和标准有一定的了解。通过总结经验和科学分析，技术人员认识到用作钢结构的钢材必须具有较高的强度、足够的变形能力和良好的加工性能。此外，根据结构的特殊工作条件，必要时钢材还应具有适应低温、侵蚀和重复荷载作用等的性能。符合钢结构性能要求的钢材一般只有碳素钢和低合金高强度钢中很小的一部分。

通过本任务的学习，掌握钢结构常用钢材的力学性能及化学成分等对钢材性能的影响，掌握建筑钢材的种类、规格及选择，掌握焊接、普通螺栓连接、高强度螺栓连接的基本构造及计算方法。

本任务的学习内容详见表 1.2.0。

钢结构的材料学习内容 表 1.2.0

任务	技能	知识	拓展
1.2 钢结构的材料	1.2.1 钢材的力学性能	1.2.1.1 钢材的强度与塑性 1.2.1.2 钢材的冷弯性能 1.2.1.3 钢材的韧性	钢材的性能鉴定
	1.2.2 钢材的种类	1.2.2.1 碳素结构钢 1.2.2.2 低合金高强度结构钢	高强钢丝和钢索材料
	1.2.3 钢材的规格	1.2.3.1 钢板 1.2.3.2 热轧型钢 1.2.3.3 冷弯型钢	钢材的选择

1.2.1 钢材的力学性能

国民经济各部门几乎都需要钢材，但由于各自用途的不同，所需钢材性能各异。如有的机器零件需要钢材有较高的强度、耐磨性和中等的韧性；有的石油化工设备需要钢材具有耐高温性能；机械加工的切削工具，需要钢材有很高的强度和硬度等等。因此，虽然碳素钢有一百多种，合金钢有三百多种，符合钢结构性能要求的钢材只有碳素钢及合金钢中的少数几种。

1.2.1.1 钢材的强度与塑性

钢材的力学性能主要是指承受荷载和作用的能力，主要包括强度、塑性、韧性；后者指经受冷加工、热加工和焊接时的性能表现，主要包括冷弯性能、可焊性。

1. 钢材在静力单轴拉伸时的工作性能

钢材的强度和塑性一般通过室温静力单轴拉伸试验进行测定，即采用规定试样（规定形状和尺寸），在规定条件下（规定温度、加载速率等）在试验机上拉伸试样一直拉至断裂，测定相关力学性能，具体试验内容和要求可依据《金属材料 拉伸试验 第1部分：室温试验方法》GB/T 228.1—2021 的规定进行，试验结果一般用应力-延伸率曲线，或应力-应变曲线表示。图 1.2.1 为具有明显屈服平台钢材（如低碳素结构钢）的应力-应变曲线。从图中曲线可以看出，其工作特性可以分为以下四个阶段：

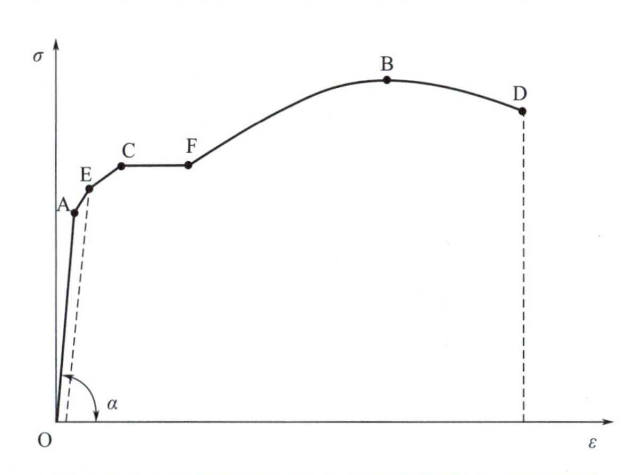

图 1.2.1　钢材的室温静力单轴拉伸应力-应变曲线

① 弹性阶段（OAE 段）

在曲线 OAE 段，其中 OA 段是一条斜直线，A 点对应的应力称为比例极限 f_p。在应力略高于比例极限 f_p（A 点）的地方，还存在一个弹性极限 f_e（E 点），由于 f_e 和 f_p 极其接近，通常略去弹性极限的点，这样，应力不超过 f_p 时钢材处于弹性阶段，即荷载增加时变形也增加，荷载降到零时（完全卸载）则变形也降到零（回到原点），应力-应变（σ-ε）曲线呈直线关系，符合胡克定律，其斜率 $E = \mathrm{d}\sigma/\mathrm{d}\varepsilon$ 就是钢材的弹性模量。弹性模量 E 即为钢材的刚度指标，对钢结构用钢材一般统一取 $E = 2.06 \times 10^5 \mathrm{N/mm^2}$，该值在钢结构分析和构件设计中（如度验算）经常使用。

② 屈服阶段（ECF 段）

E 点以后，σ-ε 曲线呈锯齿形波动循环，甚至出现荷载不增加而变形仍在继续发展的现象，σ-ε 曲线上形成水平段，即屈服平台。这个阶段称为屈服阶段，也称为塑性流动阶段。此时钢材的内部组织纯铁体晶粒产生滑移，试件除弹性变形外，还出现了塑性变形。卸载后试件不能完全恢复原来的长度。卸载后能消失的变形称为弹性变形，而不能消失的这一部分变形称为残余变形（或塑性变形）。

屈服阶段内的实际 σ-ε 曲线，在开始时上下波动较大，波动最高点和最低点分别称为上屈服点和下屈服点。大量试验证明，上屈服点受试验条件如加载速度、试件几何尺寸及形状、初偏心等影响较大，而下屈服点则对此不太敏感，各种试验条件下得到的下屈服点比较一致，并且在塑性流动发展到一定程度后，σ-ε 曲线形成稳定的水平线，应力值稳定于下屈服点。从工程设计的安全性考虑，取下屈服点较为合理，但需要说明的是，现行国家标准《碳素结构钢》GB/T 700—2006 和《低合金高强度结构钢》GB/T 1591—2018 均以上屈服点作为屈服强度，因此实际设计时应区分上、下屈服强度。屈服阶段从开始（图 1.2.1 中 E 点）到曲线再度上升（图 1.2.1 中 F 点）的塑性变形范围较大，平台开始时的应变约为 0.1%～0.2%，结束时可达 2%～3%，相应的应变幅度称为流幅。流幅越大，说明钢材的塑性越好。屈服点和流幅是钢材很重要的两个力学性能指标，前者是表示钢材强度的指标，而后者则表示钢材塑性变形的指标。

③ 强化阶段（FB段）

屈服平台结束之后，钢材内部晶粒重新排列，因此又恢复了继续承担荷载的能力，并能抵抗更大的荷载，σ-ε 曲线开始缓慢上升，但此时钢材的弹性并没有完全恢复，塑性特性非常明显，这个阶段称为强化阶段。对应于B点的荷载 N_u，是试件所能承受的最大荷载，称极限荷载，B点相应的应力为抗拉强度或极限强度，用符号 f_u 表示。当应力增大到抗拉强度 f_u 时，σ-ε 曲线达到最高点，这时应变已经很大，为15%左右。

④ 颈缩阶段（BD段）

当应力到达极限强度后，试件发生不均匀变形，在试件材料质量较差处，截面出现横向收缩，截面面积开始显著缩小，塑性变形迅速增大，这种现象叫颈缩现象。此时荷载不断降低，变形却延续发展，直至到D点试件被拉断破坏。颈缩的程度以及与D点对应的塑性变形是反映钢材塑性性能的重要指标。

应力-应变曲线反映了钢材的强度和塑性两方面的主要力学性能。强度是指材料受力时抵抗破坏的能力，表征钢材强度性能的指标有弹性模量 E、比例极限 f_p、屈服强度 f_y 和抗拉强度 f_u 等。钢材的塑性为当应力超过屈服点后，能产生显著的残余变形（塑性变形）而不立即断裂的性质，表征塑性性能的指标为断后伸长率 A 和断面收缩率 Z。各项指标具体如下：

（1）比例极限 f_p

比例极限是 σ-ε 曲线保持直线关系的最大应力值，受残余应力的影响很大。在材性试验中，一般残余应力很小，而在实际结构构件中，钢材内部经常存在数值较大的自相平衡的残余应力。拉伸时，外加应力与残余应力叠加，或者压缩时外加应力与残余应力叠加，使得部分截面提前屈服，弹性阶段缩短，比例极限减小。比例极限 f_p 在钢结构稳定设计计算中占有重要位置，它是弹性失稳和非弹性失稳的界限。

（2）屈服强度 f_y

屈服强度是衡量结构的承载能力和确定强度设计值的重要指标。其意义在于如下几点：①应力达到 f_y 时对应的应变值很小，并且与 f_p 对应的应变值较为接近，实际静力强度分析时，可以认为 f_y 是弹性极限。同时，应力达到 f_y 以后，在较大的塑性变形范围内应力不再增加，表示结构暂时失去了继续承担增加荷载的能力。而对于绝大多数结构，塑性流动结束时产生的变形已经很大，早已失去了使用价值，且极易察觉，可及时处理而不致引起严重的后果。因此，以 f_y 作为弹性计算时强度的指标，即钢材强度的标准值，并据以确定钢材的强度（抗拉、抗压和抗弯）设计值 f。②由于钢材在应力小于 f_y 时接近于理想弹性体，而应力达到 f_y 后在很大变形范围内接近于理想塑性体，因此在实用上常将其应力-应变关系处理为理想弹塑性模型。以 f_y 为界，$\sigma < f_y$ 时，应力-应变关系为一条斜直线，弹性模量为常数；$\sigma = f_y$ 时，应力-应变关系为一条水平直线，弹性模量为零。此假设为建立钢结构强度计算理论提供了便利条件，并且使计算简单方便。③在 f_y 下材料有足够的塑性变形能力来调整构件应力的不均匀分布，可保证构件截面上的应力最终都达到 f_y。因此，一般静力强度计算时，不必考虑应力集中和残余应力的影响。

高强度钢由于没有明显的屈服点，通常以卸载后残余应变为0.2%时所对应的应力作为屈服点，记为 $f_{0.2}$。钢结构设计中对以上二者不加区别，统称屈服强度，以 f_y 表示。

（3）抗拉强度 f_u

对应于拉伸曲线的最高点，抗拉强度是钢材破坏前能够承担的最大应力，因而被视为建筑钢材的另一个重要力学性能指标。它反映了建筑钢材强度储备的大小，虽然达到这个应力时，钢材已由于产生很大的塑性变形而失去使用性能，但是抗拉强度 f_u 高则可增加结构的安全保障，另外，在分析极限承载力时，一般也采用 f_u 作为计算指标。在塑性设计中，允许钢材发展较大塑性以充分发挥效能，这种强度储备尤为重要。强度储备的大小常用 f_y/f_u 表示，称其为屈强比。屈强比可以看作衡量钢材强度储备的一个系数，屈强比愈低钢材的安全储备愈大。因此，规定用于塑性设计的钢材屈强比必须满足 $f_y/f_u \leqslant 0.85$。

（4）断后伸长率 A

对应于拉伸应力-应变曲线最末端（拉断点）的相对塑性变形，断后伸长率 A 等于试样断后标距的残余伸长（L_u-L_0）和原始标距（L_0）之比的百分率。钢材的伸长率是衡量钢材塑性性能的指标。钢材的塑性是在外力作用下产生永久变形时抵抗断裂的能力。因此承重结构用的钢材，不论在静力荷载或动力荷载作用下，还是在加工制作过程中，除了应具有较高的强度外，尚应要求具有足够的伸长率。A 值可按式（2-1）计算：

$$A=\frac{L_u-L_0}{L_0}\times 100\% \tag{1.2.1}$$

式中：A——断后伸长率；

L_0——室温下施力前试样标距；

L_u——在室温下将断后的两部分试样紧密地对接在一起，保证两部分的轴线位于同一轴线上，测量试样断裂后的标距。

显然，式（1.2.1）中 L_u-L_0 实质上是试样拉断后的残余变形，它与 L_0 之比即为极限塑性应变。建筑钢材的塑性变形能力很强，当板厚（或直径）不大于40mm时，碳素结构钢中Q235的断后伸长率不小于26%，低合金高强度钢中的Q345的断后伸长率不小于20%，可见塑性应变几乎为弹性应变的100倍以上，因此钢结构几乎不可能产生纯塑性破坏，因为当结构出现如此大的塑性变形时，早已失去使用价值或已采取补救措施。

（5）断面收缩率 Z

断面收缩率是指试样断裂后，横截面积的最大缩减量（S_0-S_u）与原始横截面面积（S_0）的比值，按式（1.2.2）计算：

$$Z=\frac{S_0-S_u}{S_0}\times 100\% \tag{1.2.2}$$

式中：Z——断面收缩率；

S_0——平行长度的原始横截面积；

S_u——断后最小横截面积。

断面收缩率也是衡量钢材塑性变形能力的一个指标。由于断后伸长率 A 是由钢材沿长度的均匀变形和颈缩区的集中变形的总和所确定的，所以它不能代表钢材的最大塑性变形能力。断面收缩率才是衡量钢材塑性的一个比较真实和稳定的指标，但因测量困难，产生误差较大。因而钢材塑性指标仍然采用断后伸长率而不采用断面收缩率作为保证要求。

另外，拉伸应力-应变曲线还反映了钢材的弹性模量 E 和强化开始时的强化模量 E_{st} 等指标。在线弹性阶段 σ-ε 关系曲线的斜率就是钢材的弹性模量 E，它是结构弹性设计的主要指标。而强化模量 E_{st} 则为强化阶段初期 σ-ε 关系曲线的斜率。

2. 钢材受压和受剪时的工作性能

钢材的受压和受剪性能同样可以通过相关试验测定。钢材的一次压缩 σ-ε 曲线与拉伸曲线绝大部分基本相同，只是在强化阶段后期，由于压缩造成试件受力面积增大，按原截面计算的名义应力迅速增大，因而 σ-ε 曲线一直是上升的，直到最后在 45°斜截面上发生剪切破坏。钢材的剪切应力-应变曲线与拉伸曲线相似，屈服点 τ_y、抗剪强度 τ_u 和剪切模量 G 均较受拉时低。

由于拉伸试验对受压、受剪受力状态都具有代表性，因此钢材的强度指标（抗拉、抗压和抗弯）一般均通过拉伸试验确定，而抗剪强度一般通过应力换算加以确定。

1.2.1.2 钢材的冷弯性能

冷弯性能是指钢材在冷加工（即在常温下加工）产生塑性变形时，对发生裂纹的抵抗能力。钢材的冷弯性能常用冷弯试验来检验。

冷弯试验应在配备规定弯曲装置的试验机或压力机上完成，根据试样厚度，按照规定的弯心直径 d 通过连续施加力使其弯曲（图 1.2.2）。当弯曲至 180°时，不使用放大仪器观察，试样弯曲外表面无可见裂纹应评定为“冷弯试验合格”；否则，不合格。具体试验方法参见《金属材料 弯曲试验方法》GB/T 232—2024。

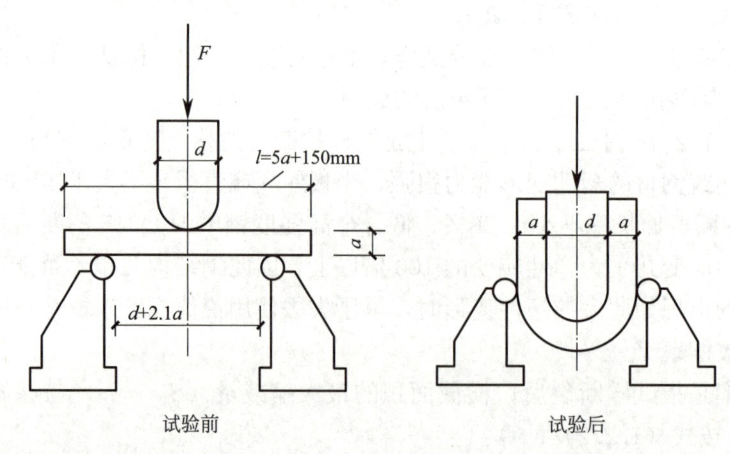

图 1.2.2 钢材的冷弯性能示意图

冷弯试验不仅能检验钢材的弯曲塑性变形能力，还能暴露出钢材的内部冶金缺陷（晶粒组织、结晶情况和非金属夹杂物分布等缺陷），因此它是判断钢材塑性变形能力和冶金质量的一个综合指标。承重结构中对钢材冷热加工工艺性能需要有较高要求时，应具有冷弯试验合格保证。

1.2.1.3 钢材的韧性

工程结构设计中，经常遇到由汽车、火车、波浪、厂房吊车等产生的冲击作用，与抵抗冲击作用有关的钢材性能指标是韧性。韧性是钢材在产生塑性变形和断裂过程中吸收能量的能力，断裂时吸收能量越多，钢材韧性越好。钢材在一次拉伸静力荷载作用下拉断时所吸收的能量，如果用单位体积内所吸收的能量来表示，其值正好等于拉伸 σ-ε 曲线与横坐标轴之间的面积。塑性好或强度高的钢材，其 σ-ε 曲线下方的面积较大，所以韧性值大。可见韧性与钢材的塑性有关而又不同于塑性，是钢材强度与塑性的综合表现。

然而，对于钢材的韧性，实际工作中并未采用上述的方法进行评定。原因是：实际结构的脆性断裂往往发生在动力荷载条件下和低温下，而结构中的缺陷例如缺口和裂纹，常常是脆性断裂的发源地，因而实际上使用冲击韧性来衡量钢材抗脆断的能力。冲击韧性（或冲击吸收能量）采用夏比摆锤冲击试验方法测定，用 KV 或 KU 表示（字母 V 和 U 表示缺口的几何形状），单位为“J”。它是判断钢材在冲击荷载作用下是否出现脆性破坏的主要指标之一。

在夏比冲击试验中，标准尺寸试样为长度 55mm、横截面 10mm×10mm 的方形截面，在试样长度中间有规定几何形状的缺口（V 形或 U 形缺口），缺口背向打击面放置在摆锤式冲击试验机上进行试验（图 1.2.3），在摆锤打击下，直至试样断裂，具体试验方法参见《金属材料 夏比摆锤冲击试验方法》GB/T 229—2020。按规定方法测定的冲击吸收能量即冲击韧性指标。

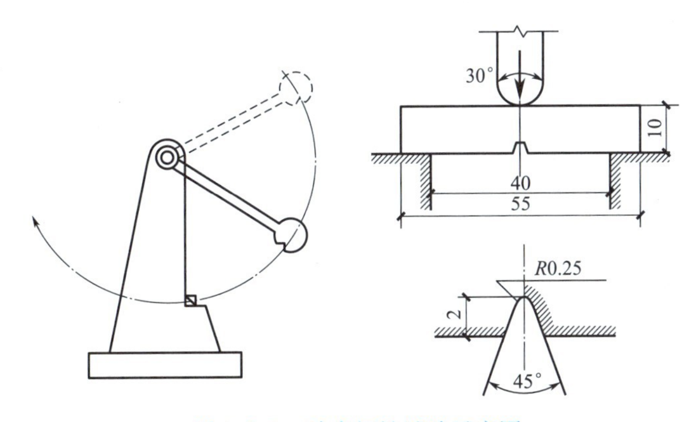

图 1.2.3 冲击韧性试验示意图

冲击韧性受试验温度影响很显著，温度愈低，冲击韧性愈低，当温度低于某一临界值时，其值急剧降低。另外，对于轧制的钢材，冲击韧性也具有方向性，一般来说纵向（沿轧制方向）性能较好，横向（垂直于轧制方向）性能降低。因此，设计处于不同环境温度的重要结构时，尤其是受动力荷载作用的结构时，要根据相应的环境温度对应提出具体方向（纵向或横向）的常温（20℃）冲击韧性、0℃冲击韧性或负温（－20℃、－40℃或－60℃）冲击韧性的保证要求。

钢材的性能鉴定

由前可知，反映钢材质量的主要力学指标有：屈服强度、抗拉强度、伸长率、冷弯性能及冲击韧性。此外，钢材的工艺性能和化学成分也是反映钢材性能的重要内容。根据《钢结构工程施工质量验收标准》GB 50205—2020 的规定，对进入钢结构工程实施现场的主要材料须进行进场验收，即检查钢材的质量合格证明文件、中文标识及检验报告，确认钢材的品种、规格、性能是否符合现行国家标准和设计要求。对属于下列情况之一的钢材，应进行抽样复验，其复验结果应符合现行国家产品标准和要求。

（1）国外进口钢材；

（2）钢材混批；

（3）板厚等于或大于40mm，且设计有Z向性能要求的厚板；

（4）建筑结构安全等级为一级，大跨度钢结构中主要受力构件所采用的钢材；

（5）设计有复验要求的钢材；

（6）对质量有疑义的钢材。

复检时各项试验都应按相关的现行国家标准《金属材料 拉伸试验》GB/T 228《金属材料 夏比摆锤冲击试验方法》GB/T 229和《金属材料 弯曲试验方法》GB/T 232的规定进行。试件的取样则按国家标准《钢及钢产品 力学性能试验取样位置及试样制备》GB/T 2975和《钢的成品化学成分允许偏差》GB/T 222的规定进行。做热轧型钢的力学性能试验时，原则上应该从翼缘上切取试样。这是因为翼缘厚度比腹板大，屈服点比腹板低，并且翼缘是受力构件的关键部位。钢板的轧制过程使它的纵向力学性能优于横向，因此，采用纵向试样或横向试样，试验结果会有差别。国家标准中要求钢板、钢带的拉伸和弯曲试验取横向试件，而冲击韧性试验则取纵向试件。钢材质量的抽样检验应由具有相应资质的质检单位进行。

1.2.2 钢材的种类

视频

钢材的种类

钢结构用的钢材主要有两个种类，即碳素结构钢和低合金高强度结构钢，后者因含有锰、钒等合金元素而具有较高的强度。此外，处在腐蚀性介质中的结构，则采用高耐候性结构钢。这种钢因铜、磷、铬、镍等合金元素而具有较抗锈能力。重要的焊接结构为防止钢材层间撕裂可以采用厚度方向性能钢或高层建筑结构用钢板中的厚度方向性能钢板。下面就碳素结构钢和低合金高强度结构钢这两个钢种分别论述它们的钢号和性能。

1.2.2.1 碳素结构钢

碳素结构钢的牌号（简称钢号）有Q195、Q215A及Q215B、Q235A、Q235、Q235C及Q235D、Q255A及Q255B以及Q275。其中的Q是屈服强度中屈字汉语拼音的字首，后接的阿拉伯数字表示以N/mm^2为单位的屈服强度大小，A、B、C或D等表示按质量划分的级别，最后还有一个表示脱氧方法的符号如F或b。从Q195到Q275，是按强度由低到高排列的；钢材强度主要由其中碳元素含量的多少来决定，但与其他一些元素的含量也有关系。所以，钢号的由低到高在较大程度上代表了含碳量的由低到高。

Q195及Q215的强度比较低，而Q255的含碳量上限和Q275的含碳量都超出低碳钢的范围，所以建筑结构在碳素结构钢这一钢种中主要应用Q235这一钢号。

钢号中质量分级由A到D，表示质量的由低到高。质量高低主要是以对冲韧性（夏比V形缺口试验）的要求区分的，对冷弯试验的要求也有所区别。对A级钢，冲击韧性不作为要求条件，对冷弯试验只在需方有要求时才进行，而B、C、D各级则都要求A_{kv}值不小于27J，不过三者的试验温度有所不同，B级要求常温（20℃±5℃）冲击值，C级和D级则分别要求0℃和−20℃冲击值。B、C、D级也都要求冷弯试验合格。为了满足以上性能要求，不同等级的Q235钢的化学元素含量略有区别。对C级和D级钢要提高其锰含量以改进韧性，同时降低其含碳量的上限以保证可焊性，此外，还要降低它们的硫、磷含量以保证质量。

在浇铸过程中由于脱氧程度的不同，钢材有镇静钢、半镇静钢与沸腾钢之分。用汉语拼音字首表示，符号分别为Z、b、F。此外还有用铝补充脱氧的特殊镇静钢，用TZ表示。按国家标准规定，符号Z和TZ在表示牌号时予以省略。对Q235钢来说，A、B两级的脱氧方法可以是Z、b或F，C级只能是Z，D级只能是TZ。这样，其钢号表示法及代表的意义如下：

Q235A——屈服强度为235N/mm²，A级，镇静钢；

Q235A·b——屈服强度为235N/mm²，A级，半镇静钢；

Q235A·F——屈服强度为235N/mm²，A级，沸腾钢；

Q235B——屈服强度为235N/mm²，B级，镇静钢；

Q235B·b——屈服强度为235N/mm²，B级，半镇静钢；

Q235B·F——屈服强度为235N/mm²，B级，沸腾钢；

Q235C——屈服强度为235N/mm²，C级，镇静钢；

Q235D——屈服强度为235N/mm²，D级，特殊镇静钢。

1.2.2.2 低合金高强度结构钢

低合金高强度结构钢是在钢的冶炼过程中添加少量几种合金元素使钢的强度明显提高。合金元素的总量低于5%，故称低合金高强度结构钢。国家标准《低合金高强度结构钢》GB/T 1591—2018规定，低合金高强度结构钢分为Q295、Q355、Q390、Q420、Q460五种，其符号的含义和碳素结构钢牌号的含义相同。其中Q355、Q390和Q420是《钢结构通用规范》GB 55006—2021规定采用的钢种。这三种钢都包含A、B、C、D、E五种质量等级，和碳素结构钢一样，不同质量等级是按对冲击韧性（夏比V形缺口试验）的要求区分的。A级无冲击功要求；B级要求20℃冲击功A_{KV}≥34J（纵向）；C级要求0℃冲击功A_{KV}≥34J（纵向）；D要求−20℃冲击功A_{KV}≥34J（纵向）；E级要求−40℃冲击功A_{KV}≥27J（纵向）。不同质量等级对碳、硫、磷、铝等含量的要求也有区别。

低合金高强度结构钢的A、B级属于镇静钢，C、D、E级属于特殊镇静钢。结构钢的发展趋势，是进一步提高强度而又能保持较好的塑性和韧性。Q295和Q355钢的伸长率不小于21%，Q390、Q420和Q460钢分别不小于19%、18%和17%。这就是说，塑性随强度提高而下降。塑性过低就难以适用于土建结构。《钢结构设计标准》GB 50017—2017对用于塑性设计的钢材要求伸长率不小于15%，而《钢结构工程施工质量验收标准》GB 50205—2020要求钢材伸长率大于20%，从而排除了Q390和更强钢材用于抗震结构的可能性。获得强度高且塑性及韧性好的技术措施是细化钢材的晶粒。为此，一方面适当增加合金元素，另一方面采用控温控轧技术，或进行适当的热处理。

高强钢丝和钢索材料

悬索结构和斜张拉结构的钢索、桅杆结构的钢丝绳等通常都采用由高强钢组成的平行钢丝束、钢绞线和钢丝绳。高强钢丝是由优质碳素钢经过多次冷拔而成，分为光面钢丝和镀锌钢丝两种类型。钢丝强度的主要指标是抗拉强度，其在1570～1700N/mm^{2}范围内，而屈服强度通常不作要求。根据国家有关标准，钢丝的化学成分有严格要求，硫、磷的含量不得超过0.03%，铜含量不超过0.2%，同时对铬、镍的含量也有控制要求。高强钢丝的伸长率较小，最低4%，但高强钢丝（和钢索）却有一个不同于一般结构钢材的特点——松弛，在保持长度不变的情况下所承拉力随时间延长而略有降低。

平行钢丝束由7根、19根、37根或61根钢丝组成。钢丝束内各钢丝受力均匀，弹性模量接近一般受力钢材。用来组成钢丝束的钢丝除圆形截面外，还有梯形和异形截面。

钢绞线亦称单股钢丝绳，由多根钢丝捻成，钢丝根数可为7根、19根、37根。7根者捻法最简单，1根在中心，其余6根在周围顺着同一方向缠绕。钢绞线受拉时，中央钢丝应力最大，其他外层钢丝应力稍小。由于各钢丝之间受力不均匀，钢绞线的抗拉强度比单根钢丝低10%～20%，弹性模量也有所降低。钢绞线也可几根平行放置组成钢绞线束。

钢丝绳多由7股钢绞线捻成，以1股钢绞线为核心，外层的6股钢绞线沿同一方向缠绕。绳中每股钢绞线的捻向通常与股中钢丝捻向相反，因为此种捻法外层钢丝与绳的纵轴平行，受力时不易松开。钢丝绳的核心钢绞线也可用天然或合成纤维芯代替，如采用浸透防腐剂的麻绳。麻芯钢丝绳柔性较好，适合于需要弯曲的场合。钢芯绳承载力较高，适合于土建结构。钢丝绳的强度和弹性模量比钢绞线有不同程度的降低。其中纤维芯绳又略逊于钢芯绳。

1.2.3 钢材的规格

钢结构构件一般宜直接选用型钢，这样可减少制造工作量，降低造价。型钢尺寸不合适或构件很大时则用钢板制作。型钢有热轧及冷成型两种。

1.2.3.1 钢板

热轧钢板分厚板及薄板两种，厚板的厚度为4.5～60mm（广泛用于组成焊接构件和连接钢板），薄板厚度为0.35～4mm（冷弯薄壁型钢的原料）。在图纸中钢板用“-厚×宽×长（单位为毫米）”的方法表示，如：-12×800×2100等。

1.2.3.2 热轧型钢（图1.2.4）

1. 角钢：有等边和不等边两种。等边角钢，以边宽和厚度表示，如∟100×10为肢宽

100mm、厚 10mm 的等边角钢。不等边角钢，则以两边宽度和厚度表示，如∟100×80×10 等。

2. 槽钢：我国槽钢有两种尺寸系列，即热轧普通槽钢与热轧轻型槽钢。前者的表示法如［30a，指槽钢外廓高度为 30cm 且腹板厚度为最薄的一种；后者的表示法如［25Q，表示外廓高度为 25cm，Q 是汉语拼音“轻”的拼音字首。同样号数时，轻型者由于腹板薄及翼缘宽而薄，因而截面积小但回转半径大，能节约钢材减少自重。不过轻型系列的实际产品较少。

3. 工字钢：与槽钢相同，也分成上述的两个尺寸系列，即普通型和轻型。与槽钢一样，工字钢外轮廓高度的厘米数即为型号，普通型者当型号较大时腹板厚度分 a、b 及 c 三种。轻型的由于壁厚较薄故不再按厚度划分。两种工字钢表示法如：I32c、I32Q 等。

4. H 型钢和剖分 T 型钢：热轧 H 型钢分为三类，宽翼缘 H 型钢（HW）、中翼缘 H 型钢（HM）和窄翼缘 H 型钢（HN）。H 型钢型号的表示方法是先用符号 HW、HM 和 HN 表示 H 型钢的类别，后面加“高度（毫米）×宽度（毫米）”，例如 HW300×300，即为截面高度为 300mm，翼缘宽度为 300mm 的宽翼缘 H 型钢。剖分 T 型钢也分为三类，即宽翼缘剖分 T 型钢（TW）、中翼缘剖分 T 型钢（TM）和窄翼缘剖分 T 型钢（TN）。剖分 T 型钢系由对应的 H 型钢沿腹板中部对等剖分而成，其表示方法与 H 型钢类同。

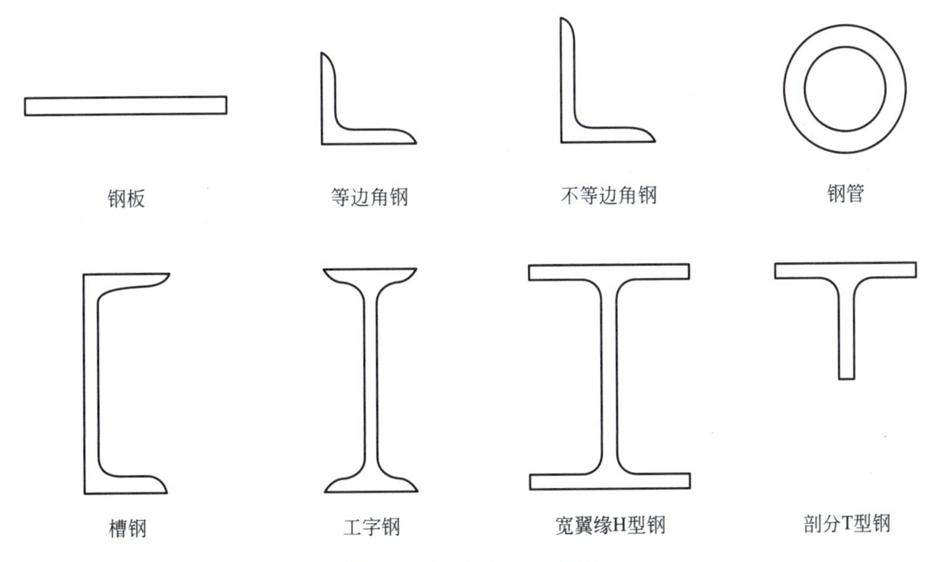

图 1.2.4　热轧型钢截面

1.2.3.3　冷弯型钢

冷弯薄壁型钢是用 2～6mm 厚的薄钢板经冷弯或模压而成型的（如图 1.2.5 所示）。压型钢板是近年来开始使用的薄壁型材，所用钢板厚度为 0.4～2mm，用作轻型屋面等构件。薄壁型钢的常用型号及截面几何特性见《冷弯薄壁型钢结构技术规范》GB 50018—2002 的附录。

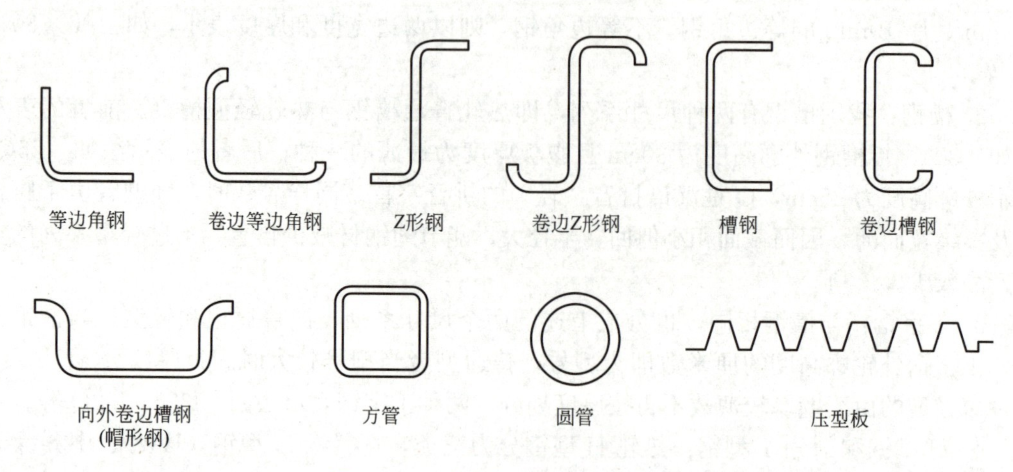

图 1.2.5　冷弯薄壁型钢的截面形式

钢材的选择

选择钢材时考虑的因素有：

1. 结构的重要性：重要结构应考虑选用质量好的钢材，一般工业与民用建筑结构可选用普通质量的钢材；

2. 荷载情况：直接承受动力荷载的结构和强烈地震区的结构应选用综合性能好的钢材，一般承受静力荷载的结构则可选用价格较低的 Q235 钢；

3. 应力特征；

4. 连接方法：焊接结构对材质的要求应严格一些；

5. 结构所处的温度和环境：在低温条件下工作的结构，尤其是焊接结构，应选用具有良好抗低温脆断性能的镇静钢；

6. 钢材厚度：厚度大的焊接结构应采用材质较好的钢材。

一、单选题

1. 钢材的设计强度是根据（　　）确定的。

A. 比例极限　　B. 弹性极限

C. 屈服强度　　D. 极限强度

2. Q235 钢按照质量等级分为 A、B、C、D 四级，由 A 到 D 表示质量由低到高，其分类依据是（　　）。

A. 冲击韧性　　B. 冷弯试验

C. 化学成分　　D. 伸长率

3. 在钢构件中，产生应力集中的因素是（　　）。

A. 构件环境因素的变化　　B. 荷载的不均匀分布

C. 加载的时间长短　　D. 构件截面的突变

4. 钢材选用时考虑的因素很多，下列（　　）不是所应考虑的因素。

A. 荷载情况　　B. 结构的重要性

C. 应力特征　　D. 钢材规格

5. 随着碳含量的提高，钢的（　　）提高。

A. 韧性　　B. 强度　　C. 塑性　　D. 可焊性

二、多选题

1. 钢材的三脆是指（　　）。

A. 热脆　　B. 冷脆　　C. 蓝脆　　D. 断脆

E. 拉脆

2. 钢材中含有C、P、N、S、O、Cu、Si、Mn、V等元素，其中有害的元素为（　　）。

A. P　　B. N　　C. S　　D. Mn

E. O

3. 承受动力荷载作用的钢结构，应选用（　　）的钢材。

A. 塑性好　　B. 冲击韧性好

C. 强度高　　D. 冷弯性能好

E. 伸长率大

任务训练

1. 用文字表述规格为ϕ219×14的断面代表的意义。

2. 简述钢材牌号为“Q235C”代表的意义。

任务1.3　钢结构连接

任务引入

采用组合截面的钢构件需用连接将其组成部分即钢板或型钢连成一体。整个钢结构需在节点处用连接将构件拼装成整体。钢结构连接设计的好坏将直接影响钢结构的质量和经济性。通过本任务的学习，熟悉焊缝连接的形式、构造，具备识读焊缝、螺栓连接在图纸中的表达方式的能力；熟悉螺栓连接的形式、构造，掌握螺栓的施拧、校核工艺。

钢结构的连接方法，历史上曾用过销轴（俗称销钉、销子）、螺栓、铆钉和焊缝等。其中，传统铆钉连接因构造复杂、费钢费工已不在新建结构中使用；销轴连接曾近乎摒弃，目前应用逐渐增多，多用于铰接的柱脚、拱脚以及拉索、拉杆的端部，《钢结构设计标准》GB 50017—2017对销轴连接的构造和计算作出了规定；焊缝连接和螺栓连接是目前工程应用最多的两种连接方法。

本节任务的学习内容详见表1.3.0。

钢结构连接学习内容　　表 1.3.0

任务	技能	知识	拓展
1.3　钢结构连接	1.3.1　钢结构焊接	1.3.1.1　焊缝符号及标注 1.3.1.2　对接焊缝的构造 1.3.1.3　对接焊缝的计算 1.3.1.4　角焊缝的形式与构造 1.3.1.5　角焊缝的计算	焊缝的质量等级
	1.3.2　钢结构螺栓连接	1.3.2.1　普通螺栓连接的构造 1.3.2.2　普通螺栓连接的计算 1.3.2.3　高强度螺栓连接工作性能与构造 1.3.2.4　摩擦型高强度螺栓连接的计算	螺栓连接的实际工程应用

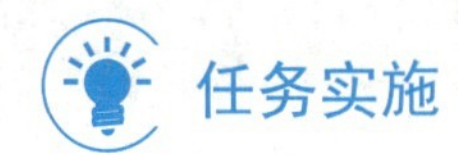

1.3.1　钢结构焊接

钢结构是由钢板、型钢通过必要的连接组成基本构件，如梁、柱、桁架等；再通过一定的安装连接装配成空间整体结构，如屋盖、厂房、钢闸门、钢桥等。可见，连接的构造和计算是钢结构设计的重要组成部分。好的连接应当符合安全可靠、节约钢材、构造简单和施工方便等原则。

钢结构的连接方法可分为焊缝连接、铆钉连接和螺栓连接三种，如图 1.3.1 所示。

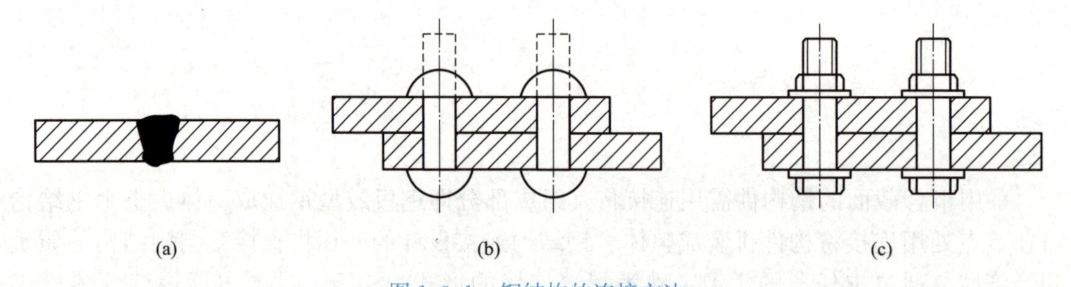

图 1.3.1　钢结构的连接方法

(a) 焊缝连接；(b) 铆钉连接；(c) 螺栓连接

1. 焊缝连接（焊接）

焊接是现代钢结构最主要的连接方法。其优点是不削弱构件截面（不必钻孔），构造简单，节约钢材，加工方便，在一定条件下还可以采用自动化操作，生产效率高。此外，焊缝连接的刚度较大、密封性能好。

焊缝连接的缺点是焊缝附近钢材因焊接的高温作用而形成热影响区，热影响区由高温降到常温冷却速度快，会使钢材脆性加大，同时由于热影响区的不均匀收缩，易使焊件产生焊接残余应力及残余变形，甚至可能造成裂纹，导致脆性破坏。焊接结构低温冷脆问题也比较突出。

2. 铆钉连接（铆接）

铆接的优点是塑性和韧性较好，传力可靠，质量易于检查和保证，可用于承受动载的重型结构。但是，由于铆接工艺复杂、用钢量多，因此，费钢又费工。现已很少采用。

3. 螺栓连接

螺栓连接分为普通螺栓连接和高强度螺栓连接两种。普通螺栓通常用Q235钢制成，而高强度螺栓则用高强度钢材制成并经热处理。高强度螺栓因其连接紧密，耐疲劳，承受动载可靠，成本也不太高，目前在一些重要的永久性结构的安装连接中，已成为代替铆接的优良连接方法。

螺栓连接的优点是安装方便，特别适用于工地安装连接，也便于拆卸，适用于需要装拆的结构和临时性连接。其缺点是需要在板件上开孔和拼装时对孔，增加制造工作量；螺栓孔还使构件截面削弱，且被连接的板件需要相互搭接或另加拼接板或角钢等连接件，因而比焊接连接多费钢材。

1.3.1.1 焊缝符号及标注

在钢结构施工图上焊缝应采用焊缝符号表示，焊缝符号及标注方法应按《建筑结构制图标准》GB/T 50105—2010和《焊缝符号表示法》GB/T 324—2008执行。

焊缝符号由指引线和基本符号组成，必要时还可加上辅助符号、补充符号和焊缝尺寸符号。

（1）指引线一般由单箭头的指引和两条相互平行的基准线所组成。一条基准线为实线，另一条为虚线，均为细线。虚线的基准线可以画在实线基准线的上侧或下侧。基准线一般应与图纸的底边相平行，但在特殊条件下也与底边相垂直。为引线的方便，允许箭头弯折一次。

（2）基本符号用以表示焊缝的形状。表1.3.1中摘录了一些常用的焊缝基本符号。基本符号与基准线的相对位置应按下列规则表示：

① 如果焊缝在接头的箭头侧，基本符号应标在基准线的实线侧；

② 如果焊缝在接头的非箭头侧，基本符号应标在基准线的虚线侧；

③ 当为双面对称焊缝时，基准线可只画实线一条；

④ 当为单面的对接焊缝时，如V形焊缝、U形焊缝，则箭头线应指向有坡口一侧。

（3）辅助符号是表示焊缝表面形状特征的符号，如对接焊缝表面余高的部分需加工，使其与焊件表面齐平，则可在对接焊缝符号上加一短画线，此短画线即为辅助符号；

（4）当焊缝分面比较复杂时，在标注焊缝代号的同时，可在图形边的焊缝处加粗线、栅线等强调焊缝的重要性，如图1.3.2所示。

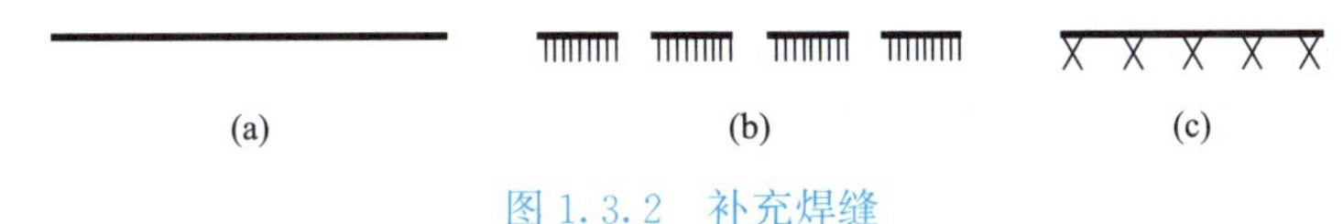

图1.3.2 补充焊缝

（a）可见焊缝；（b）不可见焊缝；（c）安装焊缝

焊缝符号中的基本符号、辅助符号和补充符号摘录　　表 1.3.1

	名称	对接焊缝					角焊缝	塞焊缝与槽焊缝	点焊缝
		I形焊缝	V形焊缝	单边V形焊缝	带钝边的V形焊缝	带钝边的U形焊缝			
基本符号	符号								

	名称	示意图	符号	示例
辅助符号	平面符号			
	凹面符号			
补充符号	三面围焊缝符号			
	周边焊缝符号			
	工地现场焊缝符号			或

1.3.1.2　对接焊缝的构造

钢结构的焊接采用较多的是对接焊缝和角焊缝，对接焊缝传力直接、平顺，没有显著的集力集中现象。角焊缝构造简单，施工方便，但性能特别是动力性能较差。

对接焊缝按受力方向分为直焊缝（图 1.3.3a）和斜焊缝（图 1.3.3b）。

对接焊缝的坡口形式如图 1.3.4 所示，取决于焊件厚度 t。当焊件厚度 4mm<t≤10mm 时，可用直边缝；当焊件厚度 10mm<t≤20mm 时，可用斜坡口的单边 V 形或 V 形焊缝；当焊件厚度 t>20mm 时，则采用 U 形、K 形和 X 形坡口焊缝。对于 U 形焊缝和 V 形焊缝，需对焊缝根部进行补焊，埋弧焊的熔深较大，同样坡口形式的适用板厚 t 可适当加大，对接间隙 c 可稍小些，钝边高度 p 可稍大，对接焊缝坡口形式的选用，应根据板厚和施工条件按现行标准《气焊、焊条电弧焊、气体保护焊和高能束焊的推荐坡口》GB/T 985.1—2008 和《埋弧焊的推荐坡口》GB/T 985.2—2008 的要求进行。

在焊缝的起灭弧处，常会出现弧坑等缺陷，此处极易产生应力集中和裂纹，对承受动力荷载尤为不利，故焊接时对直接承受动力荷载的焊缝，必须采用引弧板，如图 1.3.5 所

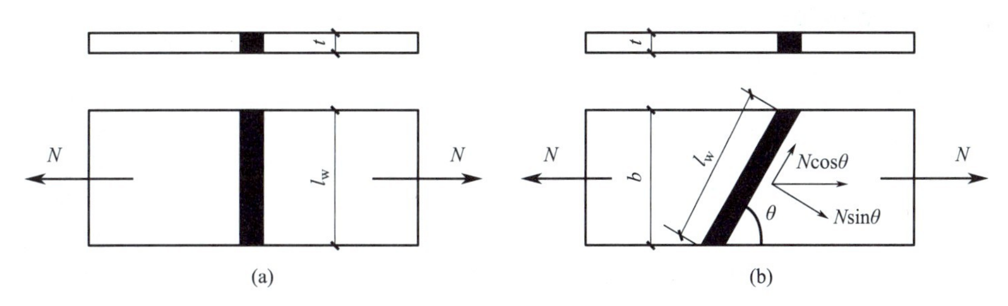

图 1.3.3　焊缝形式

（a）直焊缝；（b）斜焊缝

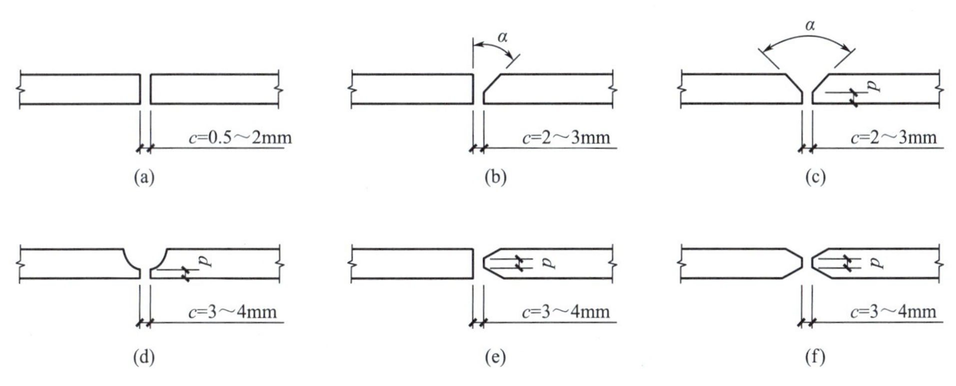

图 1.3.4　对接焊缝的坡口形式

（a）直边缝；（b）单边 V 形坡口；（c）V 形坡口；（d）U 形坡口；（e）K 形坡口；（f）X 形坡口

示，焊后将它割除。对受静力荷载的结构设置引弧板有困难时，允许不设置引弧板，则每条焊缝的引弧及灭弧端各减去 t（t 为较薄焊件厚度）后作为焊缝的计算长度。

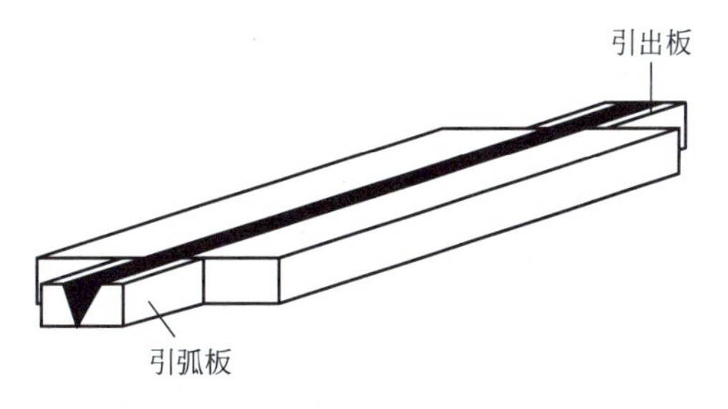

图 1.3.5　用引弧板焊接

在对接焊缝拼接处的焊件宽度不同或厚度在一侧相差 4mm 以上时，应分别在宽度方向或厚度方向从一侧或两侧做成坡度不大于 1∶2.5 的斜坡，如图 1.3.6 所示，使截面过渡缓和，减小应力集中。如果两钢板厚度相差小于或等于 4mm 时，也可不做坡度，直接用焊缝表面斜坡来找坡，焊缝的计算厚度等于较薄板件的厚度。

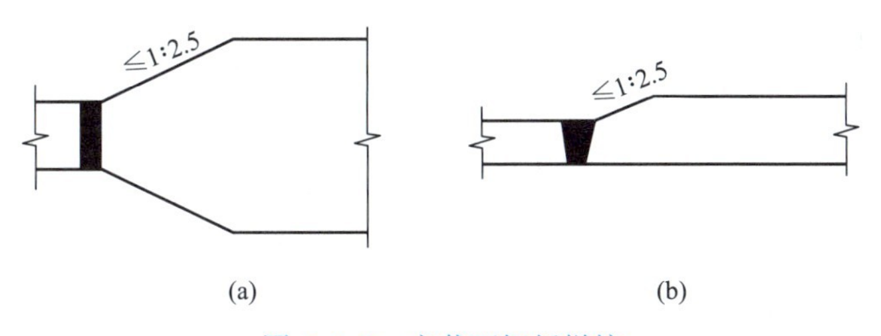

图 1.3.6　变截面钢板拼接

（a）宽度改变；（b）厚度改变

1.3.1.3 对接焊缝的计算

（1）在与其长度方向垂直的轴心拉力或轴心压力作用下：

$$\sigma=\frac{N}{l_{\mathrm{w}}t}\leqslant f_{\mathrm{t}}^{\mathrm{w}}\ 或\ f_{\mathrm{c}}^{\mathrm{w}} \tag{1.3.1}$$

式中 N——轴心拉力或压力；

l_{w}——焊缝长度；

t——焊缝厚度，在对接接头中为连接件的较小厚度，在 T 形接头中为腹板的厚度；

$f_{\mathrm{t}}^{\mathrm{w}}$、$f_{\mathrm{c}}^{\mathrm{w}}$——对接焊缝的抗拉、抗压强度设计值。

（2）在正应力 σ 和剪应力 τ 作用时：

$$\sigma\leqslant f_{\mathrm{t}}^{\mathrm{w}}\ 或\ f_{\mathrm{c}}^{\mathrm{w}} \tag{1.3.2}$$

$$\tau\leqslant f_{\mathrm{v}}^{\mathrm{w}} \tag{1.3.3}$$

式中 $f_{\mathrm{v}}^{\mathrm{w}}$——对接焊缝的抗剪强度设计值。

在同时受有较大正应力和剪应力处，尚应按下式的折算应力计算其强度：

$$\sqrt{\sigma^2+3\tau^2}\leqslant 1.1f_{\mathrm{t}}^{\mathrm{w}} \tag{1.3.4}$$

注：① 当承受轴心力的板件用斜焊缝对接，焊缝与作用力间的夹角 θ 符合 $\tan\theta\leqslant1.5$ 时，其强度可不计算；

② 当对接焊缝无法采用引弧板施焊时，计算中应将每条焊缝的长度各减去 t（t 为较薄焊件厚度）；

③ 在对接焊缝连接中，外力在各条对接焊缝中的分配以及对接焊缝中应力的分布和大小，与连接的形式和焊缝所在部位的刚度等因素有关，计算时应予以充分考虑。

表 1.3.2 列出了几种常用对接焊缝连接的焊缝强度计算公式。

对接焊缝连接的强度计算方式 **表 1.3.2**

项次	连接形式及受力情况	计算内容	计算公式	备注
1	N, l_{w}, N; t	拉应力或压应力	$\sigma=\dfrac{N}{l_{\mathrm{w}}t}\leqslant f_{\mathrm{t}}^{\mathrm{w}}$ 或 $f_{\mathrm{c}}^{\mathrm{w}}$	
2	V, M, l_{w}, M, V; t	正应力	$\sigma=\dfrac{6M}{l_{\mathrm{w}}^2t}\leqslant f_{\mathrm{t}}^{\mathrm{w}}$ 或 $f_{\mathrm{c}}^{\mathrm{w}}$	
		剪应力	$\tau=\dfrac{1.5V}{l_{\mathrm{w}}t}\leqslant f_{\mathrm{v}}^{\mathrm{w}}$	

续表

项次	连接形式及受力情况	计算内容	计算公式	备注
3	V、M、N、a（图）	正应力	$\sigma=\frac{N}{A_w}+\frac{M}{W_w}\leqslant f_t^w$ 或 f_c^w	在正应力和剪应力都较大的地方才需要计算折算应力，如图中 a 点处
		剪应力	$\tau=\frac{VS_w}{I_w t}\leqslant f_v^w$	
		折算应力	$\sqrt{\sigma_1^2+3\tau_1^2}=\sqrt{\left(\frac{N}{A_w}+\frac{My_1}{I_w}\right)^2+3\left(\frac{VS_{w1}}{I_w t}\right)^2}\leqslant 1.1f_t^w$	
4	V、M（图）	正应力	$\sigma=\frac{M}{W_w}\leqslant f_t^w$ 或 f_c^w	如连接在翼缘处无横向加劲肋加强，则计算正应力 σ_1 时也不应计入翼缘水平焊缝，即 $W_w=\frac{h^2 t}{6}$
		剪应力	$\tau=\frac{V}{A'_w}=\frac{V}{ht}\leqslant f_v^w$	
		折算应力	$\sqrt{\sigma^2+3\tau^2}=\sqrt{\left(\frac{M}{W_w}\right)^2+3\left(\frac{V}{ht}\right)^2}\leqslant 1.1f_t^w$	

表中：N、M、V——作用于连接处的轴心力、弯矩和剪力；
l_w——焊缝的计算长度；
t——焊缝的厚度；
A_w、W_w——焊缝截面的面积和抵抗矩；
S_w——所求剪应力处以上的焊缝截面对中和轴的面积矩；
I_w——焊缝截面的惯性矩；
y_1——a 点到中和轴的距离；
S_{w1}——计算 a 点剪应力所用的焊缝截面的面积矩；
A'_w——竖直焊缝的截面积，$A'_w=ht$；
h——竖直焊缝的长度（即牛腿截面高度）。

由于一、二级质量的焊缝与母材强度相等，故只有三级质量的焊缝才需进行抗拉强度验算。如果用直焊缝不能满足强度要求时，可采用图 1.3.6（b）所示的对接斜焊缝。计算证明，焊缝与作用力间的夹角 θ 满足 $\tan\theta\leqslant 1.5$ 时，斜焊缝的强度不低于母材强度，可不再进行验算。

例 1-3-1　试验算图 1.3.3 所示钢板的对接焊缝的强度，图中 $b=540$mm，厚度 $t=22$mm，轴心力的设计值为 $N=2150$kN。钢材为 Q235B，手工焊，焊条为 E43 型，三级质量的焊缝，施工时加引弧板。

解：直焊缝连接其计算长度 $l_w=540$mm。焊缝正应力为：

$$\sigma=\frac{N}{l_w t}=\frac{2150\times10^3}{540\times22}=181\text{N/mm}^2>f_t^w=175\text{N/mm}^2$$

不满足要求，改用对接斜焊缝，取截割斜度为 1.5∶1，即 $\theta=56°$，焊缝长度为：

$$l_w=\frac{a}{\sin\theta}=\frac{540}{\sin56°}=650\text{mm}$$

故此时焊缝的正应力为：

$$\sigma=\frac{N\sin\theta}{l_{\mathrm{w}}t}=\frac{2150\times10^3\times\sin56°}{650\times22}=125\mathrm{N/mm^2}<f_{\mathrm{t}}^{\mathrm{w}}=175\mathrm{N/mm^2}$$

剪应力为：

$$\tau=\frac{N\cos\theta}{l_{\mathrm{w}}t}=\frac{2150\times10^3\times\cos56°}{650\times22}=84\mathrm{N/mm^2}<f_{\mathrm{v}}^{\mathrm{w}}=120\mathrm{N/mm^2}$$

这就说明当 $\tan\theta\leqslant1.5$ 时，焊缝强度能够满足，可不必计算。

1.3.1.4 角焊缝的形式与构造

(1) 角焊缝的形式

角焊缝是最常见的焊缝形式。角焊缝按其与作用力的关系可分为：正面角焊缝（焊缝长度方向与作用力垂直）、侧面角焊缝（焊缝长度方向与作用力平行）以及斜焊缝。角焊缝常见受力形式如图 1.3.7 所示。

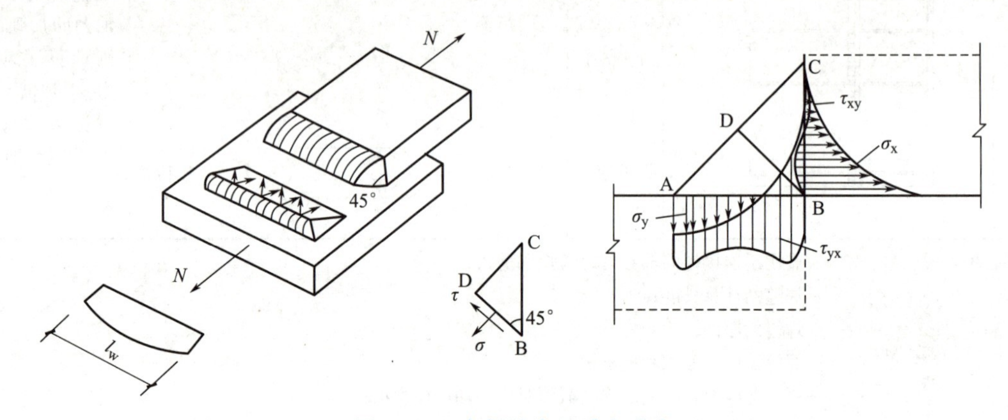

图 1.3.7 角焊缝常见受力形式

① 角焊缝的截面形式可分为普通型、平坦型和凹面型三种，如图 1.3.8 所示。图中 h_{f} 称为角焊缝的焊脚尺寸。钢结构一般采用表面微凸的普通型截面，其两焊脚尺寸比例为 1∶1，近似于等腰直角三角形，故力线弯折较多，应力集中严重。对直接承受动力荷载的结构，为使传力平缓，正面角焊缝宜采用两焊脚尺寸比例为 1∶1.5 的平坦型（长边顺内力方向），侧面角焊缝则宜采用比例为 1∶1 的凹面型。

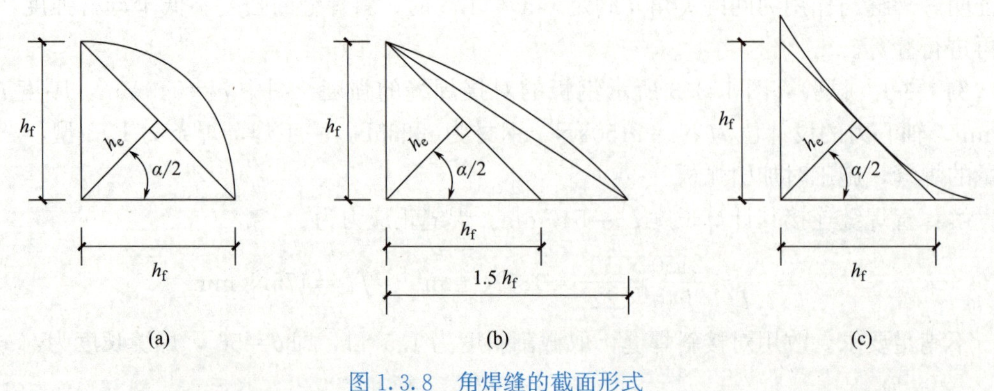

图 1.3.8 角焊缝的截面形式

(a) 普通型；(b) 平坦型；(c) 凹面型

② 按施焊时焊缝在焊件之间的相对空间位置分为：平焊、横焊、立焊、仰焊，如图 1.3.9 所示。平焊（又称俯焊）施焊方便，质量最好。横焊和立焊的质量及生产效率比平焊差一些。仰焊的操作条件最差，焊缝质量不易保证，因此尽量避免采用仰焊。

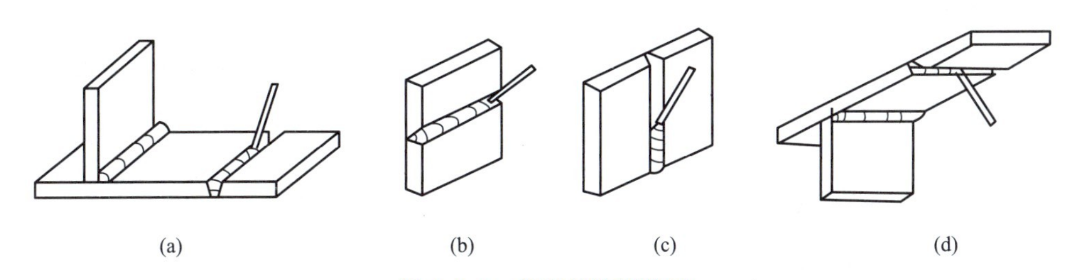

图 1.3.9　焊缝的施焊位置

(a) 平焊；(b) 横焊；(c) 立焊；(d) 仰焊

③ 按两焊脚边的夹角可分为：直角角焊缝（图 1.3.8）和斜角角焊缝（图 1.3.10、图 1.3.11）。

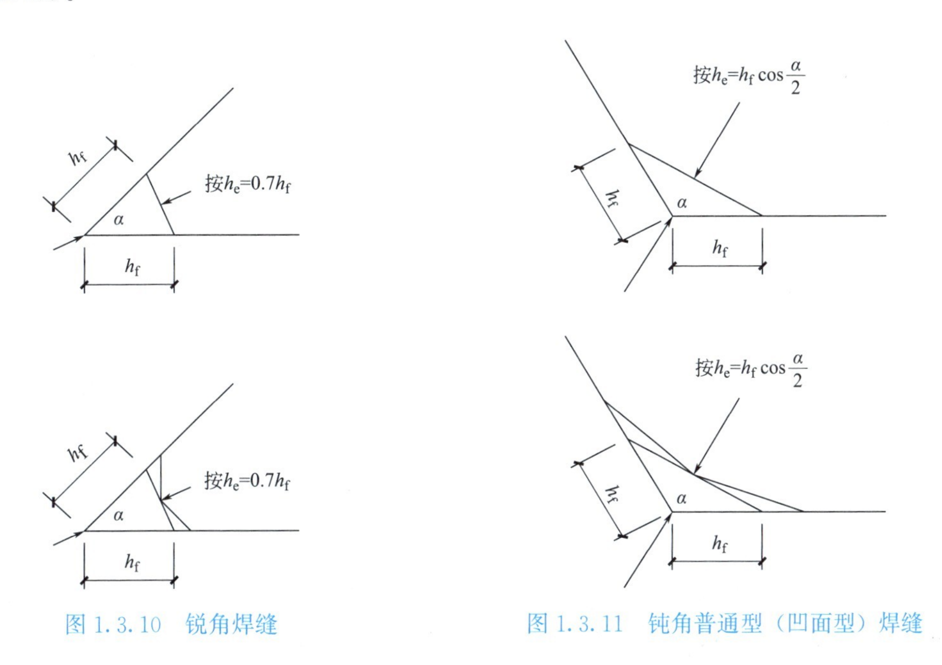

图 1.3.10　锐角焊缝

图 1.3.11　钝角普通型（凹面型）焊缝

两焊脚边的夹角 α＞90°或 α＜90°的焊缝称为斜角角焊缝。斜角角焊缝常用于钢漏斗和钢管结构中，对于夹角 α＞120°或 α＜60°的斜角角焊缝，除钢管结构外，不宜用作受力焊缝。

试验表明，等腰直角角焊缝常沿 45°左右方向的截面破坏，所以计算时是以 45°方向的最小截面为危险截面，此危险截面称为角焊缝的计算截面或有效截面。

直角角焊缝的有效高度 h_e 为：

$$h_e = h_f \cos 45^\circ = 0.7 h_f \tag{1.3.5}$$

式中略去了焊缝截面的圆弧加高部分，h_f 是角焊缝的焊脚尺寸。

斜角角焊缝的有效高度 h_e 为：

$$当\alpha<90^\circ时，h_e=0.7h_f \tag{1.3.6a}$$

$$当\alpha>90^\circ时，h_e=h_f\cos(\alpha/2) \tag{1.3.6b}$$

（2）角焊缝的构造要求

① 最小焊脚尺寸 h_{fmin}

规定原因：如果板件厚度较大而焊缝焊脚尺寸过小，则施焊时焊缝冷却速度过快，可能产生淬硬组织，易使焊缝附近主体金属产生裂纹。

$$h_{fmin}\geqslant 1.5\sqrt{t_{max}} \tag{1.3.7}$$

式中 t_{max}——较厚焊件的厚度。

注：

a. 自动焊的热量集中，因而熔深较大，故最小焊脚尺寸 h_{fmin} 可较上式减小 1mm；

b. T 形连接单面角焊缝可靠性较差，h_{fmin} 应增加 1mm；

c. 当焊件厚度等于或小于 4mm 时，h_{fmin} 应与焊件同厚。

② 最大焊脚尺寸 h_{fmax}

规定原因：角焊缝的 h_f 过大，焊接时热量输入过大，焊缝收缩时将产生较大的焊接残余应力和残余变形，且热影响区扩大易产生脆裂，较薄焊件易烧穿。板件边缘的角焊缝与板件边缘等厚时，施焊时易产生咬边现象。

$$h_{fmax}\leqslant 1.2t_{min} \tag{1.3.8}$$

式中 t_{min}——较薄焊件的厚度。

对板件边缘（厚度为 t_1）的角焊缝尚应符合下列要求：

当 $t_1>6$mm 时，$h_{fmax}=t_1-(1\sim2)$mm；

当 $t_1\leqslant6$mm 时，$h_{fmax}=t_1$。

③ 焊缝最小计算长度

规定原因：角焊缝的焊缝长度过短，焊件局部受热严重，且施焊时起落弧坑相距过近，再加上一些可能产生的缺陷使焊缝不够可靠。规定：角焊缝的最小计算长度 $l_w\geqslant8h_f$，且$\geqslant$40mm。

④ 侧面角焊缝的最大计算长度

规定原因：侧缝沿长度方向的剪应力分布很不均匀，两端大而中间小，且随焊缝长度与其焊脚尺寸之比值的增大而更为严重。当焊缝过长时，其两端应力可能达到极限，而中间焊缝却未充分发挥承载力。对承受直接动力荷载的结构更为不利。

侧面角焊缝的计算长度应满足：

a. 承受静力荷载或间接承受动力荷载 $l_w\leqslant60h_f$；

b. 直接承受动力荷载 $l_w\leqslant40h_f$。

当侧缝的实际长度超过上述规定数值时，超过部分在计算中不予考虑。若内力沿侧缝全长分布时则不受此限，例如工字形截面柱或梁的翼缘与腹板的角焊缝连接等。

⑤ 搭接长度要求

在搭接连接中，如图 1.3.12 所示，为减小因焊缝收缩产生的焊接残余应力及因偏心产生的附加弯矩，要求搭接长度 $l\geqslant5t_1$，且 $l\geqslant$25mm。

⑥ 板件的端部仅用两侧缝连接时，如图 1.3.13 所示，为避免应力传递过于弯折而致使板件应力过分不均匀，应使 $l_w\geqslant b$；同时为避免因焊缝收缩引起板件变形拱曲过大，尚

应使 $b \leqslant 16t$（当 $t > 12\text{mm}$ 时）或 190mm（当 $t \leqslant 12\text{mm}$ 时）。若不满足此规定则应加焊端缝。

图 1.3.12　搭接长度要求

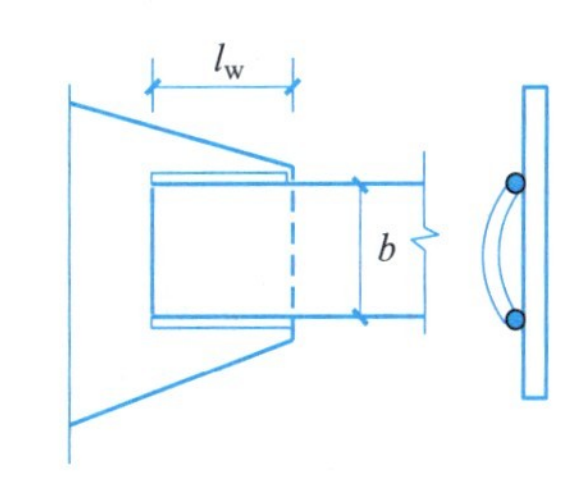

图 1.3.13　焊接长度及两侧焊缝间距

⑦ 绕角焊：当角焊缝的端部在构件的转角处时，为避免起落弧缺陷发生在此应力集中较严重的转角处，宜作长度为 $2h_f$ 的绕角焊，且转角处必须连续施焊，以改善连接的受力性能。

1.3.1.5　角焊缝的计算

视频

角焊缝的计算

(1) 直接承受动力荷载结构中的直角角焊缝计算：

① 在通过焊缝形心的拉力、压力或剪力作用下：

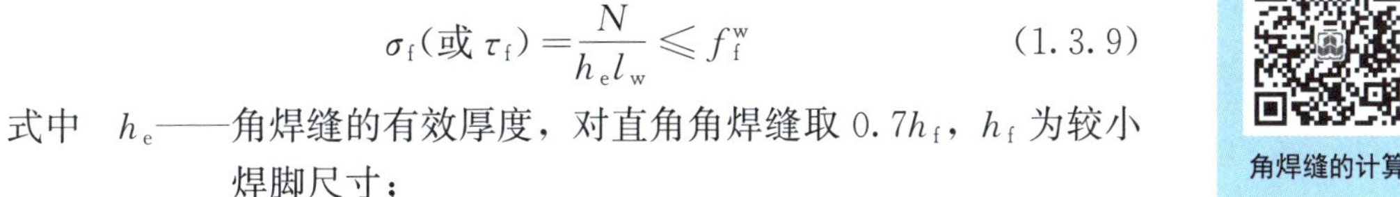

$$\sigma_f(\text{或}\ \tau_f) = \frac{N}{h_e l_w} \leqslant f_f^w \tag{1.3.9}$$

式中　h_e——角焊缝的有效厚度，对直角角焊缝取 $0.7h_f$，h_f 为较小焊脚尺寸；

l_w——角焊缝的计算长度，对每条焊缝取其实际长度减去 10mm；

f_f^w——角焊缝的强度设计值。

② 在其他力或各种力综合作用下：

$$\sqrt{\sigma_f^2 + \tau_f^2} \leqslant f_f^w \tag{1.3.10}$$

式中　σ_f——按角焊缝的有效截面（$h_e l_w$）计算，垂直于焊缝长度方向的应力；

τ_t——按角焊缝的有效截面计算，沿焊缝长度方向的剪应力。

③ 承受静力荷载和间接承受动力荷载结构中的直角角焊缝计算：

a. 在与焊缝长度方向垂直的轴心力作用下：

$$\sigma_f = \frac{N}{h_e l_w} \leqslant 1.22 f_f^w \tag{1.3.11}$$

b. 在与焊缝长度方向平行的轴心力作用下：

$$\tau_f = \frac{N}{h_e l_w} \leqslant f_f^w \tag{1.3.12}$$

c. 在其他力或各种力综合作用下，σ_f 和 τ_f 的共同作用处：

$$\sqrt{\left(\frac{\sigma_f}{1.22}\right)^2 + \tau_f^2} \leqslant f_f^w \tag{1.3.13}$$

④ 在角焊缝连接中，外力在各条角焊缝中的分配与连接的形式和角焊缝所在部位的刚度等因素有关，计算时应予充分考虑。表 1.3.3 列出了几种常用角焊缝连接的直角角焊缝强度计算公式。

直角角焊缝的强度计算公式　　表 1.3.3

项次	连接形式及受力情况	计算公式	备注
1	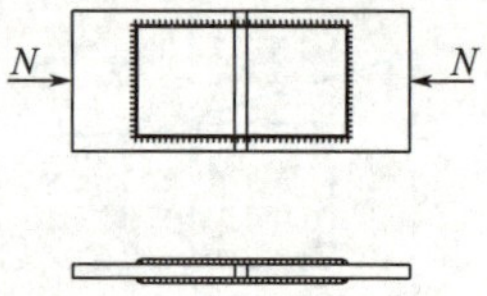	$\frac{N}{0.7h_f\sum l_w}\leqslant f_f^w$	
2	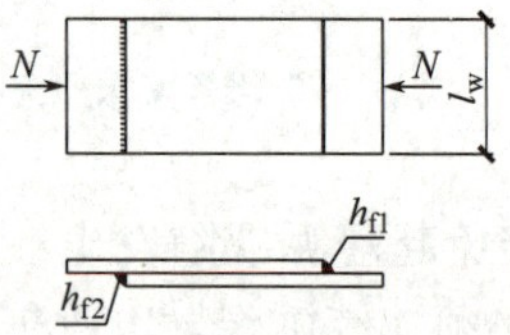	$\frac{N}{0.7\beta_f(h_{f1}+h_{f2})l_w}\leqslant f_f^w$	
3	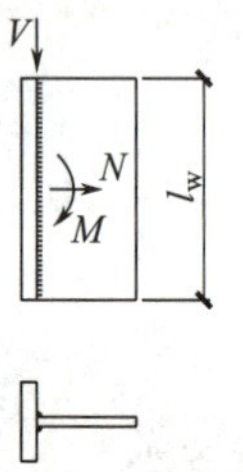	$\left[\frac{1}{\beta_f^2}\left(\frac{N}{2\times 0.7h_f l_w}+\frac{6M}{2\times 0.7h_f l_w^2}\right)^2+\left(\frac{V}{2\times 0.7h_f t_w}\right)^2\right]^{0.5}\leqslant f_f^w$	
4	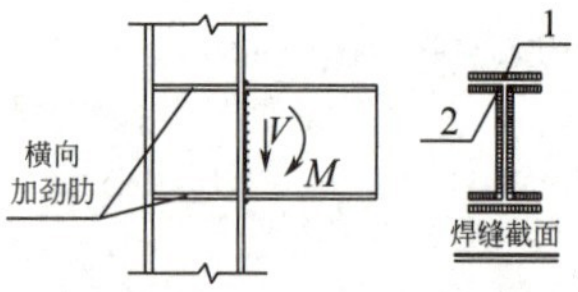	$\frac{M}{W_{w1}}\leqslant\beta_f f_f^w$ $\sqrt{\frac{1}{\beta_f^2}\left(\frac{M}{W_{w2}}\right)^2+\left(\frac{V}{A'_w}\right)^2}\leqslant f_f^W$	如连接在翼缘无横向加劲肋加强，则只有竖直焊缝传力；这时，应按3计算
5	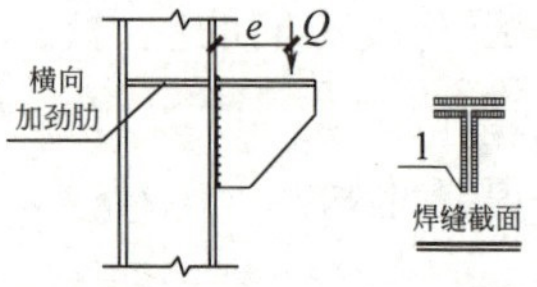	$\sqrt{\frac{1}{\beta_f^2}\left(\frac{Qe}{W_{w1}}\right)^2+\left(\frac{Q}{A'_w}\right)^2}\leqslant f_f^W$	
6	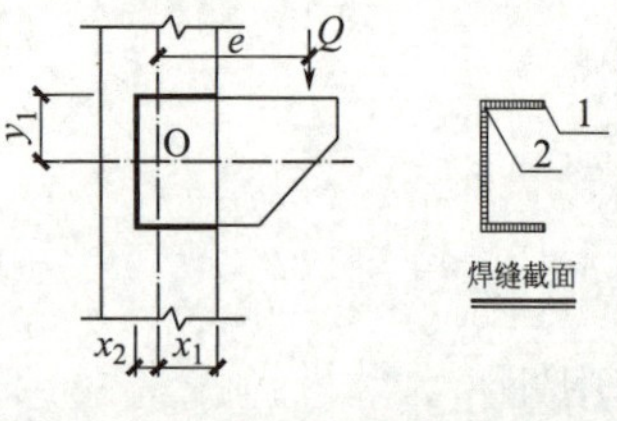	焊缝“1”点处： $\sqrt{\frac{1}{\beta_f^2}\left(\frac{Q}{A_w}+\frac{Qex_1}{I_{wp}}\right)^2+\left(\frac{Qey_1}{I_{wp}}\right)^2}\leqslant f_f^W$ 焊缝“2”点处： $\sqrt{\frac{1}{\beta_f^2}\left(\frac{Qy_1}{I_{wp}}\right)^2+\left(\frac{Q}{A_w}-\frac{Qex_2}{I_{wp}}\right)^2}\leqslant f_f^W$	

表中：h_f（h_{f1}、h_{f2}）——角焊缝的较小焊脚尺寸；

$\sum l_w$——连接一边的焊缝计算长度；

W_{w1}、W_{w2}——焊缝有效截面对“1”点和“2”点的抵抗矩；

A'_w——腹板连接焊缝（竖直焊缝）的有效截面面积；

A_w——焊缝有效截面面积；

I_{wp}——焊缝有效截面对其形心 O 的极惯性矩，其值为：$I_{wp}=I_{wx}+I_{wy}$

⑤ 角钢与钢板连接的角焊缝，见表 1.3.4 和表 1.3.5。

角钢与钢板连接的角焊缝 **表 1.3.4**

项次	连接形式	计算公式	备注
1		$l_{w1}=\dfrac{k_1 N}{2\times 0.7h_{f1}f_f^w}$ $l_{w2}=\dfrac{k_2 N}{2\times 0.7h_{f2}f_f^w}$	采用两边侧焊 $l'_{w1}=l_{w1}+2h_{f1}$ $l'_{w2}=l_{w2}+2h_{f2}$
2		$N_1=k_1 N-\dfrac{N_3}{2}$ $N_2=k_2 N-\dfrac{N_3}{2}$ $N_3=2\times 0.7h_{f3}f_f^w$ $l_{w1}=\dfrac{N_1}{2\times 0.7h_{f1}f_f^w}$ $l_{w2}=\dfrac{N_2}{2\times 0.7h_{f2}f_f^w}$	采用三面围焊 $l'_{w1}=l_{w1}+h_{f1}$ $l'_{w2}=l_{w2}+h_{f2}$
3		$N_3=2\times k_2 N$ $l_{w1}=\dfrac{N-N_3}{2\times 0.7h_{f1}f_f^w}$ $h_{t3}=\dfrac{N_3}{2\times 0.7l_w f_f^w}$	L形围焊一般只宜用于内力较小的杆件，并使 $l_{w1}\geqslant l_{w3}$

表中：h_{f1}、l_{w1}——一个角钢肢背侧焊缝的焊脚尺寸和计算长度；

h_{f2}、l_{w2}——一个角钢肢尖侧焊缝的焊脚尺寸和计算长度；

h_{f3}、l_{w3}——一个角钢端焊缝的焊脚尺寸和计算长度；

l'_{w1}、l'_{w2}——角钢肢背和肢尖的焊缝实际长度；

k_1、k_2——角钢肢背和肢尖的焊缝内力分配系数，按表 1.3.5 确定。

焊缝内力分配系数 k_1 和 k_2 **表 1.3.5**

项次	角钢类型	连接形式	焊缝内力分配系数	
			k_1（肢背）	k_2（肢尖）
1	等边角钢		0.70	0.30
2	不等边角钢 短边相连		0.75	0.25

续表

项次	角钢类型	连接形式	焊缝内力分配系数	
			k_1（肢背）	k_2（肢尖）
3	不等边角钢 长边相连		0.65	0.35

⑥ 圆钢与平板、圆钢与圆钢之间的焊缝，应按下式计算抗剪强度：

$$\tau=\frac{N}{h_e \sum l_w} \leqslant f_f^w \tag{1.3.14}$$

式中 N——作用在圆钢上的轴心力；

$\sum l_w$——焊缝的计算长度之和；

h_e——焊缝的有效厚度：对圆钢与平板的连接，$h_e=0.77h_t$；对圆钢与圆钢的连接，h_e 应按下式计算：

$$h_e=0.1(d_1+2d_2)-a \tag{1.3.15}$$

式中 d_1——大圆钢直径；

d_2——小圆钢直径；

a——焊缝表面至两个圆钢公切线的距离。

例 1-3-2 试设计如图 1.3.14 所示一双盖板的对接接头。已知钢板截面为-200×14，盖板截面为 2-150×10，承受轴心力设计值为 550kN（静力荷载），钢材为 Q235，焊条为 E43 型，手工焊。

解：根据角焊缝的最大、最小焊脚尺寸要求，确定焊脚尺寸 h_f：

$$\begin{cases} \leqslant t-(1\sim2)\text{mm}=10-(1\sim2)=8\sim9\text{mm} \\ \leqslant 1.2t_{\min}=1.2\times10=12\text{mm} \\ >1.5\sqrt{t_{\max}}=1.5\sqrt{14}=5.6\text{mm} \end{cases}$$

取 $h_f=8\text{mm}$；

查得角焊缝强度设计值 $f_f^w=160\text{N/mm}^2$。

① 采用侧面角焊缝（图 1.3.14b）

因采用双盖板，接头一侧共有四条焊缝，每条焊缝所需的计算长度为：

$$l_w=\frac{N}{4\times h_e f_f^w}=\frac{550\times10^3}{4\times0.7\times8\times160}=153\text{mm}$$

$$\begin{cases} <60h_f=60\times8=480\text{mm} \\ >8h_f=8\times8=64\text{mm} \\ >b=150\text{mm} \end{cases}$$

取 $l_w=160\text{mm}$，每条焊缝所需的实际长度为：

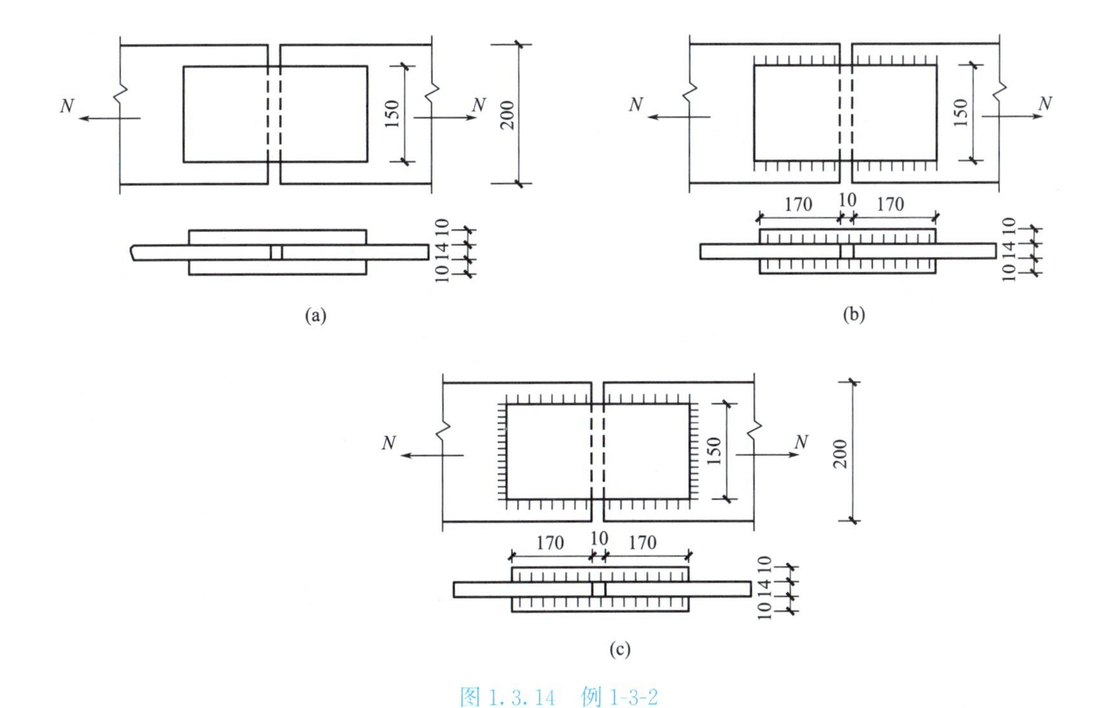

图 1.3.14　例 1-3-2

$l = l_w + 2h_f = 153 + 2 \times 8 = 169$mm。取 $l = 170$mm，被连接板件间留出间隙 10mm，则拼接连接长度为：盖板总长 $= 170 \times 2 + 10 = 350$mm

② 采用三面围焊（图 1.3.14c）

正面角焊缝所能承受的内力 N' 为：

$$N' = 2 \times 0.7 h_f l'_w \beta_f f_f^w = 2 \times 0.7 \times 8 \times 150 \times 1.22 \times 160 = 327936\text{N}$$

接头一侧所需侧缝的计算长度为：

$$l_w = \frac{N - N'}{4h_e f_f^w} = \frac{550000 - 327936}{4 \times 0.7 \times 8 \times 160} = 61.96\text{mm}$$

接头一侧所需侧缝的实际长度为：

$$l = l_w + h_f = 61.96 + 8 = 69.96\text{mm，取 } l = 70\text{mm}$$

盖板总长：$l = (70 \times 2 + 10)$mm $= 150$mm

焊缝的质量等级

我国《钢结构设计标准》GB 50017—2017 中规定，在钢结构设计文件中对焊接连接，应注明所要求的焊缝质量等级。

前面已介绍过，焊缝的质量等级应由设计人员对每条焊缝作出说明，以便制造和安装单位据此进行质量检查。为了方便设计人员，设计标准中特别给出了一些原则和规定。首先，焊缝的质量等级应根据结构的重要性、荷载特性（动力或静力荷载）、焊缝形式、工作环境以及应力状态等情况确定。具体的确定原则如下：

(1) 在承受动荷载且需要进行疲劳验算的构件中，凡要求与母材等强连接的对接焊缝，均应要求焊透，其质量等级为：

① 作用力垂直于焊缝长度方向的横向对接焊缝或T形对接和角接组合焊缝，受拉时应为一级，受压时不应低于二级；

② 作用力平行于焊缝长度方向的纵向对接焊缝不应低于二级；

③ 重级工作制（A6～A8）和起重量Q>50t的中级工作制（A4、A5）吊车梁的腹板与上翼缘板之间以及吊车桁架上弦杆与节点板之间的T形连接部位焊缝应焊透，焊缝形式宜为对接与角接的组合焊缝，其质量等级不应低于二级。

(2) 在工作温度等于或低于−20℃的地区，构件对接焊缝的质量不得低于二级。

(3) 不需要疲劳验算的构件中，凡要求与母材等强的对接焊缝宜焊透，其质量等级当受拉时不应低于二级，受压时不宜低于二级。

(4) 部分熔透的对接焊缝、采用角焊缝或部分熔透的对接与角接组合焊缝的T形连接部位，以及搭接连接中采用的角焊缝，其质量等级为：

① 直接承受动力荷载且需要验算疲劳的结构和吊车起重量Q>50t的中级工作制吊车梁以及梁柱、牛腿等重要节点不应低于二级；

② 对其他结构，焊缝的质量等级可为三级。

焊缝检查的质量标准，见《钢结构工程施工质量验收标准》GB 50205—2020。

1.3.2 钢结构螺栓连接

视频

普通螺栓连接的构造

1.3.2.1 普通螺栓连接的构造

钢结构采用的普通螺栓形式为大六角头型，粗牙普通螺栓，其代号用字母M与公称直径（毫米）表示。工程中常用M18、M20、M22、M24。根据螺栓的加工精度，普通螺栓又分为C级螺栓（原粗制螺栓）和A级及B级螺栓（原精制和半精制螺栓）两种。C级螺栓采用4.6级或4.8级钢制作，而A级和B级螺栓采用8.8级钢制作；C级螺栓加工粗糙，尺寸不够准确，只要求Ⅱ类孔（在单个零件上一次冲成或不用钻模钻成设计孔径的孔），成本低，栓径比孔径小1.5～2.0mm。A级和B级螺栓须以机床车削加工，精度较高，要求Ⅰ类孔，孔径与栓径相等，只分别允许其有正和负公差，因此栓杆和螺孔间的空隙仅为0.3mm左右。由此可见，A级和B级螺栓与螺孔为紧配合，受剪性能较好，变形很小，但制造和安装过于费工，价格昂贵，目前在钢结构中应用较少。C级螺栓由于与螺栓孔的空隙较大，当传递剪力时，连接变形大，工作性能差，但传递拉力的性能仍较好，所以C级螺栓广泛用于需要装拆的连接、承受拉力的安装连接、不重要的连接或作安装时的临时固定等。对直接承受动力荷载的普通螺栓连接应采用双螺母或其他能防止螺母松动的有效措施。

在钢结构施工图上需将螺栓及螺孔的施工要求，用图形表示清楚，以免引起混淆，详细表示方法参见《建筑结构制图标准》GB/T 50105—2010。

1. 螺栓的直径

在同一结构连接中，无论是临时安装螺栓还是永久螺栓，为了便于制造，宜用一种直径 d。螺栓直径 d 的选择根据连接构件的尺寸和受力大小而定。常用的标准螺栓直径是M18、M20、M22、M24 等规格。螺栓直径选得合适与否，将影响到螺栓数目及连接节点的构造尺寸。

2. 螺栓的排列及间距

螺栓的排列应简单、统一而紧凑，满足受力要求，构造合理又便于安装。排列方式有并列和错列两种，并列较简单，错列较紧凑，如图 1.3.15 所示。

(1) 受力要求：螺栓孔（直径 d_0）的最小端距（沿受力方向）为 $2d_0$，以免板端被剪掉；螺栓孔的最小边距（垂直于受力方向）为 $1.5d_0$（切割边）或 $1.2d_0$（轧成边）。在型钢上，螺栓应排列在型钢孔距规线上。中间螺孔的最小间距（栓距和线距）为 $3d_0$，否则螺孔周围应力集中的相互影响较大，且对钢板的截面削弱过多，从而降低其承载能力。

(2) 构造要求：螺栓的间距也不宜过大，尤其是受压板件当栓距过大时，容易发生凸曲现象。板和刚性构件（如槽钢、角钢等）连接时，栓距过大不易紧密接触，潮气易侵入缝隙而导致锈蚀。按规范规定，栓孔中心最大间距受压时为 $12d_0$ 或 $18t_{min}$（t_{min} 为外层较薄板件的厚度），受拉时为 $16d_0$ 或 $24d_{min}$，中心构件边缘最大距离为 $24d_0$ 或 $8t_{min}$。

(3) 施工要求：螺栓应有足够距离，以便于转动扳手，拧紧螺母。根据上述螺栓的最大、最小容许距离，排列螺栓时宜按最小容许距离取用，且宜取 5mm 的倍数，并按等距离布置，以缩小连接的尺寸。最大容许距离一般只在起连系作用的构造连接中采用。

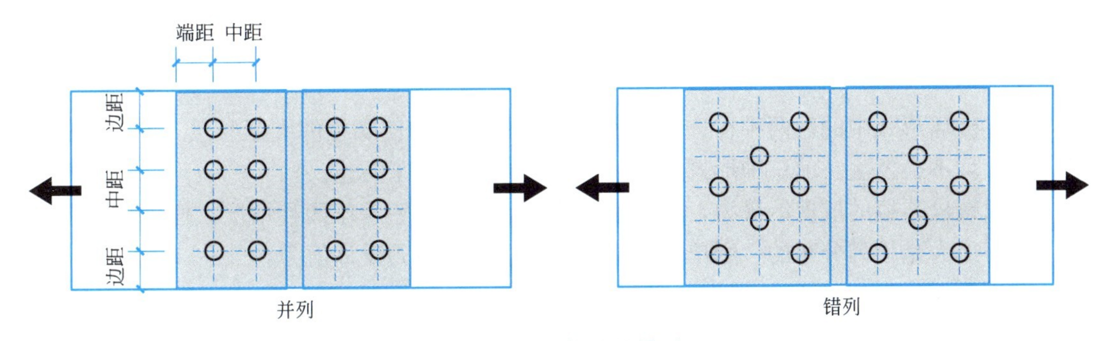

图 1.3.15 螺栓的排列

1.3.2.2 普通螺栓连接的计算

普通螺栓连接，按螺栓传力方式可分为受剪螺栓连接、受拉螺栓连接和拉剪螺栓连接三种。受剪螺栓连接是靠栓杆受剪和孔壁承压传力；受拉螺栓连接是靠沿栓杆轴方向受拉传力；拉剪螺栓连接则同时兼有上述两种传力方式。

1. 受剪螺栓连接

(1) 受力性能和破坏形式

单个螺栓受剪情况。在开始受力阶段，作用力主要靠钢板之间的摩擦力来传递。由于普通螺栓坚固的预拉力很小，即板件之间的摩擦力也很小，当外力逐渐增长到克服摩擦力后，板件发生相对滑移，而使栓杆和孔壁靠紧，此时栓杆受剪，而孔壁承受挤压。随着外力的不断增大，连接达到其极限承载能力而发生破坏。

受剪螺栓连接在达到极限承载力时可能出现如下五种破坏形式（图 1.3.16）：

a. 栓杆剪断：当螺栓直径较小而钢板相对较厚时，可能发生。

b. 孔壁挤压破坏：当螺栓直径较大钢板相对较薄时，可能发生。

c. 钢板拉断：当钢板因螺孔削弱过多时，可能发生。

d. 端部钢板剪断：当顺受力方向的端距过小时，可能发生。

e. 栓杆受弯破坏：当螺栓过于细长时，可能发生。

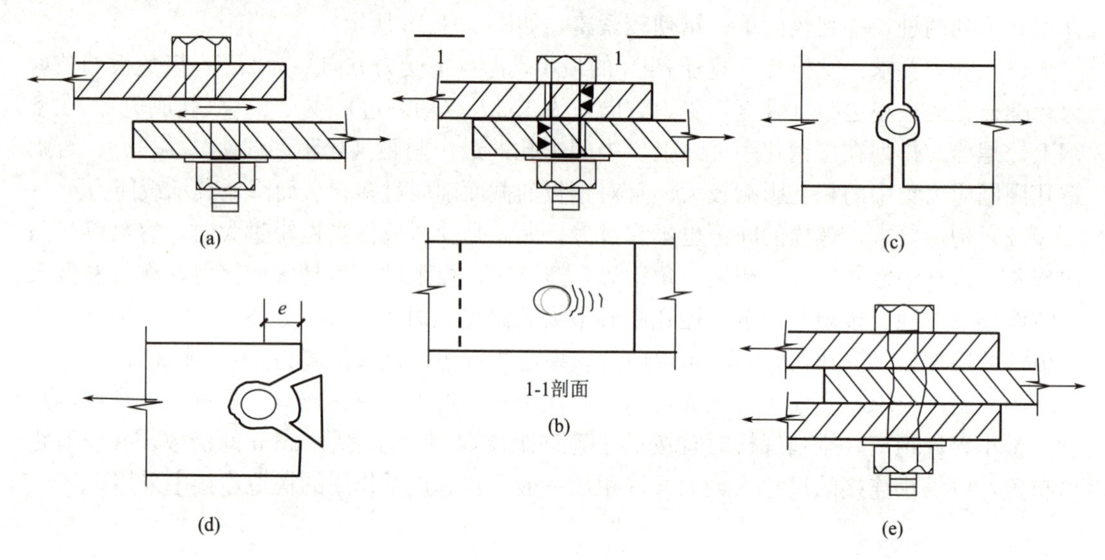

图 1.3.16 受剪螺栓的破坏情况

上述破坏形式中的后两种在选用最小容许端矩 $2d_0$ 和使螺栓的夹紧长度不超过 $5d$ 的条件下，均不会发生。前三种形式的破坏，则需通过计算来防止。

普通螺栓连接的抗剪承载力，应考虑螺栓杆受剪和孔壁承压两种情况。假设螺栓受剪面上的剪应力是均匀分布的，则单个抗剪螺栓的抗剪承载力设计值为

$$N_v^b = n_v \frac{\pi d^2}{4} f_v^b \tag{1.3.16}$$

式中 N_v——受剪面数目，单剪 $N_v=1$，双剪 $N_v=2$，四剪 $N_v=4$（图 1.3.17）；

d——螺栓杆直径；

f_v^b——螺栓抗剪强度设计值。

由于螺栓的实际承压应力分布情况难以确定，为简化计算，假定螺栓承压应力分布于螺栓直径平面上，而且假定该承压面上的应力为均匀分布，则单个抗剪螺栓的承压承载力设计值为

$$N_c^b = d \sum t f_c^b \tag{1.3.17}$$

式中 $\sum t$——在同一受力方向的承压构件的较小总厚度；

f_c^b——螺栓承压强度设计值。

(2) 普通螺栓群连接计算

试验证明，螺栓群的抗剪连接承受轴心力时，螺栓群在长度方向各螺栓受力不均匀，

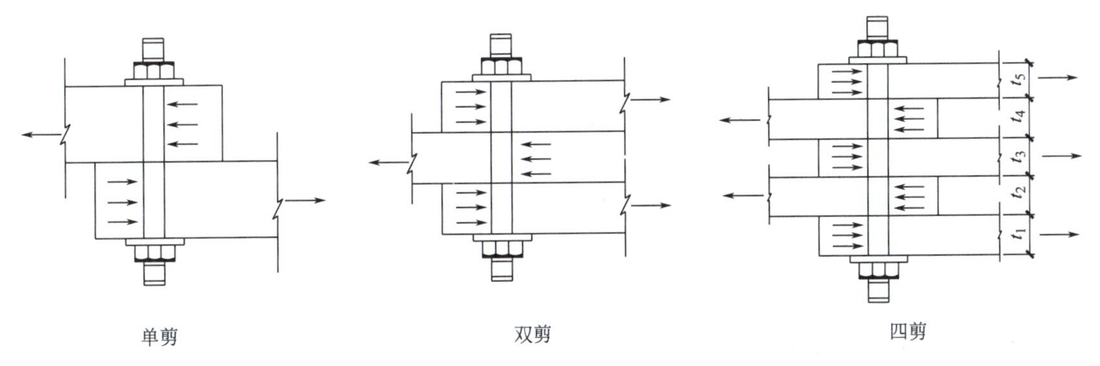

图 1.3.17 剪力螺栓的剪面数和承压厚度

如图 1.3.18 所示，两端受力大，而中间受力小。当连接长度 $l_1 \leq 15d_0$（为螺孔直径）时，由于连接工作进入弹塑性阶段后，内力发生重分布，螺栓群中各螺栓受力逐渐接近，故可认为轴心力 N 由每个螺栓平均分担，即一侧螺栓数 n 为

$$n=\frac{N}{N_{\min}^{b}} \tag{1.3.18}$$

式中 $N_{\min}^{b}$——一个螺栓抗剪承载力设计值与承压承载力设计值的较小值。

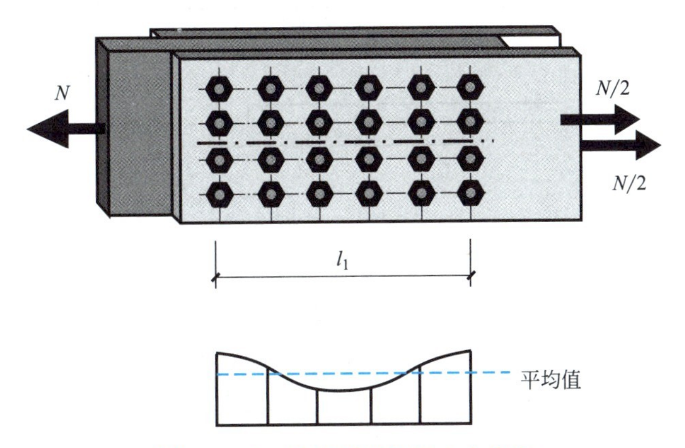

图 1.3.18 长接头螺栓的内力分布

当 $l_1 > 15d_0$ 时，连接工作进入弹塑性阶段后，各螺杆所受内力也不易均匀，端部螺栓首先达到极限强度而破坏，随后由外向里依次破坏。

当 $l_1/d_0 > 15$ 时，连接强度明显下降，开始下降较快，以后逐渐缓和，并趋于常值。折减系数为

$$\eta=1.1-\frac{l_1}{150d_0} \geq 0.7 \tag{1.3.19}$$

则对长连接，所需抗剪螺栓数为

$$n=\frac{N}{\eta N_{\min}^{b}} \tag{1.3.20}$$

由于螺栓孔削弱了构件的截面，为防止构件在净截面上被拉断，因此应按下式验算构件的强度：

$$\sigma=\frac{N}{A_n}\leqslant f \tag{1.3.21}$$

式中 A_n——构件净截面面积（mm^2），根据螺栓排列形式取Ⅰ-Ⅰ或Ⅱ-Ⅱ截面进行计算（如图1.3.19所示）；

f——钢材的抗拉强度设计值（N/mm^2）。

$$A_{n1}=t(b-n_1d_0) \tag{1.3.22}$$

$$A_{n2}=t[2e_1+(n_2-1)\sqrt{e_2^2+e^2}-n_2d_0] \tag{1.3.23}$$

式中 n_1——截面Ⅰ-Ⅰ上的螺栓数；

n_2——截面Ⅱ-Ⅱ上的螺栓数。

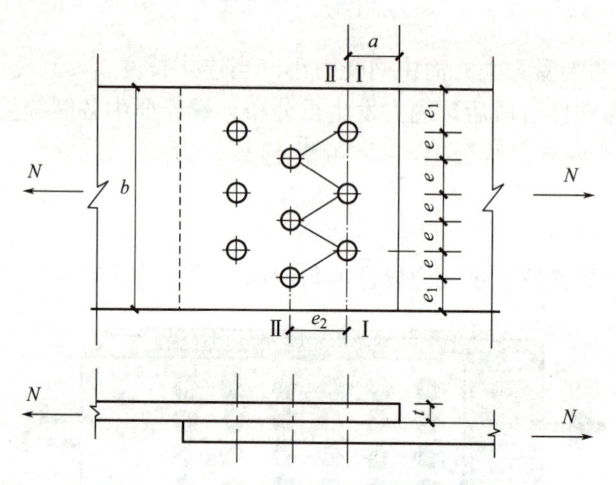

图1.3.19 轴向力作用下的剪力螺栓群

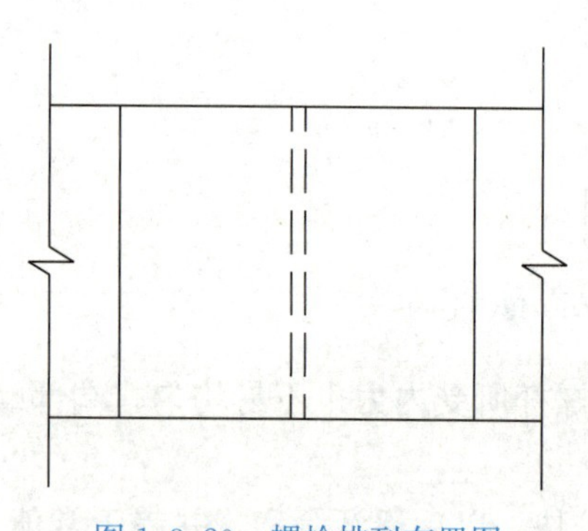

图1.3.20 螺栓排列布置图

例1-3-3 试设计截面为340mm×14mm的钢板构件的拼接（图1.3.20），采用双盖板普通C级螺栓连接，盖板截面尺寸为340mm×8mm，钢材为Q235，M20，承受轴心拉力设计$N=650kN$。其中，$f_v^b=140N/mm^2$，$f_c^b=305N/mm^2$，$f=215N/mm^2$。

解：

单栓受剪承载力设计值：

$$N_v^b=n_v\frac{\pi d^2}{4}f_v^b=2\times3.14\times20\times20\div4\times140=87.96kN$$

单个螺栓承压承载力设计值：$N_v^b=d\sum tf_c^b=20\times14\times305=85.4kN$

则一侧所需螺栓数目：$\frac{N}{N_{min}^b}=650/85.4=7.61$个，取8个，如图1.3.21所示为实际螺栓布置图。$L_1=70<15d_0=15\times22=330$，所以螺栓数目不应增加。验算连接板件净截面强度：

$$A_n=(b-n_1d_0)t=(3400-22\times4)\times14=3528mm^2$$

$$\sigma=\frac{N}{A_n}=960\times1000\div3528=184.24\text{N/mm}^2<f=215\text{N/mm}^2$$

故满足要求。

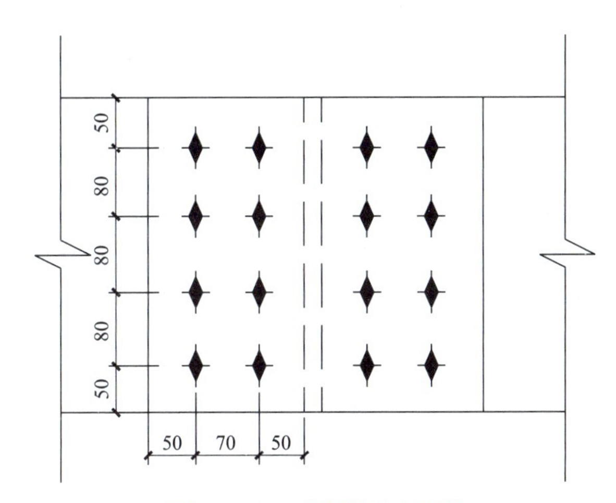

图 1.3.21 实际螺栓布置图

2. 受拉螺栓连接

(1) 单个普通螺栓的抗拉承载力

抗拉螺栓连接在外力作用下，螺栓连接的破坏形式为栓杆被拉断。单个抗拉螺栓的承载力设计值为：

$$N_t^b=\frac{\pi d_e^2}{4}f_t^b \tag{1.3.24}$$

式中 d_e——螺栓的有效直径；

f_t^b——螺栓抗拉强度设计值。

为了考虑撬力的影响，规范规定普通螺栓抗拉强度设计值 f_t^b 取螺栓钢材抗拉强度设计值 f 的 0.8 倍（即 $f_t^b=0.8f$）。由于螺纹是斜方向的，所以螺栓抗拉时采用的直径，既不是净直径 d_n，也不是平均直径 d_m，更不是公称直径 d，而是有效直径 d_e，如图 1.3.22 所示。根据现行国家标准，取：

$$d_e=d-\frac{13}{24}\sqrt{3}t \tag{1.3.25}$$

式中 t——螺距。

螺栓杆的有效直径 d_e 和有效截面积 A_e 值见表 1.3.6。

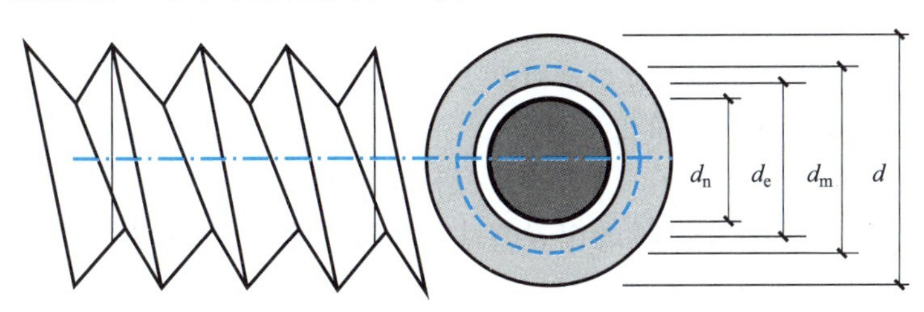

图 1.3.22 螺栓螺纹处的直径

螺栓的有效直径和有效面积 表 1.3.6

螺栓直径 d(mm)	螺纹间距 p(mm)	螺栓有效直径 d_e(mm)	螺栓有效面积 A_e(mm^2)	螺栓直径 d(mm)	螺纹间距 p(mm)	螺栓有效直径 d_e(mm)	螺栓有效面积 A_e(mm^2)
10	1.5	8.59	58	45	4.5	40.78	1305
12	1.8	10.36	84	48	5.0	43.31	1472
14	2.0	12.12	115	52	5.0	47.31	1757
16	2.0	14.12	157	56	5.5	50.84	2029
18	2.5	15.65	192	60	5.5	54.84	2361
20	2.5	17.65	245	64	6.0	58.37	2675
22	2.5	19.65	303	68	6.0	62.37	3054
24	3.0	21.19	352	72	6.0	66.37	3458
27	3.0	24.19	459	76	6.0	70.37	3887
30	3.5	26.72	560	80	6.0	74.37	4342
33	3.5	29.72	693	85	6.0	79.37	4945
36	4.0	32.25	816	90	6.0	84.37	5588
39	4.0	35.25	975	95	6.0	89.37	6270
42	4.5	37.78	1120	100	6.0	94.37	6991

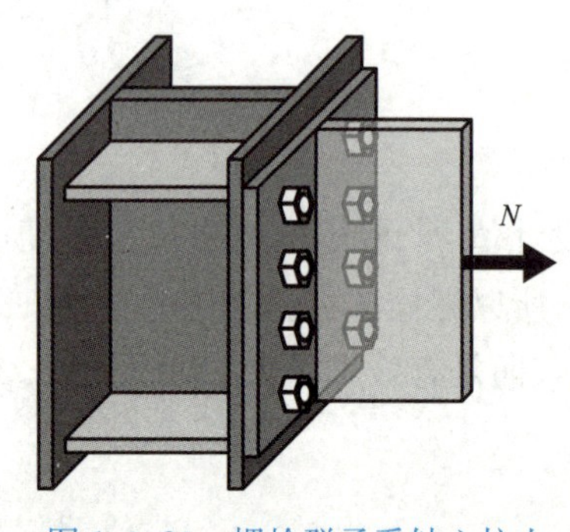

图 1.3.23 螺栓群承受轴心拉力

(2) 普通螺栓群轴心受拉

图 1.3.23 所示螺栓群在轴心力作用下的抗拉连接，通常假定每个螺栓平均受力，则连接所需螺栓数为：

$$n=\frac{N}{N_t^b} \tag{1.3.26}$$

式中 N_t^b——一个螺栓的抗拉承载力设计值。

3. 螺栓群的弯矩受拉

如前所述，受剪螺栓连接按承载能力极限状态需计算栓杆受剪和孔壁承压力，以及钢板受拉或受压承载力：

$$n=N/N_t^b \tag{1.3.27}$$

然后按实际确定的螺栓数目 n 进行布置排列。

螺栓群在弯矩 M 作用下的抗拉计算：

普通 C 级螺栓在弯矩作用下，上部螺栓受拉。与螺栓群拉力相平衡的压力产生于牛腿和柱的连接面上，精确确定中和轴的位置的计算比较复杂，通常近似地假定中和轴在最下边一排螺栓轴线上（如图 1.3.24 所示），并且忽略压力所产生的弯矩（因力臂很小）。因此 $M=m(N_1^My_1+N_2^My_2+\cdots+N_n^My_n)=m\sum N_i^My_i$。从而可得螺栓所受最大拉力：

$$N_1^M = \frac{M \cdot y_1}{m \sum y_i^2} \leqslant N_t^b \tag{1.3.28}$$

式中 m——螺栓排列的纵列数；

y_1——距中和轴 x-x 最远的螺栓距离。

螺栓群受偏心力作用时的受拉螺栓计算为钢结构中常见的一种普通螺栓连接形式（如屋架下弦端部与柱的连接），螺栓受偏心拉力 F（与图中所示的 $M=N \cdot e$，$N=F$ 等效）和剪力 V 作用。剪力 V 由焊在柱上的支托承受，螺栓群只承受偏心拉力的作用。

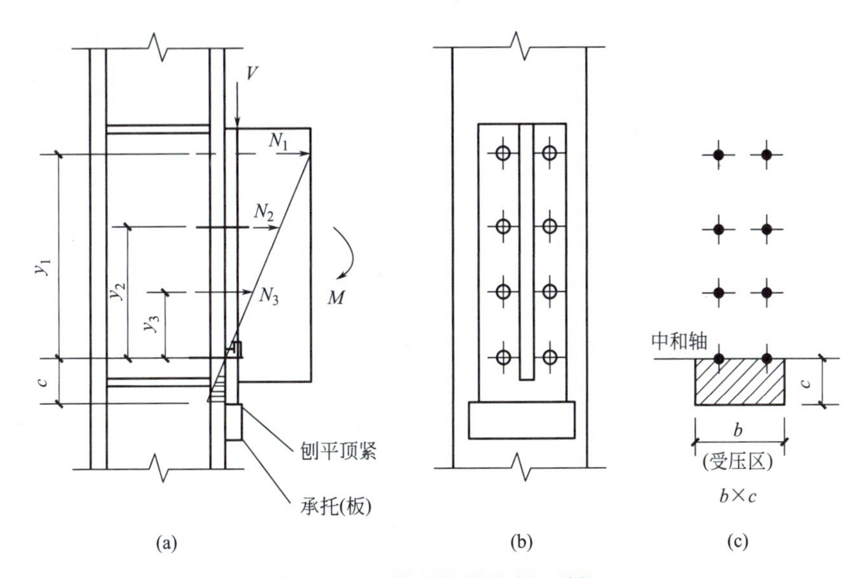

图 1.3.24 普通螺栓群弯矩受拉

在进行螺栓计算时需根据偏心距离的大小，区分下列两种情况：

（1）小偏心情况（图 1.3.25a）：因偏心距 e 较小，故弯矩 M 不大，连接以承受轴心拉力 N 为主。在此种情况下，螺栓群将全部受拉，板端不出现受压区，故在计算 M 产生的螺栓内力时，中和轴 x-x 应取在螺栓群中心处，螺栓内力按三角形分布，由弯矩平衡条件得：

$$M = F \cdot e = m(N_1^M y_1 + N_2^M y_2 + \cdots + N_n^M y_n) = m \sum N_i^M y_i = m \sum \frac{N_1^M}{y_1} y_i^2 \tag{1.3.29}$$

则在弯矩作用下受力最大的螺栓所受拉力为：

$$N_1^M = \frac{M \cdot y_1}{m \sum y_i^2} \tag{1.3.30}$$

式中 m——螺栓列数；

y_i——第 i 只螺栓到中和轴 x-x 的垂直距离。

在轴心拉力 N 作用下，每个螺栓均匀受力

$$N_1^N = \frac{N}{n} \tag{1.3.31}$$

因此在连接中受最大拉力 N_{max} 和最小拉力 N_{min} 的螺栓所受拉力为

$$N_{max} = \frac{N}{n} + \frac{Ney_1}{m \sum y_i^2} \leqslant N_t^b \tag{1.3.32a}$$

$$N_{\min}=\frac{N}{n}-\frac{Ney_1}{m\sum y_i^2}\geqslant 0 \tag{1.3.32b}$$

$N_{\max}\leqslant N_t^b$ 是最不利螺栓“1”需满足的强度条件；$N_{\min}\geqslant 0$ 是采用此方法必须满足的前提条件，它表示全部螺栓均受拉。若 $N_{\min}<0$ 或 $e>m\sum y_i^2/ny_1$，则表示最下一排螺栓受压（实际是板端部受压），此时应按大偏心情况计算。

（2）大偏心情况（图 1.3.25b）：因偏心距较大，故弯矩也较大，此时，端板底部会出现受压区，中和轴应下移。为简化计算，可近似地将中和轴假定在（弯矩指向一侧）最外排螺栓轴线 x'-x'处。按小偏心情况相似方法，可由力的平衡方程求最不利螺栓“1”所受的拉力及应满足的强度条件。

$$N_{\max}=\frac{Fe'y_1'}{m\sum y_i'^2}\leqslant N_t^b \tag{1.3.33}$$

式中 e'——偏心力 F 到中和轴 x'-x'的距离；

y_i'——各螺栓到中和轴 x'-x'的距离。

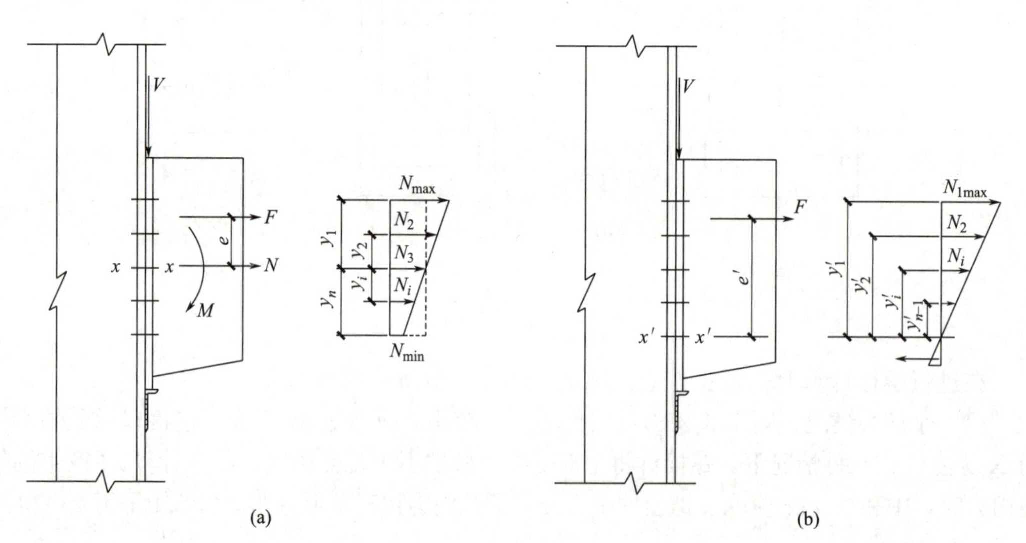

图 1.3.25 大小偏心计算

4. 拉剪螺栓连接

如前所述，C 级螺栓的抗剪能力差，故对重要连接一般均应在端板下设置支托，以承受剪力。对次要连接，若端板下不设支托，则螺栓将同时承受剪力 N_v 和沿杆轴方向的拉力 N_t 作用。根据试验，这种螺栓应满足下面的相关公式：

$$\sqrt{\left(\frac{N_v}{N_v^b}\right)^2+\left(\frac{N_t}{N_t^b}\right)^2}\leqslant 1 \tag{1.3.34}$$

及

$$N_v\leqslant N_c^b \tag{1.3.35}$$

式中 N_v^b、N_t^b、N_c^b——单个普通螺栓的抗剪、抗拉及承压承载能力设计值，是为了防止当板件较薄时，可能因承压强度不足而产生破坏。

例 1-3-4 钢梁用普通 C 级螺栓与柱翼缘连接，连接承受设计值剪力 $V=258\text{kN}$，弯矩

$M=38.7\text{kN}\cdot\text{m}$，梁端竖板下设支托。钢材 Q235A・F，螺栓为 M20，焊条 E43 系列型，手工焊，试设计此连接。

解：(1) 假定结构为可拆卸的，且支托只在安装时起作用，则螺栓同时承受拉力和剪力。设螺栓群绕最下一排螺栓转动，剪力由 10 个螺栓平均分担。M20 螺栓的有效面积为

$A_e=\dfrac{\pi d_e^2}{4}=2.45\text{cm}^2$

单个螺栓的承载力设计值为

$$N_v^b=n_y\frac{\pi d^2}{4}f_v^b=1\times\frac{\pi\times 2^2}{4}\times 130\times\frac{1}{10}=40.8\text{kN}$$

$$N_c^b=d\sum tf_c^b=2\times 2\times 305\times\frac{1}{10}=122\text{kN}$$

$$N_t^b=A_e f_t^b=2.45\times 170\times\frac{1}{10}=41.7\text{kN}$$

作用于一只螺栓的最大拉力为

$$N_t=\frac{M\cdot y_1}{m\sum y_i^2}=\frac{38.7\times 10^2\times 32}{2(8^2+16^2+24^2+32^2)}=32.25\text{kN}$$

作用于一只螺栓的剪力为

$$N_v=\frac{V}{n}=\frac{258}{10}=25.8\text{kN}$$

因此，$\sqrt{\left(\dfrac{N_t}{N_t^b}\right)^2+\left(\dfrac{N_v}{N_v^b}\right)^2}=\sqrt{\left(\dfrac{32.25}{41.7}\right)^2+\left(\dfrac{25.8}{40.8}\right)^2}=0.99<1$

$$N_v=25.8\text{kN}<N_c^b=122\text{kN}$$

满足强度要求。

(2) 假定结构为永久的，剪力 V 由支托承担，螺栓只承受弯矩 M，则

$$N_t=32.25\text{kN}<N_t^b=41.7\text{kN}$$

支托和柱翼缘用角焊缝连接，角焊缝厚度 $h_f=10\text{mm}$

则 $\tau_f=\dfrac{aV}{(h_e\sum l_w)}=\dfrac{1.35\times 258\times 10}{2\times 0.7\times 1\times(18-1)}=146.34\text{N/mm}^2<f_f^w=160\text{N/mm}^2$

式中 a 为考虑剪力 V 对焊缝的偏心影响系数，取值 1.25～1.35。

1.3.2.3　高强度螺栓连接工作性能与构造

1. 高强度螺栓的构造

高强度螺栓的形状、连接构造（如构造原则、连接形式、直径选择及螺栓排列要求等）和普通螺栓基本相同。高强度螺栓的螺杆、螺母和垫圈均采用高强度钢材制成，这些制品再经热处理以进一步提高强度。目前，我国采用 8.8 级和 10.9 级两种强度性能等级的高强度螺栓。级别划分的小数点前的数字 8 和 10 分别代表材料以热处理后的最低抗拉强度 $f_u=800\text{N/mm}^2$（实际为 $f_u=830\text{N/mm}^2$）或 1000N/mm^2（实际为 1040N/mm^2）。小数部分代表屈强比（屈服强度 f_y 与最低抗拉强度 f_u 的比值 f_y/f_u）。如 10.9 级螺栓材料的抗拉强度 $f_u=1000\text{N/mm}^2$，$f_y/f_u=0.9$，则

$f_y=0.9f_u=900\text{N/mm}^2$。推荐采用的钢号：大六角高强度螺栓 8.8 级的有 45 号和 35 号钢。10.9 级的有 20MnTiB、40B 和 35VB 钢。扭剪型高强度螺栓只有 10.9 级，推荐钢号为 20MnTiB 钢。垫圈常用 45 号或 35 号钢制造，并经过热处理。高强度螺栓应采用钻成孔。摩擦型高强度螺栓的孔径比螺栓公称直径 d 大 1.5～2.0mm；承压型高强度螺栓的孔径比 d 大 1.0～1.5mm。

高强度螺栓和普通螺栓连接受力的主要区别是：普通螺栓连接的螺母拧紧的预应力很小，受力后全靠螺杆承压和抗剪来传递剪力。而高强度螺栓是靠拧紧螺母，对螺杆施加强大而受控制的预拉力，此预拉力将被连接的构件夹紧，这种靠构件夹紧而使接触面间的摩擦阻力来承受连接内力是高强度螺栓连接受力的特点。

高强度螺栓连接按设计和受力要求可分为摩擦型和承压型两种。高强度螺栓摩擦型连接在承受剪切时，以外剪力达到板件间可能发生的最大摩擦阻力为极限状态；当超过时板件间发生相对滑移，即认为连接已失效而破坏。高强度螺栓承压型连接在受剪时，则允许摩擦力被克服并发生板件间相对滑移，然后外力可以继续增加，并以此后发生的螺杆剪切或孔壁承压的最终破坏为极限状态。两种形式螺栓在受拉时没有区别。

我国目前主要采用高强度螺栓摩擦型连接，其有较高的传力可靠性和连接整体性，承受动力荷载和疲劳的性能也较好，对工地现场连接尤为适宜。高强度螺栓承压型连接的承载力比摩擦型的高，可减少螺栓用量。但这种螺栓连接剪切变形较大，若用于动载连接中，这种剪切反复滑动可能导致螺栓松动，故规定其只允许用于承受静力或间接动力荷载结构中允许发生一定滑移变形的连接。

2. 高强度螺栓的预拉力和紧固方法

高强度螺栓的预拉力 P 是通过拧紧螺母实现的，施工中一般采用扭矩法、转角法或扭剪法来控制预拉力。

（1）扭矩法：用直接显示扭矩大小的特制扳手，根据事先测定的螺栓中预拉力和扭矩之间的关系施加扭矩。为了防止预拉力的损失，一般应按规定的 P 值超过 5%～10%施加扭矩。

（2）转角法：分初拧和终拧两步。初拧是选用普通扳手使被连接构件相对紧密贴合，终拧是以初拧的贴紧位置为起点，根据按螺栓直径和板叠厚度所确定的终拧角度，用强有力的扳手旋转螺母$\frac{1}{3}$～$\frac{2}{3}$圈（120°～240°），即达所需预拉力。

（3）扭剪法：此法适用于扭剪型高强度螺栓。扭剪型高强度螺栓的尾部连有一个截面较小的沟槽和梅花头，用特制电动扳手的两个套筒分别套住螺母和梅花卡头，操作时，大套筒正转施加紧固扭矩，小套筒则反转施加紧固反扭矩，将螺栓紧固后，沿尾部沟槽将梅花头拧掉，即可达到规定的预拉力值。这种螺栓施加预拉力简单、准确，曾在钢结构连接中广泛使用。

高强度螺栓的设计预拉力值由材料强度和螺栓有效截面确定，并考虑了：①在拧紧螺栓时，扭剪使螺栓产生的剪力将降低螺栓的承载能力，故对材料屈服强度除以系数 1.2；②施工时补偿预拉力的松弛，要对螺栓超张拉 5%～10%，故乘以系数 0.9；③材料抗力的变异等影响，乘以系数 0.9；④为安全起见而引入一个附加安全系数。这样，预拉力设计值由下式计算：

$$P=0.9\times0.9\times0.9\times f_u\times A_e/1.2=0.6075f_uA_e \tag{1.3.36}$$

式中 f_u——高强度螺栓的屈服强度；

A_e——高强度螺栓的有效截面面积。

根据公式（1.3.36）的计算结果，并取为5kN的倍数，即得规范规定的预拉力设计值P，见表1.3.7。

一个高强度螺栓的设计预拉力P值（kN） 表1.3.7

螺栓的性能等级	螺栓型号					
	M16	M20	M22	M24	M27	M30
8.8级	80	125	150	175	230	280
10.9级	100	155	190	225	290	355

3. 高强度螺栓连接的摩擦面抗滑移系数

应用高强度螺栓时，构件的接触面通常要以特殊处理，使其洁净并粗糙，以提高其抗滑移系数μ。常用的处理方法和规定应达到的抗滑移系数值见表1.3.8。其中涂无机富锌漆可提高抗锈能力，但将降低抗滑移系数。接触面涂红丹或在潮湿、淋雨状态下拼接，将严重降低抗滑移系数，故应严格避免，并保证连接表面干燥。

摩擦面的抗滑移系数μ值 表1.3.8

连接处构件接触面的处理方法	构件的钢号		
	Q235钢	Q355钢、Q390钢	Q420钢
喷硬质石英砂或铸钢棱角砂	0.45	0.45	0.45
喷砂（抛丸）	0.40	0.40	0.40
钢丝刷消除浮锈或未以处理的干净轧制表面	0.30	0.35	—

1.3.2.4 摩擦型高强度螺栓连接的计算

与普通螺栓连接一样，高强度螺栓连接按传力方式亦可分为受剪螺栓连接、受拉螺栓连接和拉剪螺栓连接三种。

1. 受剪螺栓的抗剪承载力设计值

（1）单个螺栓的抗剪承载力设计值

高强度螺栓摩擦型连接承受剪力时的设计准则是外力不得超过摩阻力。每个螺栓的摩阻力即极限抗剪承载力为$n_f\mu P$，除以螺栓材料的抗力分项系数1.111后，可得其抗剪承载力设计值：

$$N_v^b = 0.9 n_f \mu P \tag{1.3.37}$$

式中 P——高强度螺栓的预拉力设计值；

n_f——传力摩擦面数，单剪时$n_f=1$，双剪时$n_f=2$；

μ——摩擦面的抗滑移系数，见表1.3.8。

（2）受轴心力N作用时的抗剪连接计算

计算步骤如下：

① 被连接构件接缝一侧所需螺栓数

$$n \geqslant N/N_v^b = \frac{N}{0.9 n_f \mu P} \tag{1.3.38}$$

确定所需螺栓数目 n，并按构造要求布置排列。

② 验算构件净截面强度

$$\sigma=\frac{N'}{A_n}\leqslant f \tag{1.3.39}$$

$$N'=N\left(1-0.5\frac{n_1}{n}\right) \tag{1.3.40}$$

式中 N'——所验算的构件净截面（第一列螺孔处）所受的轴力；

A_n——所验算的构件净截面面积（第一列螺孔处）；

n_1——所验算截面（第一列）上的螺栓数；

n——连接接缝一侧的螺栓总数；

0.5——系数，是考虑高强度螺栓的传力特点，由于摩阻力作用，假定所验算的静截面上每个螺栓所分担的剪力的50%已由螺孔的前构件接触面传递到被连接的另一构件中。

(3) 受扭矩作用，或扭矩、剪力、轴心力共同作用的抗剪连接计算

此种连接受力的计算方法与普通螺栓连接相同，只是在计算时用高强度螺栓的抗剪承载力设计值 $N_v^b=0.9n_f\mu P$ 取代 N_{min}^b 即可。

2. 螺栓连接计算

(1) 单个高强度螺栓的抗拉承载力设计值 N_t^b

高强度螺栓连接的受力特点是依靠预拉力使被连接件压紧传力，当连接在沿螺栓杆轴方向再承受外拉力时，以试验和计算分析，只要螺栓所受的外拉力设计值 N_t 不超过其预拉力 P 时，螺栓的内拉力增加很少。但当 $N_t>P$ 时，则螺栓可能达到材料屈服强度，在卸荷后使连接产生松弛现象，预拉力降低。因此，规范偏安全地规定单个高强度螺栓的抗拉承载力设计值为：

$$N_t^b=0.8P \tag{1.3.41}$$

(2) 受轴心力 N 作用的抗拉高强度螺栓连接计算

受轴心力作用时的高强度螺栓连接，其受力的分析方法和普通螺栓一样，先按 $n=N/0.8P$ 确定连接所需螺栓数目，然后进行布置排列。

(3) 螺栓群在弯矩作用下的抗拉连接计算

连接承受弯矩 M 作用，若采用摩擦型高强度螺栓，在弯矩 M 作用下，由于高强度螺栓预拉力较大，被连接构件的接触面一直保持着紧密配合，中和轴保持在螺栓群形心轴线O-O。最外面的螺栓所受最大拉力 N_{t1}，其强度条件为

$$N_{t1}=\frac{M\cdot y_1}{2\sum y_i^2}\leqslant N_t^b=0.8P \tag{1.3.42}$$

式中 y_i——螺栓至中和轴（过螺栓群形心）的垂直距离；

y_1——受拉力最大螺栓“1”至中和轴的距离。

3. 高强度螺栓连接的强度计算

(1) 单个拉剪高强度螺栓的抗剪承载力设计值

当高强度螺栓受沿杆轴方向的外拉力 N_t 作用时，不但构件摩擦面间的压紧力将由 P 减至 P-N_t，且根据试验，此时摩擦面抗滑移系数 μ 亦随之降低，故螺栓在承受拉力时其

抗剪承载力将减小。为计算简便，对 μ 仍取原有的定值，但对 N_t 则予以加大 25%，以作为补偿。因此，单个拉剪高强度应满足下式要求：

$$N_v \leqslant 0.9 n_f \mu (P - 1.25 N_t) \tag{1.3.43}$$

式中 N_t 应满足 $N_t \leqslant 0.8P$。

也可按下式等价地计算：

$$\frac{N_v}{N_v^b} + \frac{N_t}{N_t^b} \leqslant 1 \tag{1.3.44}$$

式中 N_v、N_t——一个高强度螺栓所承受的剪力和拉力；

N_v^b、N_t^b——单个高强度螺栓的受剪、受拉承载力设计值，分别按式（1.3.16）和式（1.3.17）计算。

（2）拉剪高强度螺栓连接计算

图 1.3.26 为一受偏心力 F 作用的高强度螺栓连接的顶接，将力 F 向螺栓群形心简化后，获得等效荷载 $V=F$，$M=F \cdot e$。因此，在形心轴 O-O 以上螺栓为同时承受外拉力 $N_{ti} = \dfrac{M \cdot y_i}{m \sum y_i^2}$ 和剪力 $N_{vi} = V/n$ 的拉剪螺栓。计算时可采用下列两个公式：

$$N_{v1} \leqslant 0.9 n_f \mu (P - 1.25 N_{t1}) \tag{1.3.45}$$

或

$$\frac{N_{v1}}{N_v^b} + \frac{N_{t1}}{N_t^b} \leqslant 1 \tag{1.3.46}$$

或

$$V \leqslant 0.9 n_f \mu \sum_{i=1}^{n} (P - 1.25 N_{ti}) \tag{1.3.47}$$

以上两式中 N_{t1}、N_{ti} 均应满足 N_{t1}（N_{ti}）$\leqslant 0.8P$。

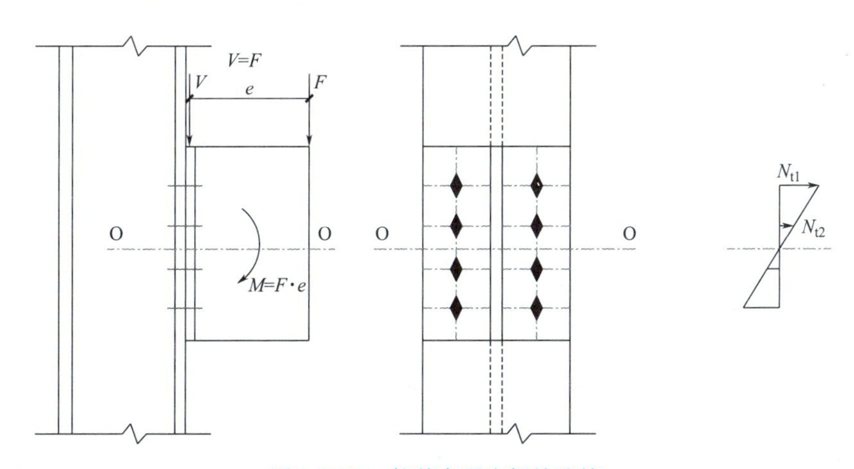

图 1.3.26 拉剪高强度螺栓连接

仅计算不利拉剪螺栓"1"在承受拉力 N_{t1} 后，降低的抗剪承载力设计值 N_{v1}^b 是否大于或等于其所承受的剪力 N_{v1} 来决定该连接是否安全，故很保守，但较简单。式（1.3.47）是考虑连接中其他各排螺栓承受的拉力递减为零（对中和轴和受压区均按 $N_{ti}=0$ 处理），因此，计算全部螺栓剪承载力设计值的总和是否大于或等于连接所承受的剪力 V 故经济合理，但计算稍繁。

例 1-3-5 试设计一梁和柱的摩擦型高强度螺栓连接（图 1.3.27），承受的弯矩和剪力设计值分别为 $M=105\text{kN}\cdot\text{m}$，$V=720\text{kN}$。构件材料 Q235。

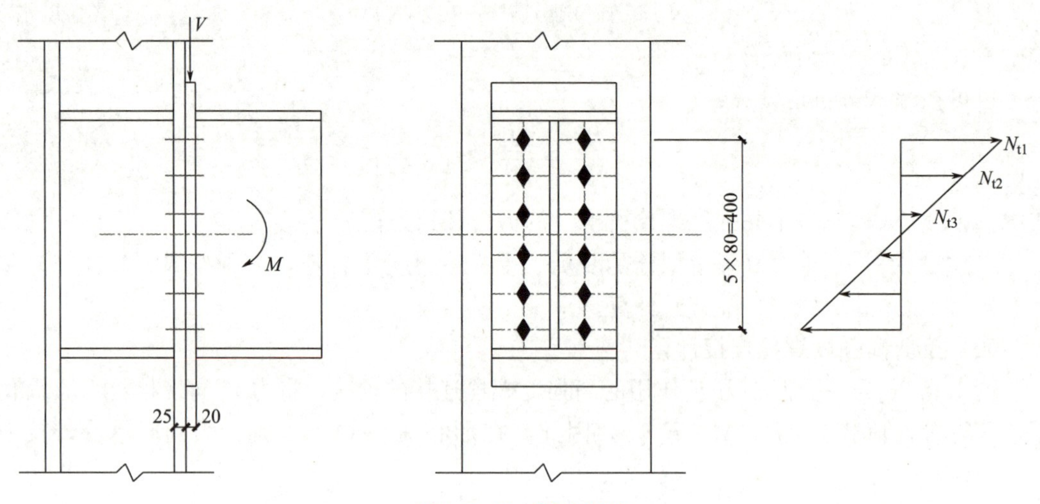

图 1.3.27 螺栓连接

解：试选 12 只 M22 的 10.9 级螺栓，并采用图中的尺寸排列，构件接触面采用喷砂处理。则在弯矩作用下受拉力最大的螺栓“1”所受拉力为

$$N_{t1}=\frac{M\cdot y_1}{m\sum y_i^2}=\frac{105\times10^2\times20}{4(4^2+12^2+20^2)}=93.75\text{kN}<0.8P=0.8\times190=152\text{kN}$$

$$N_{v1}=\frac{V}{n}=\frac{720}{12}=60\text{kN}$$

$N_{v1}>0.9n_f\mu(P-1.25N_{t1})=0.9\times1\times0.45(190-1.25\times93.75)=29.5\text{kN}$，不满足要求。

现按式（1.3.47）计算，由此比例关系得 $N_{t2}=56.25\text{kN}$，$N_{t3}=18.75\text{kN}$，下部受压区三排螺栓 $N_{ti}=0$，因此，$0.9n_f\mu\sum_{i=1}^{n}(P-1.25N_{ti})$

$=0.9\times1\times0.45[12\times190-1.25\times2(93.75+56.25+18.75)]=753\text{kN}>V=720\text{kN}$，满足要求。

螺栓连接的实际工程应用

螺栓连接是一种常见的机械连接方式，广泛应用于各种设备和建筑物中。螺栓连接具有结构简单、安装方便、可拆卸和可重复使用等优点，因此在实际应用中具有广泛的应用前景。以下通过几个具体案例来说明螺栓连接在实际应用中的作用。

① 桥梁建设

螺栓连接在桥梁建设中发挥着重要作用。桥梁的各个部分，如梁、塔、索等，都需要通过螺栓连接进行固定。例如，在斜拉桥的建设中，斜拉索与梁体、塔柱之间都需要通过螺栓连接来传递巨大的拉力。此外，在桥梁的维护和修缮过程中，螺栓连接也便于工作人员进行拆卸和更换。

② 建筑物

螺栓连接在建筑物中的应用也十分广泛。例如，在钢结构建筑中，螺栓连接可用于连接钢梁、柱子、支撑等构件。相较于焊接，螺栓连接具有施工速度快、安装方便、可拆卸等优点。此外，螺栓连接还可以用于建筑物的玻璃幕墙、铝板幕墙等装饰材料的固定。

③ 船舶制造

在船舶制造领域，螺栓连接同样具有重要作用。船舶的各个部分，如船体、甲板、舾装等，都需要通过螺栓连接进行固定。相较于焊接，螺栓连接在船舶制造中具有施工速度快、便于维护和更换等优点。此外，螺栓连接还可以用于船舶的锚链、缆绳等设备的固定。

④ 风力发电

螺栓连接在风力发电领域也具有重要作用。风力发电机组中的各个部分，如塔筒、叶片、发电机等，都需要通过螺栓连接进行固定。由于风力发电机组常年暴露在恶劣环境中，螺栓连接的可靠性和稳定性对整个风力发电系统的运行至关重要。

⑤ 机械设备

螺栓连接在机械设备中的应用也十分广泛。例如，在汽车、火车、飞机等交通工具中，螺栓连接可用于发动机、变速箱、悬挂系统等部件的固定。此外，螺栓连接还可以用于各种工业设备的组装和维修，如机床、生产线、泵阀等。

总之，螺栓连接在实际应用中具有广泛的应用前景。无论是在桥梁建设、建筑物、船舶制造、风力发电，还是机械设备等领域，螺栓连接都发挥着重要作用。随着科技的发展，螺栓连接技术将不断优化和完善，为各个领域的发展提供更加可靠的保障。

任务测试

一、单选题

1. 与单个普通螺栓的抗剪承载力设计值无关的是（   ）。

A. 螺栓直径　　B. 受剪面数

C. 螺栓孔的直径　　D. 螺栓抗剪强度设计值

2. 采用摩擦型高强度螺栓连接，其受力时变形（   ）。

A. 比普通螺栓连接大

B. 与普通螺栓和承压型高强度螺栓连接相同

C. 比承压型高强度螺栓连接大

D. 比普通螺栓和承压型高强度螺栓连接小

3. 摩擦型连接的高强度螺栓在杆轴方向受拉时，承载力（   ）。

A. 与摩擦面的处理方法有关　　B. 与摩擦面的数量有关

C. 与螺栓直径有关　　D. 与螺栓的性能等级无关

4. 角钢和钢板间用侧焊缝搭接连接，当角钢背与肢尖焊缝的焊脚尺寸和焊缝的长度都相同时，（　　）。

A. 角钢背的侧焊缝与角钢肢尖的侧焊缝受力相等

B. 角钢肢尖侧焊缝受力大于角钢背的侧焊缝

C. 角钢背的侧焊缝受力大于角钢肢尖的侧焊缝

D. 由于角钢背和肢尖的侧焊缝受力不相等，因而连接受有弯矩的作用

5. 在弹性阶段，侧面角焊缝应力沿长度方向（　　）。

A. 均分分布　　B. 一端大、一端小

C. 两端大、中间小　　D. 两端小、中间大

二、多选题

1. 摩擦面的抗滑移系数与以下哪些因素有关？（　　）。

A. 螺栓的直径　　B. 板件的钢号

C. 接触面的处理方法　　D. 螺栓性能等级

E. 摩擦面数

2. 按施焊时焊缝在焊件之间的相对空间位置分为（　　）。

A. 平焊　　B. 纵焊

C. 横焊　　D. 立焊

E. 仰焊

3. 焊缝连接形式按被连接构件的相对位置分为（　　）。

A. 对接　　B. 搭接

C. U 形连接　　D. T 形连接

E. 角接

任务训练

1. 简述螺栓受剪破坏的五种形式，及避免其破坏发生的方法。

2. 摩擦型高强度螺栓与承压型高强度螺栓的承载力极限状态有何不同？

3. 角焊缝的焊脚尺寸为什么不能过大或过小？如何合理选择？

项目小结

本项目主要由钢结构绪论、钢结构的材料、钢结构连接三大任务模块组成。在钢结构绪论模块，主要了解钢结构的应用范围及历史发展，熟悉钢结构实际工程的应用范围，了解钢结构的类型、组成、特点，掌握钢结构的设计方法。在钢结构的材料模块，主要掌握钢材的力学性能、种类和规格。在钢结构连接模块，主要是掌握焊缝的形式、构造要求、焊接焊缝计算及施工注意事项与焊缝的处理，掌握螺栓连接的形式、构造要求，螺栓连接的计算。

项目评价

请扫描右侧二维码进行在线测试。

在线测试

项目1

项目拓展

经典钢结构工程介绍

钢结构因其强度高、施工速度快、造型灵活等特点，在现代建筑设计中得到了广泛应用。许多著名的建筑都采用了钢结构，其中一些已经成为城市的地标和建筑史上的经典。以下是几个采用钢结构的著名建筑案例。

① 埃菲尔铁塔

埃菲尔铁塔位于法国巴黎，是世界上最著名的建筑之一，也是早期钢结构建筑的典范。由工程师古斯塔夫·埃菲尔设计，建于1889年，是为了庆祝法国大革命100周年而建造的。埃菲尔铁塔初始高约312m，由18038块金属部件和约250万个铆钉组成。它的设计巧妙地利用了钢结构的轻巧和强度，使得这座塔能够在风力作用下弯曲而不倒塌。埃菲尔铁塔不仅是巴黎的象征，也是人类工程技术的杰作。

② 金门大桥

金门大桥位于美国加利福尼亚州的旧金山，是一座著名的悬索桥，也是世界上最著名的桥梁之一。建成于1937年，金门大桥连接了旧金山市区和马林郡，跨越了金门海峡。桥梁的主跨长1280m，桥塔高342m，是世界上最高的桥梁之一。金门大桥采用了大量的钢材，包括主缆、桥塔和桥面等部分。它的建设在当时是一项重大的工程挑战，现在已经成为旧金山的象征。

③ 乔治·蓬皮杜国家艺术文化中心

乔治·蓬皮杜国家艺术文化中心位于法国巴黎，是一座具有争议性的现代艺术博物馆。由意大利建筑师伦佐·皮亚诺和英国建筑师理查德·罗杰斯设计，建成于1977年。该中心的设计理念是将建筑的结构、管道、电梯等通常隐藏在内部的功能性元素暴露在外，使得建筑本身成为一件艺术品。整个建筑采用了大量的钢材，包括外露的钢框架和钢楼梯，创造了一种独特的工业美学。

④ 上海环球金融中心

上海环球金融中心位于中国上海浦东新区，是一座超高层摩天大楼，建成于2008年。楼高492m，地上101层，是目前中国第三高的建筑物。上海环球金融中心的设计独特，有一个巨大的开口，被称为“天洞”。这座大楼采用了大量的钢材，包括核心筒、框架和楼板等部分，使得它能够在强风和地震等极端条件下保持稳定。

这些著名的建筑案例展示了钢结构在现代建筑中的多样性和适应性。钢结构不仅能够满足建筑的功能需求，还能够创造出独特的美学效果，成为城市的标志性建筑。随着建筑技术的不断进步，钢结构建筑将在未来继续展现出它的魅力和潜力。

项目2 钢结构施工图识图与深化设计

学习目标

1. 知识目标

了解钢结构施工图的表达形式；掌握钢结构施工图的识读方法与步骤；掌握钢结构细化详图的方法与步骤；熟悉钢结构细化详图的组成内容。

2. 技能目标

能结合BIM技术正确识读钢结构施工图；能运用BIM技术进行钢结构细化详图的分析；能手工绘制钢结构细化详图。

3. 素质目标

养成认真负责、精益求精的工作态度；养成良好的组织协调、团结协作意识；养成自主学习新技术、新标准、新规范，灵活适应发展变化的创新能力；培养节能低碳环保、质量标准安全、生态绿色智慧意识，树立低碳、绿色、生态发展理念。

标准规范

(1)《建筑结构荷载规范》GB 50009—2012

(2)《钢结构设计标准》GB 50017—2017

(3)《门式刚架轻型房屋钢结构技术规范》GB 51022—2015

(4)《钢结构工程施工质量验收标准》GB 50205—2020

(5)《冷弯薄壁型钢结构技术规范》GB 50018—2002

项目导引

钢结构识图是钢结构工程中至关重要的一环，涉及钢结构施工图纸的准确理解与解读。通过识图，可以了解钢结构的构成、连接方式、尺寸规格以及安装要求等关键信息，为后续的深化设计、施工安装等提供有力指导。通过识图实践练习，提升识图能力。

钢结构深化设计是对结构进行更为详细、精准的设计过程，在深化设计过程中，要按照相关规范和标准进行操作，确保设计的准确性和可靠性，为钢结构工程的顺利实施提供有力保障。

本项目学习任务主要有单层厂房钢屋盖结构、轻型门式刚架结构、A厂房施工图识图、钢结构施工详图设计，具体详见图2.0.1。

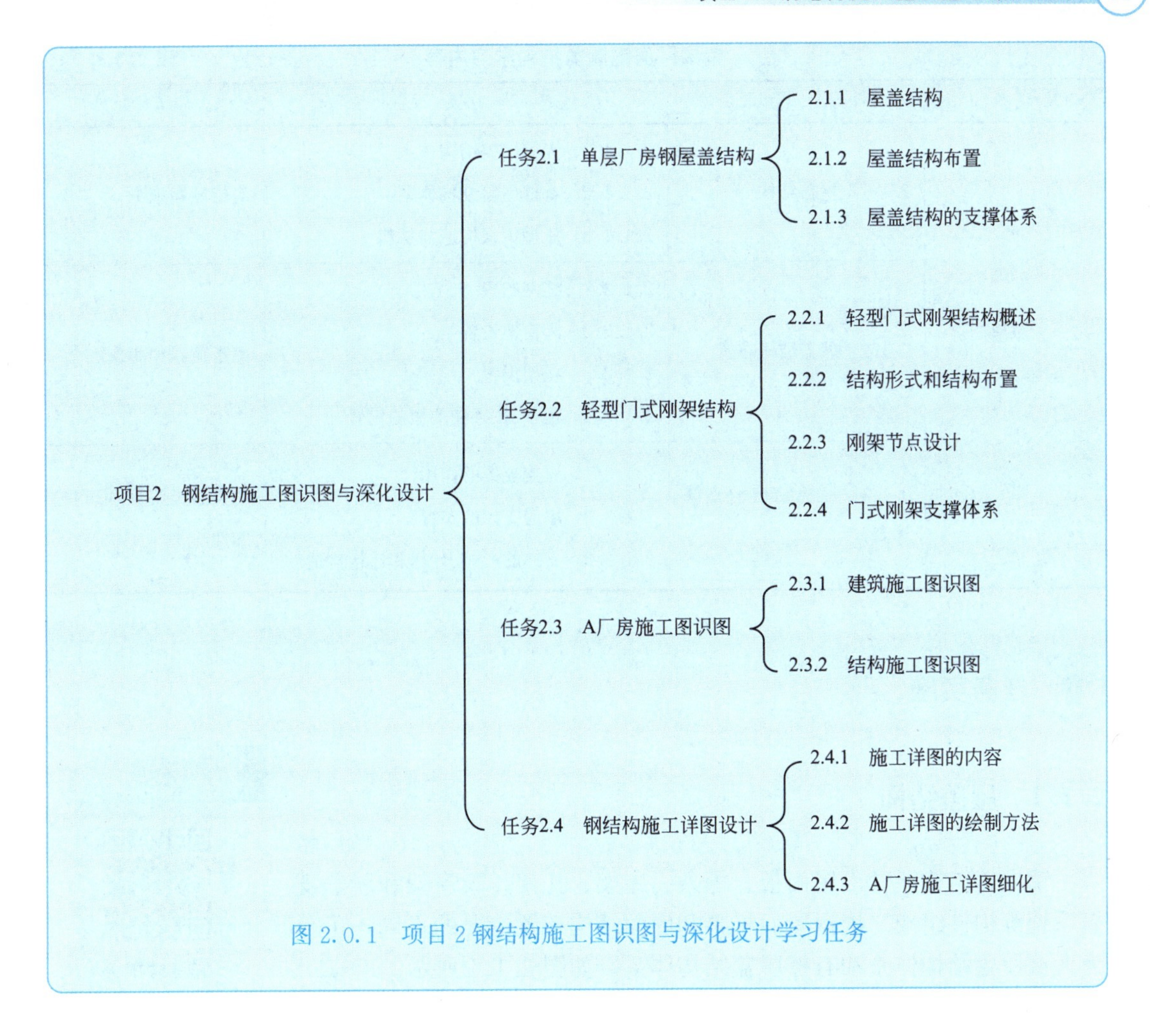

图 2.0.1　项目 2 钢结构施工图识图与深化设计学习任务

任务 2.1　单层厂房钢屋盖结构

任务引入

单层厂房钢屋盖结构是厂房设计的关键环节，钢屋盖结构通常由屋面、檩条、屋架、托架、天窗架和屋盖支撑系统等构件组成，而屋面支撑系统保证了厂房安装和使用阶段的稳定性，保证厂房整体稳定性。

通过本任务的学习，了解单层厂房屋盖各组成部分的布置原则及作用，学习支撑的形式、计算和连接构造，为毕业后从事钢结构设计和施工打下坚实基础。

本任务的学习内容详见表 2.1.0。

单层厂房钢屋盖结构学习内容 表 2.1.0

任务	技能	知识	拓展
2.1 单层厂房钢屋盖结构	2.1.1 屋盖结构	2.1.1.1 无檩屋盖结构体系 2.1.1.2 有檩屋盖结构体系 2.1.1.3 压型钢板构造与材料	有檩屋盖施工
	2.1.2 屋盖结构布置	2.1.2.1 柱网布置 2.1.2.2 天窗架设置 2.1.2.3 托架设置 2.1.2.4 檩条、拉条和隅撑的设置	檩条荷载和荷载组合
	2.1.3 屋盖结构的支撑体系	2.1.3.1 屋盖支撑的作用 2.1.3.2 屋盖支撑的布置 2.1.3.3 支撑的形式、计算和连接构造	屋盖的经济性和可持续性

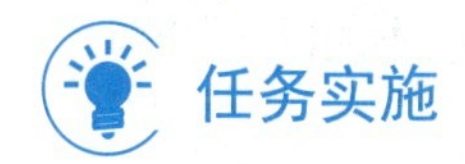

2.1.1 屋盖结构

钢屋盖结构通常由屋面板、檩条、屋架、托架、天窗架和屋盖支撑系统等构件组成。根据屋面材料和屋面结构布置情况的不同，可分为无檩屋盖结构体系和有檩屋盖结构体系，如图 2.1.1 所示。

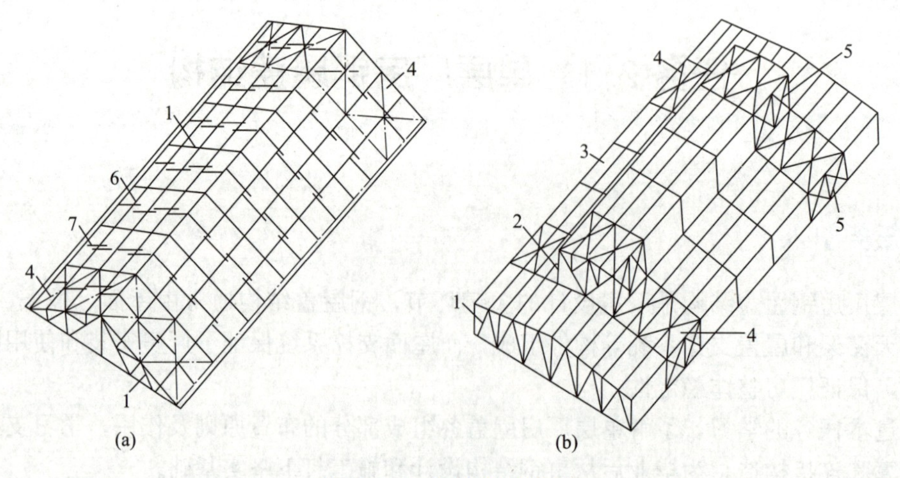

图 2.1.1 屋盖结构体系

(a) 有檩屋盖结构体系；(b) 无檩屋盖结构体系

1—屋架；2—天窗架；3—大型屋面板；4—上弦横向水平支撑；

5—竖向支撑；6—檩条；7—拉条

2.1.1.1　无檩屋盖结构体系

无檩屋盖结构体系中屋面板通常采用预应力钢筋混凝土大型屋面板等重型屋面，将屋面板直接放在屋架或天窗架上，如图 2.1.2 所示。

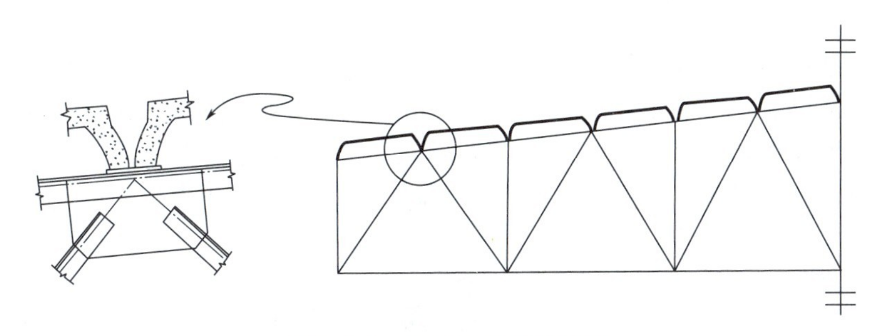

图 2.1.2　无檩屋盖结构体系

屋架的间距应与屋面板的长度配合一致，通常为 6m，有条件时也可采用 12m。当柱距大于所采用的屋面板跨度时，可采用托架或托梁来支承中间屋架。这种屋面板上一般采用卷材防水屋面，通常适用于较小坡度屋面，常用坡度为 1∶12～1∶8，因此常采用梯形屋架作为主要承重构件。

优点：无檩屋盖结构体系屋面荷载由大型屋面板直接传给屋架，构造简单，构件的种类和数量少，安装方便，施工速度快，且屋盖刚度大，整体性能好，耐久性也好；缺点：屋面自重大，常要增大屋架杆件和下部结构的截面，对抗震也不利，且由于大型屋面板与屋架上弦杆的焊接质量常得不到保证，只能有限地考虑屋面板的空间作用，屋盖支撑不能取消。

2.1.1.2　有檩屋盖结构体系

有檩屋盖结构体系常用于轻型屋面材料的情况，如压型钢板、压型铝合金板、石棉瓦、瓦楞铁皮等，如图 2.1.3 所示。

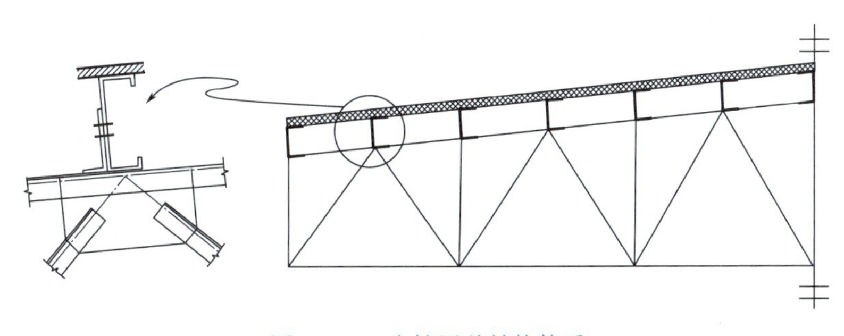

图 2.1.3　有檩屋盖结构体系

对石棉瓦和瓦楞铁皮屋面，屋架间距通常为 6m；当柱距大于或等于 12m 时，则用托架支承中间屋架。

对于压型钢板和压型铝合金板屋面，屋架间距常大于或等于 12m；一般适用于较陡的屋面坡度以便排水，常用坡度为 1∶3～1∶2，因此常采用三角形屋架作为主要承重构件。

当采用较好的防水措施用压型钢板做屋面时，屋面坡度也可做到 1∶12 或更小，此时也可用 H 型钢梁作为主要承重构件。

优点：有檩屋盖结构体系可供选用的屋面材料种类较多，屋架间距和屋面布置较灵活，自重轻，用料省，运输和安装较轻便；缺点：屋面刚度较差，构件的种类和数量多，构造较复杂。

2.1.1.3 压型钢板构造与材料

压型钢板是目前轻型屋面有檩体系中应用最广泛的屋面材料，是由镀锌冷轧薄钢板、镀铝锌冷轧薄板或在其基材上涂有彩色有机涂层的薄钢板辊压成型的各种波形板材，如图 2.1.4 所示，具有轻质、高强、色彩美观、施工方便、工业化生产等特点。

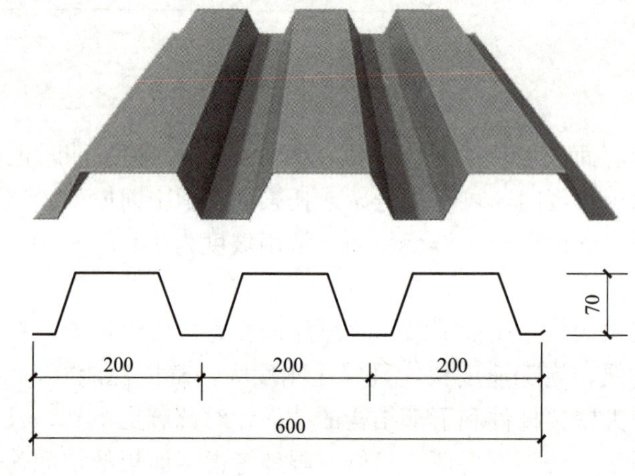

图 2.1.4 压型钢板

用于屋面的压型钢板可分为单层压型钢板和复合压型钢板，单层压型钢板适用于没有保温隔热要求的建筑屋面，复合压型钢板适用于有保温隔热要求的建筑屋面。屋面板与檩条之间的连接主要采用自攻螺钉进行连接，然后用密封条、膏、胶等防水密封材料进行封堵，如图 2.1.5 所示。

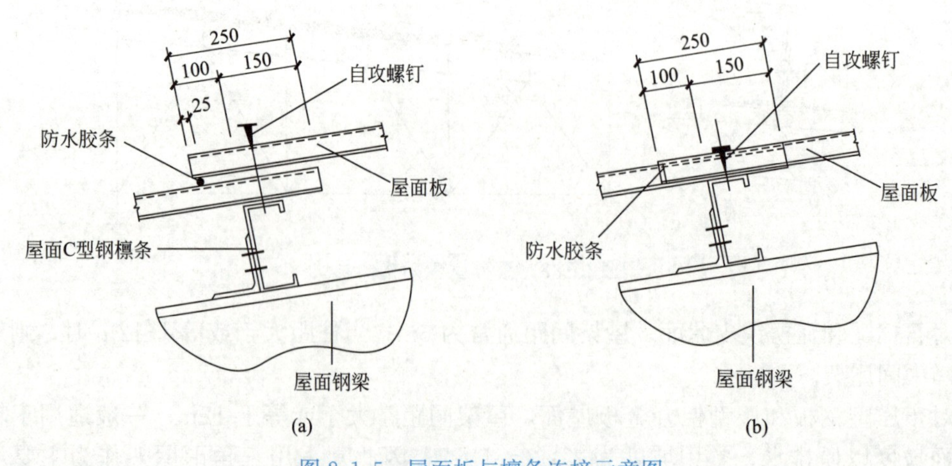

图 2.1.5 屋面板与檩条连接示意图

(a) 安装顺序图；(b) 安装完成图

有檩屋盖施工

1. 檩条安装与校正

檩条作为有檩屋盖的基本构件，起到支撑和固定屋面板的作用。在安装时，必须确保檩条的位置、间距和高度均符合设计要求，并进行必要的校正，保证檩条的直线性和稳定性。

2. 支撑系统搭建

支撑系统是檩条的支撑基础，对于确保屋盖的整体稳定性和承载能力至关重要。支撑系统应严格按照设计图纸进行搭建，确保支撑点的位置准确、牢固。

3. 屋面板安装与固定

屋面板是有檩屋盖的主要覆盖材料，其安装质量和固定效果直接影响屋盖的防水、保温等性能。在安装时，要确保屋面板的铺设平整、无缝隙，并采用合适的固定方式，确保屋面板牢固不脱落。

4. 防水层施工

有檩屋盖需要特别注意防水层的施工。防水层应铺设在屋面板下方，确保屋盖内部不受雨水侵蚀。防水材料的选择和施工质量直接关系到屋盖的防水效果，因此应选择质量可靠的防水材料，并严格按照施工规范进行施工。

5. 屋面保温层施工

为了提高屋盖的保温性能，通常需要在防水层下方铺设保温层。保温材料的选择应符合设计要求，铺设应平整、无缝隙，确保保温效果。

6. 檐口与泛水处理

檐口和泛水是有檩屋盖的关键部位，容易出现渗漏问题。因此，在这些部位应特别加强处理，确保檐口和泛水的密封性和排水性能。

7. 检查与验收

完成以上施工步骤后，应进行全面的检查与验收。检查内容包括檩条的直线性、屋面板的平整度、防水层和保温层的施工质量等。对于发现的问题应及时进行整改，确保屋盖的整体质量和性能符合设计要求。

总之，有檩屋盖施工涉及多个关键步骤和细节处理，需要严格按照施工规范和设计要求进行施工和管理，确保屋盖的质量、稳定性和使用寿命。

2.1.2　屋盖结构布置

屋盖结构布置

2.1.2.1　柱网布置

屋架的跨度和间距须结合柱网的布置确定，而柱网布置则根据建筑物工艺、结构和经济合理等各方面因素而定。

从工艺方面考虑，厂房的跨度（即横向）和柱距（即纵向）应满足生产工艺的要求；柱的位置应和厂房的地上设备和地下设备、起重和运输通道、设备基础及地下管道等相协调。

从结构方面考虑，柱距均等并符合模数的布置方式最为合理，这样，厂房的屋盖和支撑系统布置简单，吊车梁跨度相同，厂房的横向框架重复性大，可以最大限度达到定型化和标准化。通常情况下，无檩楼盖纵向柱距常为 6m，屋架跨度一般取 3m 的倍数，以配合大型屋面板的规格，大型屋面板规格一般为 1.5m×6m 或 3m×6m。有檩屋盖的柱距和跨度比较灵活，不受屋面材料的限制，比较经济的柱距为 4～6m。

从经济方面考虑，柱距对结构的用钢量和造价有较大的影响。增大柱距，柱和基础的材料用量减少，但屋盖和吊车梁的材料用量增加，在柱较高、吊车起重量较小的车间中，放大柱距经济效果较好。

2.1.2.2 天窗架设置

为了满足采光和通风等要求，屋盖上常设置天窗。天窗架的高度和宽度应根据工艺和建筑要求确定，一般宽度为厂房跨度的 1/3 左右，高度为其宽度的 1/5～1/2。

天窗的形式有纵向天窗、横向天窗和井式天窗 3 种，一般采用纵向天窗。天窗部分的檩条和屋面板由屋架上弦平面移到天窗架上弦平面，而在天窗架侧柱部分设置采光窗。天窗架支承于屋架之上，将荷载传递到屋架。

纵向天窗的天窗架形式一般有多竖杆式、三铰拱式和三支点式，如图 2.1.6 所示。

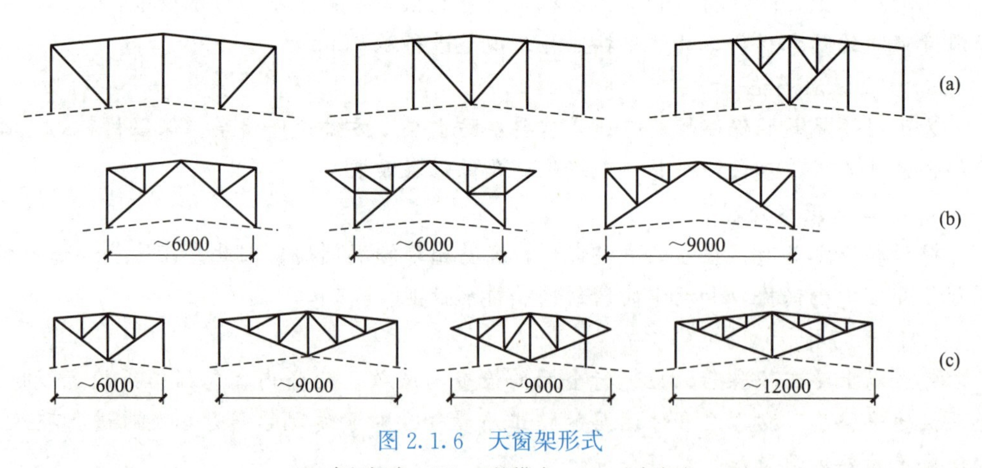

图 2.1.6 天窗架形式

(a) 多竖杆式；(b) 三铰拱式；(c) 三支点式

多竖杆式天窗架构造简单，传给屋架的荷载较为分散，安装时通常与屋架在现场拼装后再整体吊装，可用于天窗高度和宽度不太大的情况。

三铰拱式天窗架由两个三角形桁架组成，它与屋架的连接点少，制造简单，通常用作支于混凝土屋架上的天窗架。由于顶铰的存在，安装时稳定性差，当与屋架分别吊装时宜进行加固处理。

三支点式天窗架是由支于屋脊节点和两侧柱的桁架做成。它与屋架连接的节点较少，常与屋架分别吊装，施工较方便。

横向天窗和井式天窗可不另设天窗架，只需将部分屋面材料和屋面构件放在屋架下弦，而部分屋面材料和屋面构件设置在上弦，就形成了天窗。这两种天窗的用钢量较省，但其构造和施工都比较复杂，且采光方向可能对生产作业人员和吊车司机的工作不利。

2.1.2.3　托架设置

厂房中常因放置设备或交通运输的要求局部抽柱，此时用来支承抽柱部位中间屋架的桁架称为托架。钢托架一般做成平行弦桁架，其腹杆采用带竖杆的人字形体系。

托架与屋架的连接一般有叠接和平接两种方式，平接可以有效地减轻托架受扭的不利影响，较常用；叠接构造简单，便于施工，但托架受扭，如图 2.1.7 所示。

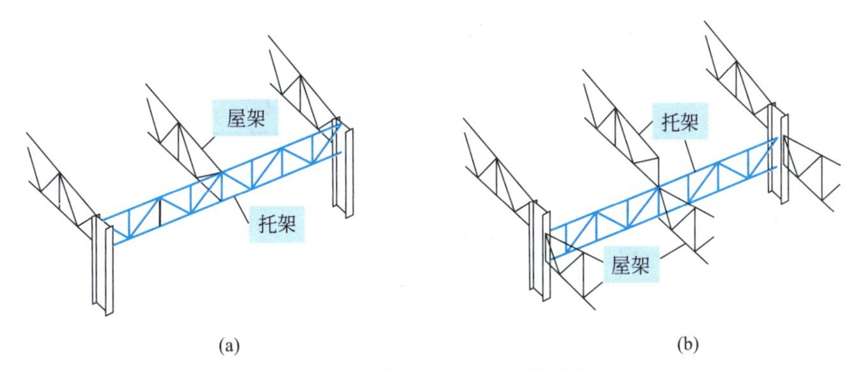

图 2.1.7　托架与屋架连接方式

(a) 平接；(b) 叠接

2.1.2.4　檩条、拉条和隅撑的设置

1. 檩条

檩条是有檩屋盖体系的主要构件，因其使用面积较大，故用钢量所占屋盖总用钢量比重较大，设计时应给予充分重视，合理地选择其形式和截面。就截面形式而言，檩条一般可分为实腹式、空腹式、桁架式檩条等。桁架式檩条用钢量虽少，但制作费工，涂装与维护相对困难，节点处易形成焊接缺陷及偏心应力，故使用较少。

檩条跨度不超过 9m 时，宜选用实腹式檩条。实腹式檩条常用槽钢、H 型钢、卷边槽钢和卷边 Z 形薄壁型钢等，如图 2.1.8 所示，其跨高比一般取 35～50，截面宽度可由截面高度和所选用的型钢规格确定。檩条要按双向受弯构件计算。

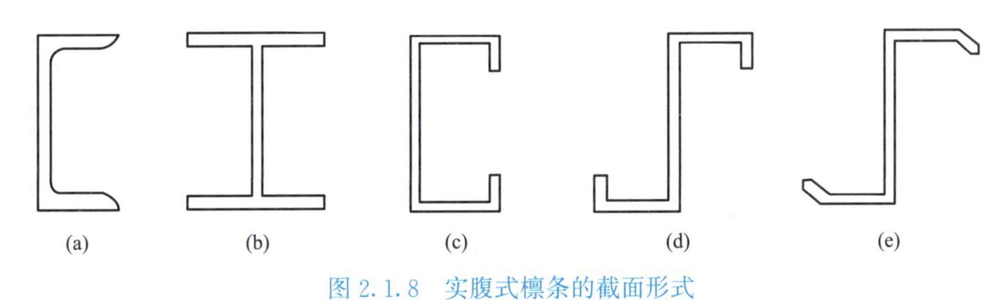

图 2.1.8　实腹式檩条的截面形式

(a) 槽钢；(b) H 型钢；(c) 卷边槽钢；(d) 卷边 Z 形薄壁型钢；(e) 斜卷边 Z 形薄壁型钢

热轧槽钢和高频焊接 H 型钢由于板件较厚，抗弯性能好，用钢量大，大多应用在屋面荷载较大、檩条跨度较大的重型工业厂房中；而卷边槽钢、卷边 Z 形薄壁型钢以及斜卷边 Z 形薄壁型钢由于制作、安装简单，用钢量省，是目前轻型钢结构屋面工程中应用最普遍的截面形式。

空腹式檩条的上下弦由角钢组成，中间连以缀板，如图 2.1.9 所示。由于其空腹式构造，截面惯性矩和回转半径大，因而能充分利用钢材的强度，节约钢材。其优点之一是能充分利用上下弦小角钢和缀板，缺点是缀板间距较密，拼接和焊接的工作量大，另外该种檩条侧向刚度较差，因此应用受到一定限制。

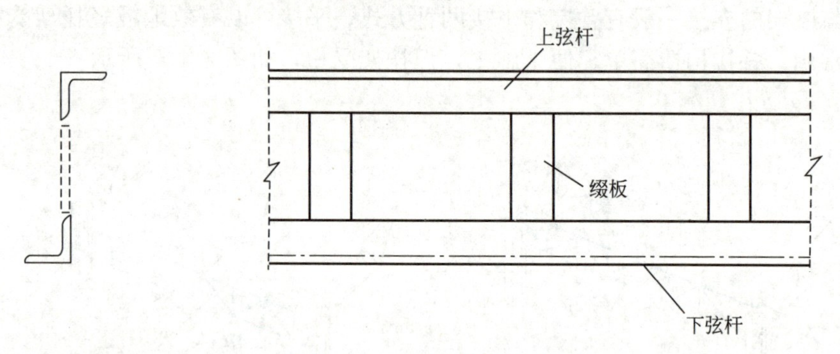

图 2.1.9 空腹式角钢檩条

檩条的布置与构造要求：

檩条可全部布置在屋架上弦节点，以减小节间弯矩，亦可由屋檐起沿屋架上弦等距离设置，其间距应结合檩条的承载能力、屋面材料的规格和其最大容许檩距、屋架上弦节间长度及是否考虑节间荷载等因素决定。檩条的截面应尽量垂直于屋面的坡面，对角钢、槽钢和 Z 型钢檩条，宜将其上翼缘的肢尖或卷边朝向屋脊方向，以尽量减小屋面荷载偏心引起的扭矩。

檩条在屋架上应可靠地支承。一般采取在屋架上弦焊接用短角钢制造的檩托，如图 2.1.10 所示，将檩条用 C 级螺栓与其连接，螺栓个数不少于两个。对 H 型钢檩条，应将支承处靠向檩托一侧的下翼缘切掉，以便与其连接。若翼缘较宽，还可直接用螺栓与屋架连接，但檩条端部宜设加劲肋，以增强抗扭能力。

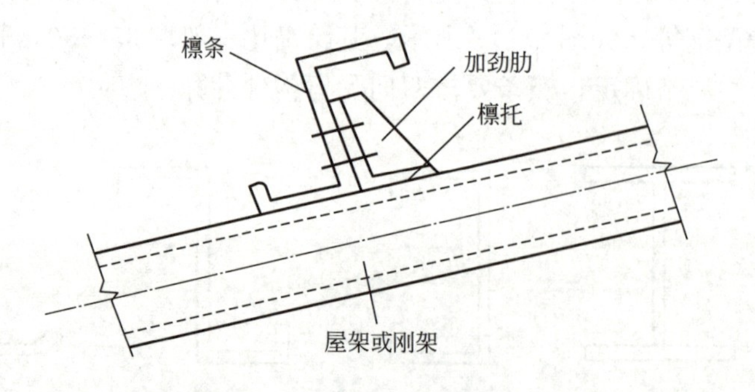

图 2.1.10 实腹式檩条与屋架连接示意图

2. 拉条和撑杆

拉条的作用：作为檩条的侧向支承点，以减小檩条在平行屋面方向的跨度，提高檩条的承载能力，减小檩条在使用和施工过程中的侧向变形和扭转。

撑杆的作用：主要是限制檐檩的侧向弯曲。

当檩条跨度为 4～6m 时，宜设置一道拉条；当檩条跨度大于 6m 时，宜设置两道拉条，如图 2.1.11 所示。当屋面有天窗时，应在天窗侧边两檩条间设斜拉条和作檩条侧向支承的承压刚性撑杆。当屋面无天窗时，屋架两坡面的脊檩须在拉条连接处相互联系，以使两坡面拉力相互平衡，或同天窗侧边一样，设斜拉条和刚性撑杆。

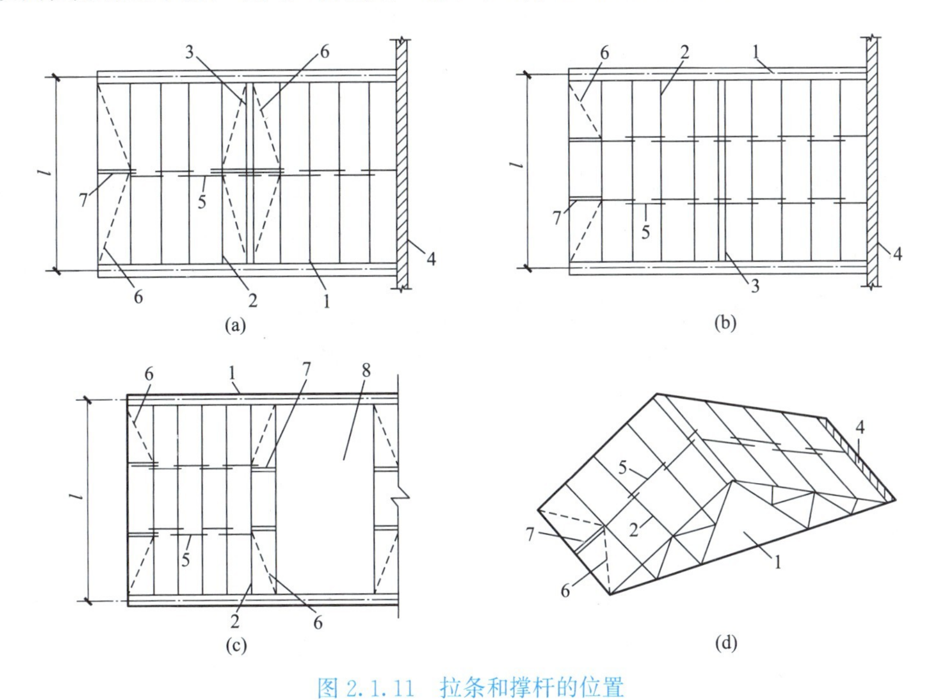

图 2.1.11　拉条和撑杆的位置

1—屋架；2—檩条；3—屋脊；4—圈梁；5—直拉条；6—斜拉条；7—撑杆；8—天窗

拉条常用直径 10～16mm 的圆钢制造，其位置应靠近檩条上翼缘 30～40mm，并用螺母将其张紧固定。撑杆多采用角钢，按支撑压杆容许长细比 200 选用截面，安装时要用 C 级螺栓与焊在檩条上的角钢固定。

3. 隅撑

当实腹式刚架斜梁的下翼缘或柱的内翼缘受压时，为了保证其平面外稳定，必须在受压翼缘布置隅撑（端部仅设置一道）作为侧向支承。隅撑的一端连在受压翼缘上，另一端直接连接在檩条上，换言之隅撑就是把钢梁与檩条连接到一起的斜向布置构件。

隅撑宜采用单角钢制作，其可连接在内翼缘附近的腹板上，亦可连接在内翼缘上。通常采用单个螺栓连接。隅撑与刚架构件的腹板的夹角不宜小于 45°，如图 2.1.12 所示。

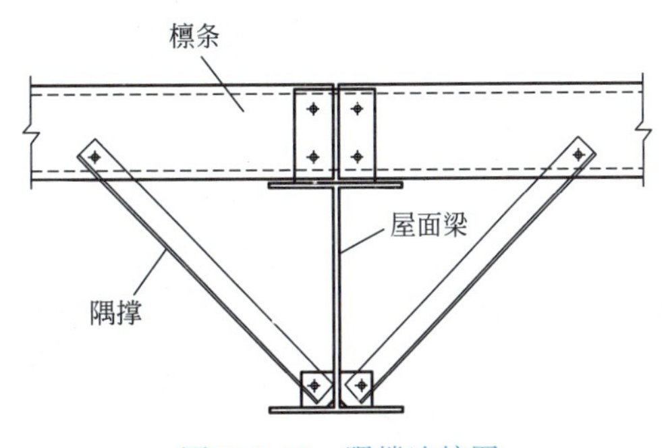

图 2.1.12　隅撑连接图

檩条荷载和荷载组合

1. 荷载

实际工程中檩条所承受的荷载主要有永久荷载和可变荷载。

(1) 永久荷载

作用在檩条上的永久荷载主要有：屋面围护材料（包括压型钢板、防水层、保温或隔热层等）、檩条、拉条和撑杆自重、附加荷载（悬挂于檩条上的附属物）自重等。

(2) 可变荷载

屋面可变荷载主要有：屋面均布活荷载、雪荷载、积灰荷载和风荷载。屋面均布活荷载标准值按受荷水平投影面积取用，对于檩条一般取 0.5kN/m^2；雪荷载和积灰荷载按现行《建筑结构荷载规范》GB 50009 或当地资料取用，对檩条应考虑在屋面天沟、阴角、天窗挡风板以及高低跨相接处的荷载不均匀分布增大系数。

对檩距小于 1m 的檩条，尚应验算 1.0kN 的施工或检修集中荷载标准值作用于跨中时的檩条强度。

2. 荷载组合原则

(1) 均布活荷载与雪荷载不同时考虑，设计时取两者中的较大值；

(2) 积灰荷载应与均布活荷载或雪荷载中的较大值同时考虑；

(3) 施工或检修集中荷载与均布活荷载或雪荷载不同时考虑；

(4) 当风荷载较大时，应验算在风吸力作用下，永久荷载和风荷载组合下截面应力反号的情况，此时永久荷载的分项系数取 1.0。

2.1.3 屋盖结构的支撑体系

屋盖结构的支撑体系

2.1.3.1 屋盖支撑的作用

(1) 保证屋盖结构的空间几何不变性和稳定性。如图 2.1.13 (a) 所示为仅由平面桁架和檩条及屋面材料组成的屋盖结构，是一个不稳定的体系，在荷载作用下或在安装过程中，有可能向一侧鼓曲甚至倾覆。若将某两榀相邻屋架（一般在房屋两端）在其上、下弦平面和两端及跨中竖直腹杆（或斜腹杆）平面用支撑连系，组成空间稳定体，如图 2.1.13 (b) 所示。

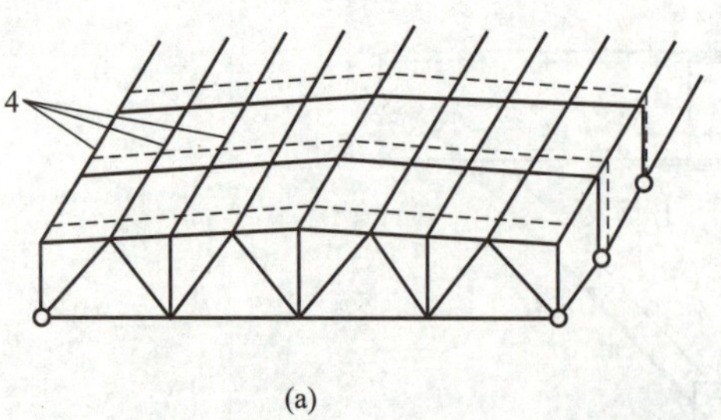

图 2.1.13 托架与屋架连接方式

1—上弦横向水平支撑；2—下弦横向水平支撑；3—竖向支撑；4—檩条或大型屋面板

（2）保证屋盖结构在水平面内整体刚度和空间整体性，承担并传递水平荷载。横向水平支撑是水平设置的桁架，在屋面内具有很大的抗弯刚度，其两端支承在柱（或竖向支撑上），用来传递山墙风荷载、悬挂吊车水平荷载和地震作用等，保证屋盖结构传递上述水平荷载作用。设置纵向水平支撑使各桁架共同工作，增大其空间刚度，传递横向风荷载、吊车横向水平荷载及地震作用等，保证和减少横向水平荷载作用下的变形。

（3）为受压弦杆提供侧向支承点，防止拉杆产生过大的振动。支撑作为屋架弦杆的侧向支承点，减小受压弦杆在屋架平面外的计算长度，保证受压弦杆的侧向稳定，并使受拉下弦保持足够的侧向刚度，不会在某些动力作用下（如吊车运行）产生过大的振动。

（4）保证结构在安装和施工过程中的稳定性。屋盖的安装工作一般是从房屋温度区段的一端开始的，首先用支撑将两相邻屋架连系起来组成一个基本空间稳定体，在此基础上即可顺序安装其他构件。

2.1.3.2　屋盖支撑的布置

1. 横向水平支撑

（1）屋架上弦横向水平支撑

无论有檩体系或无檩体系，均应设置上弦横向水平支撑，它在屋架上弦平面沿跨度方向全长布置，形成一平行弦桁架。它的弦杆即屋架的上弦杆，腹杆由交叉的斜杆及竖杆组成。交叉的斜杆一般用单角钢或圆钢制成，按拉杆进行计算，竖杆常用双角钢的 T 形截面。当屋架有檩条时，檩条可兼作支撑竖杆。

上弦横向水平支撑一般设置在厂房每个温度区段两端的第一个柱间，当厂房端部不设屋架，利用山墙承重时，或设有纵向天窗，为统一支撑型号并与天窗上弦支撑相对应时，可将屋架的横向水平支撑布置在第二个柱间，但在第一个柱间要设置刚性系杆以支撑端屋架和传递山墙风力。两道横向水平支撑间的距离不宜大于 60m，当温度区段长度较大时，尚应在厂房中部增设横向水平支撑，以符合此要求。

对无檩体系屋盖，如能保证每块大型屋面板与屋架上弦焊牢 3 个角时，大型屋面板在上弦平面内形成刚度很大的平面板型结构体，此时可考虑大型屋面板起一定支撑作用。但由于施工条件的限制，很难保证焊接质量，一般仅考虑大型屋面板起系杆的作用。对有檩体系屋盖，通常也只考虑檩条起系杆作用。

（2）屋架下弦横向水平支撑

下弦横向水平支撑应在屋架下弦平面沿跨度方向全长布置，并应布置在与上弦横向水平支撑同一开间，以形成空间稳定体。它也是一个平行弦桁架，位于屋架下弦平面。其弦杆即屋架的下弦，腹杆也是由交叉的斜杆及竖杆组成，其形式和构造与上弦横向水平支撑相同，其纵向间距要求同上弦横向水平支撑。当屋架跨度较小、无悬挂吊车、桥式吊车吨位不大和无太大振动设备等情况时，可不设置下弦横向水平支撑。

（3）纵向天窗架上弦横向支撑

无论有檩或无檩屋盖体系，在每个天窗架区段的两端及中部与屋架上弦横向支撑相对应区间内均应设置上弦横向支撑。

2. 纵向水平支撑

纵向水平支撑应设在屋架两端节间处，沿房屋全长布置。它也组成一个具有交叉斜杆及竖杆的平行弦桁架，它的端竖杆就是屋架端节间的弦杆。纵向水平支撑与横向水平支撑共同构成一个封闭的支撑框架，以保证屋盖结构有足够的水平刚度。屋架间距小于 12m 时，纵向水平支撑通常设置在屋架下弦平面，但三角形屋架及端斜杆为下降式且主要支座设在上弦处的梯形屋架和人字形屋架，也可以布置在上弦平面内；屋架间距大于或等于 12m 时，纵向水平支撑宜设置在屋架的上弦平面内。

纵向水平支撑数量大、耗钢量大，一般仅在房屋有较大起重量的桥式吊车、壁行吊车或锻锤等较大振动设备，以及房屋高度或跨度较大或空间刚度要求较大时，才设置纵向水平支撑。另外，在房屋设有托架处，为保证托架的侧向稳定，在托架范围及两端各延伸一个柱间应设置下弦纵向水平支撑。

3. 竖向支撑

屋架竖向支撑一般设置在有横向水平支撑的区间内以形成空间稳定体。它是一个跨长为屋架间距的平行弦桁架，其上、下弦杆分别为上、下弦横向水平支撑的竖杆，其端竖杆就是屋架的竖杆。竖向支撑中央腹杆的形式由支撑桁架的高跨比决定，一般常采用 W 形或双节间交叉斜杆等形式。腹杆截面可采用单角钢或双角钢 T 形截面。

竖向支撑沿跨度方向的设置须结合屋架的形式和跨度决定。梯形屋架两端均应各设一道竖向支撑；当梯形屋架跨度小于 30m、三角形屋架跨度小于 18m 时，应在跨中设置一道竖向支撑；当梯形屋架跨度大于等于 30m、三角形屋架跨度大于等于 18m 时，则宜在跨中约 1/3 处或天窗架侧柱处设置两道，如图 2.1.14 所示。

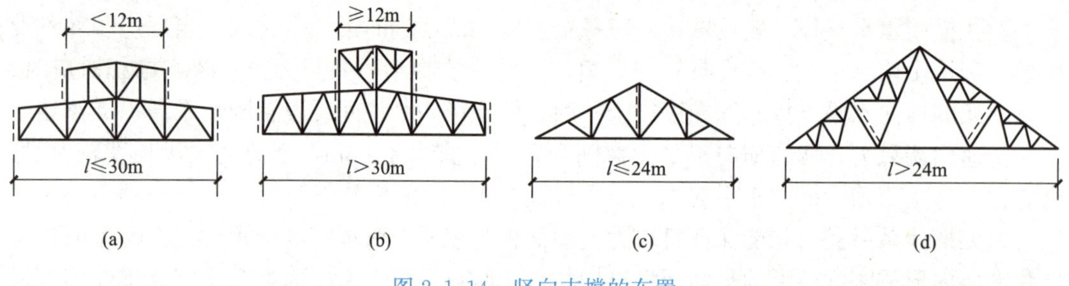

图 2.1.14 竖向支撑的布置

当厂房有天窗架时，应设在有上弦横向水平支撑的天窗架区段，并沿天窗两侧立柱平面内设置竖向支撑；当天窗跨度大于或等于 12m 时，尚应在中央竖杆平面内增设一道竖向支撑。

4. 系杆

(1) 屋架系杆

在屋架上弦平面内，对无檩屋盖，大型屋面板可起系杆作用，但为了保证屋盖在安装时的稳定，仍应在屋脊处和屋架端部处设置系杆。对有檩屋盖，檩条可兼作系杆，故可只在有纵向天窗下的屋脊处设置系杆。在屋架下弦平面内，在屋架端部处、下弦杆有弯折处、与柱刚接的屋架下弦端节间受压但未设纵向水平支撑的节点处、跨度大于或等于 18m 的芬克式屋架的主斜杆与下弦相交的节点处等部位皆应设置系杆。在屋架设有竖向支撑的平面内一般设置上、下弦系杆。

系杆中只能承受拉力的称为柔性系杆，设计时可按容许长细比 $[\lambda]=400$（有重级工作制吊车的厂房为 350）控制，常采用单角钢或张紧的圆钢拉条（此时不控制长细比）；既能受压也能受拉的称为刚性系杆，设计时可按 [λ]=200 控制，常用双角钢 T 形或十字形截面。一般在屋架下弦端部及上弦屋脊处需设置刚性系杆；当横向水平支撑设在两端第二柱间时，第一柱间的所有系杆均为刚性系杆；其他可设为柔性系杆。

（2）天窗架系杆

设有纵向天窗时，在纵向天窗架上弦屋脊节点处设通长刚性系杆，在天窗架上弦两侧端节点处设置通长的水平柔性系杆。柔性系杆一般可用檩条或窗檩来替代，大型屋面板可作受拉系杆考虑。

2.1.3.3 支撑的形式、计算和连接构造

（1）支撑的形式

屋架的竖向支撑也是一个平行弦桁架，其上、下弦可兼作水平支撑的横杆。有的竖向支撑还兼作檩条，屋架间竖向支撑的腹杆体系应根据其高度与长度之比采用不同的形式，如图 2.1.15 所示。天窗架竖向支撑的形式也可按图 2.1.15 选用。

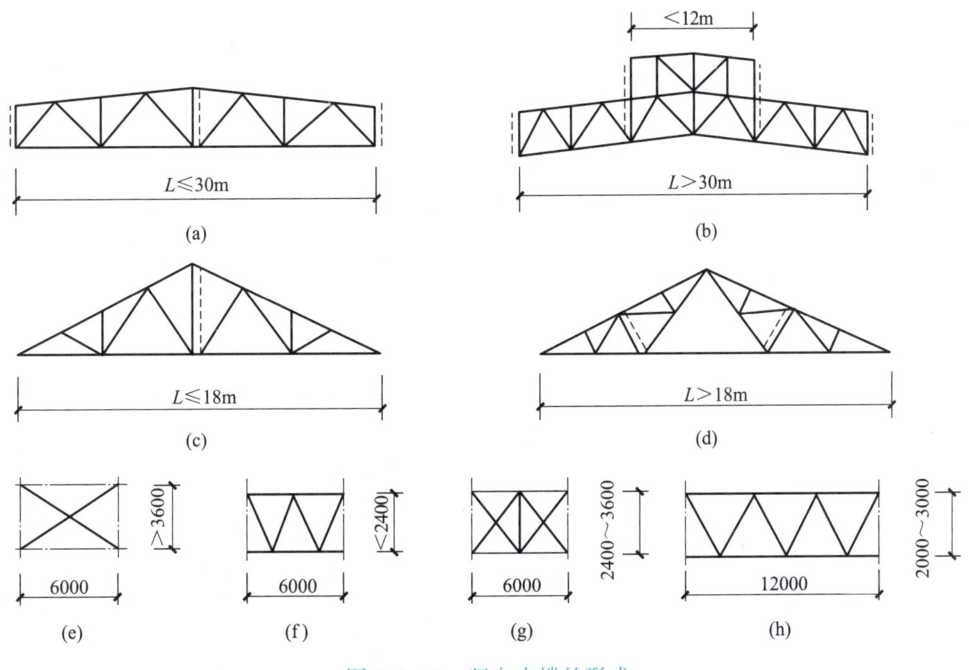

图 2.1.15 竖向支撑的形式

（2）支撑设计计算原则

屋盖支撑因受力较小一般不进行内力计算。其截面尺寸由杆件容许长细比和构造要求确定。交叉斜杆一般按拉杆控制，容许长细比与柔性系杆相同，可用单角钢；非交叉斜杆、弦杆、横杆以及刚性系杆按压杆 [λ] =200 控制，宜采用双角钢做成的 T 形截面或十字形截面，以使两个方向具有等稳定性。

支撑杆件在下列情况下，除须满足允许长细比的要求外，尚应按桁架体系计算杆件内力，并据此内力按强度或稳定性选择截面并计算其连接：

① 承受较大山墙风荷载或侧向风荷载的横向水平支撑和纵向水平支撑，当支撑桁架跨度较大（大于或等于 24m）或承受的风荷载较大（风荷载标准值大于或等于 0.5kN/m^2）时。

② 竖向支撑兼作檩条以及考虑厂房结构的空间工作而用纵向水平支撑作为柱的弹性支承时。

③ 当屋架端部竖向支撑或托架承受纵向地震作用时。

具有交叉斜腹杆的支撑桁架为超静定结构，一般采用如图 2.1.16 所示的简化方法分析。

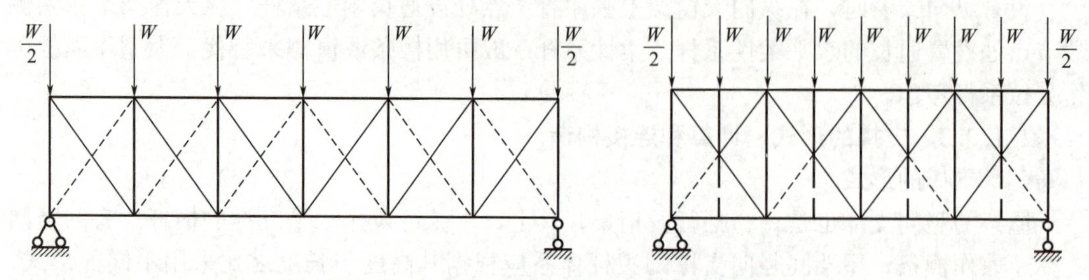

图 2.1.16 支撑桁架杆件的内力计算简图

在节点荷载 W 的作用下，每节间仅考虑受拉斜腹杆工作，而假定受压斜腹杆（虚线所示）因屈曲退出工作（偏安全），这样桁架成为静定体系使计算简化。当荷载反向时，两组斜杆受力情况恰好相反。

（3）支撑的连接构造

上弦横向水平支撑的角钢肢尖应向下，且连接处适当离开屋架节点，以免影响大型屋面板或檩条安放。交叉斜杆在相交处应有一根杆件切断，另加节点板用焊缝或螺栓连接，如图 2.1.17（a）所示。交叉斜杆处如与檩条相连，如图 2.1.17（b）所示，则两根斜杆均应切断，用节点板相连。下弦横向和纵向水平支撑的角钢肢尖允许向上，如图 2.1.17（c）所示，其中交叉斜杆可以肢背靠肢背交叉放置，中间填以填板，杆件无须切断。

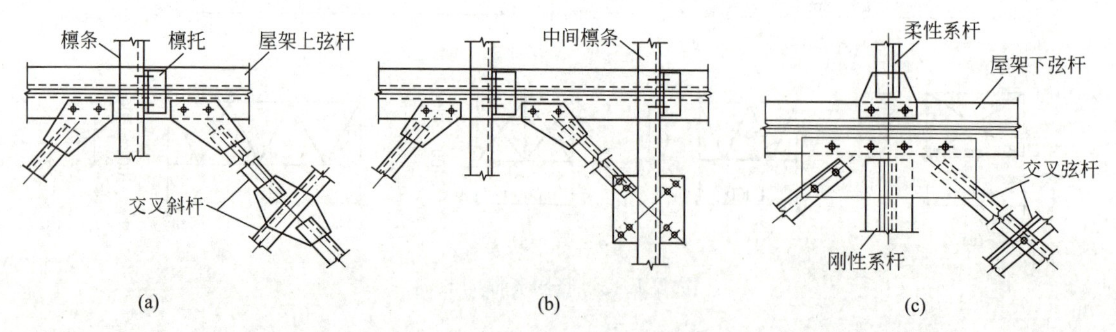

图 2.1.17 横向支撑和系杆与屋架的连接构造

（a）、（b）上弦横向支撑与屋架的连接节点；（c）下弦横向支撑和系杆与屋架的连接节点

竖向支撑可只与屋架竖杆相连，如图 2.1.18（a）所示，也可通过竖向小钢板与屋架弦杆及屋架竖杆同时相连，如图 2.1.18（b）所示。

支撑的节点板厚度一般采用 6mm。支撑与屋架的连接通常用 C 级螺栓，每一杆件接头处的螺栓数不少于两个。螺栓直径一般取 20mm，与天窗架或轻型钢屋架的连接螺栓直径可取 16mm。在有重级工作制吊车或有其他较大振动设备的厂房，屋架下弦支撑及系杆宜用高强度螺栓连接，或用 C 级螺栓再加安装焊缝将节点板固定，每条焊缝的焊脚尺寸不宜小于 6mm，长度不宜小于 80mm。

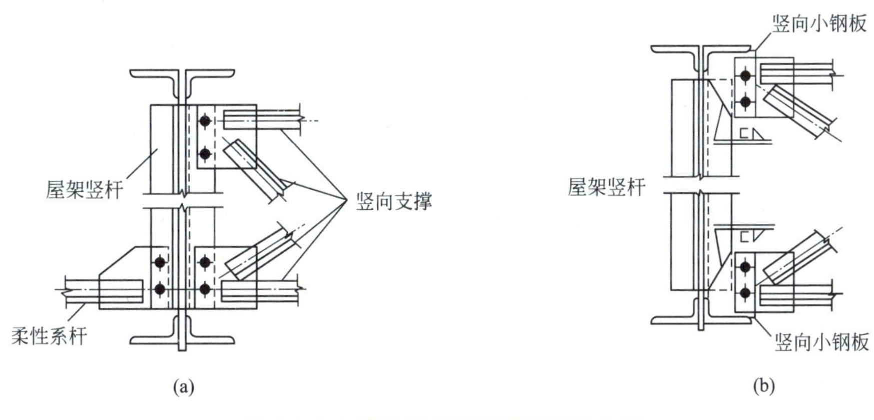

图 2.1.18　竖向支撑与屋架的连接构造

屋盖的经济性和可持续性

在保证屋盖支撑稳定性的前提下，实现经济性和可持续性是一个综合性的挑战，需要综合考虑材料选择、结构设计、施工方法和运维管理等多个方面。以下是一些建议措施：

1. 优化材料选择

(1) 选择经济性好、强度高且耐久的材料，如高性能混凝土、高强度钢材等。

(2) 优先考虑可再生、可回收和环保的建筑材料，如利用工业废弃物制成的绿色建材。

(3) 通过合理设计减少材料用量，提高材料利用率。

2. 精细化结构设计

(1) 采用合理的结构形式和布局，减少不必要的构件和连接，提高结构效率。

(2) 利用先进的结构分析软件进行模拟和优化，确保结构在满足稳定性的同时达到经济最优。

(3) 考虑结构在生命周期内的可维护性和可替换性，便于后期维修和改造。

3. 智能化施工

(1) 利用现代施工技术，如预制装配、模块化施工等，提高施工效率和质量。

(2) 采用先进的监测和检测技术，实时掌握屋盖支撑的施工质量和稳定性状况。

(3) 优化施工流程，减少能源消耗和环境污染。

4. 绿色运维管理

(1) 建立完善的运维管理制度，定期对屋盖支撑进行检查、维护和保养。

(2) 采用智能化管理系统，对屋盖支撑的状态进行实时监测和预警。

(3) 在运维过程中，注重能源利用效率和环境保护，减少能耗和排放。

5. 创新技术应用

(1) 引入新型结构技术，如预应力技术、纤维增强复合材料等，提高屋盖支撑的承载能力和稳定性。

(2) 探索利用可再生能源和节能技术，降低屋盖支撑在运行过程中的能耗。

（3）研究和发展绿色建筑评价体系和标准，推动屋盖支撑在更广泛范围内实现经济性和可持续性。

综上所述，实现屋盖支撑的经济性和可持续性需要综合考虑多个方面。通过优化材料选择、精细化结构设计、智能化施工、绿色运维管理以及创新技术应用等措施，可以在保证稳定性的前提下，推动屋盖支撑向更经济、更可持续的方向发展。

任务测试

一、单选题

1. 下列关于压型钢板的说法不正确的是（　　）。

A. 压型钢板波高越大刚度越小

B. 用于屋面的压型钢板可分为单层压型钢板和复合压型钢板

C. 屋面与檩条之间的连接主要采用自攻螺钉进行连接

D. 复合压型钢板适用于有保温隔热要求的建筑屋面

2. 关于檩条的布置与构造要求下列说法不正确的是（　　）。

A. 檩条可全部布置在屋架上弦节点，以减小节间弯矩

B. 檩条的截面应尽量垂直于屋面的坡面

C. 对角钢、槽钢和 Z 形薄壁型钢檩条，宜将其上翼缘的肢尖或卷边朝向屋脊方向

D. 对角钢、槽钢和 Z 形薄壁型钢檩条，宜将其上翼缘的肢尖或卷边朝向屋檐方向

3. 目前轻型钢结构屋面工程中檩条应用最普遍的截面形式不包括（　　）。

A. 卷边 C 型钢　　B. 卷边 Z 形薄壁型钢

C. 斜卷边 Z 形薄壁型钢　　D. H 型钢

4. 对于檩条的设置说法错误的是（　　）。

A. 当檩条跨度小于 4m 时，可不设置拉条

B. 当檩条跨度小于 4m 时，宜设置一道拉条

C. 当檩条跨度为 4～6m 时，宜设置一道拉条

D. 当檩条跨度大于 6m 时，宜设置两道拉条

5. 关于上弦横向水平支撑布置下列说法不正确的是（　　）。

A. 一般设置在厂房每个温度区段两端的第一个柱间

B. 一般设置在厂房每个温度区段的中间位置

C. 当布置在第二个柱间时，在第一个柱间要设置刚性系杆以支撑端屋架和传递山墙风力

D. 两道横向水平支撑间的距离不宜大于 60m

6. 刚性系杆设置位置不包括（　　）。

A. 屋架下弦端部　　B. 上弦屋脊处

C. 横向水平支撑设在两端第二柱间时的第一柱间　　D. 屋架上弦杆

7. 关于柔性系杆与刚性系杆的说法不正确的是（　　）。

A. 柔性系杆只能受拉不能受压　　B. 刚性系杆既可以受拉也可以受压

C. 柔性系杆常采用单角钢或张紧的圆钢拉条　　D. 刚性系杆常采用单角钢

8. 对于纵向水平支撑下列说法错误的是（　　）。

A. 均需要设置纵向水平支撑

B. 一般仅在房屋有较大起重量的桥式吊车以及房屋高度或跨度较大或空间刚度要求较大时设置

C. 托架范围及两端各延伸一个柱间应设置下弦纵向水平支撑

D. 纵向水平支撑与横向水平支撑共同构成一个封闭的支撑框架

二、多选题

1. 关于有檩屋盖结构特点下列说法正确的有（　　）。

A. 有檩体系屋盖可供选用的屋面材料种类较多，屋架间距和屋面布置较灵活

B. 自重轻，用料省，运输和安装较轻便

C. 屋盖刚度大，整体性能好

D. 屋面刚度较差，构件的种类和数量多，构造较复杂

E. 自重大，屋面布置构件材料多

2. 柱网布置一般考虑的因素有（　　）。

A. 工艺　　B. 结构　　C. 美观　　D. 经济

E. 适用

3. 关于拉条的作用下列说法正确的有（　　）。

A. 作为檩条的侧向支承点

B. 减小檩条在平行屋面方向的跨度

C. 减小檩条的承载能力

D. 减少檩条在使用和施工过程中的侧向变形和扭转

E. 增强屋盖的整体稳定

4. 关于屋盖支撑的作用下列说法正确的有（　　）。

A. 保证屋盖结构的空间几何不变性和稳定性

B. 保证屋盖结构在水平面内整体刚度和空间整体性，承担并传递水平荷载

C. 为受压弦杆提供侧向支承点，防止拉杆产生过大的振动

D. 保证结构在安装和施工过程中的稳定性

E. 与柱间支撑形成一个整体稳定体系

5. 关于竖向支撑的布置下列说法正确的有（　　）。

A. 梯形屋架两端均应各设一道竖向支撑

B. 梯形屋架两端无须设置竖向支撑

C. 当梯形屋架跨度小于30m、三角形屋架跨度小于18m时，应在跨中设置一道竖向支撑

D. 当梯形屋架跨度大于等于30m、三角形屋架跨度大于等于18m时，宜在跨中约1/3处或天窗架侧柱处设置两道竖向支撑

E. 以上说法都正确

任务训练

1. 隅撑的作用是什么？如何设置？

2. 屋盖支撑如何保证屋盖结构在水平面内的整体刚度和空间整体性？

任务 2.2 轻型门式刚架结构

任务引入

轻型门式刚架结构具有受力简单、传力路径明确、构件制作快捷、便于工厂化加工、施工周期短等特点，因此广泛应用于工业、商业及文化娱乐公共设施等工业与民用建筑中。轻型门式刚架结构起源于美国，经历了近百年的发展，已成为设计、制作与施工标准相对完善的一种结构体系。

通过本任务的学习，了解轻型门式刚架结构的组成、特点、适用范围等以及轻型门式刚架结构的结构形式和结构布置；并了解和学习刚架节点的设计以及支撑体系的组成、布置要求，为毕业后从事钢结构施工和设计打下坚实的基础。

本任务的学习内容详见表 2.2.0。

表 2.2.0 轻型门式刚架结构学习内容

任务	技能	知识	拓展
2.2 轻型门式刚架结构	2.2.1 轻型门式刚架结构概述	2.2.1.1 轻型门式刚架结构的组成 2.2.1.2 轻型门式刚架结构的特点 2.2.1.3 轻型门式刚架结构的适用范围 2.2.1.4 轻型门式刚架结构的受力分析单元	轻型门式刚架结构应用及前景
	2.2.2 结构形式和结构布置	2.2.2.1 门式刚架的结构形式 2.2.2.2 轻型门式刚架结构布置 2.2.2.3 檩条和墙梁布置 2.2.2.4 支撑布置	温度缝设置
	2.2.3 刚架节点设计	2.2.3.1 梁柱连接节点构造 2.2.3.2 柱脚节点构造 2.2.3.3 次构件与刚架连接节点构造	轻型门式刚架厂房强节点弱杆件的设计思路
	2.2.4 门式刚架支撑体系	2.2.4.1 支撑体系的作用 2.2.4.2 支撑体系的形式 2.2.4.3 支撑体系的组成 2.2.4.4 支撑体系的布置要求	重型厂房柱间支撑

任务实施

2.2.1 轻型门式刚架结构概述

2.2.1.1 轻型门式刚架结构的组成

轻型门式刚架结构是指以轻型焊接 H 型钢（等截面或变截面）、

热轧 H 型钢（等截面）或冷弯薄壁型钢等构成的实腹式门式刚架或格构式门式刚架作为主要承重骨架，单跨刚架的梁-柱节点采用刚接，多跨者大多刚接和铰接并用。

轻型房屋体系通常采用冷弯薄壁型钢（槽形、卷边槽形、Z 形等）做檩条、墙梁；以压型金属板（压型钢板、压型铝板）做屋面、墙面；采用聚苯乙烯泡沫塑料、硬质聚氨酯泡沫塑料、岩棉、矿棉和玻璃棉等作为保温隔热材料并适当设置支撑，如图 2.2.1 所示。

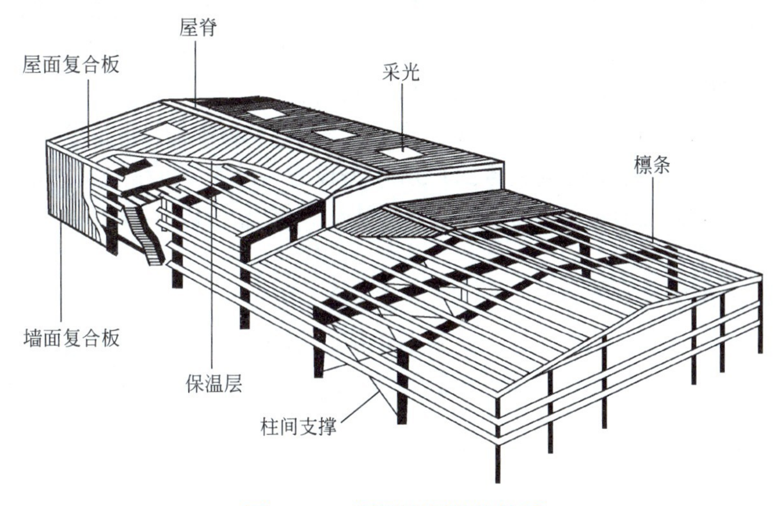

图 2.2.1　轻型房屋结构体系

2.2.1.2　轻型门式刚架结构的特点

（1）质量轻

围护结构由于采用压型金属板、玻璃棉及冷弯薄壁型钢等材料组成，屋面、墙体的质量都很轻，因而支承它们的门式刚架也很轻。门式刚架结构的质量轻，地基的处理费用相对较低，基础也可以做得比较小。地震作用参与的内力组合对刚架梁、柱杆件的设计不起控制作用。风荷载对门式刚架结构构件的受力影响较大，风荷载产生的吸力可能会使屋面金属压型板、檩条受力反向，当风荷载较大或房屋较高时，风荷载可能是刚架的控制荷载。

（2）工业化程度高，施工周期短

门式刚架结构的主要构件和配件均为工厂制作，质量易于保证，工地安装方便。除基础施工外，基本没有湿作业，现场施工人员的需要量也很少。构件之间的连接多采用高强度螺栓连接，是安装迅速的一个重要方面，但必须注意设计为刚性连接的节点，应具有足够的转动刚度。

（3）综合经济效益好

门式刚架结构由于材料价格的原因，其造价虽然比钢筋混凝土结构等其他结构形式略高，但由于采用了计算机辅助设计，设计周期短；构件采用先进自动化设备制造；原材料的种类较少，易于筹措，便于运输；所以门式刚架结构的工程周期短，资金回报快，投资效益高。

（4）柱网布置比较灵活

传统的结构形式由于受屋面板、墙板尺寸的限制，柱距多为 6m，当采用 12m 柱距时，需设置托架及墙架柱。而门式刚架结构的围护体系采用金属压型板，所以柱网布置不受模数限制，柱距大小主要根据使用要求和用钢量最省的原则来确定。

2.2.1.3 轻型门式刚架结构的适用范围

（1）屋面荷载较小，横向跨度为9～24m，柱高为4.5～9m。

（2）没有吊车或设有中、轻级工作制吊车的厂房。

（3）当厂房横向跨度不超过15m，柱高不超过6m时，屋面刚架梁宜采用等截面刚架形式；当厂房横向跨度大于15m，柱高超过6m时，宜采用变截面刚架形式。

2.2.1.4 轻型门式刚架结构的受力分析单元

轻型门式刚架结构是主要由梁、柱、檩条、墙梁、支撑、屋面及墙面板等构件组成的一种结构体系，对需要设起重设备的厂房还需设有吊车梁。而轻型门式刚架结构的受力分析单元主要有横向承重结构、纵向框架结构、屋盖结构、墙面结构、吊车梁以及支撑。

1. 横向承重结构

横向承重结构由屋面钢梁、钢柱和基础组成，如图2.2.2所示。由于其外形类似门式，因此称为门式刚架结构。门式刚架结构是轻型单层工业厂房的基本承重结构，厂房所承受的竖向荷载、横向水平荷载以及横向水平地震作用均是通过门式刚架承受并传至基础。

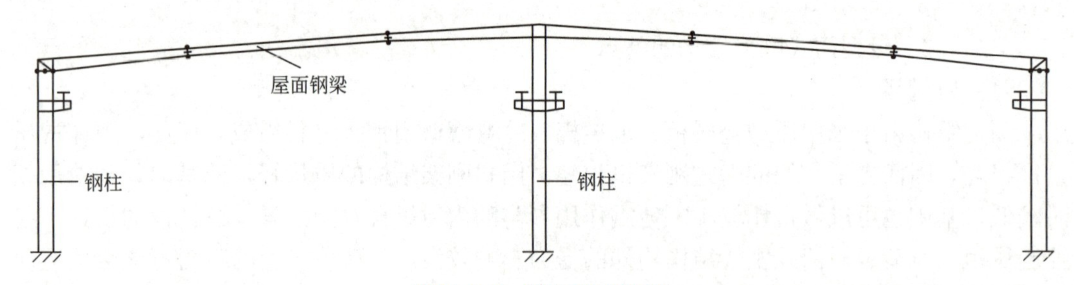

图2.2.2 横向承重结构

2. 纵向框架结构

纵向框架结构由纵向柱列、吊车梁、柱间支撑、刚性系杆和基础等组成，如图2.2.3所示。主要作用是保证厂房的纵向刚度和稳定性，传递和承受作用于厂房端部山墙以及通过屋盖传来的纵向风荷载、吊车纵向水平荷载、温度应力以及地震作用等。

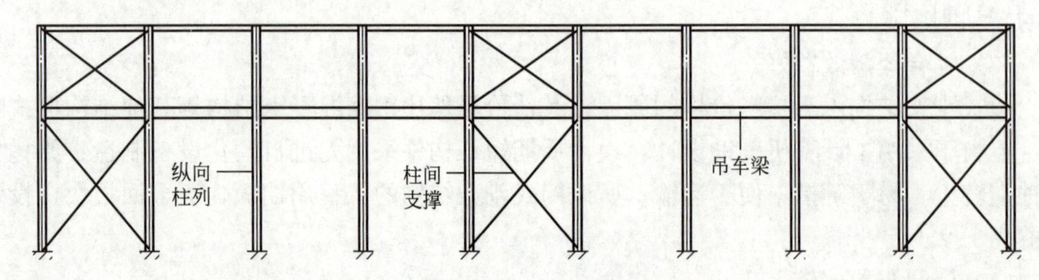

图2.2.3 纵向框架结构

3. 屋盖结构

屋盖一般采用有檩体系，即屋面板支承在檩条上，檩条支承在屋面梁上。在屋盖结构中，屋面板起围护作用并承受作用在屋面板上的竖向荷载以及水平风荷载。屋面刚架横梁是屋面的主要承重构件，主要承受屋盖结构自重以及由屋面板传递的活荷载。

4. 墙面结构

墙面结构包括纵墙和山墙，主要是由墙面板（一般为压型钢板）、墙梁、系杆、抗风柱以及基础梁所组成。墙面结构主要承受墙体、构件的自重以及作用在墙面上的风荷载。

5. 吊车梁

轻型单层工业厂房的吊车梁简支于钢柱的钢牛腿上，主要承受吊车竖向荷载、横向水平和纵向水平荷载，并将这些荷载传递至横向门式刚架或纵向框架结构上。

6. 支撑

轻型单层工业厂房的支撑包括屋面水平支撑和柱间支撑，如图 2.2.4 所示，其主要作用是加强厂房结构的空间刚度，保证结构在安装和使用阶段的稳定性，并将风荷载、吊车制动荷载以及地震作用等传至承重构件上。

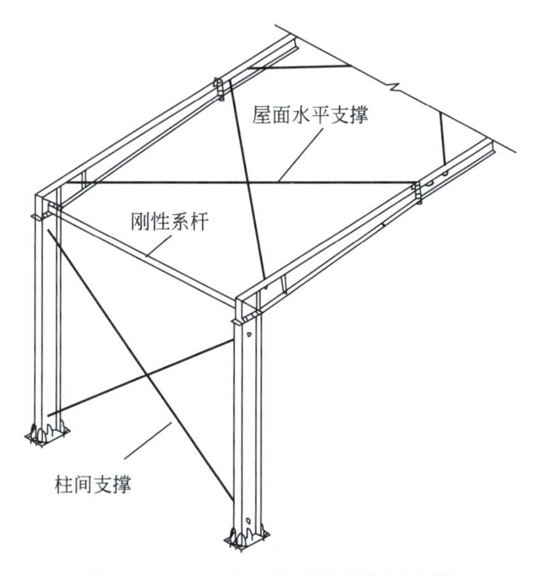

图 2.2.4 屋面水平支撑和柱间支撑

知识拓展

轻型门式刚架结构应用及前景

1. 应用领域广泛

轻型门式刚架结构作为一种高效、经济的建筑结构形式，已广泛应用于工业厂房、仓库、展览馆、体育馆、商场等多种建筑类型。其优越的受力性能和空间利用率，使得轻型门式刚架结构在不同领域都有着广泛的应用前景。

2. 建筑形式灵活

轻型门式刚架结构具有极高的灵活性和可变性，能够满足不同建筑形式的需求。

其结构特点使得设计师能够根据实际情况灵活调整设计方案，实现建筑形式的多样化。同时，轻型门式刚架结构也易于与其他建筑材料和构造体系相结合，为建筑设计师提供了更广阔的创新空间。

3. 经济效益显著

相较于传统建筑结构，轻型门式刚架结构在材料消耗、施工周期和成本方面均表现出显著的优势。其采用轻质高强度的钢材作为主要材料，降低了材料成本；同时，标准化、预制化的生产方式减少了施工周期，提高了施工效率。因此，轻型门式刚架结构在经济效益方面具有较高的竞争力。

4. 环保节能优势

轻型门式刚架结构在环保节能方面同样具有显著优势。其采用的钢材可回收利用，减少了资源浪费和环境污染；同时，由于结构轻、保温隔热性能良好，能够降低建筑在使用过程中的能耗，实现节能减排的目标。

5. 未来需求增长

随着经济的发展和城市化进程的加速，对于高效、环保、经济的建筑结构的需求将不断增长。轻型门式刚架结构以其独特的优势，将在未来建筑市场中占据更加重要的地位。特别是在工业、仓储、商业等领域，轻型门式刚架结构的需求将呈现快速增长的趋势。

6. 技术创新推动

轻型门式刚架结构的应用和发展离不开技术创新的推动。随着新材料、新工艺、新技术的不断涌现，轻型门式刚架结构的性能将得到进一步提升，应用领域也将进一步拓展。例如，通过优化结构设计、改进连接节点、提高材料强度等措施，可以提高轻型门式刚架结构的整体性能和承载能力。

7. 市场前景广阔

综上所述，轻型门式刚架结构在建筑领域具有广泛的应用前景和市场需求。随着经济的快速发展和城市化进程的推进，轻型门式刚架结构的市场需求将持续增长。同时，随着技术的不断创新和进步，轻型门式刚架结构的性能和应用领域也将不断拓展和提升。因此，轻型门式刚架结构的市场前景十分广阔，具有巨大的发展潜力。

8. 总结与展望

轻型门式刚架结构以其广泛的应用领域、灵活的建筑形式、显著的经济效益和环保节能优势，在建筑领域发挥着重要作用。随着未来需求的增长和技术创新的推动，轻型门式刚架结构将迎来更加广阔的发展空间和机遇。我们期待轻型门式刚架结构在未来的建筑领域中发挥更大的作用，为人类创造更加美好、舒适、环保的居住环境。

2.2.2 结构形式和结构布置

2.2.2.1 门式刚架的结构形式

门式刚架又称山形门式刚架。门式刚架的结构形式是多种多样的，可以根据跨度、结构外形、构件形式、截面形式、结构选材等几个方面来划分。

(1) 按跨度及屋脊数划分

按跨度可分为单跨、双跨和多跨；按屋面坡脊数可分为单坡、双坡以及多坡屋面。门式刚架的结构形式如图 2.2.5 所示。

双脊多坡屋面易渗漏和堆雪，应优先选用单脊双坡屋面；单脊双坡多跨刚架，用于无桥式吊车房屋，且房屋不是特别高，风荷载不很大时，中柱宜用摇摆柱，摇摆柱不参与抵抗侧向力，当用于设有桥式吊车的房屋时，中柱宜为两端刚接，以增加刚架的侧向刚度。

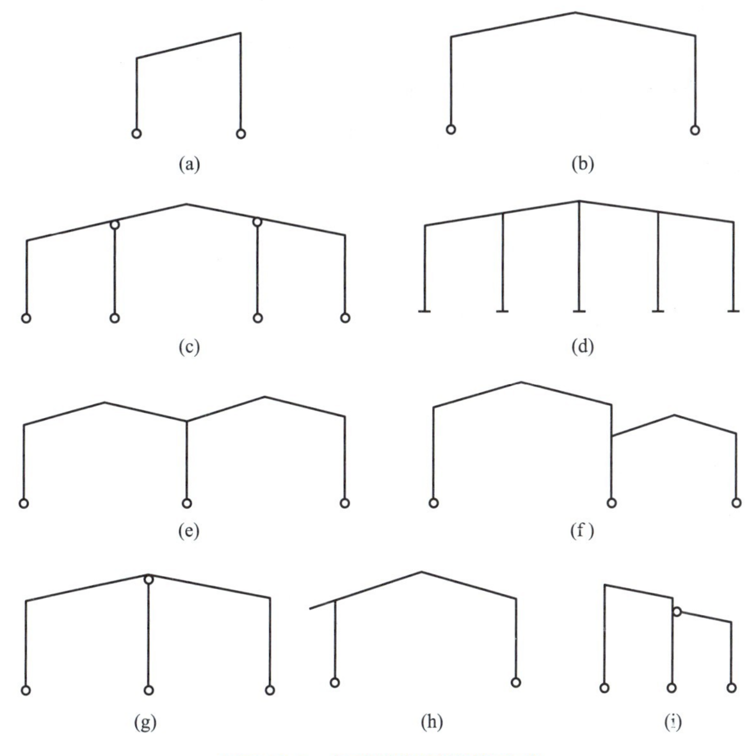

图 2.2.5 门式刚架的结构形式

(a) 单跨单坡；(b) 单跨双坡；(c) 三跨双坡；(d) 四跨双坡；(e) 双跨四坡；
(f) 单跨双坡带毗屋；(g) 双跨双坡；(h) 单跨双坡带挑檐；(i) 单跨单坡带毗屋

(2) 按构件形式分

按构件形式分，有实腹式与格构式。实腹式刚架的横截面一般为焊接 H 形截面或热轧 H 形截面。H 形截面形式简单，受力性能好，实际工程中应用较多。格构式刚架的截面一般为矩形或三角形 。

(3) 按截面形式划分

按截面形式划分，有等截面和变截面刚架。变截面与等截面相比，前者可以适应弯矩变化，节约材料，但在构造连接以及加工制作等方面不如等截面方便，故当刚架跨度较大或房屋较高时，才设计成变截面。变截面构件通常改变腹板的高度，必要时也可改变腹板厚度。结构构件在安装单元内一般不改变翼缘截面，当必要时，可改变翼缘厚度。

2.2.2.2 轻型门式刚架结构布置

1. 刚架形式的确定

(1) 截面形式：根据跨度、高度及荷载的不同，门式刚架的梁、柱可采用变截面或等截面实腹焊接工字形截面或轧制 H 形截面。

(2) 柱脚形式：门式刚架的柱脚多按照铰接支承设计，通常为平板支座，设一对或两对地脚螺栓。当用于工业厂房有 5t 以上桥式吊车时，宜将柱脚设计成刚接。

(3) 屋面坡度：门式刚架轻型房屋屋面坡度宜取 1/20～1/8，在雨水较多的地区宜取其中较大值。

(4) 外墙：轻型房屋外墙除采用以压型钢板等作为围护面的轻质墙体外，尚可采用砌体外墙或底部或砌体上部为轻质材料的外墙。

(5) 刚架梁、柱：门式刚架可由多个梁、柱单元构件组成。柱一般为单独单元构件，斜梁可根据运输条件划分为若干个单元。单元本身采用焊接。单元构件之间可通过端板以高强度螺栓连接。

(6) 隔热保温层：单层门式刚架轻型房屋，可采用隔热卷材做屋盖隔热和保温层，也可采用隔热层的板材作为屋面。

2. 刚架的建筑尺寸和布置

跨度：一般为 9～24m。

高度：取地坪柱轴线与斜梁轴线交点高度，宜取 4.5～9m。

柱距：应综合考虑刚架跨度、荷载条件及使用要求等因素，宜取 6m、7.5m 或 9m。

挑檐长度：根据使用要求确定，宜取 0.5～1.2m。

温度分区：门式刚架轻型房屋钢结构的纵向温度区段长度不大于 300m，横向温度区段长度不大于 150m，当有计算依据时，温度区段长度可适当增大。当需要设置伸缩缝时，可在搭接檩条的螺栓连接处采用长圆孔并使该处屋面板在构造上允许胀缩或者设置双柱。

2.2.2.3 檩条和墙梁布置

门式刚架轻型房屋钢结构的檩条应等间距布置。在屋脊处，应沿屋脊两侧各布置一道檩条，使得屋面板的外伸宽度不要太长（一般小于 200mm），在天沟附近应布置一道檩条，以便于天沟的固定。确定檩条间距时，应综合考虑屋面材料、檩条规格等因素按计算确定。门式刚架轻型房屋钢结构侧墙墙梁的布置，应考虑设置门窗、挑檐、遮雨篷等构件和围护材料的要求。门式刚架轻型房屋钢结构的侧墙，在采用压型钢板作围护面层时，墙梁宜布置在刚架的外侧，其间距随墙板板型及规格而定，但不应大于计算要求的值。外墙在抗震设防烈度不高于 6 度的情况时，可采用轻型钢墙板或砌体；当为 7 度、8 度时，可采用轻型钢墙板或非嵌砌砌体；当为 9 度时，宜采用轻型钢墙板或与柱柔性连接的轻质墙板。

2.2.2.4 支撑布置

在每个温度区段或者分期建设的区段中，应分别设置能独立构成空间稳定结构的支撑体系；在设置柱间支撑的开间应同时设置屋盖横向支撑以组成几何不变体系，如图 2.2.6 所示。屋盖横向支撑宜设在温度区间端部的第一或第二个开间。当端部支撑设在第二个开间时，在第一开间的相应位置应设置刚性系杆。

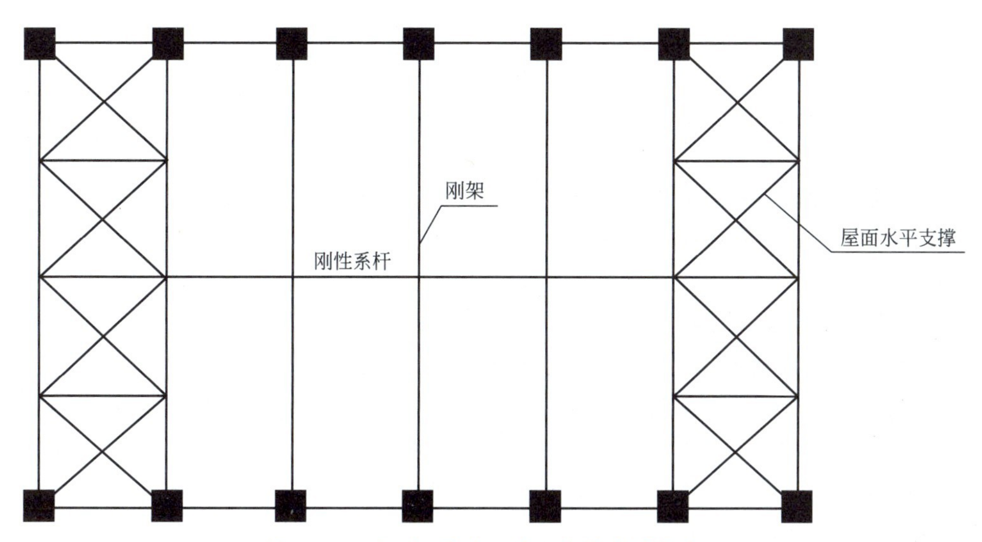

图 2.2.6　门式刚架轻型房屋钢结构支撑布置

柱间支撑的间距应根据房屋纵向柱距、受力情况和安装条件确定。当无吊车时宜取 30～45m；当有吊车时宜设在温度区段中部，或当温度区段较长时宜设在三分点处，且间距不宜大于 60m。当建筑物宽度大于 60m 时，在内柱列宜适当增加柱间支撑。房屋高度较大时，柱间支撑要分层设置。

刚架转折处（单跨房屋边柱柱顶和屋脊，以及多跨房屋某些中间柱顶和屋脊）宜沿房屋全长设置刚性系杆。由支撑斜杆等组成的水平桁架，其直腹杆宜按刚性系杆设计。在设有带驾驶室且起重量大于 15t 桥式吊车的跨间，应在屋盖边缘设置纵向支撑桁架。当桥式吊车起重量较大时，尚应采取措施增加吊车梁的侧向刚度。门式刚架轻型房屋钢结构的支撑，可采用带张紧装置的十字交叉圆钢支撑，圆钢与构件夹角应在 30°～60°范围内，宜接近 45°，如图 2.2.7 所示。

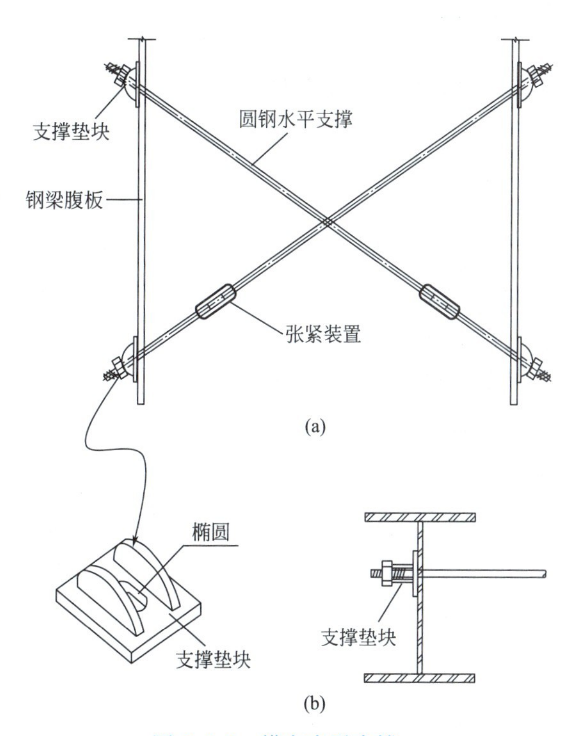

图 2.2.7　横向水平支撑

（a）圆钢水平支撑；（b）水平支撑与梁腹板连接图

当设有起重量不小于 5t 的桥式吊车时，柱间支撑宜采用型钢支撑。在温度区段端部吊车梁以下不宜设置柱间刚性支撑。当不允许设置交叉柱间支撑时，可设置其他形式的支撑，当不允许设置任何支撑时，可设置纵向刚架。

温度缝设置

1. 可不设结构的温度伸缩缝且免于计算结构的温度应力条件

(1) 横向温度区间不大于150m;

(2) 当纵向构件采用螺栓连接时，纵向温度区间不大于300m;

(3) 当纵向构件采用焊缝连接时，纵向温度区间不大于120m;

(4) 带有吊车的结构，纵向温度区间不大于120m;

(5) 钢筋混凝土夹层结构，纵向温度区间不大于60m。

2. 需设置温度伸缩缝或计算温度应力的情况

不满足以上条件时需设置温度伸缩缝或计算温度应力，伸缩缝构造可采用两种做法：对简单的门式刚架结构，檩条的连接采用螺栓长圆孔，且在该处设置允许膨胀的防水包边板。对于带钢筋混凝土夹层结构或带有吊车的结构，应尽量减小柱支撑的间距，当需设置温度伸缩缝时，宜设置双柱。厂房横向总宽度较大的，采用高低跨的布置，可显著降低温度应力。

2.2.3 刚架节点设计

2.2.3.1 梁柱连接节点构造

1. 斜梁与柱的连接及斜梁拼接

一般在构件端部焊一端板（翼缘与端板应采用全焊透对接焊缝，腹板与端板可采用角焊缝），然后再用高强度螺栓互相连接，如图2.2.8所示。

斜梁的端板宜与构件外边缘垂直，端部节点的端板则竖放、斜放、横放均可。端板连接的螺栓应成对对称布置。在斜梁拼接处，应采用将端板伸出截面以外的外伸式连接。在斜梁与柱连接的受拉区，宜采用端板外伸式连接，且宜使翼缘螺栓群的中心与翼缘的中心重合或接近，如图2.2.9所示。

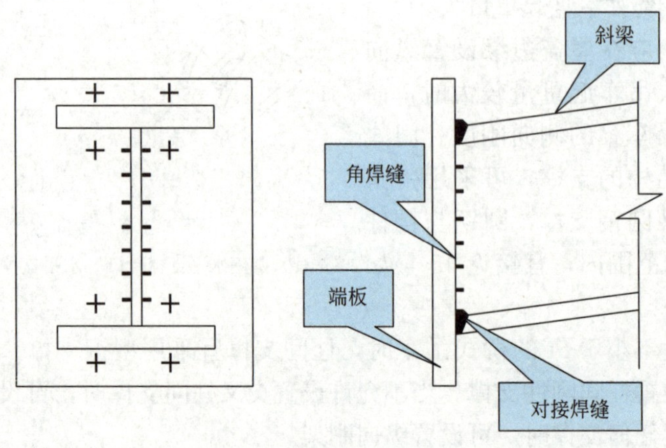

图2.2.8 斜梁与端板连接

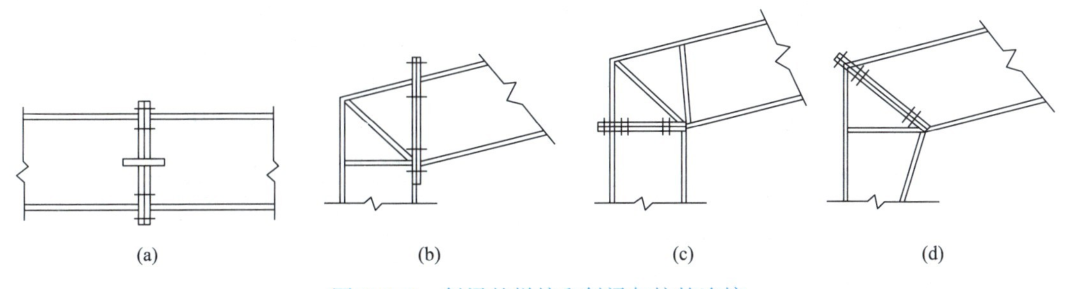

图 2.2.9 斜梁的拼接和斜梁与柱的连接

（a）斜梁拼接；（b）端板竖放；（c）端板横放；（d）端板斜放

当受拉翼缘两侧各设一排螺栓不能满足承载力要求时，可以在翼缘内侧增设螺栓。对同时受拉和受剪的螺栓，应按受剪螺栓设计。

高强度螺栓通常采用 M16～M24。布置螺栓时，应满足拧紧螺栓时的施工要求。即螺栓中心至翼缘和腹板表面的距离均不宜不小于 65mm（剪扭型用电动扳手）、60mm（大六角头型用电动扳手）、45mm（采用手工扳手）。螺栓端距不应小于 $2d_0$，d_0 为螺栓孔径。另外，受压翼缘的螺栓不宜少于两排。当受拉翼缘两侧各设一排螺栓尚不能满足承载力要求时，可在翼缘内侧增设螺栓，其间距可取 75mm，且不小于 $3d_0$。若端板上两对螺栓的最大距离大于 400mm 时，还应在端板的中部增设一对螺栓。

2. 节点构造设计

节点有加腋与不加腋两种基本形式，如图 2.2.10 所示。在加腋形式中又有梯形加腋与曲线加腋之分，一般采用梯形加腋并在加腋部分的两端设置加劲肋及侧向支撑，以保证该加腋部分的稳定性，防止侧向压屈。加腋连接可使截面的变化符合弯矩图形的要求，并大大提高了刚架的承载能力。

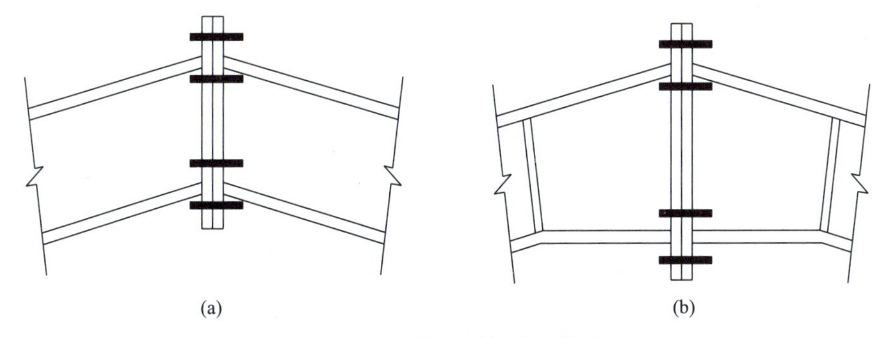

图 2.2.10 斜梁拼接节点构造

（a）不加腋节点；（b）加腋节点

2.2.3.2 柱脚节点构造

根据受力要求，柱脚分刚接柱脚和铰接柱脚两类，如图 2.2.11 所示。

当吊车起重量不低于 5t 时应考虑设置刚性柱脚。铰接柱脚不能抵抗弯矩作用，这种柱脚一般采用两个锚栓，以保证其充分转动。柱脚锚栓应采用 Q235 或 Q355 钢材制作。锚栓的锚固长度应符合现行国家标准《建筑地基基础设计规范》GB 50007—2011 的规定，锚栓端部按规定设置弯钩或锚板。

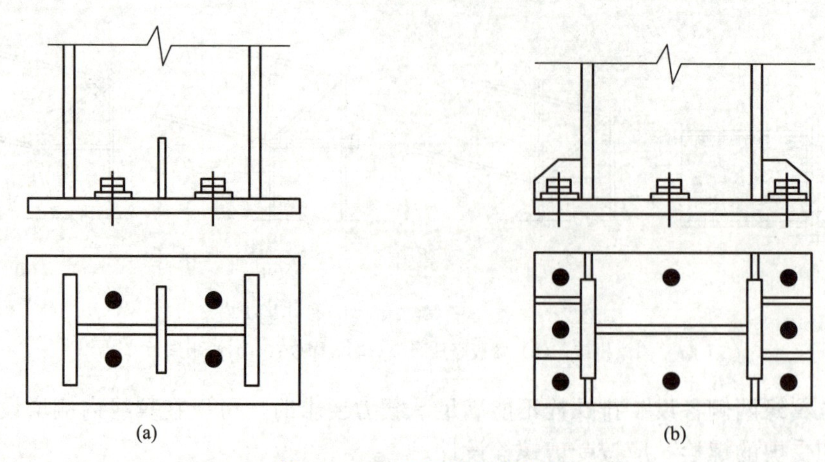

图 2.2.11　柱脚的连接形式

（a）铰接柱脚；（b）刚接柱脚

计算风荷载作用下柱脚锚栓的上拔力时，应计入柱间支撑的最大竖向分力，此时，不考虑活荷载（或雪荷载）、积灰荷载和附加荷载的影响，同时永久荷载的分项系数取 1.0。锚栓直径不宜小于 24mm，且应采用双螺母以防松动。柱脚锚栓不宜用于承受柱脚底部的水平剪力。此水平剪力可由底板与混凝土基础之间的摩擦力（摩擦系数可取 0.4）或设置抗剪键承受。

为方便柱的安装和调整，柱底板上锚栓孔宜取锚栓直径加 5～10mm，或直接在底板上开缺口。底板上必须设垫板，垫板尺寸一般为 100mm×100mm。厚度根据底板确定，垫板上开孔比锚栓直径大 1～2mm，待安装、校正结束后将垫板焊于底板上。

2.2.3.3　次构件与刚架连接节点构造

当有桥式吊车时，需在刚架柱上设置牛腿，牛腿与柱焊接连接，其构造如图 2.2.12 所示。

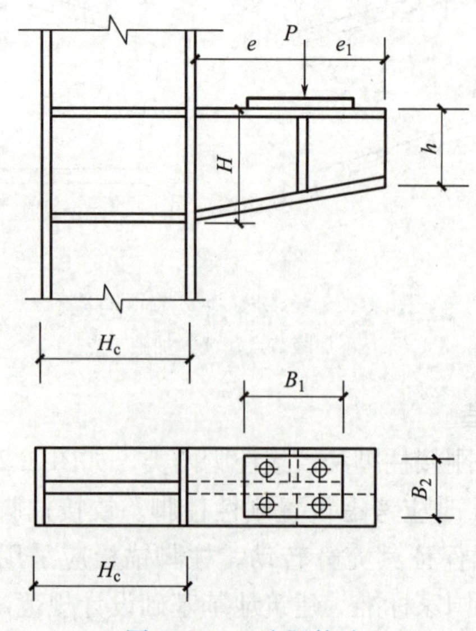

图 2.2.12　牛腿构造

牛腿截面一般采用焊接工字形截面，根部截面尺寸根据剪力V和弯矩M确定，做成变截面牛腿时，端部截面高度h不宜小于$H/2$。在吊车梁下对应位置应设置支承加劲肋。吊车梁与牛腿的连接宜设置长圆孔。高强度螺栓的直径可根据需要选用，通常采用M16～24螺栓。牛腿上翼缘及下翼缘与柱的连接焊缝均采用焊透的对接焊缝。牛腿腹板与柱的连接采用角焊缝，焊脚尺寸由剪力V确定。

轻型门式刚架厂房强节点弱杆件的设计思路

1. 节点形式与选择

在轻型门式刚架厂房的设计中，节点的形式与选择是至关重要的。节点的设计应遵循强节点弱杆件的原则，即节点的承载能力应高于杆件，以确保整体结构的稳定性。节点的形式根据具体情况可采用焊接、螺栓连接或铆接等方式。在选择节点形式时，应综合考虑施工条件、节点受力特性、材料特性以及结构的整体稳定性等因素。

2. 高强度螺栓计算方法

高强度螺栓作为节点连接的主要部件，其受力计算是确保节点连接可靠性的关键。在计算过程中，需要考虑螺栓的预紧力、工作荷载下的拉力以及螺栓材料的特性等因素。此外，还需对螺栓的松动、蠕变等长期性能进行考虑，以确保节点连接的持久稳定性。

3. 节点设计内力取值

内力取值的确定是节点设计的关键环节。在确定内力取值时，应综合考虑结构的受力特性、荷载条件以及节点形式等因素。通过合理的内力取值，可以确保节点在承受设计荷载时不会发生破坏，同时也有助于优化杆件截面设计，提高整体结构的稳定性。

4. 杆件截面优化策略

杆件截面的优化是轻型门式刚架厂房设计中的重要环节。在优化过程中，应充分考虑杆件的受力特性、材料性能以及施工条件等因素。通过合理调整杆件截面尺寸和形状，可以提高杆件的承载能力和稳定性，同时降低结构自重和成本。

5. 节点加强措施

为进一步提高节点的承载能力，可采取适当的加强措施。这些措施包括增加节点连接板厚度、设置加劲肋或加强板等。通过加强节点的设计，可以有效提高整体结构的稳定性和承载能力。

6. 弱杆件增强措施

尽管弱杆件设计是出于减轻结构自重和降低成本的考虑，但在必要时，仍需采取一定的增强措施以提高其承载能力。这包括增加杆件截面尺寸、采用高强度材料、设置加劲肋或加强板等。通过这些措施，可以在保持结构轻盈的同时，提高弱杆件的承载能力和稳定性。

7. 整体结构稳定性分析

轻型门式刚架厂房的整体稳定性是设计过程中必须考虑的关键因素。通过进行整体结构稳定性分析，可以评估结构在承受设计荷载时的稳定性和安全性。分析过程中应考虑结构的几何形状、材料特性、节点连接形式以及荷载条件等因素，并采用适当的分析方法和工具进行模拟计算。

8. 施工安装与质量控制

施工安装和质量控制是确保轻型门式刚架厂房设计思路得以实现的重要环节。在施工过程中，应严格按照设计要求进行节点连接、杆件安装等工作，并采取相应的质量控制措施以确保施工质量和结构安全性。此外，还应注意施工过程中的安全防护措施，保障施工人员的安全。

9. 构造细节处理

构造细节的处理对于确保节点连接的可靠性和结构的稳定性至关重要。在设计过程中，应注意节点连接的细节处理，如焊缝的质量、螺栓孔的位置和尺寸等。通过精细化的构造设计，可以进一步提高节点的承载能力和结构的整体稳定性。

10. 安全性与经济性平衡

在轻型门式刚架厂房的设计中，安全性和经济性是两个重要的考虑因素。在遵循强节点弱杆件的设计原则的基础上，应通过合理的节点形式选择、杆件截面优化以及节点加强措施等手段，实现安全性与经济性的平衡。在追求经济性的同时，不应牺牲结构的安全性；反之，在提高结构安全性的同时，也应注重控制成本，实现经济效益的最大化。

11. 总结与展望

轻型门式刚架厂房强节点弱杆件的设计思路是一种有效的结构设计理念，可以在保证结构安全性的同时降低结构自重和成本。通过对节点形式与选择、高强度螺栓计算方法、节点设计内力取值、杆件截面优化策略、弱杆件增强措施以及整体结构稳定性分析等方面的综合考虑和优化设计，可以实现轻型门式刚架厂房高效、稳定和经济的设计目标。

展望未来，随着科技的进步和工程实践的不断积累，轻型门式刚架厂房的设计理念和方法将不断得到完善和创新。例如，可以采用更先进的材料和技术来提高节点的承载能力和稳定性；可以利用智能化和数字化技术来优化设计和施工过程；还可以考虑将环保和可持续发展理念融入设计中，以实现更加绿色和可持续的建筑目标。

综上所述，轻型门式刚架厂房强节点弱杆件的设计思路具有重要的实际应用价值和广阔的发展前景。通过不断探索和创新，我们可以为工业建筑领域的发展贡献更多的智慧和力量。

2.2.4 门式刚架支撑体系

视频

门式刚架支撑体系

2.2.4.1 支撑体系的作用

设置支撑体系的主要目的是把施加在纵向结构上的风、起重机及地震等作用从其作用点传到柱基础，最后传到地基。纵向支撑不但与承重刚架组成刚强纵向构架，以保证主刚架在安装和使用中的整体稳定性和纵向刚度，还可为刚架平面外提供可靠的支撑或减少刚架平面外的计算长度。另外，支撑还可承受房屋端部的风荷载、吊车纵向水平荷载及其他纵向刚度，在地震地区还应承受房屋的纵向水平地震作用。

2.2.4.2 支撑体系的形式

1. 柔性支撑

构件为镀锌钢丝绳索、圆钢、角钢或带钢，由于构件长细比较大，几乎不能受压。在一个方向的纵向荷载作用下，一根受拉，一根则退出工作。设计柔性支撑时可对钢丝绳和圆钢施加预拉力，以抵消自重产生的压力。这样计算时可不考虑构件自重。

2. 刚性支撑

支撑构件为方管或圆管，可以承受拉力和压力。

2.2.4.3 支撑体系的组成

1. 横向水平支撑

实腹式刚架应在横梁上翼缘平面设置上弦横向水平支撑，横向水平支撑宜采用X形，其构件可采用张紧的圆钢，也可采用角钢等刚度较大的截面形式。

2. 柱间支撑

在房屋的纵向框架平面内应设置必要的柱间支撑。

柱间支撑也宜采用X形，其交叉斜杆与水平面的夹角不宜大于55°。

在不设吊车、仅设悬挂吊车或仅设起重量不大于5t的非重级工作制吊车时，柱间支撑可采用张紧的圆钢。

其他情况下，柱间支撑宜采用单片型钢支撑或双片型钢支撑，其中交叉节点板及两端节点板都应焊接牢固。当有吊车梁或房屋高度较大时，应分层设置柱间支撑。

在某些车间，由于生产的要求不能采用交叉斜腹杆的下层柱间支撑时，可采用如图2.2.13（a）所示的门框式支撑，这种支撑形式可以利用吊车梁作为门框式支撑的横梁，也可以另设如图2.2.13（b）、（c）所示的横梁。前一种连接方式，由于支撑除了承受纵向水平力外，还要承受巨大的吊车竖向荷载，受力复杂，费钢材，构造处理困难。而另设横梁的门框式支撑，支撑仅承受纵向水平力，不用直接承受巨大的吊车竖向荷载，受力合理，用钢量相对较小，构造处理方便，较常用。

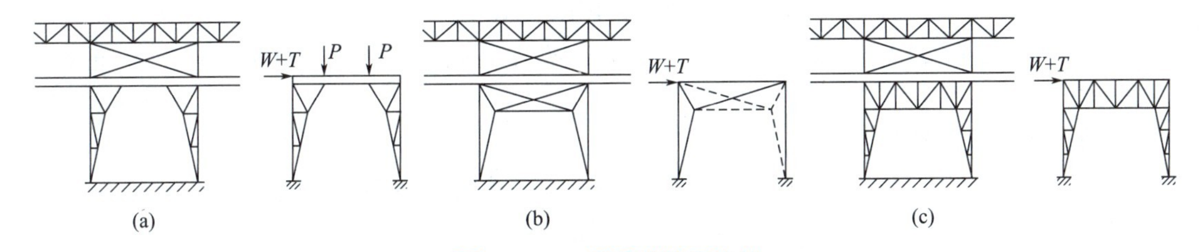

图2.2.13 门框式柱间支撑

（a）吊车梁兼作横梁；（b）、（c）另设横梁

3. 水平系杆

在刚架构件转折处，即梁柱连接处和屋脊处的受压翼缘，应设置通长水平系杆。满足长细比要求的檩条也可同时兼作水平系杆。

4. 隅撑

当横梁和柱的内侧翼缘需要设置侧向支撑点时，也可利用连接于外侧翼缘的檩条或墙梁设置隅撑，如图 2.2.14 所示。隅撑宜采用单角钢制作，其可连接在内翼缘附近的腹板上，亦可连接在内翼缘上。通常采用单个螺栓连接。隅撑与刚架构件的腹板的夹角不宜小于 45°。

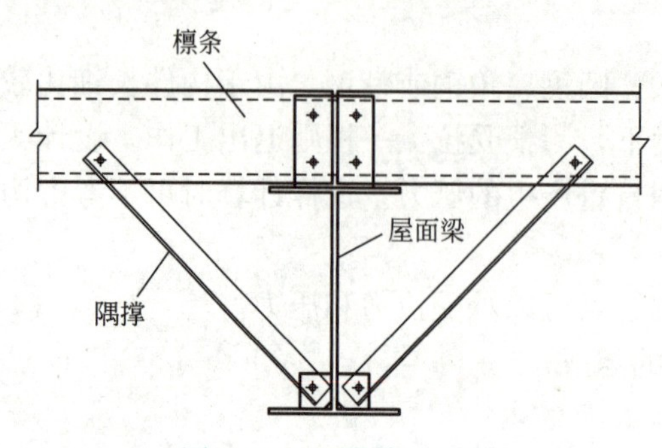

图 2.2.14 隅撑连接图

5. 张拉圆钢支撑杆

张拉圆钢交叉支撑在轻钢结构中使用最多。张拉力的大小一般要求控制在截面设计拉力的 10%～15%，但由于在实际施工中没有测应力的条件，所以一般应通过控制杆间的垂度来保证张拉的有效性。

2.2.4.4 支撑体系的布置要求

(1) 在每个温度区段（纵向温度区段长度不大于 300m）或分期建设的区段中，应分别设置能独立构成空间稳定结构的支撑体系。

(2) 在设置柱间支撑的开间，应同时设置屋盖横向水平支撑，以组成几何不变的支撑体系。

(3) 端部支撑宜设在温度区间端部的第二个开间，在第一个开间的相应位置宜设置刚性水平系杆。

(4) 柱间支撑的间距应根据安装条件确定，一般为 30～40m，不应大于 60m。

重型厂房柱间支撑

柱间支撑分为两部分：吊车梁以上的部分称为上层柱间支撑，吊车梁以下的部分称为下层柱间支撑。

1. 柱间支撑的作用

(1) 保证厂房结构的整体稳定和纵向刚度。厂房柱在框架平面外的刚度远低于在框架平面内的刚度，且柱脚构造接近铰接，吊车和柱的连接也是铰接，如果不设柱间支撑，纵向框架将是一个几何可变体系，因此设置柱间支撑对保证厂房的整体稳定性和纵向刚度是不可缺少的。

(2) 上层柱间支撑承受厂房上下弦横向水平支撑传来的纵向风力，下层柱间支撑承受纵向风力和吊车的纵向制动力；当厂房位于地震区时，柱间支撑要承受纵向水平地震作用，并通过柱间支撑将上述纵向力传至基础。

(3) 在框架平面外为厂房提供可靠的侧向支撑点，减小厂房柱在框架平面外的计算长度。

2. 柱间支撑的布置

下层柱间支撑应布置在温度区段的中部，使厂房结构在温度变化时能比较自由地从支撑架向两侧伸缩，减小支撑和纵向构件的温度应力。温度区段不大于90m时，可以在温度区段的中部设置一道下层柱间支撑；当温度区段大于90m时，应在温度区段中间三分之一范围布置两道下层支撑，以免传力路线太长而影响结构的纵向刚度。但是两道下层支撑之间的距离又不宜大于60m，以减少温度应力的影响，对于纵向距离较短、高度较大的厂房，温度应力不大，下层支撑布置在厂房的两端，可以提高厂房的纵向刚度。

上层柱间支撑应布置在温度区段的两端及有下层柱间支撑的开间中。在温度区段的两端设置上层支撑，便于传递屋架横向水平支撑传来的纵向风力；由于上段柱的刚度一般较小，因此不会引起很大的温度应力。在温度区段两端的上层柱间支撑可采用单斜杆式，其余上层柱间支撑可采用交叉腹杆或其他形式。

任务测试

一、单选题

1. 关于轻型门式刚架结构下列说法错误的是（　　）。

A. 地震作用参与的内力组合对刚架梁、柱杆件的设计不起控制作用

B. 当风荷载较大或房屋较高时，风荷载可能是刚架的控制荷载

C. 柱网布置柱距越小，门式刚架结构总用钢量越少，成本越低

D. 门式刚架结构的质量轻，基础也可以做得比较小

2. 关于实腹式与格构式刚架下列说法错误的是（　　）。

A. 实腹式刚架的横截面一般为焊接H形截面或热轧H形截面

B. H形截面形式简单，受力性能好，实际工程中应用较多

C. 轻型门式刚架结构常采用格构式刚架

D. 格构式刚架的截面一般为矩形或三角形

3. 关于梁柱连接节点端部节点的端板设置说法不正确的是（　　）。

A. 端板竖放　　　　B. 端板横放

C. 端板斜放　　　　D. 不设置端板直径焊接

4. 关于柱脚的连接下列说法不正确的是（　　）。

A. 根据受力要求，柱脚分刚接柱脚和铰接柱脚两类

B. 当吊车起重量不低于5t时应考虑设置刚性柱脚

C. 柱脚锚栓可用于承受柱脚底部的水平剪力

D. 铰接柱脚不能抵抗弯矩作用

5. 关于柱间支撑设置下列说法不正确的是（　　）。

A. 在房屋的纵向框架平面内应设置必要的柱间支撑

B. 柱间支撑一般与屋面水平支撑设置在同一个柱间

C. 柱间支撑宜采用X形，其交叉斜杆与水平面的夹角越大越好

D. 当有吊车梁或房屋高度较大时，应分层设置柱间支撑

6. 关于隅撑设置下列说法不正确的是（　　）。

A. 隅撑宜采用双角钢制作　　B. 可连接在内翼缘附近的腹板上

C. 亦可连接在内翼缘上　　D. 隅撑与刚架构件的腹板的夹角不宜小于45°

7. 关于支撑体系的形式下列说法不正确的是（　　）。

A. 柔性支撑为镀锌钢丝绳索、圆钢、角钢或带钢

B. 刚性支撑支撑构件为方管或圆管

C. 柔性支撑由于构件长细比较大，几乎不能受压

D. 刚性支撑由于截面较大，可以承受压力不能承受拉力

二、多选题

1. 关于轻型门式刚架结构特点下列说法正确的有（　　）。

A. 质量轻　　B. 抗震性好

C. 综合经济效益高　　D. 柱网布置要求统一

E. 工业化程度高，施工周期短

2. 关于刚架的建筑尺寸和布置下列说法正确的有（　　）。

A. 跨度一般为32～82m

B. 高度取地坪柱轴线与斜梁轴线交点高度，宜取4.5～9m

C. 柱距应综合考虑刚架跨度、荷载条件及使用要求等因素，宜取6m、7.5m或9m

D. 门式刚架轻型房屋钢结构的纵向温度区段长度不大于300m

E. 门式刚架轻型房屋钢结构的横向温度区段长度不大于300m

3. 关于支撑布置下列说法正确的有（　　）。

A. 屋盖横向支撑宜设在温度区间端部的第一或第二个开间

B. 当端部支撑设在第二个开间时，在第一开间的相应位置应设置刚性系杆

C. 当建筑物宽度大于60m时，在内柱列宜适当增加柱间支撑

D. 房屋高度较大时，柱间支撑要分层设置

E. 屋盖中间要设置支撑

4. 关于柱脚下列说法正确的有（　　）。

A. 计算风荷载作用下柱脚锚栓的上拔力时，应计入柱间支撑的最大竖向分力

B. 柱脚锚栓不宜用于承受柱脚底部的水平剪力

C. 水平剪力可由底板与混凝土基础之间的摩擦力或设置抗剪键承受

D. 柱脚底部的水平剪力一般先由锚栓承受，当锚栓不足以承受水平剪力时设置抗剪键

E. 柱脚底部水平剪力由锚栓单独承受

5. 关于支撑体系的布置要求下列说法正确的有（　　）。

A. 在每个温度区段（纵向温度区段长度不大于300m）或分期建设的区段中，应分别设置能独立构成空间稳定结构的支撑体系

B. 在设置柱间支撑的开间，应同时设置屋盖横向水平支撑，以组成几何不变的支撑体系

C. 端部支撑宜设在温度区间端部的第二个开间，在第一个开间的相应位置宜设置刚

性水平系杆

D. 柱间支撑的间距应根据安装条件确定，一般为 60～80m，不应大于 90m

E. 柱间支撑不宜设在温度区间端部的第一个开间

任务训练

1. 简述轻型门式刚架结构所受荷载的传力路径。
2. 思考等截面和变截面刚架的适用情况及优缺点。
3. 思考刚接柱脚和铰接柱脚在受力和构造上的区别。

任务 2.3 A 厂房施工图识图

任务引入

A 厂房施工图识图的主要任务就是识读整个工程的所有图纸，脑海中形成一个完整的三维框架，核对每个构件的规格和材质。

钢结构施工图包括构件的总体布置图和钢结构节点详图。总体布置图表示整个钢结构构件的布置情况，一般用单线条绘制并标注几何中心线尺寸；钢结构节点详图包括构件的断面尺寸、类型以及节点的连接方式等。

钢结构施工图识图的目的：①进行工程量的统计与计算；②进行结构构件的材料选择和加工；③进行构件的安装与施工。

本任务的学习内容详见表 2.3.0。

表 2.3.0 A 厂房施工图识图学习内容

任务	技能	知识	拓展
任务 2.3 A 厂房施工图识图	2.3.1 建筑施工图识图	2.3.1.1 平面布置图识读 2.3.1.2 剖面图识读	网架施工图识图
	2.3.2 结构施工图识图	2.3.2.1 布置图识读 2.3.2.2 刚架详图识读 2.3.2.3 刚架节点详图识读 2.3.2.4 连接节点详图识读	桁架施工图识图

任务实施

2.3.1 建筑施工图识图

在进行钢结构识图时，需要遵循施工图的基本规定。这包括图纸的幅面、格式、比例、字体、线型等方面的要求。同时，还需要了解图纸中的常用符号、图例和标注方法，以便正确解读图纸信息。

钢结构中常用的型钢包括H型钢、槽钢、角钢、钢板等。在识图中，需要掌握这些型钢的基本形状、尺寸规格和标注方法。通过识别型钢的标注，可以了解其在结构中的位置、数量和连接方式。

螺栓连接是钢结构中常用的连接方式之一。在识图中，需要了解螺栓的类型、规格和标注方法。同时，还需要掌握螺栓孔的表示方法，包括孔的位置、直径和深度等。这些信息对于指导螺栓安装和确保连接质量至关重要。

焊缝是钢结构中的关键部位，其质量和形式直接影响到结构的整体性能。在识图中，需要了解焊缝的基本类型、形状和标注方法。焊缝符号的准确识别可以帮助我们了解焊缝的位置、长度宽度以及焊接要求等关键信息。

构件总体布置图是钢结构工程中重要的施工图纸之一。它展示了钢结构的整体布局和构件的相对位置关系。在识图中，需要了解构件的种类、数量尺寸和位置等信息，以便为后续的施工和安装做好准备工作。

钢结构节点详图是反映钢结构连接部位细节的重要图纸。在识图中，需要关注节点的连接方式、焊缝形式、螺栓布局等关键信息。通过对节点详图的仔细解读，可以确保钢结构的连接质量和整体稳定性。

钢结构施工图识图方法：

（1）粗略浏览整套图纸，在浏览图纸时，重点关注图纸的目录、设计说明、材料表等，大致了解钢结构的基本情况。

（2）仔细阅读设计说明。在设计说明中，设计师会详细阐述设计理念、施工要求等，因此要仔细阅读。

（3）逐一阅读图纸，包括平面图、立面图、剖面图、节点大样图等，了解钢结构的具体构造、尺寸、连接方式等。

（4）注意细节。在识图过程中，要注意图纸中的细节，如标注、符号等，这些细节可能会影响施工。

（5）与其他专业配合。

2.3.1.1 平面布置图识读

1. 建筑设计说明

① 工程所在地为浙江省东阳地区；

② 工程建筑面积1500m^2；

③ 室内标高±0.000，室内外高差150mm；

④ 图纸标高按米计，其余均以毫米为单位；

⑤ 屋面构造：采用暗扣型单层彩钢板+50mm厚带铝箔保温棉+钢丝网；

⑥ 墙面构造：1.2m以下为240mm厚的多孔黏土砖墙，1.2m以上采用单层压型彩钢板；

⑦ 地面防潮做法：在−0.050处做20mm厚1：2水泥砂浆（内加5%水泥重量的防水剂）；

⑧ 室内地坪为混凝土地面及做法：素土夯实，150mm厚块石（碎石填缝压实），120mm厚C20混凝土随捣随抹，以7m×6m分仓，沥青油膏嵌缝；

⑨ 门窗要求：门采用夹芯板推拉门，窗采用铝合金窗；

⑩ 材料的规格、施工要求及验收规范，均按国家现行建筑安装工程验收规范执行。

2. 底层平面图

A 厂房建筑面积 1188m^2，工程为单跨双坡结构，跨度 18m，柱距 6m，共 12 榀刚架组成。屋面采用暗扣型单层彩钢板＋50mm 厚带铝箔保温棉＋钢丝网，墙面 1.2m 以下为 240mm 厚的多孔黏土砖墙，1.2m 以上采用单层压型彩钢板。

本工程室内地坪标高±0.000，共有 24 根刚架柱和 4 根抗风柱，每个柱距之间都设置了一个 C-1 的窗户，分别在工程四面各设置一扇大门，共四扇。结构组成由 1 到 12 轴的 12 榀刚架组成，刚架之间的间距即柱距为 6m，工程跨度为 18m。

3. 屋顶剖面图

在屋面图中，看到屋面采用双坡排水的方式，中间一道屋脊，两侧檐沟排水，在檐沟处隔跨布置 ϕ110 的落水管。屋面排水坡度为 1∶20，即 5%。屋面围护采用暗扣型单层彩钢板＋50mm 厚带铝箔保温棉＋钢丝网。

4. 立面图

工程的顶标高为 7.500，其中±0.000～1.200 墙面采用的是 240mm 厚的砖墙，1.200 以上采用单层彩色压型钢板。在 1.200 标高处设置第一排窗户，窗户高 1.5m，在 5.100 标高处设置第二排窗户，窗户高 0.9m。在每个立面上都设置了 4m 高的大门。

2.3.1.2 剖面图识读

在剖面图中看到，工程为跨度 18m 的单跨双坡结构形式。由檐口位置可见，本工程设置了女儿墙，故在立面图中看不出其坡屋面。屋面构造做法采用单层彩钢板＋50mm 厚保温棉＋钢丝网。其中窗户的位置、墙面、的构造做法可以与建筑设计总说明、平面图、立面图中统一。

网架施工图识图

1. 结构设计总说明：在进行网架施工图识图前，应首先仔细阅读结构设计总说明部分。这一部分内容主要涵盖了工程的概况设计的依据、结构的主要形式和特点荷载取值与组合、设计计算的主要原则以及施工安装要求等。通过总说明，可以对整个网架结构有一个全面的了解。

2. 网架平面布置图：网架平面布置图是网架施工图中的核心部分，它反映了网架在平面上的具体形状、尺寸和节点位置。在识图时，应注意各节点的坐标、轴线尺寸以及网架的整体尺寸等关键信息。同时，要留意是否标注出特殊的节点支座或者连接方式。

3. 杆件及球节点编号：为了方便施工和管理，网架施工图中的杆件和球节点通常会进行编号。识图时应明确各编号对应的具体杆件或节点，并注意它们之间的连接关系。此外，还应根据编号查找材料表和杆件规格及材质部分，以获取杆件和节点的详细参数。

4. 檩条平面布置图：檩条是网架结构中用于支撑屋面板的重要构件。檩条平面布置图展示了檩条在平面上的布置情况，包括檩条的间距、长度连接方式等。在识图时，应重点关注檩条与网架的连接节点确保檩条安装位置的准确性。

5. 支座平面布置图：支座是网架结构与基础之间的连接部分，其布置图反映了支座在平面上的位置和尺寸。在识图时，应注意支座的定位尺寸标高以及与其他构件的连接关系。同时，还要关注支座的构造形式和材料要求，以确保支座的稳定性和安全性。

6. 材料表：材料表是网架施工图中不可或缺的一部分，它详细列出了构成网架结构的各种材料及其规格、数量等信息。在识图时，应对照材料表逐一核对各杆件、球节点檩条和支座等构件的材料和规格要求，确保施工使用的材料符合设计要求。

7. 杆件规格及材质：杆件规格及材质部分详细说明了网架结构中各杆件的截面尺寸、材质和性能等级等关键信息。在识图时，应重点关注杆件的截面尺寸和材质要求，以确保杆件满足结构承载能力和耐久性要求。同时，还要注意杆件的连接方式和连接节点的设计要求。

8. 网架安装图示：网架安装图示是指导网架结构施工安装的重要依据。它包括网架的安装顺序、安装方法、临时支撑设置、节点连接方式等详细信息。在识图时，应仔细研究安装图示中的每个步骤和要求，确保施工过程的正确性和安全性。同时，还要注意安装图示中可能存在的特殊要求和注意事项，以确保施工质量和进度。

通过以上八个方面的详细解读，我们可以对网架施工图有一个全面而深入的了解。在识图过程中，不仅要注重各部分的细节和信息收集，还要注意各部分之间的联系和相互验证。只有充分理解和掌握了网架施工图的全部内容，才能确保网架结构的施工质量和安全。

2.3.2 结构施工图识图

结构施工图是指导钢结构施工的重要文件，它包含了施工所需的各种信息和细节。正确识读施工图，对于确保施工质量、避免工程事故具有重要意义。掌握钢结构施工图的识读技巧，可以更好地理解和执行施工要求。

1. 基础平面图识读

① 了解图例与符号：熟悉图纸中的图例与符号，这些符号通常代表了不同类型的构件、材料和连接方式。

② 识别轴线与定位：根据轴线确定建筑物的整体布局，通过定位线了解构件的具体位置。

③ 理解标注信息：注意图纸中的尺寸标注、标高标注等信息，这些标注有助于确定构件的大小和位置。

2. 构件布置图识读

① 识别构件类型：根据图纸中的图例，识别出不同类型的构件，如梁、柱、板等。

② 分析构件关系：理解构件之间的连接关系和传力路径，有助于把握整体结构的稳定性。

③ 注意细部构造：仔细查看构件的细部构造，如加劲肋、焊缝等，以确保施工质量和安全。

3. 连接节点图识读

① 理解连接方式：识别节点图中的连接方式，如螺栓连接、焊接等，了解不同连接方式的特点和要求。

② 关注节点细节：重点关注节点图中的细节处理，如焊缝的形式、螺栓的规格和数量等，这些细节对于保证连接质量至关重要。

③ 分析受力情况：分析节点处的受力情况，了解节点在不同工况下的受力特性，有助于确定合适的连接方式和细部构造。

4. 截面尺寸标注识读

① 理解尺寸标注：熟悉图纸中的尺寸标注方式，如线性尺寸、角度尺寸等，确保准确理解构件的尺寸信息。

② 注意截面形状：关注截面尺寸标注中的形状信息，如圆形、矩形等，这些信息对于选择合适的加工方法和材料规格具有重要意义。

③ 核实尺寸关系：核实各尺寸之间的关系，确保各尺寸之间协调一致，避免出现尺寸冲突或矛盾的情况。

5. 材料规格标注识读

① 熟悉材料类型：了解图纸中标注的材料类型，如钢材型号、钢板厚度等，以便选择合适的材料和加工方法。

② 关注材料性能：关注材料性能标注，如屈服强度、抗拉强度等，这些性能参数对于评估结构的安全性和稳定性至关重要。

③ 核实材料规格：核实图纸中标注的材料规格与实际采购的材料是否一致，确保施工所需材料的准确性和可靠性。

6. 施工要求与说明

① 理解施工顺序：仔细阅读图纸中的施工顺序说明，了解各构件的施工先后顺序和相互之间的配合关系。

② 关注施工质量：关注图纸中对施工质量的要求，如焊缝质量等级、螺栓拧紧力矩等，确保施工质量符合设计要求。

③ 理解特殊说明：注意图纸中的特殊说明和注释，这些说明通常针对特殊情况或特殊要求，对于保证施工质量和安全具有重要意义。

7. 细节处理与标注

① 关注细部构造：仔细查看图纸中的细部构造处理，如焊缝形式、加劲肋布置等，这些细节处理对于保证结构的稳定性和安全性至关重要。

② 理解标注含义：熟悉图纸中的标注含义，如焊缝长度、加劲肋间距等，确保准确理解并执行施工要求。

③ 注意施工可行性：分析细节处理与标注的施工可行性，结合现场实际情况提出合理的施工方案和措施。

8. 图例与符号说明

① 熟悉图例：掌握图纸中的常用图例及其含义，如各种构件的图例、连接方式的图

例等。

② 理解符号：了解图纸中的符号及其代表的含义，如标高符号、定位符号等。

③ 参考图例与符号表：如有需要，可参考图纸附带的图例与符号表进行查阅和对照，以便更好地理解图纸内容。

钢结构施工图在识读时，为了更清晰、更准确，可以按照以下步骤进行：

(1) 首先应仔细阅读结构设计总说明，弄清结构的基本概况，明确各种结构构件的选材，尤其要注意一些特殊的构造做法，该处表达的信息通常都是后面图纸中一些共性的内容。

(2) 基础平面布置图和基础详图。在识读基础平面布置图时，首先应明确该建筑物的基础类型，再从图中找出该基础的主要构件，然后对主要构件的类型进行归类汇总，最后按照汇总后的构件类型找到其详图，明确构件的尺寸和构造做法。

(3) 识读结构平面布置图。结构平面布置图通常是按层划分的，若各层的平面布置相同，可采用同一张图纸表达，只需在图名中进行说明。读结构平面布置图时，应先明确该图中结构体系的种类及布置方案，然后从图中找出各主要承重构件的布置位置、构件之间的连接方法以及构件的截面选取。接着对每一种类的构件按截面不同进行种类细分，并统计出每类构件的数量。读完结构平面布置图后，应对建筑物整体结构有个宏观的认识。

(4) 识读构件详图与节点详图。识读各构件与节点详图时，应仔细对照构件编号，明确各种构件的具体制作方法以及构件与构件连接节点的详细制作方法，对于复杂的构件还需识读这些构件的制作详图。

2.3.2.1 布置图识读

工程中主刚架构件材质均采用 Q235B 普通碳素结构钢，其质量标准应符合《碳素结构钢》GB/T 700—2006 的规定，其他未注明材质的构件也采用 Q235B 普通碳素结构钢，其质量标准应符合《碳素结构钢》GB/T 700—2006 的规定；檩条、墙梁采用冷弯薄壁型钢，材质为 Q235A 镀锌板轧制，其质量标准应符合《通用冷弯开口型钢》GB/T 6723—2017 规定。

视频

结构施工图布置图识图

1. 锚栓平面布置图

本工程有 24 根刚架柱及 4 根抗风柱，每根钢柱与基础的连接采用 4 根 M24 的锚栓连接，锚栓预埋位置详见布置图中的轴线关系。锚栓预埋基础的深度要满足 480mm 以上（埋置深度为锚栓直径的 20 倍以上），平面预埋的位置与轴线关系见布置图。基础顶面标高−0.350，钢柱底标高−0.300，基础顶面与钢柱底板之间空 50mm，安装到位后用 C25 细石混凝土灌缝密实，如图 2.3.1 所示。

2. 钢柱平面布置图

本工程有 24 根刚架柱及 4 根抗风柱，2～11 轴钢柱在轴线的位置居中放置，四根角柱边缘与轴线内偏 240mm，所有钢柱与 A、B 轴的关系都内偏 240mm。

3. 屋面结构布置图

本工程在 1～2 轴，11～12 轴之间设置支撑体系。如 1～2 轴间设有 SC——屋面水平支撑、ZC——柱间支撑，支撑设置的原则：一个工程的两端必须各设置一道支撑，一般情况下设在第一个柱距或第二个柱距；若支撑之间的距离超过 60m，则须在中间加设一道支撑。

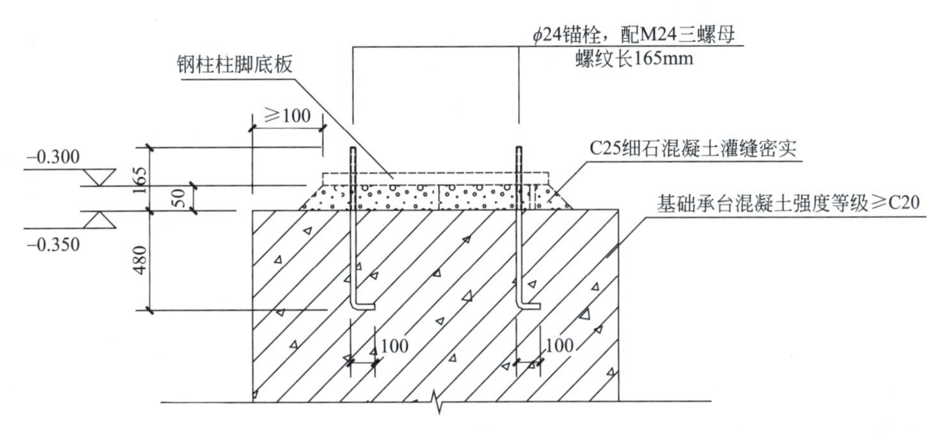

图 2.3.1 M24 钢柱锚栓大样图

屋脊位置设置了一条通长系杆，系杆的设置一般在屋脊和檐口处通长，若有刚度足以替代系杆的构件存在，则可以不放置系杆。同时，屋面水平支撑连接的内部也需要有系杆设置来加强整体稳定。

本工程共 12 榀刚架，将 1～12 轴的 12 榀刚架进行分类，1 轴与 12 轴是山墙面，设有两根抗风柱，刚架编号为 GJ02；2～11 轴的 10 榀刚架归为一类，刚架编号为 GJ01，其中 1～2 轴、11～12 轴需要考虑支撑体系的设置，故 2 轴与 11 轴的刚架编号为 GJ01a。

4. 屋面檩条布置图

本工程柱距为 6m，檩条支承在钢梁上跨度即为 6m，沿着钢梁的上翼缘长每隔 1.5m 设置一根 XZ160×60×20×2.0 的斜卷边 Z 形冷弯薄壁型钢。

当檩条的跨度在 4m 以下时，不需要设置拉条；当檩条的跨度在 4～6m 之间时，需要设置 1 根拉条；当檩条的跨度在 6m 以上时，需要设置 2 根拉条。本工程檩条跨度为 6m，故设置两根 ϕ12 的拉条。直拉条在工程应用中基本上承受拉力不利于受压，在屋脊和檐口的位置通常会因为外部荷载的不同而使拉条有承受拉力、压力的变化，故在屋脊和檐口的位置还需要设置斜拉条，同时直拉条的外面装 ϕ32×2.0 套管，两头顶住檩条，用于承受压力。

5. 墙梁布置图

墙梁布置图包含四面墙体，以 A 轴墙梁布置图为例，墙梁采用 Q235A 的 C 形冷弯薄壁型钢 C160×60×20×2.0，布置原则与屋面檩条一致，但墙面需要考虑门窗的位置，预留门窗洞口，设置门槛、窗框。拉条采用 ϕ12 的圆钢，考虑檐口处的拉条会产生压力，需设置斜拉条，同时直拉条的外面装 ϕ32×2.0 套管。

2.3.2.2 刚架详图识读

在单层厂房结构示意图中，我们可以看到钢结构先由钢柱和钢梁，形成一个门式刚架的平面体系，再用次构件——屋面的檩条、墙面的墙梁以及屋面水平支撑和柱间支撑来将刚架之间连接形成一个整体空间体系。

视频

结构施工图刚架及节点详图识图

1. GJ01、GJ01a 详图

从屋面结构布置图中可知，刚架编号为 GJ01 的是 3～10 轴的 8

榀刚架，GJ01a 的是 2 轴与 11 轴的刚架。

先以 GJ01 详图为例，其为由两根钢柱、两根钢梁组成的左右对称的一榀刚架。钢柱截面尺寸为 H（250～400）×220×6×10，钢柱为变截面，柱脚处腹板高比较小，柱顶处大，截面与弯矩大小相符，可见本工程柱脚与基础采用的是铰接，梁柱是刚接。钢柱外墙侧沿标高设置 5 个墙托以放置墙梁，注意窗户位置作为窗框、墙梁的放置开口方向。柱顶设置有女儿墙立柱，截面为 H160×160×5×6，女儿墙柱顶设有一个墙托，墙面围护到达 7.500 的标高。

钢梁由 H（450～300）×200×6×8 与 H300×200×6×8 两种截面组成，腹板高与弯矩大小相符，梁柱连接节点处弯矩最大，变截面结束的位置为屋面梁的反弯点，屋脊两侧为等截面梁。钢梁上翼缘上部设有 6 个檩托，沿着檩距 1.5m 设置，同时，为了整体稳定，在檩条与钢梁之间设置隅撑，隅撑的设置原则：隔一设一，由图可见，在从梁柱节点处开始的第 1、3、5 根檩条下都设有隅撑连接板。

GJ01a 详图在 GJ01 详图的基础上，增加了支撑体系的连接板，见图中钢梁上屋面水平支撑连接椭圆孔 ϕ50×22。

2. GJ02 详图

从屋面结构布置图中可知，刚架编号为 GJ02 的是 1 轴和 12 轴的 2 榀刚架。作为山墙面的刚架，在 GJ01a 的基础上增加了两根抗风柱 H300×180×6×8，将 18m 跨度分成 3 个 6m 的间距，以便于放置墙梁。同时 A、B 轴上的两根角柱需要在两个方向设置墙托，钢梁的下翼缘需要连接抗风柱，具体做法见节点详图。

2.3.2.3 刚架节点详图识读

钢结构的节点设计是结构设计的重要环节，一般应遵循以下原则：

① 节点传力应力求简洁。

② 节点受力的计算分析模型应与节点的实际受力情况相一致，节点构造应尽量与设计计算的假定相符合。

③ 保证节点连接具有足够的强度和刚度，避免由于节点强度或刚度不足而导致结构整体破坏。

④ 节点连接应具有良好的延性，避免采用约束程度大和易产生层状撕裂的连接形式，以利于抗震。

⑤ 尽量简化节点构造，以便于加工、安装时的就位与调整，并减少用钢量。

⑥ 尽可能减少工地拼装的工作量，以保证节点质量并提高工作效率。

1. 刚架梁柱连接节点

本工程刚架梁柱连接节点为刚性连接，承受弯矩和剪力，见图 2.3.2 中①号节点。该节点由 12 个 M20 的 10.9S 高强度螺栓连接，钢柱在节点处的连接板为－220×20×800，在节点下端有一块小牛腿－80×25×180，采用焊脚尺寸为 12mm 的角焊缝，以三面围焊的方式连接于钢柱连接板上。小牛腿在此处可以起到托板的作用，也可承受梁传来的剪力，具体看结构设计的要求。钢梁在节点处的连接板为－200×20×650，高强度螺栓间用加劲板－90×6×100 隔开，使螺栓的受力尽可能均匀地传递给 12 个高强度螺栓。

钢柱顶部与女儿墙柱 H160×160×5×6 的连接见 A 厂房节点详图 GS-07 中①号节点的 3-3 剖面图，两根 H 型钢的翼缘板搭接长度为 400mm，用 4 个 M16 的高强螺栓连接。

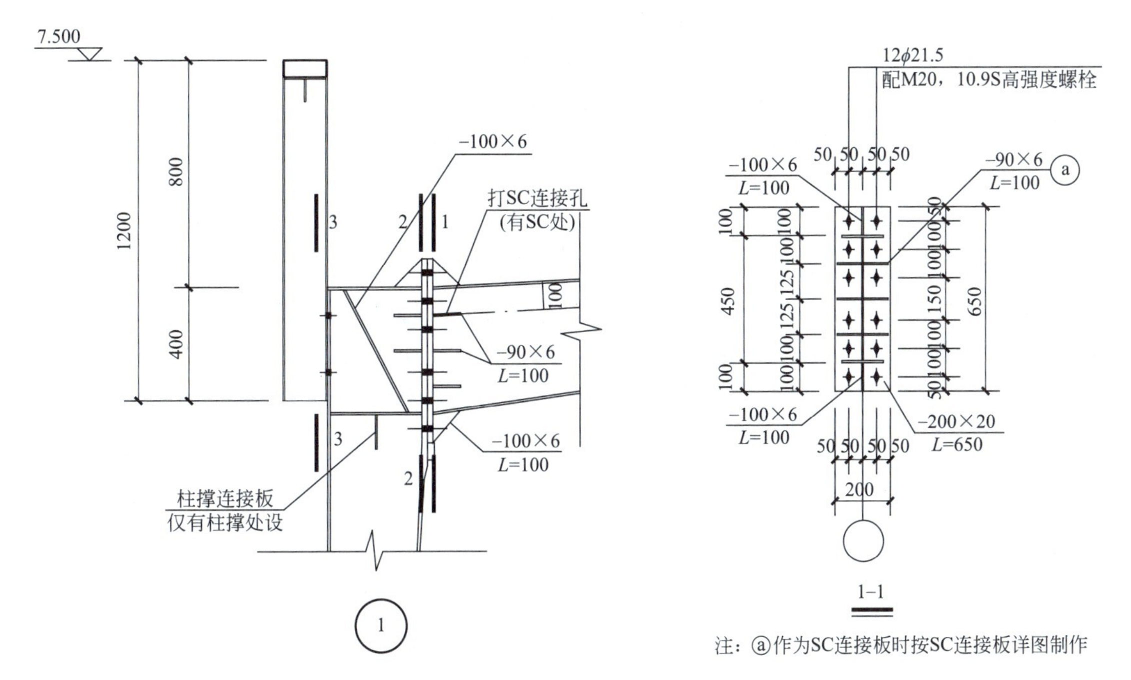

图 2.3.2 刚架梁柱连接节点图

2. 柱脚连接节点

本工程柱脚连接节点为柔性连接，不承受弯矩，见图 2.3.3 中②号节点，锚栓位置在钢柱翼缘板内部，连接方式视为铰接；若锚栓位置在钢柱翼缘板外侧，则视为刚接。该节点由 4 个 M24 的锚栓连接钢柱与基础，位置在翼缘板内部，柱底板为-240×20×260，锚栓之间用-127×8×250 的加劲板隔开。柱底板下焊接-40×20×200 的抗剪件，将钢柱的剪力顺利传递到基础。

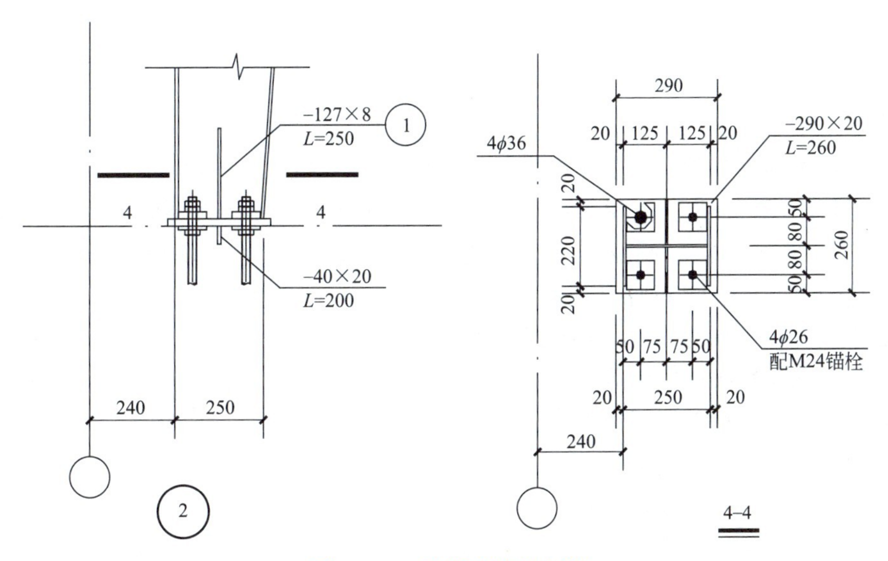

图 2.3.3 柱脚连接节点图

钢底板上的螺栓孔为 ϕ36，螺栓直径为 24mm，相对孔径比较大是为了施工安装方便，但孔径大在工程中就会有锚栓与柱底板未接触的情况发生，钢柱上的力就不能经过锚栓传给基础，故应在底板的螺栓孔位置放置上下垫块。上垫块-80×20×80，下垫块-80×10×80，在锚栓的位置将柱底板盖住，上下垫块中间开孔 ϕ26，待节点安装到位后，用周边围焊的方式将上下垫块与柱底板焊接。

3. 刚架梁间连接节点

本工程刚架梁间连接节点为刚性连接，承受弯矩和剪力，见图 2.3.4 中③号节点。该节点由 8 个 M20 的 10.9S 高强度螺栓连接，节点处的连接板均为-200×20×500，过程中屋脊位置系杆通长设置，故在节点连接板上焊接一块系杆连接板，具体做法见 A 厂房节点详图 GS-07 中③号节点 6-6 详图。高强度螺栓间用加劲板-90×6×100 隔开，使螺栓的受力尽可能均匀地传递给 8 个高强度螺栓。

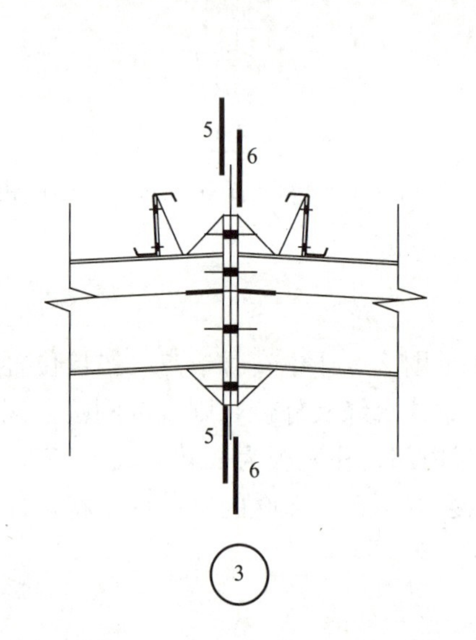

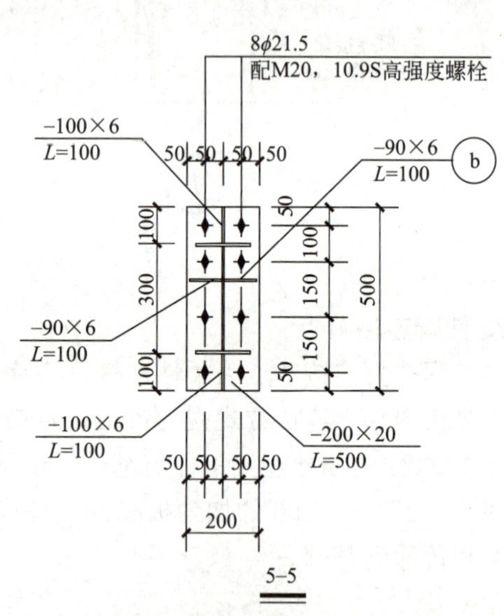

注：ⓑ作为SC连接板时按SC连接板详图制作

图 2.3.4 刚架梁间连接节点图

4. 抗风柱柱脚连接节点

抗风柱柱脚连接节点也为柔性连接，不承受弯矩，见图 2.3.5 中④号节点，锚栓位置在钢柱翼缘板内部，连接方式视为铰接；若锚栓位置在钢柱翼缘板外侧，则视为刚接。该节点由 4 个 M24 的锚栓连接钢柱与基础，位置在翼缘板内部，柱底板为-220×20×340，锚栓之间用-100×6×250 的加劲板隔开。

钢底板上的螺栓孔为 ϕ36，螺栓直径为 24mm。上垫块-80×20×80，下垫块-80×10×80，在锚栓的位置将柱底板盖住，上下垫块中间开孔 ϕ26，待节点安装到位后，用周边围焊的方式将上下垫块与柱底板焊接。

5. 抗风柱柱顶与钢梁连接节点

见图 2.3.6 中⑤号节点，由 C-C 所示抗风柱柱顶板-180×10×340 与钢梁下翼缘平行，两板相距 100mm，中间用一块 Z 形弹簧板-180×8 连接，弹簧板详图见 B-B。弹簧板一端与钢梁下翼缘用 2M20 的高强度螺栓连接，一端与抗风柱柱顶板用 2M20 的高强度螺

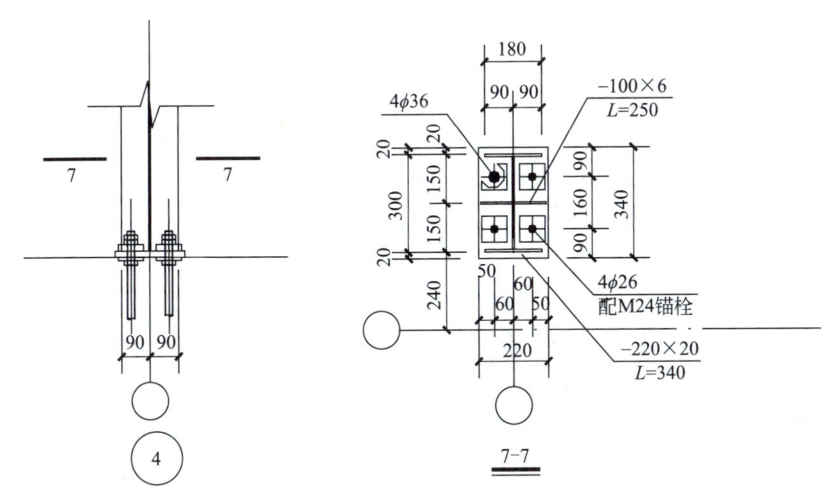

图 2.3.5 抗风柱柱脚连接节点图

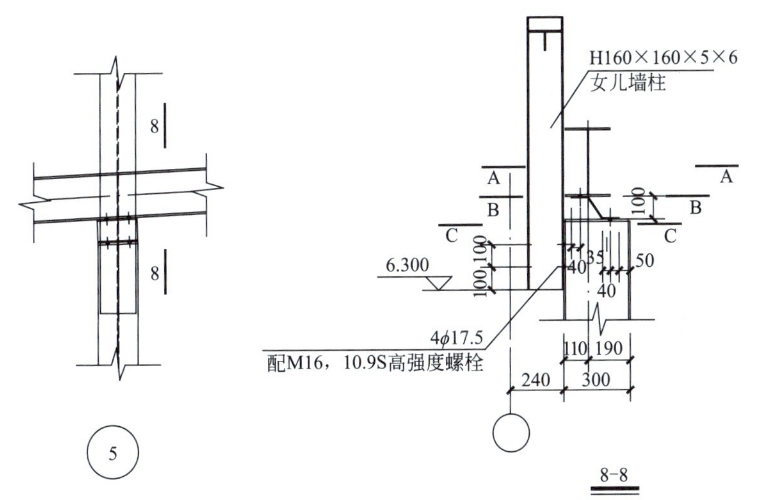

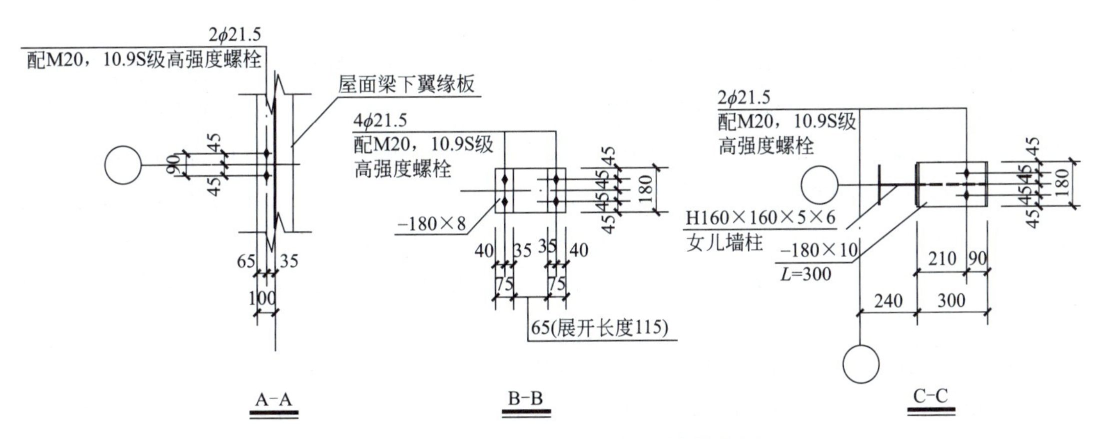

图 2.3.6 抗风柱柱顶与钢梁连接节点图

栓连接，作用是将山墙面的水平荷载到屋顶后由弹簧板转化为竖向荷载，再传递给抗风柱，由此传给基础、地基。

2.3.2.4 连接节点详图识读

次构件的连接是为了钢结构整体的稳定性，包含屋面水平支撑体系、隅撑、檩条拉条、柱间支撑、墙梁等。其构件尺寸及连接方式见A厂房连接节点详图GS-08、GS-09。

1. 系杆

系杆可以传递风荷载、吊车运行时的纵向刹车力以及地震作用，这些力由系杆传递给有支撑的刚架，保证屋面梁安装时结构空间稳定平直，还能提高刚架的平面稳定性等。

本工程系杆在屋脊处通长设置，在有屋面水平支撑的位置也要设置。采用ϕ89×2.5的焊接钢管。两端焊接−139×6×139的封头板，端部采用−139×6×120的等腰梯形加劲板将钢管与封头板加强。封头板外侧焊接−95×6×140的连接板，用2M16的高强度螺栓与钢梁上的系杆连接板进行连接（图2.3.7）。

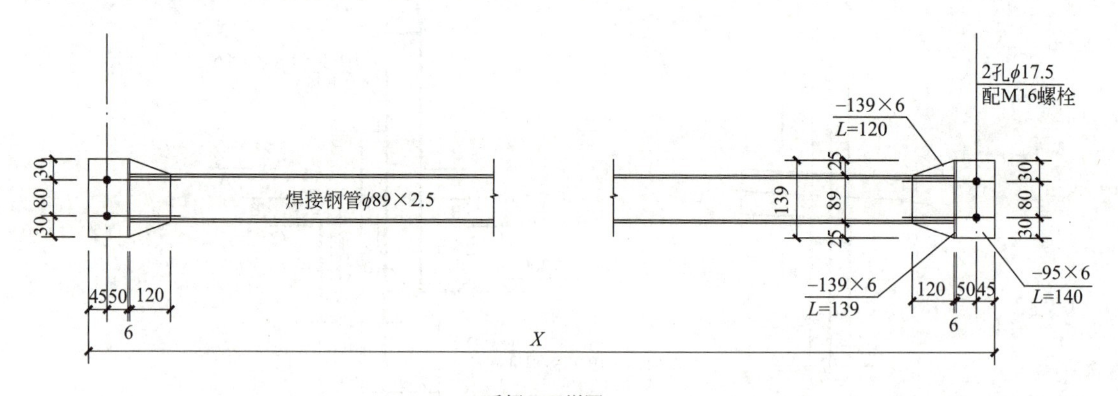

图2.3.7 系杆详图

2. 屋面檩条

钢结构屋面檩条的作用：①支撑和稳定结构：檩条在钢结构中起到支撑和稳定结构的作用。它们连接屋顶和墙体，承受来自上部结构的重力和其他荷载，将这些荷载传递到建筑的墙体上，确保结构的稳定性和安全性。②分担荷载：檩条在钢结构中分担荷载的作用也非常重要。它们能够将屋顶和墙体上的荷载均匀地分散到檩条上，从而减小对结构的集中作用力。这有助于减轻结构的压力，提高结构的承载能力和抗震性能。

檩托焊接在钢梁的上翼缘上部，用于在施工现场安装檩条。如图2.3.8所示，由−150×5×160的托板和−80×5×150的三角板焊接而成。

屋面檩条材质为Q235A结构钢，规格选用Z形冷弯薄壁型钢XZ160×60×20×2，搭接长度600mm，说明檩条伸到钢梁中心线位置后还要继续延伸300mm，使节点处两根檩条的搭接达到600mm。Z形檩条与钢梁上的檩托采用4ϕ12的普通螺栓进行连接，两根搭接檩条之间的端部位置也采用2ϕ12的普通螺栓进行固定。

3. 墙面墙梁

钢结构墙面墙梁的作用：①是建筑结构的重要组成部分，可提高整个建筑的刚性和稳定性。②在大跨度制作时，墙梁可以作为立柱稳定的支撑，避免结构失稳。③通过墙梁可以将建筑结构中的墙面板和钢柱等构件连接起来构成一个整体，从而提高了整个建筑的抗震性能。

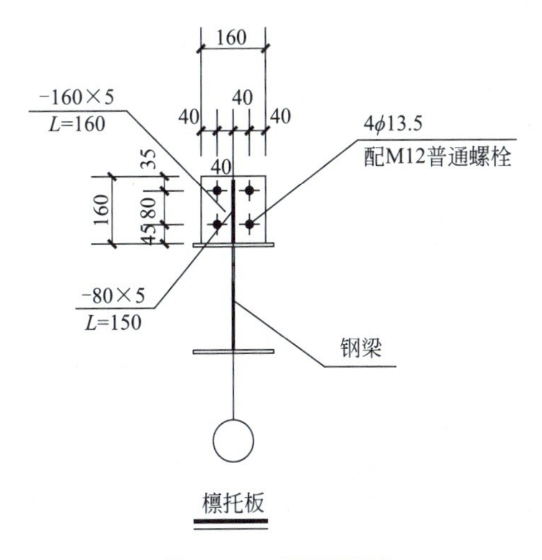

图 2.3.8　檩托详图

墙托与檩托类似，只是所在位置不同，其焊接在钢柱的外侧翼缘板上。墙托用于在施工现场安装墙梁。如图 2.3.9 所示，根据不同的位置墙托有四种情况：钢柱外侧翼缘板上、钢柱腹板上（角柱，连接山墙面墙梁）、女儿墙上、女儿墙柱角柱上。不同位置托板与三角板的具体尺寸如图 2.3.9 所示。钢柱外侧翼缘板上墙托由−160×5×160 的托板和−80×5×150 的三角板焊接而成；女儿墙柱上两侧的墙梁连接被女儿墙柱腹板隔开，所以是单独的两个墙托，由−148×5×168 的托板和−80×5×168 的三角板焊接而成。

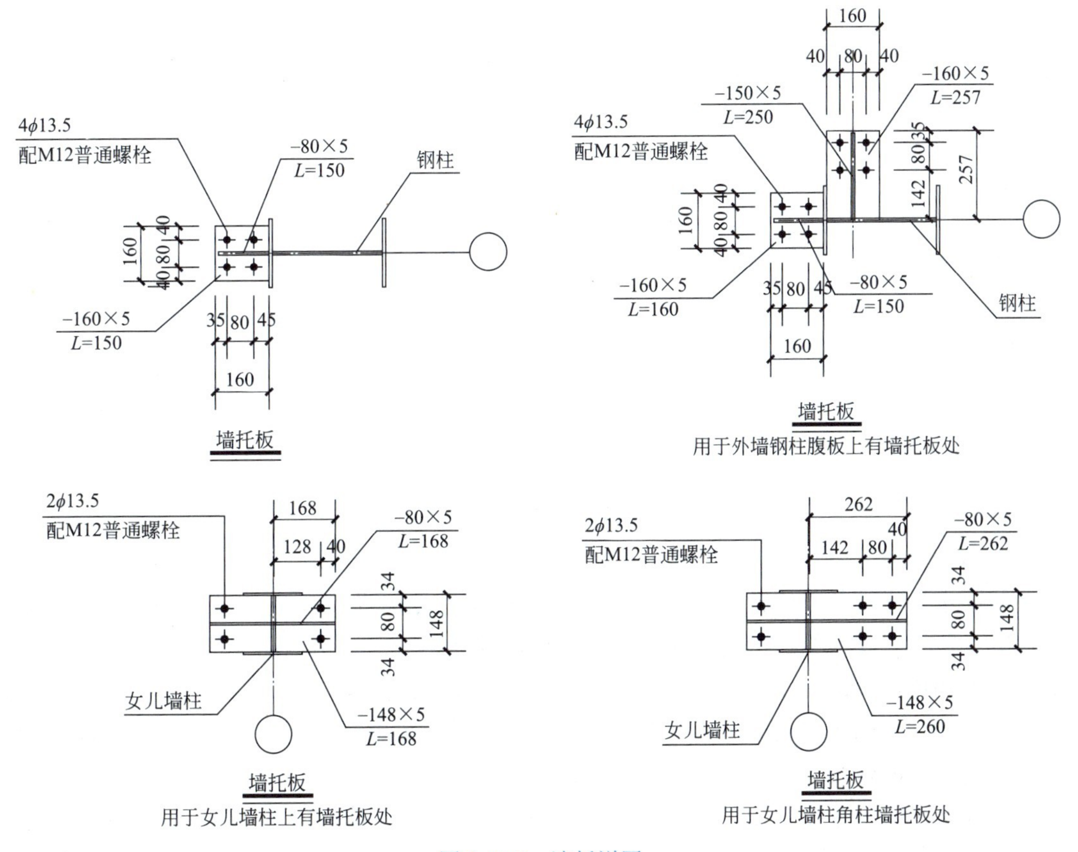

图 2.3.9　墙托详图

墙面墙梁材质为 Q235A 结构钢，规格选用 C 形冷弯薄壁型钢 C160×60×20×2。C 形墙梁与钢柱上的墙托采用 2ϕ12 的普通螺栓进行连接，两墙梁之间在刚架中心处留 5mm。做法与屋面檩条类似。

4. 屋面拉条

屋面拉条的作用是减小竖向方向的挠度，向下的力通过直拉条传递后，由斜拉条传至刚架，斜拉条在屋脊和檐口处设置。拉条还可以防止檩条扭曲，调节相邻两根檩条的稳定性，减小结构的侧向变形和扭转，提高结构承载力。拉条的设置原则：檩条跨度在 4m 以下不需要设置；4～6m 之间需设置一道拉条；6m 以上要设置两道拉条。屋脊和檐口的位置由于受力要求，需要设置斜拉条，同时直拉条外要装套管。

本工程直拉条和斜拉条采用 ϕ12 圆钢，拉条套管采用 ϕ32×2 的焊管。屋面拉条与檩条之间用普通螺栓连接，在屋面檩条上面预留空洞拉条穿过檩条，再用螺栓拧紧（图 2.3.10）。

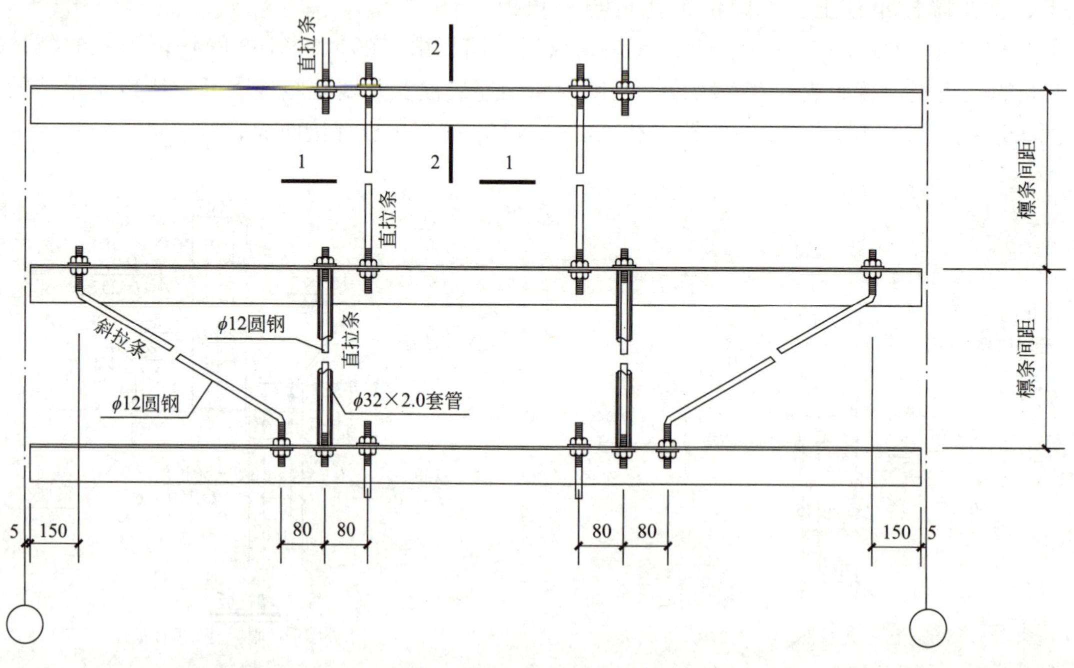

图 2.3.10 拉条连接详图

5. 屋面水平支撑

屋面水平支撑的作用：①提高结构的整体稳定性。屋面水平支撑能够有效地分散荷载，减小荷载对建筑物的影响，提高结构的抗震性能。②保证结构的空间稳定。水平支撑能够承受和传递纵向水平力，防止杆件产生过大的变形，避免压杆失稳，以及保证结构的整体稳定性。屋面水平支撑对于建筑物的结构稳定性至关重要，能够承受来自屋顶荷载和外部环境力量的作用，保持建筑物的整体稳定。

屋面水平支撑采用 ϕ25 的圆钢，端部做成 ϕ20 的螺纹与钢梁的腹板连接，在腹板上开 ϕ22×50 的椭圆孔，支撑穿过腹板椭圆孔后用垫块将圆钢支撑拉紧，后用垫片、螺母固定。支撑的撑杆与梁腹板的夹角通常控制在 45°～60°之间（图 2.3.11）。

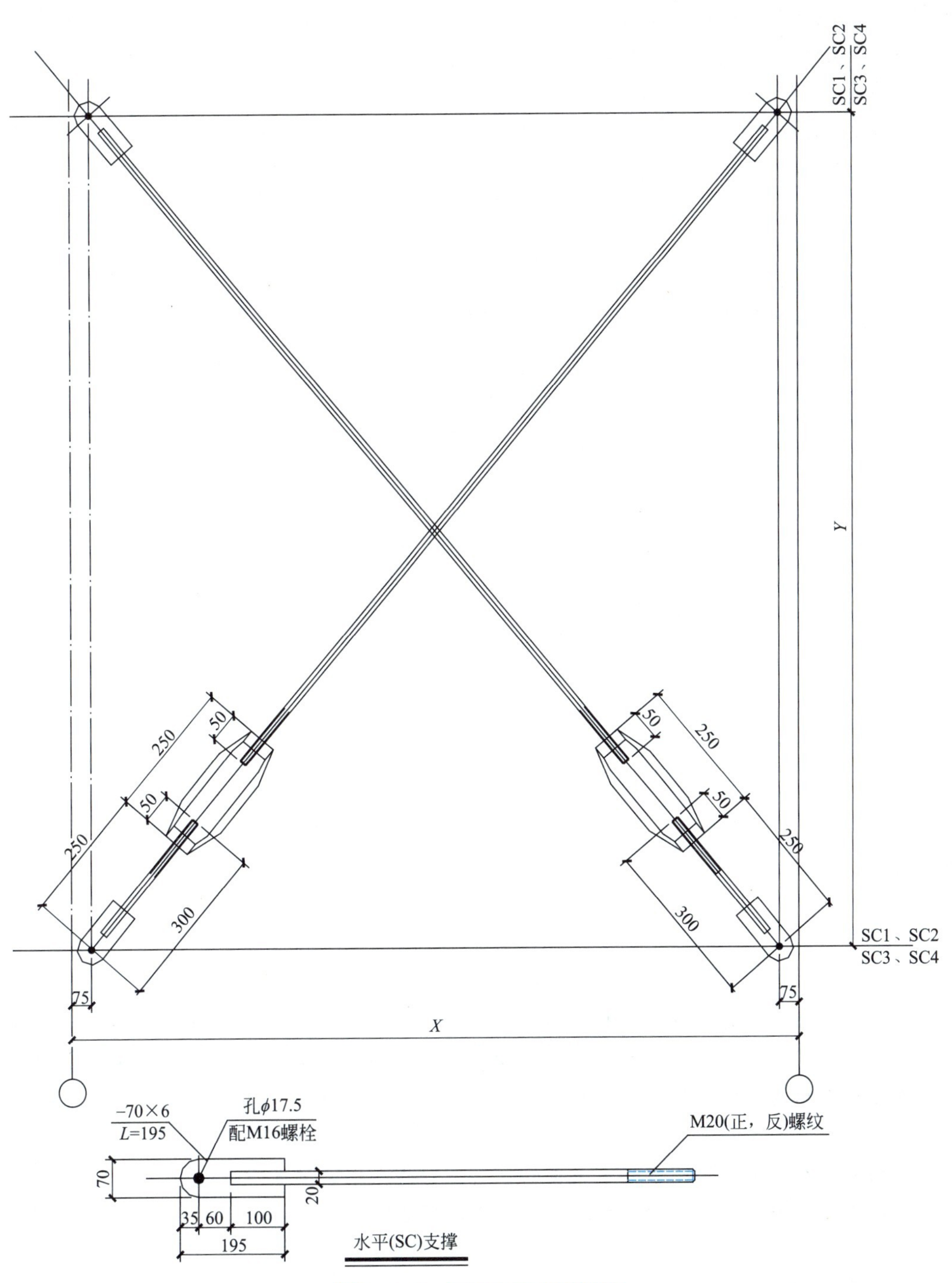

图 2.3.11 屋面水平支撑详图

6. 屋面隅撑

钢结构隅撑的作用：①协调结构变形。隅撑能够适应温度变化引起的热胀冷缩现象，减少因温度应力导致的结构损坏，同时减少地震响应，提高结构的抗震性能。②增加结构稳定性。在钢结构建筑受到侧向力（如风荷载、地震作用）时，隅撑能够有效地抵抗这些作用，防止结构发生侧向变形或扭转，从而提高结构的整体稳定性。③增强檩条的承重能力和建筑物的整体稳定性。隅撑能够将檩条上的荷载向下传递，增强檩条的承载能力，同时吸收和分散侧向力和摇摆力，增加建筑物的整体稳定性，降低发生倾斜或倒塌的风险。

本工程隅撑采用单角钢∟50×4 制作，按照轴心受压构件设计（图 2.3.12）。隅撑一端用 M12 的普通螺栓与钢梁上檩条连接，另一端用 M12 的普通螺栓与钢梁底部的隅撑连接板连接，形成稳定的三角，确保钢梁的平面外稳定。

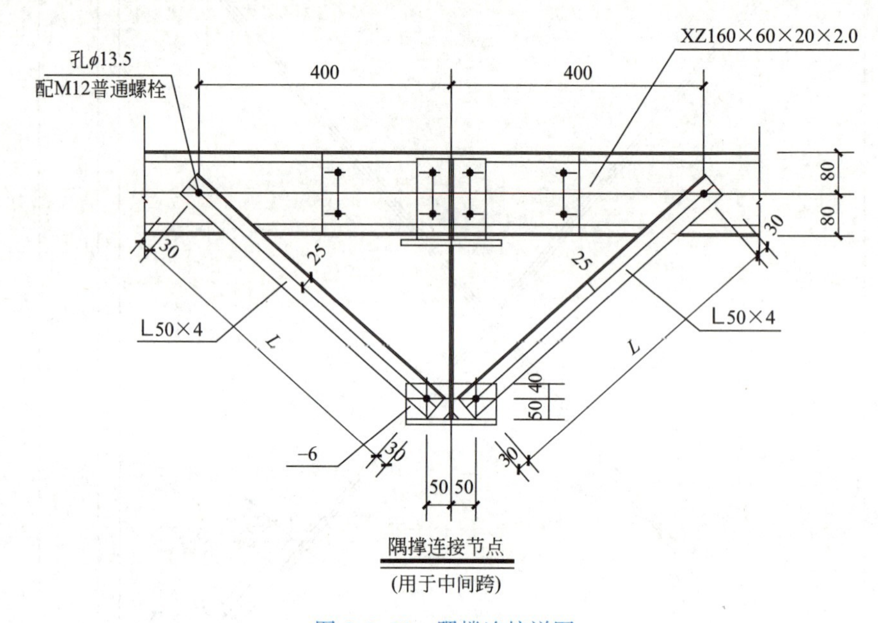

图 2.3.12　隅撑连接详图

桁架施工图识图

1. 桁架结构形式

桁架施工图的首要内容是明确桁架的结构形式。常见的桁架结构形式包括三角形梯形、平行四边形等。不同的结构形式决定了桁架的受力特点和稳定性。在识图中，应首先识别出桁架的整体结构形式，为后续分析提供基础。

2. 桁架尺寸

桁架的尺寸是施工图中非常关键的信息。它包括桁架的长度、宽度、高度等整体尺寸，以及各个构件的截面尺寸。在识图中，需要准确量取并记录这些尺寸数据，以确保施工时的准确性。

3. 桁架材料

桁架材料的选择直接关系到桁架的承载能力和使用寿命。在施工图中，应明确标注桁架所采用的材料类型，如钢材、铝合金等，以及材料的强度、韧性等性能参数。

4. 桁架节点设计

节点是桁架结构中非常重要的部分，它连接着各个构件，承受着复杂的力和力矩。

在识图中，应重点关注节点的设计细节，包括节点的连接方式、节点板的厚度和尺寸等，以确保节点的承载能力和稳定性。

5. 桁架装饰

桁架作为建筑结构的一部分，其外观装饰也是施工图中的重要内容。在识图中，应注意桁架的表面处理、涂层颜色、装饰线条等细节，以确保桁架的外观美观大方。

6. 施工组织

施工组织是指导桁架施工的重要文件，它包括了施工顺序、施工方法、施工人员和设备的配置等内容。在识图中，应详细阅读施工组织部分，了解施工的整体安排和要求，为施工做好充分的准备。

7. 施工详图

施工详图是桁架施工的具体指导，它详细展示了桁架各个部分的构造和连接方式。在识图中，应仔细研究施工详图，了解每个构件的具体位置、尺寸和连接方式，确保施工过程的顺利进行。

8. 材料表

材料表是桁架施工图中不可或缺的一部分，它详细列出了桁架施工所需的各种材料及其数量、规格等信息。在识图中，应对照材料表逐一核对所需的材料，确保材料的准确性和充足性。

通过以上八个方面的详细解读，我们可以对桁架施工图有一个全面而深入的了解。在识图过程中，不仅要注重各部分的细节和信息收集，还要注意各部分之间的联系和相互验证。只有充分理解和掌握了桁架施工图的全部内容，才能确保桁架结构的施工质量和安全。

任务测试

一、单选题

1. 在A厂房GS-05的GJ-01详图中，钢柱的翼缘板厚度为（　　）。

A. 5mm　　B. 6mm　　C. 8mm　　D. 10mm

2. 在A厂房GS-05的GJ-01详图中，钢柱的柱底标高为（　　）。

A. −0.300　　B. ±0.000　　C. 1.200　　D. 0.300

3. 在A厂房GS-05的GJ-01详图中，女儿墙立柱底标高为（　　）。

A. 6.000　　B. 6.500　　C. 6.300　　D. 6.700

4. 在A厂房GS-07的②号节点详图中，柱脚加劲板的厚度为（　　）。

A. 6mm　　B. 8mm　　C. 10mm　　D. 12mm

5. 识读A厂房GS-03屋面结构布置图，GJ-02出现在（　　）轴。

A. ①　　B. ②　　C. ③　　D. ④

二、多选题

1. 在A厂房GS-07的①号节点详图中，关于小牛腿与柱连接板的连接，以下描述正确的是（　　）。

A. 角焊缝　　B. 焊脚尺寸 12mm
C. 对接焊缝　　D. 三面围焊
E. 周边围焊

2. 在 A 厂房 GS-07 的②号节点详图中，关于柱脚的锚接，以下描述正确的是（　　）。
A. 柱底板开孔 4ϕ36　　B. 柱底板开孔 4ϕ26
C. 锚栓 4M24　　D. 垫块开孔 ϕ26
E. 垫块开孔 ϕ36

3. 在 A 厂房 GS-07 的⑤号节点详图中，关于抗风柱顶与梁底的连接，以下描述正确的是（　　）。
A. 通过弹簧板连接　　B. 共有 4M20 的高强度螺栓
C. 弹簧板为 Z 形　　D. 共有 2M20 的高强度螺栓
E. 抗风柱顶板上开孔 2ϕ21.5

任务训练

简述钢结构施工图与钢筋混凝土施工图的表达区别。

任务 2.4　钢结构施工详图设计

任务引入

钢结构深化设计是将基本结构设计转化为具体施工细节的关键环节，涉及结构分析、材料选择、连接方式、加工工艺、安装施工以及质量控制等多个方面。本任务为明确钢结构深化设计的各项任务和要求，以确保钢结构施工的顺利进行和最终工程的质量安全。

通过本任务的学习，了解钢结构施工详图的基本内容，熟悉钢结构施工详图的编制内容，掌握钢结构施工详图绘制方法与步骤，能熟练绘制钢结构施工详图。

本节任务的学习内容详见表 2.4.0。

钢结构施工详图设计学习内容　　表 2.4.0

任务	技能	知识	拓展
2.4　钢结构施工详图设计	2.4.1　施工详图的内容	2.4.1.1　施工详图的内容 2.4.1.2　施工详图的编制内容	钢结构施工详图的图纸内容
	2.4.2　施工详图的绘制方法	2.4.2.1　布置图的绘制方法 2.4.2.2　构件图的绘制方法	钢结构施工详图的构造设计
	2.4.3　A 厂房施工详图细化	2.4.3.1　A 厂房刚架细化 2.4.3.2　A 厂房次构件细化	

任务实施

视频

施工详图的内容

2.4.1 施工详图的内容

钢结构设计出图分设计图和施工详图两个阶段，设计图由设计单位提供，施工详图通常由钢结构制造公司根据设计图编制，但当工程建设进度要求或制造公司限于人力不能承接编制工作时，也会由设计单位编制。由于近年来钢结构项目增多和设计院钢结构工程师缺乏的矛盾，有设计能力的钢结构公司参与设计图编制的情况也很普遍，其优点是施工单位能够结合自身的技术条件采用经济合理的施工方案。

设计图是制造公司编制施工详图的依据。因此设计图首先在其深度及内容方面应以满足编制施工详图的要求为原则。在设计图中，对于设计依据、荷载资料（包括地震作用）、技术数据、材料选用及材质要求、设计要求（包括制造和安装、焊缝质量检验的等级、涂装及运输等）、结构布置、构件截面选用以及结构的主要节点构造等均应表示清楚，以利于施工详图的顺利编制，并能正确体现设计的意图。主要材料应列表表示。

施工详图又称加工图或放样图。编制钢结构施工详图时，必须遵照设计图的技术条件和内容要求进行，深度须能满足车间直接制造加工。不完全相同的构件单元须单独绘制表达，并应附有详尽的材料表。设计图及施工详图的内容表达方法及出图深度的控制，目前不太统一，各个设计单位之间及其与钢结构公司之间不尽相同。

设计图与施工详图的区别从五个方面展开：编制依据、编制作用、编制单位、图纸特点、图纸内容，具体如表 2.4.1 所示。

钢结构设计图与施工详图的区别 表 2.4.1

	设计图	施工详图
编制依据	根据工艺、建筑要求及初步设计等，并经施工设计方案与计算等工作而编制	直接根据设计图编制的工厂施工及安装详图，只对设计图进行深化
编制作用	目的、深度及内容仅为编制详图提供依据	施工详图直接为制造、加工及安装服务
编制单位	由设计单位编制	一般应由制造厂或施工单位编制
图纸特点	图纸表示简明，数量少	图纸表示详细，数量多
图纸内容	图纸内容一般包括设计总说明与布置图、构件图、节点图、钢材订货表	图纸内容包括构件安装布置图及构件详图

2.4.1.1 施工详图的内容

施工详图的内容包括设计内容与编制内容两部分。

施工详图的设计内容：设计图在深度上一般只绘出构件布置、构件截面与内力及主要节点构造，故在详图设计中需按设计图给出的节点图或连接条件，根据设计规范的要求进行，是对设计图的深化和补充。具体内容如下：

① 构造设计桁架、支撑等节点板设计与放样；梁支座加劲肋或纵横加劲肋构造设计；

组合截面构件缀板、填板布置、构造；螺栓群与焊缝群的布置与构造等。

② 构造及连接计算构件与构件间的连接部位，应按设计图提供的内力及节点构造进行连接计算及螺栓与焊缝的计算，选定螺栓数量、焊脚厚度及焊缝长度；对组合截面构件还应确定缀板的截面与间距。对连接板、节点板、加劲板等，按构造要求进行配置放样及必要的计算。

2.4.1.2 施工详图的编制内容

施工详图的编制内容主要包括：

① 图纸目录：视工程规模的大小，可以按子项工程或以结构系统为单位编制。

② 钢结构设计总说明应根据设计图总说明编写，内容一般应有设计依据（如工程设计合同书、有关工程设计的文件、设计基础资料及规范、规程等），设计荷载工程概况和对钢材钢号、性能的要求，焊条型号和焊接方法、质量要求等；图中未注明的焊缝和螺栓孔尺寸要求、高强度螺栓摩擦面抗滑移系数、预应力、构件加工、预装、除锈与涂装等施工要求及注意事项等，以及图中未能表达清楚的一些内容，都应在总说明中加以说明。

③ 供现场安装用的结构布置图：以钢结构设计图为依据，分别以同一类构件系统（如屋盖系统、刚架系统、吊车梁系统、平台等）为绘制对象，绘制本系统的平面布置和剖面布置（一般有横向剖面和纵向剖面），并对所有的构件编号；布置图尺寸应注明各构件的定位尺寸、轴线关系、标高等，布置图中一般附有构件表、设计总说明等。

④ 构件详图依据设计图及布置图中的构件编号编制，主要供构件加工厂加工并组装构件用，也是构件出厂运输的构件单元图，绘制时应按主要表示面绘制每一构件的图形零配件及组装关系，并对每一构件中的零件编号，编制各构件的材料表和本图构件的加工说明等。绘制桁架式构件时，应放大样确定杆件端部尺寸和节点板尺寸。

⑤ 安装节点详图，施工详图中一般不再绘制安装节点详图，仅当构件详图无法清楚表示构件相互连接处的构造关系时，要绘制相关的节点详图。

钢结构施工详图的图纸内容

钢结构施工详图是钢结构施工过程中必不可少的工程技术文件。详图的准确性和完整性直接关系到钢结构施工的质量、进度和安全性。本文将围绕钢结构施工详图的绘制过程，详细介绍图纸目录、设计总说明、结构布置图、构件详图、安装节点详图、放大样、构件图形绘制、零部件编号、材料表绘制和加工要求说明等方面的内容。

1. 图纸目录

图纸目录是施工详图的重要组成部分，应列出所有施工图纸的名称、编号和页数，方便查阅和管理。图纸目录应清晰、准确，确保施工过程中能够及时找到所需的图纸。

2. 设计总说明

设计总说明是对整个钢结构工程的总体描述和说明，包括工程概况、设计依据、材料选用、施工要求等内容。设计总说明应详细、全面，为施工提供明确的指导和依据。

3. 结构布置图

结构布置图是展示钢结构整体布局和构件位置关系的图纸，应清晰表达各构件之间的相对位置和连接关系，为施工提供准确的定位和安装依据。

4. 构件详图

构件详图是钢结构施工详图的核心部分，详细展示了各构件的形状、尺寸、材料、连接方式等信息。构件详图应准确、详细，满足施工和加工的需要。

5. 安装节点详图

安装节点详图是展示钢结构节点处连接方式和构造细节的图纸，应详细表达节点的构造、连接方式焊缝要求等内容，为施工提供明确的安装指导。

6. 放大样

放大样是对构件或节点细节的放大展示，用于指导施工过程中的定位和安装。放大样应清晰、准确，确保施工质量和安全性。

7. 构件图形绘制

构件图形绘制是使用计算机辅助设计软件（CAD）对构件进行二维或三维绘制的过程。图形绘制应准确、规范，符合相关标准和规定。

8. 零部件编号

零部件编号是对钢结构中各个零部件进行统一标识的过程。通过编号，可以方便地管理和跟踪各个零部件的生产、加工和安装情况。

9. 材料表绘制

材料表绘制是列出钢结构施工中所需的各种材料的明细表，应包括材料的名称、规格、数量、质量等级等信息，以便于材料的采购和管理。

10. 加工要求说明

加工要求说明是对钢结构构件加工过程中各项要求和注意事项的说明，应包括加工工艺精度要求、质量检测等方面的内容，确保构件加工的质量和精度满足设计要求。

钢结构施工详图的绘制是一项复杂而重要的工作，需要专业知识和技能的支持。通过本文的介绍，希望能为钢结构施工详图的绘制提供一些有益的参考和指导，确保钢结构施工的质量和进度符合设计要求。

2.4.2 施工详图的绘制方法

视频

施工详图的绘制方法

结构施工图是工程师的语言，体现了设计者的设计意图，施工图的绘制要求图面清楚整洁、标注齐全、构造合理、符合国家制图标准及行业规范，能很好地表达设计意图，并与设计计算书一致。钢结构施工详图图面，图形所用的图线、字体、比例、符号定位轴线、图样画法、尺寸标注及常用建筑材料图例等均按照现行国家标准《房屋建筑制图统一标准》GB/T 50001—2017、《建筑结构制图标准》GB/T 50105—2010、《焊缝符号表示法》GB/T 324—2008 和《技术制图 焊缝符号的尺寸、比例及简化表示法》GB/T

12212—2012 等的有关规定采用。图面表示应做到层次分明，图形之间关系明确，使整套图纸清晰、简明和完整，同时又尽可能减少图纸的绘制工作，以提高施工图纸的编制效率。

钢结构施工详图绘制的基本规定：

① 图纸幅面：钢结构施工详图的图纸幅面以 A1、A2 为主，必要时可采用 1.5A1，在一套图纸中应尽量采用一种规格的幅面，不宜多于两种幅面（图纸目录用 A4 除外）。

② 比例：所有图形应按比例绘制，根据图形用途和复杂程度按常用比例选用。一般结构布置的平、立、剖面采用 1∶100、1∶200，构件图用 1∶50，节点图用 1∶10、1∶15，也可用 1∶20、1∶25。一般情况下，图形宜选用同一种比例；格构式结构的构件，同一图形可用两种比例，几何中心线用较小的比例，截面用较大的比例；当构件纵横向截面尺寸相差悬殊时，亦可在同一图中的纵横向选用不同的比例。

③ 图面线型：绘制施工图时，应根据不同用途，按表 2.4.2 所示选用各种线型，且图形中保持相对的粗细关系。

图面线型基本规定　　表 2.4.2

线型名称	图线形式	一般应用
实线	（粗实线）	可见轮廓线
	（细实线）	尺寸线、尺寸界线、剖面线、引出线等
虚线	（虚线）	不可见轮廓线
点画线	（细点画线）	轴线、对称中心线
	（粗点画线）	特殊要求的线
双点画线	（双点画线）	极限位置线、假想位置线、中断线
双折线	（双折线）	断裂处的边界线
波浪线	（波浪线）	断裂处的边界线、视图与局部视图的分界线

④字体：图纸上书写的文字、数字和符号等，均应清晰、端正，排列整齐。钢结构详图中使用的文字均采用仿宋体，汉字采用国家公布实施的简化汉字。

⑤定位轴线及编号：定位轴线及编号圆圈以细实线绘制，圆的直径为 8～10mm。平面及纵横剖面、布置图的定位轴线及其编号应以设计图为准，横为列，竖为行。列轴线以大写字母表示，行轴线以数字表示。

⑥尺寸标注及标高：图中标注的尺寸，除标高以米为单位外，其余均以毫米为单位。尺寸线、尺寸界线应采用细实线绘制，尺寸起止符号用中粗短线绘制，短线长 2～3 mm，其倾斜方向应与尺寸界线成顺时针 45°角。

⑦符号（图 2.4.1）：钢结构详图中常用的符号有剖切符号、对称符号、连接符号、索引符号等。剖切符号图形只表示剖切处的截面形状，并以粗线绘制，不作投影。对称

符号完全对称的构件图或节点图，可只画出该图的一半，并在对称轴线上用对称符号表示。对称符号应跨越整个图形，用两根短的平行粗实线表示。连接符号当所绘制的构件图与另一构件图形仅一部分不相同时，可只绘制不同的部分而以连接符号表示与另一构件相同部分连接。索引符号布置图或构件图中某一局部或构件间的连接构造，须放大绘制详图或其详图须见另外的图纸时，可用索引符号。索引符号的圆及直径均以细实线绘制，圆的直径一般为10mm，被索引的节点可在同一张图纸上绘制，也可在另外的图纸绘制。

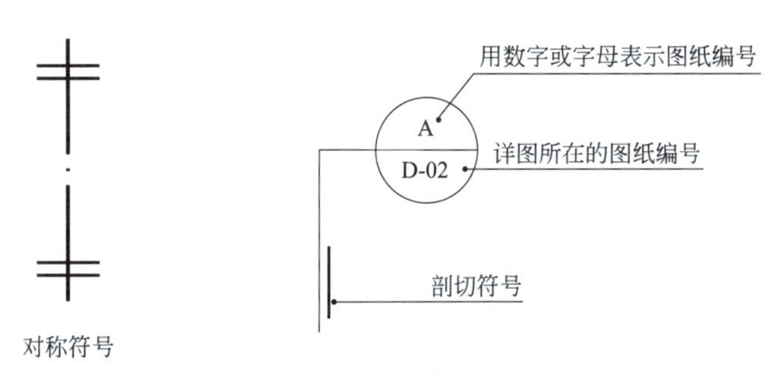

图 2.4.1 图纸常用符号

⑧螺栓及焊缝的表示方法参照1.3钢结构连接的相关内容。

2.4.2.1 布置图的绘制方法

①绘制结构的平面、立面布置图，构件以粗单线或简单外形图表示，并在其旁侧注明标号，对规律布置的较多同号构件，也可以指引线统一注明标号。

②构件编号一般应标注在表示构件的主要平面和剖面图上，在一张图上同一构件编号不宜在不同图形中重复表示。

③同一张布置图中，只有当构件截面、构造样式和施工要求完全一样时才能编同一个号，只要尺寸略有差异或制造上要求不同（例如有支撑屋架需要多开几个支撑孔）的构件均应单独编号，对安装关系相反的构件，一般可将标号加注角标来区别，杆件编号均应有字首代号，一般可采用同音的拼音字母。

④每一构件均应与轴线有定位的关系尺寸，对槽钢、C形钢截面应标示肢背方向。

⑤平面布置图一般可用1∶100或1∶200的比例；图中剖面宜利用对称关系、参照关系或转折剖面简化图形。

⑥一般在布置图中，根据施工的需要，对于安装时有附加要求的地方、不同材料构件连接的地方及主要的安装拼接接头的地方宜选取节点进行绘制。

2.4.2.2 构件图的绘制方法

①构件图以粗实线绘制，构件详图应按布置图上的构件编号按类别依次绘制。所绘构件主要投影面的位置应与布置图相一致，水平者，水平绘制；垂直者，垂直绘制；斜向者，倾斜绘制。构件编号用粗线标注在图形下方。图纸内容及深度应能满足制造加工要求。

②构件图形一般应选用合适的比例绘制，常采用的比例有1∶15、1∶20、1∶50等，一般规定如下：

构件的几何图形采用1∶20～1∶25；构件截面和零件采用1∶10～1∶15；零件详图采用1∶5。对于较长、较高的构件，其长度高度与截面尺寸可以用不同的比例表示。

③构件中每一个零件均应编零件号，编号应尽量先编主要零件（如弦材、翼缘板、腹板等），再编次要、较小构件，相反零件可用相同编号，但在材料表内的正反栏内注明。材料表中应注明零件规格、数量、重量及制作要求等，对焊接构件宜在材料表中附加构件重量1.5%的焊缝重量。

④一般尺寸注法宜分别标注构件控制尺寸、各零件相关尺寸，对斜尺寸应注明其斜度；当构件为多弧形构件时，应分别标明每一弧形尺寸的相对应的曲率半径。

⑤构件详图中，对较复杂的零件，在各个投影面上均不能表示其细部尺寸时，应绘制该零件的大样图，或绘制展开图来标明细部的加工尺寸及符号。

⑥构件间以节点板相连时，应在节点板连接孔中心线上注明斜度及相连的构件号。

⑦一般情况下，一个构件应单独画在张图纸上，只在特殊情况下才允许画在两张或两张以上的图纸上，此时每张图纸应在所绘该构件一段的两端，画出相互联系尺寸的移植线，并在其侧注明相接的图号。

钢结构施工详图的构造设计

钢结构施工详图是钢结构施工过程中的关键文件，它详细描述了钢结构各部分的构造设计，指导施工人员进行具体的施工操作。本文将重点介绍钢结构施工详图中的节点板构造设计、连接板构造设计、梁支座加肋设计、焊接构造设计、螺栓连接设计、起拱构造设计、细部构造设计以及定位与夹具设计等方面的内容。

1. 节点板构造设计

节点板是钢结构连接中的关键部件，它的构造设计直接影响到钢结构整体的稳定性和承载能力。节点板设计需考虑受力情况、板厚、连接焊缝等因素，确保其具有足够的刚度和强度。

2. 连接板构造设计

连接板用于连接钢结构中的各个部件，其构造设计需满足受力要求，并且要考虑连接板的形状、尺寸、连接方式等因素，确保连接牢固可靠。

3. 梁支座加肋设计

梁支座的加肋设计是为了提高支座的承载能力和稳定性，减小梁的挠度。加肋设计需考虑肋的数量尺寸布置方式等因素，以满足梁的受力要求。

4. 焊接构造设计

焊接是钢结构连接中常用的方式，焊接构造设计需考虑焊缝的类型、尺寸、布置等因素，以确保焊接质量和焊缝的承载能力。

5. 螺栓连接设计

螺栓连接是钢结构中另一种常见的连接方式，其构造设计需考虑螺栓的规格、数量、布置方式等因素，以满足连接要求并保证连接的可靠性。

6. 起拱构造设计

起拱构造设计是为了满足钢结构施工过程中的起拱要求，减小结构变形和应力集中。起拱设计需考虑起拱的高度、范围、布置方式等因素，以确保施工质量和结构安全。

7. 细部构造设计

细部构造设计是指对钢结构中的小部件和细节进行设计，如角钢、螺栓孔、连接板等。细部构造设计需考虑施工方便性、受力情况等因素，以确保整体结构的稳定性和承载能力。

8. 定位与夹具设计

定位与夹具设计是为了确保钢结构施工过程中的定位和固定，减小施工误差和变形。定位与夹具设计需考虑结构的定位精度、固定方式等因素，以确保施工质量和结构安全。

综上所述，钢结构施工详图的构造设计涉及多个方面，需要综合考虑受力情况、施工方便性、材料利用率等因素。在设计过程中，应遵循相关标准和规范，确保设计的准确性和可靠性。同时，施工过程中应加强质量控制和检验，确保施工质量和结构安全。

2.4.3 A厂房施工详图细化

钢结构单层厂房的刚架进行细化，在识读施工图的基础上先对工程中的构件进行分类、编号，再对其中某一构件的零件进行分类、编号、细化，绘制出其零件详图，做出统计，形成材料表。

A厂房中各构件的分类情况（图2.4.2）：本工程共⑫榀刚架，①轴与⑫轴是山墙面，设有两根抗风柱，刚架编号为GJ02；②～⑪轴的10榀刚架归为一类，刚架编号为GJ01，其中①～②轴、⑪～⑫轴需要考虑支撑体系的设置，故②轴与⑪轴的刚架为刚架编号为GJ01a。刚架细化详图以③～⑩轴上的GJ01为例讲解。

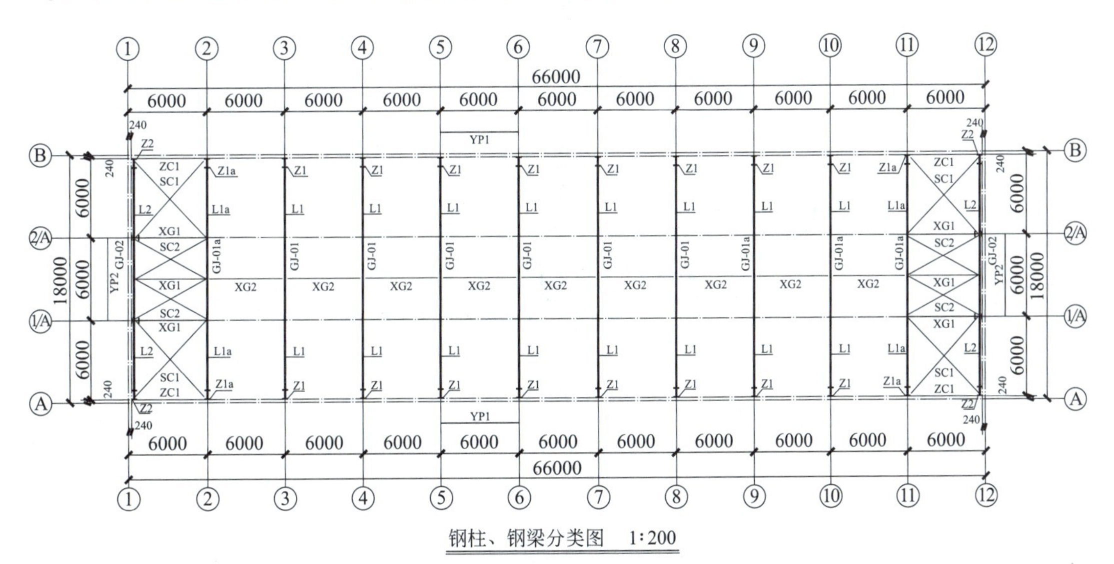

图2.4.2 钢柱、钢梁分类图

2.4.3.1 A厂房刚架细化

1. 钢柱细化详图

钢柱截面尺寸为 H(250～400)×220×6×10。钢柱外墙侧沿标高设置 5 个墙托以放置墙梁，柱顶设置有女儿墙立柱，截面为 H160×160×5×6，女儿墙柱顶设有一个墙托，墙面围护到达 7.5m 的标高（图 2.4.3)。对钢柱 Z1 构件进行零件的分类、编号，完全相同归为一类，统计每一类钢板在一根钢柱内的数量。如表 2.4.3 所示，Z1 的钢柱在本工程中共 16 根，每根钢柱可分为编号 Z-1 到 Z-21 的 21 类零件，每种零件的规格、材质、数量见表 2.4.3。

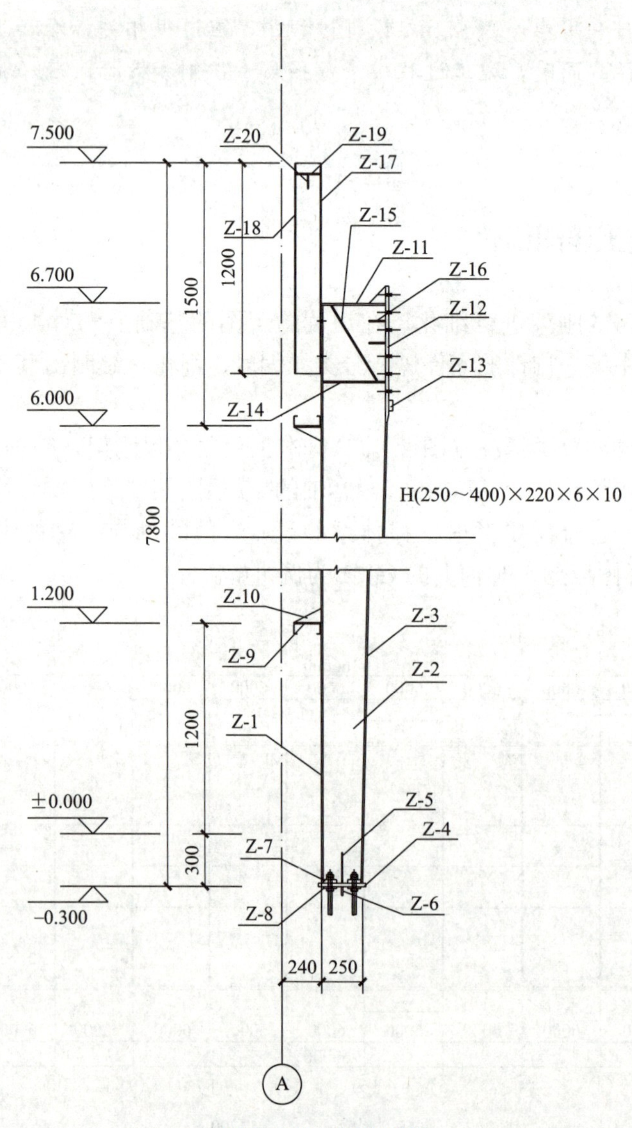

图 2.4.3 钢柱详图

钢柱材料表　　　　表 2.4.3

构件:Z1			数量:16			
零件编号	规格(mm)	宽度(mm)	长度(mm)	材质	数量	备注
Z-1	10	220	6970	Q235B	1	见零件图
Z-2	6	380	6970	Q235B	1	见零件图
Z-3	10	220	6273	Q235B	1	见零件图
Z-4	20	220	340	Q235B	1	见零件图
Z-5	8	127	250	Q235B	2	见零件图
Z-6	20	40	200	Q235B	1	见零件图
Z-7	20	80	80	Q235B	4	见零件图
Z-8	10	80	80	Q235B	4	见零件图
Z-9	5	160	160	Q235B	5	见零件图
Z-10	5	80	150	Q235B	5	见零件图
Z-11	8	220	390	Q235B	1	见零件图
Z-12	20	220	800	Q235B	1	见零件图
Z-13	25	80	180	Q235B	1	见零件图
Z-14	8	107	380	Q235B	2	见零件图
Z-15	8	100	517	Q235B	2	见零件图
Z-16	6	90	100	Q235B	5	见零件图
Z-17	6	160	1200	Q235B	1	见零件图
Z-18	6	160	1200	Q235B	1	见零件图
Z-19	5	148	1200	Q235B	1	见零件图
Z-20	5	148	168	Q235B	2	见零件图
Z-21	5	80	168	Q235B	2	见零件图

(1) 钢柱柱体的细化：钢柱由两块翼缘板 Z-1、Z-3 及腹板 Z-2 组成，由钢柱的截面尺寸 H(250 ~ 400)×220×6×10 可知，翼缘板的宽为 220mm、厚 10mm，腹板厚 6mm、高度方向为变截面 250 ~ 400mm。柱高考虑柱底板标高−0.300，柱顶板标高 6.700，故整体柱高为 7m，同时这包含了柱底板 20mm、柱顶板 10mm，在翼缘板及腹板高度的计算采用 7000−20−10=6970mm。如图 2.4.4 所示，Z-1 柱顶位置还需设置与女儿墙立柱连接的 4M16 螺栓孔。Z-3 在柱顶的位置要与钢梁连接，节点位置采用 20mm 厚的连接板接上。Z-2 在柱顶的位置与钢梁连接，是等截面的 700mm，节点以下柱体采用变截面形式。

(2) 钢柱柱脚的细化：该节点由 4 个 M24 的锚栓连接钢柱与基础，柱底板 Z-4 如图 2.4.5 所示，为−220×20×340，锚栓要穿过底板，故在锚栓的位置开设 4ϕ36 的孔。锚栓之间用 Z-5(−127×8×250) 的加劲板隔开，考虑柱脚处的焊缝，需要在加劲板上对角进行切割。柱底板下焊接 Z-6(−40×20×200) 作为抗剪件，将钢柱的剪力顺利传递到基础。

锚栓直径为 24mm，钢底板上的螺栓孔为 ϕ36，相对孔径比较大，故在底板的螺栓孔位置放置上下垫块。上垫块 Z-7(−80×20×80) 共 4 块，下垫块 Z-8(−80×10×80) 共 4 块，在锚栓的位置将柱底板盖住，上下垫块中间开孔 ϕ26，待节点安装到位后，用周边围

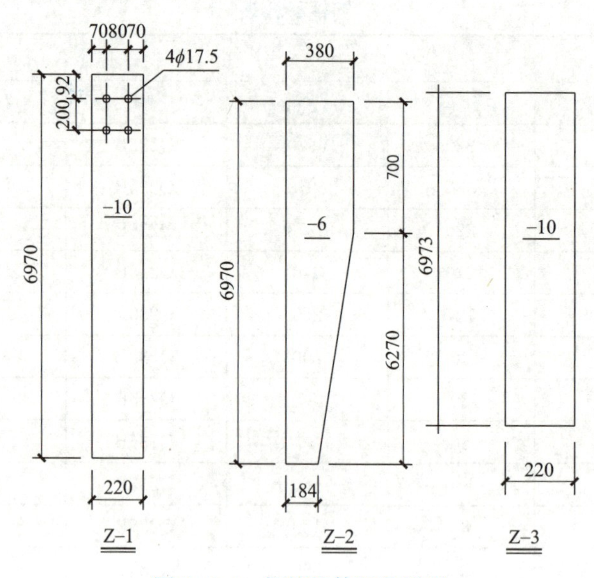

图 2.4.4 钢柱柱体细化详图

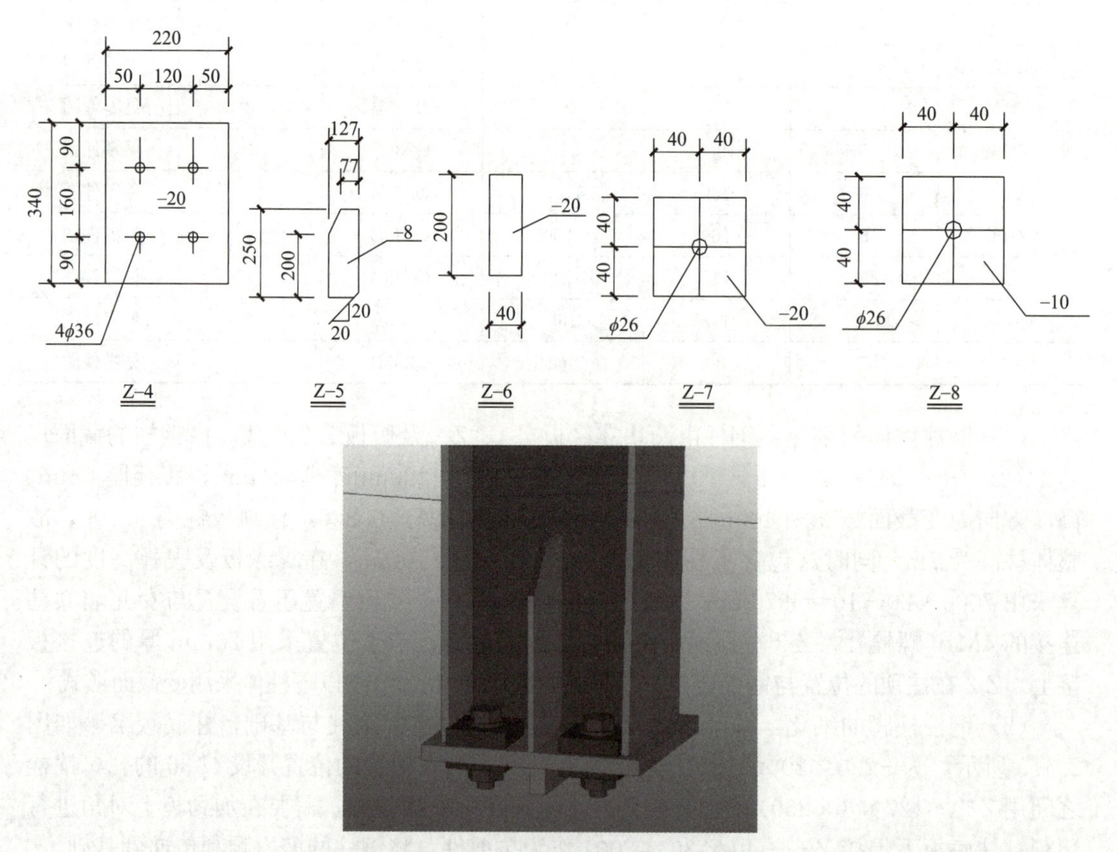

图 2.4.5 钢柱柱脚细化详图

焊的方式将上下垫块与柱底板焊接。

(3) 钢柱上墙托由 Z-9(－160×5×160) 的托板和 Z-10(－80×5×150) 的三角板焊接

而成，托板上用普通螺栓连接墙梁，故开孔 4ϕ13.5（图 2.4.6）；焊接在钢柱的外侧翼缘板上，用于施工现场墙梁的安装。Z1 钢柱中此类墙托共 5 个。

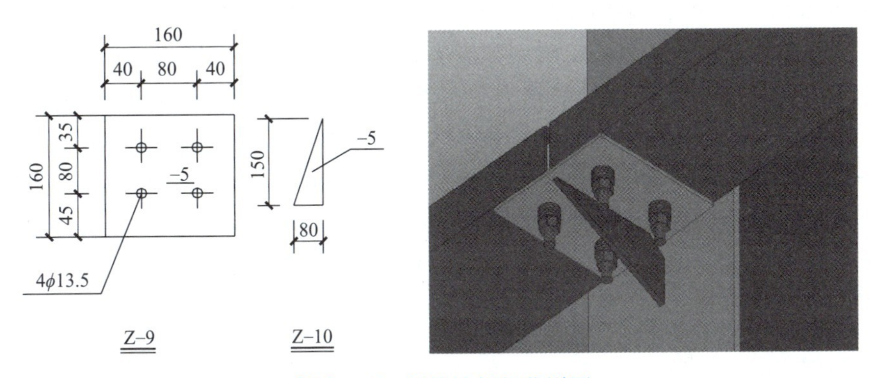

图 2.4.6　钢柱墙托细化详图

（4）钢柱柱顶的细化：柱顶有一块柱顶板 Z-11(−220×8×390)，柱顶板将外侧翼缘板盖住，内侧连接板伸过顶板，故顶板长为 400−10=390mm，宽度与翼缘板相同，为 200mm。在梁柱连接节点处，梁的下翼缘在钢柱中应该设加劲板作为延伸，即为 Z-14(−107×8×380)，板长为 400−10−10=380mm，同时应考虑钢柱本身的焊缝，在内部角点处切割 20mm 的余地。为加强局部稳定，在节点处设置斜向加劲板 Z-15(−100×8×517)，钢板做法需要切角处理，与 Z-14 类似（图 2.4.7）。

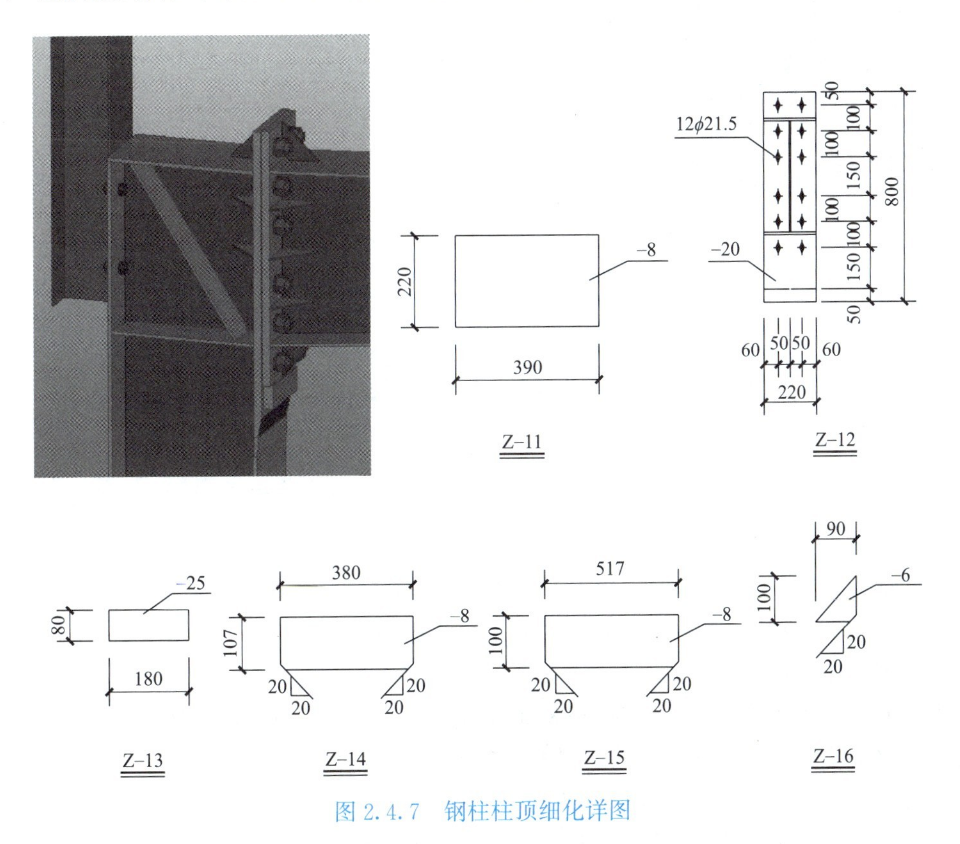

图 2.4.7　钢柱柱顶细化详图

本工程刚架梁柱连接节点由 12 个 M20 的 10.9S 高强度螺栓连接，钢柱在节点处的连接板为 Z-12(－220×20×800)，在高强度螺栓位置开孔 12ϕ21.5。连接板下端有一块小牛腿 Z-13(－80×25×180)，采用焊脚尺寸为 12mm 的角焊缝，三面围焊的方式连接于钢柱连接板上。连接节点的高强螺栓间用加劲板 Z-16(－90×6×100) 隔开，此类为三角形加劲板，在 Z1 中共 5 块，作用使螺栓的受力尽可能均匀地传递给 12 个高强度螺栓。

(5) 钢柱顶部与女儿墙柱 H160×160×5×6 的连接，立柱用的是等截面 H 型钢，立柱高 1.2m，故立柱的外侧翼缘板 Z-18(－160×6×1200)，内侧翼缘板 Z-17(－160×6×1200)，下端需要与刚架柱顶部的翼缘板搭接，长度为 400mm，用 4 个 M16 的高强度螺栓连接，故需要预留 4ϕ17.5 的孔洞（图 2.4.8）。中间的腹板采用 Z-19(－148×5×1200)。

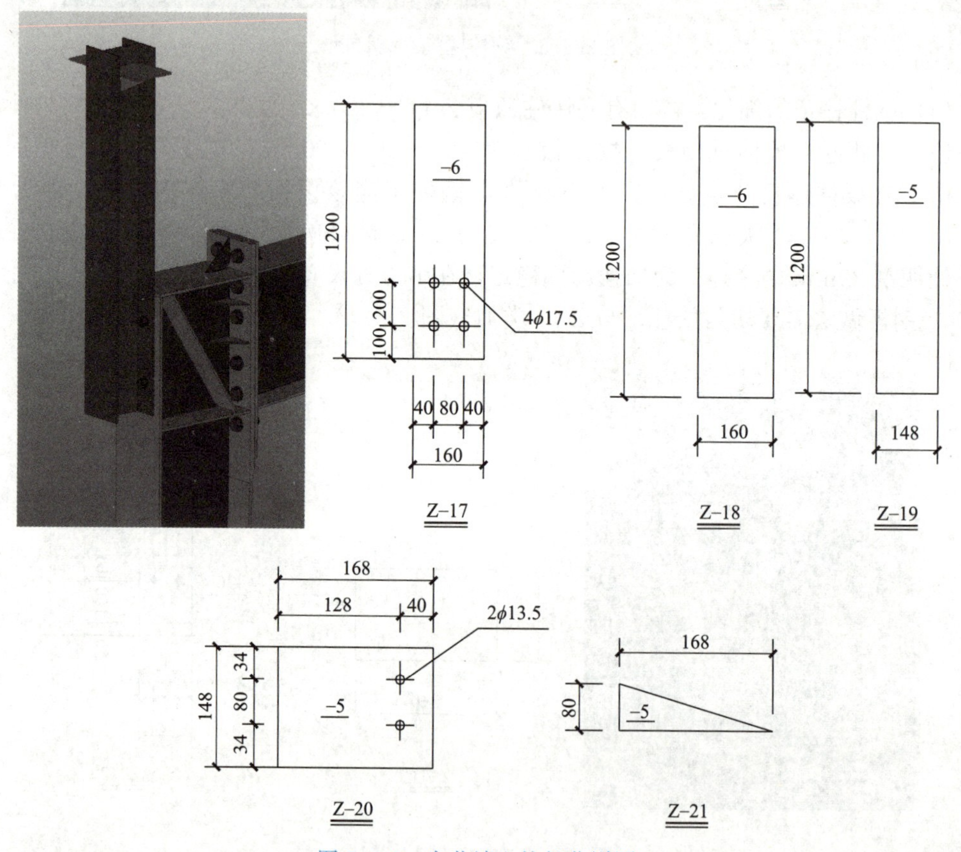

图 2.4.8 女儿墙立柱细化详图

女儿墙立柱上墙托由 Z-20(－148×5×168) 的托板和 Z-21(－80×5×168) 的三角板焊接而成，焊接在立柱的腹板处。Z1 钢柱中此类墙托共 2 个。

2. 钢梁细化详图

钢梁截面尺寸由变截面 H(450～300)×200×6×8 与等截面 H300×200×6×8 两部分组成。钢梁上翼缘每隔 1.5m 共设置 6 个檩托以放置檩条（图 2.4.9）。对钢梁 L1 构件进行零件的分类、编号，完全相同归为一类，统计每一类钢板在一根钢梁内的数量，见材料表（表 2.4.4），L1 钢梁在本工程中共 16 根，每根钢梁可分为编号 L-1 到 L-12 的 12 类零件，每种零件的规格、材质、数量见材料表。

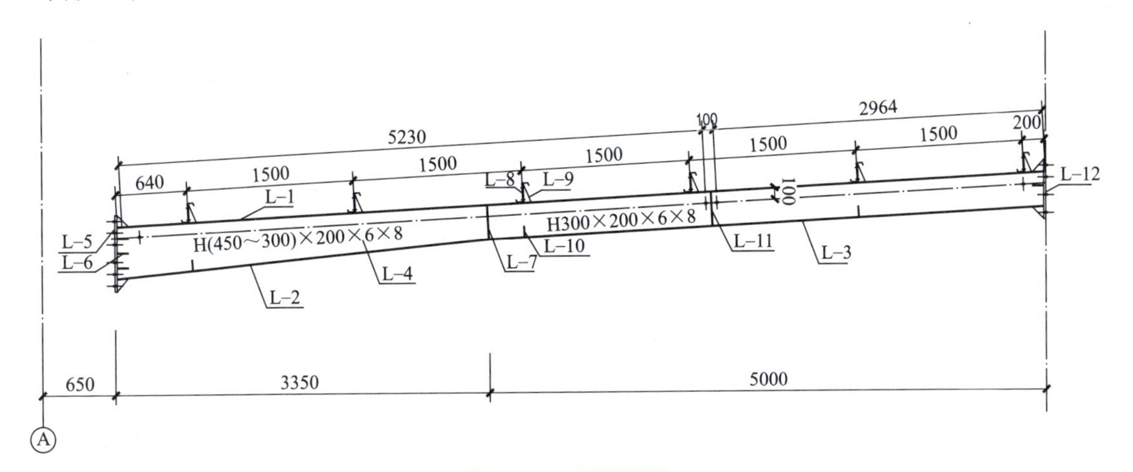

图 2.4.9 钢梁详图

钢梁材料表 表 2.4.4

构件:L1			数量:16			
零件编号	规格(mm)	宽度(mm)	长度(mm)	材质	数量	备注
L-1	8	200	8322	Q235B	1	见零件图
L-2	8	200	3340	Q235B	1	见零件图
L-3	8	200	4993	Q235B	1	见零件图
L-4	6	434	8322	Q235B	1	见零件图
L-5	20	200	600	Q235B	1	见零件图
L-6	6	90	100	Q235B	12	见零件图
L-7	6	97	280	Q235B	2	见零件图
L-8	5	160	160	Q235B	6	见零件图
L-9	5	80	150	Q235B	6	见零件图
L-10	6	90	97	Q235B	6	见零件图
L-11	6	95	280	Q235B	2	见零件图
L-12	20	200	500	Q235B	1	见零件图

（1）钢梁梁体的细化：钢梁由三块翼缘板 L-1、L-2、L-3 及腹板 L-4 组成（图 2.4.10），由钢梁的截面尺寸 H(450～300)×200×6×8 和 H300×200×6×8 可知，翼缘板的宽为 200mm、厚 8mm，腹板厚 6mm、高度方向为变截面 434～284mm。梁水平投影长 8310mm，同时这包含了梁两端的连接板各 20mm。屋面排水采用结构找坡 1：20，细化梁体，上翼缘板 L-1 为－200×8×8322，下翼缘板在变截面结束处断开，由 L-2(－200×8×3340) 和 L-3(－200×8×4993) 组成，中间腹板 L-4 为－434×8×8310，注意钢梁腹板是一整块，变截面处腹板不断开。

为加强梁的局部稳定，在梁变截面结束处应设加劲板，即 L-7(－97×8×284)，板长为 300－8－8＝284mm，同时应考虑钢梁本身的焊缝，在内部角点处切割 20mm 的余地。

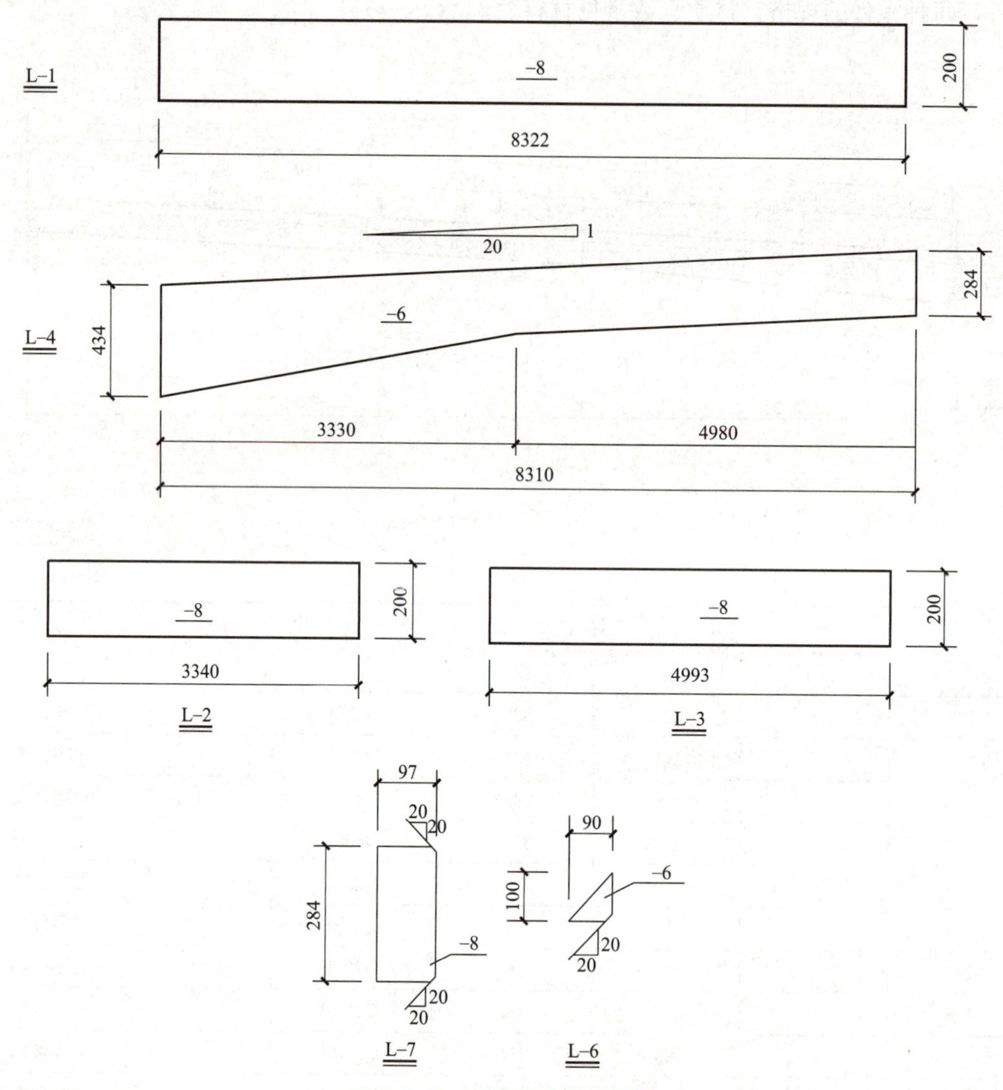

图 2.4.10 钢梁梁体细化详图

(2) 本工程刚架梁柱连接节点处由 12 个 M20 的 10.9S 高强度螺栓连接，节点处的连接板均为 L-5(−200×20×650)，在高强度螺栓位置开孔 12ϕ21.5（图 2.4.11）。梁间连接节点由 8 个 M20 的 10.9S 高强度螺栓连接，节点处的连接板均为 L-12(−200×20×500)，在高强度螺栓位置开孔 8ϕ21.5。高强度螺栓间用加劲板 L-6(−90×6×100) 隔开，使螺栓的受力尽可能均匀地传递给 8 个高强度螺栓。

(3) 钢梁上檩托由 L-8(−160×5×160) 的托板和 L-9(−80×5×150) 的三角板焊接而成，托板上用普通螺栓连接墙梁，故开孔 4ϕ13.5（图 2.4.12）；焊接在钢梁的上翼缘板上，用于施工现场檩条的安装。L1 钢柱中此类檩托共 6 个。

为了整体稳定，在檩条与钢梁之间设置隅撑，隅撑的设置原则：隔一设一。如图 2.4.13 所示的 L-10(−90×6×97) 焊接在梁下翼缘处，用 M12 普通螺栓连接隅撑，故开孔 ϕ13.5，在钢梁 L1 上隅撑连接板共 6 块。

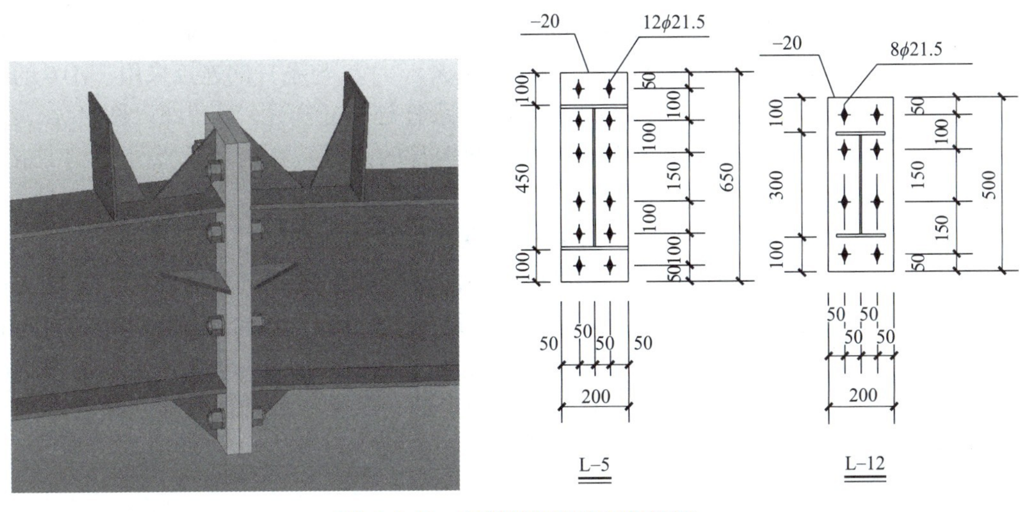

图 2.4.11 钢梁梁间节点细化详图

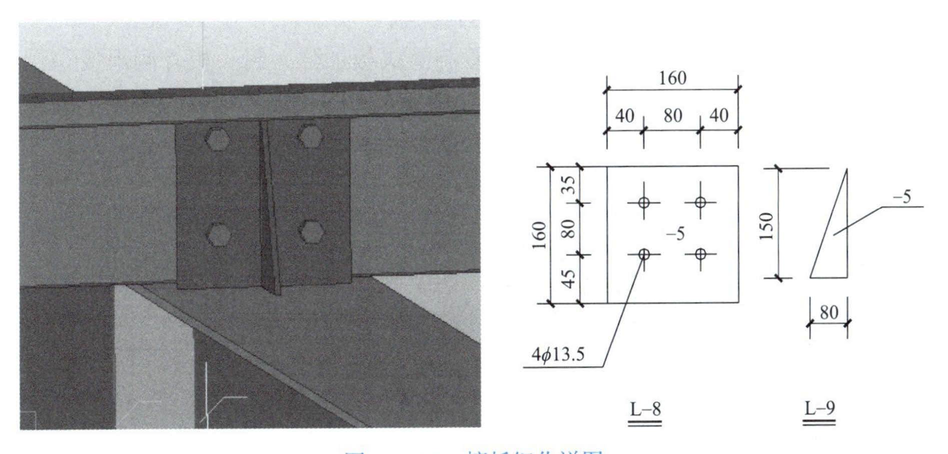

图 2.4.12 檩托细化详图

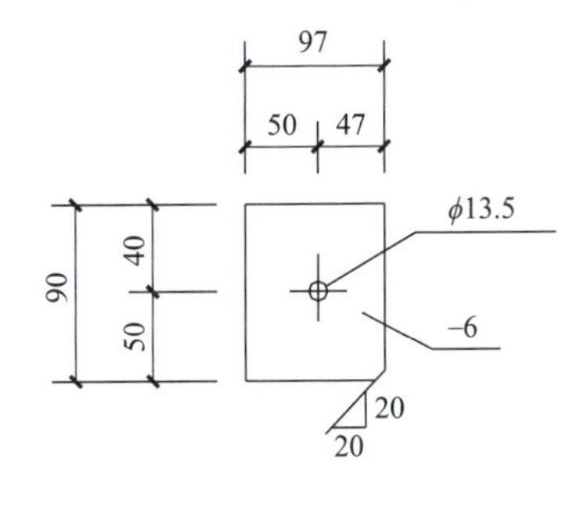

图 2.4.13 隅撑连接板细化详图

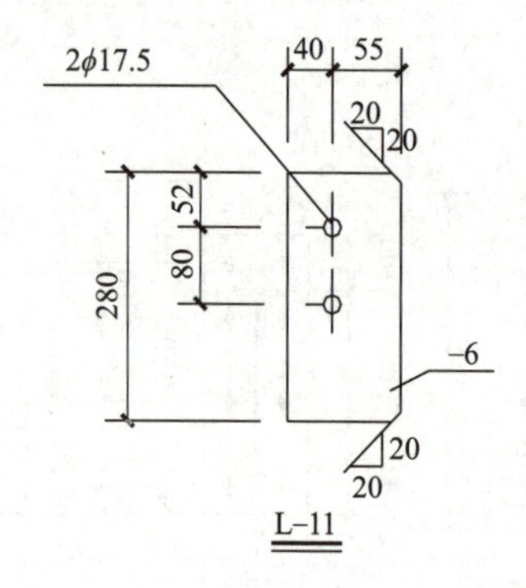

图 2.4.14 系杆连接板细化详图

本工程系杆在屋脊处通长设置，其他在有屋面水平支撑的位置也要设置。在有系杆的位置要设置系杆连接板 L-11(－95×6×280)，与系杆的连接采用 2M16 的高强度螺栓，故在系杆连接上开孔 2ϕ17.5（图 2.4.14），同时应考虑钢梁本身的焊缝，在内部角点处切割 20mm 的余地。

2.4.3.2 A 厂房次构件细化

钢结构次构件是相对于主要受力构件（如梁柱）而言的，它们在钢结构中起到了辅助、连接或增强的作用。虽然次构件不直接承受主要的结构荷载，但它们对于确保整体结构的稳定性、完整性和功能性至关重要，细节处理必须注意。

视频

A厂房次构件施工详图细化

1. 系杆细化详图

本工程系杆在屋脊处通长设置，在其他有屋面水平支撑的位置也要设置。采用 ϕ89×2.5 的焊接钢管（图 2.4.15）。两端焊接②号详图中的－139×6×139 的封头板，端部采用①号详图中－139×6×120 的等腰梯形加劲板将钢管与封头板加强。封头板外侧焊接③号详图中－95×6×140 的连接板，用 2M16 的高强度螺栓与钢梁上的系杆连接板进行连接。ϕ89×2.5 系杆长度为 6000－6－100×2－6×2＝5782mm。

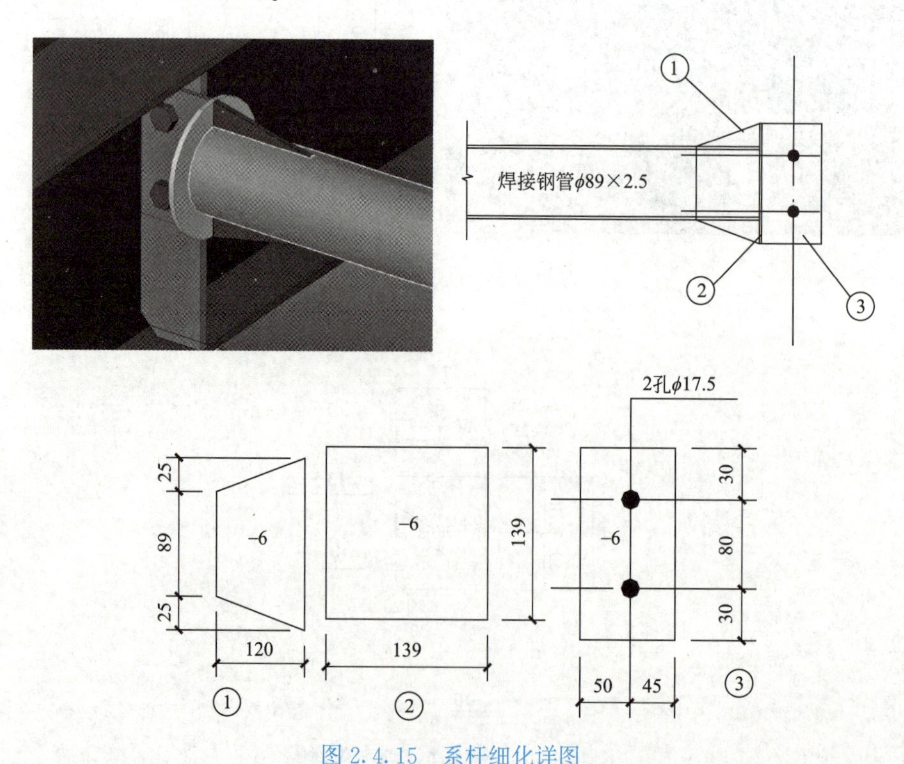

图 2.4.15 系杆细化详图

2. 隅撑细化详图

本工程隅撑采用单角钢L 50×4 制作，按照轴心受压构件设计。隅撑一端用 M12 的普通螺栓与钢梁上檩条连接，一端用 M12 的普通螺栓与钢梁底部的隅撑连接板连接，形成稳定的三角，确保钢梁的平面外稳定。隅撑角钢L 50×4 长度用勾股定理计算，两直边长分别为 400mm 以及相应位置的梁高 $h+(5+80-50)$mm，隅撑的截面中心线上在距离两端 30mm 的位置用 M12 的普通螺栓连接檩条或隅撑连接板，故开孔 ϕ13.5（图 2.4.16）。

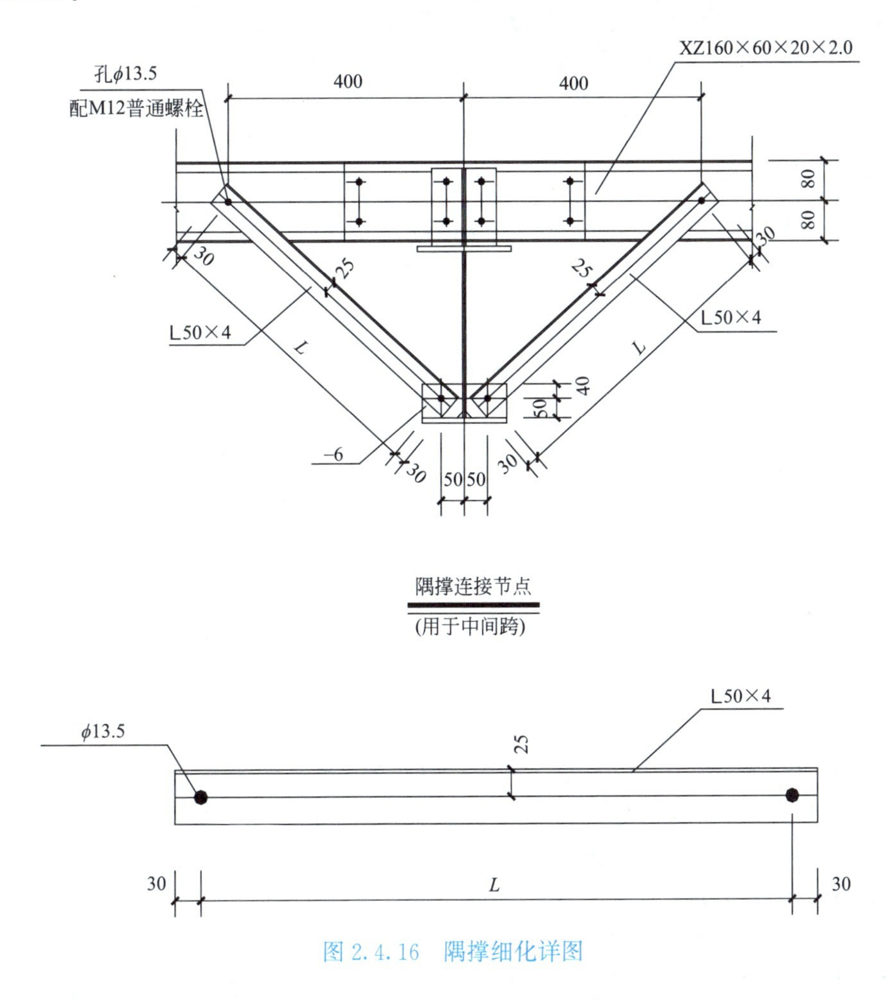

图 2.4.16 隅撑细化详图

3. 屋面檩条细化详图

屋面檩条材质为 Q235A 结构钢，规格选用 Z 形冷弯薄壁型钢 XZ160×60×20×2，搭接长度 600mm，说明檩条伸到钢梁中心线位置后还要继续延伸 300mm，使节点处两根檩条的搭接达到 600mm。檩条总长为 6000+300×2=6600mm，Z 形檩条与钢梁上的檩托采用 4ϕ12 的普通螺栓进行连接，故在刚架中心位置，檩条需开孔 4ϕ13.5，两根搭接檩条之间的端部位置也采用 2ϕ12 的普通螺栓进行固定，檩条端部要开 2ϕ13.5 的孔。同时在柱距约三等分的位置预留拉条连接孔 2ϕ13.5，不同位置的檩条大致开孔一样，但拉条孔要错开 80mm（图 2.4.17）。

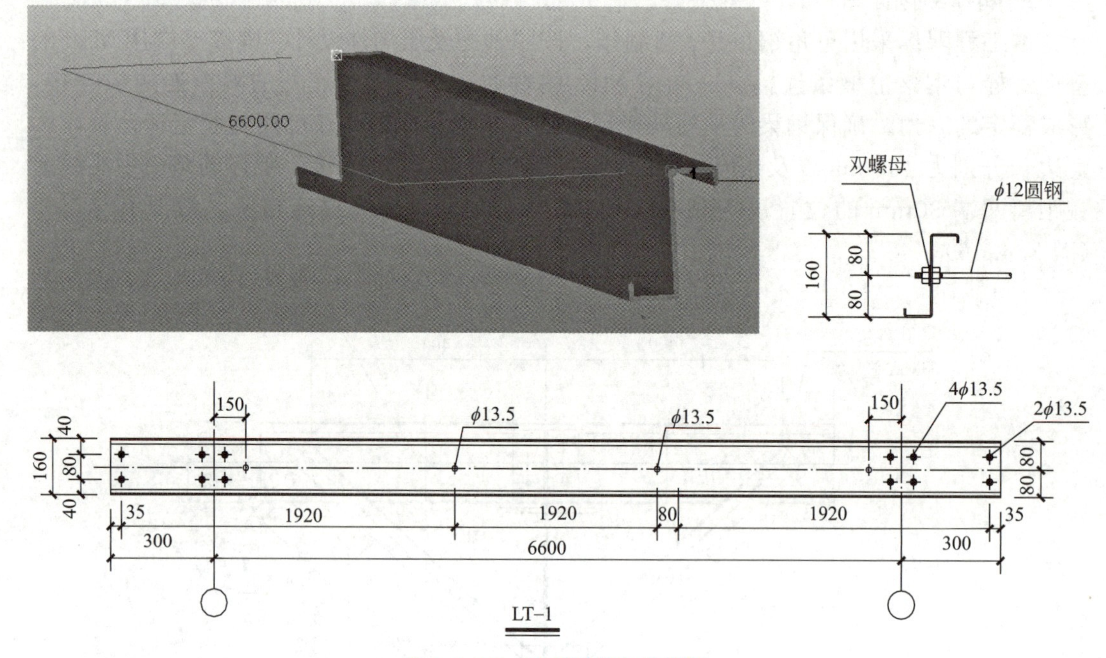

图 2.4.17 屋面檩条细化详图

4. 屋面拉条细化详图

本工程屋面直拉条和斜拉条采用 $\phi12$ 圆钢，拉条套管采用 $\phi32\times2$ 的焊管。屋面拉条与檩条之间用普通螺栓连接，在屋面檩条上面预留孔洞拉条穿过檩条，再用螺栓拧紧。工程中屋面檩距为 1500mm，故直拉条 $\phi12$ 圆钢的长度为 $1500+40\times2=1580$mm，端部带螺纹的 80mm，用螺栓连接檩条，其中檩条在 40mm 处，两侧均用螺栓将拉条固定（图 2.4.18）。

屋脊与檐口的位置直拉条要装套管 $\phi32\times2$ 的焊管，其长度为檩距 1500mm，正好将檩条顶住。还要设置斜拉条 $\phi12$ 圆钢，端部带螺纹的 80mm 为直线，用螺栓连接檩条；中间部分的圆钢为斜线，用勾股定理计算长度，其直边长分别为 $1500-80=1420$mm，以及大约柱距的三等分值，具体见图纸。

5. 墙面墙梁细化详图

墙面墙梁材质为 Q235A 结构钢，规格选用 C 形冷弯薄壁型钢 C160×60×20×2。C 形墙梁与钢柱上的墙托采用 $2\phi12$ 的普通螺栓进行连接，两墙梁之间在刚架中心处留 5mm。做法与屋面檩条类似。墙梁总长为 $6000-5\times2=5990$mm，C 形墙梁与钢柱上的墙托采用 $2\phi12$ 的普通螺栓进行连接，故在刚架中心位置，墙梁需开孔 $2\phi13.5$。同时在柱距约三等分的位置预留拉条连接孔 $2\phi13.5$，不同位置的墙梁大致开孔一样，但拉条孔要错开 80mm（图 2.4.19）。

6. 墙面拉条细化详图

本工程墙面直拉条和斜拉条采用 $\phi12$ 圆钢，拉条套管采用 $\phi32\times2$ 的焊管。墙面拉条的作用是减少竖向方向的挠度，拉条的设置原则：檩条跨度在 4m 以下不需要设置；4～6m 之间需设置一道拉条；6m 以上要设置两道拉条。屋脊和檐口的位置由于受力要求，需

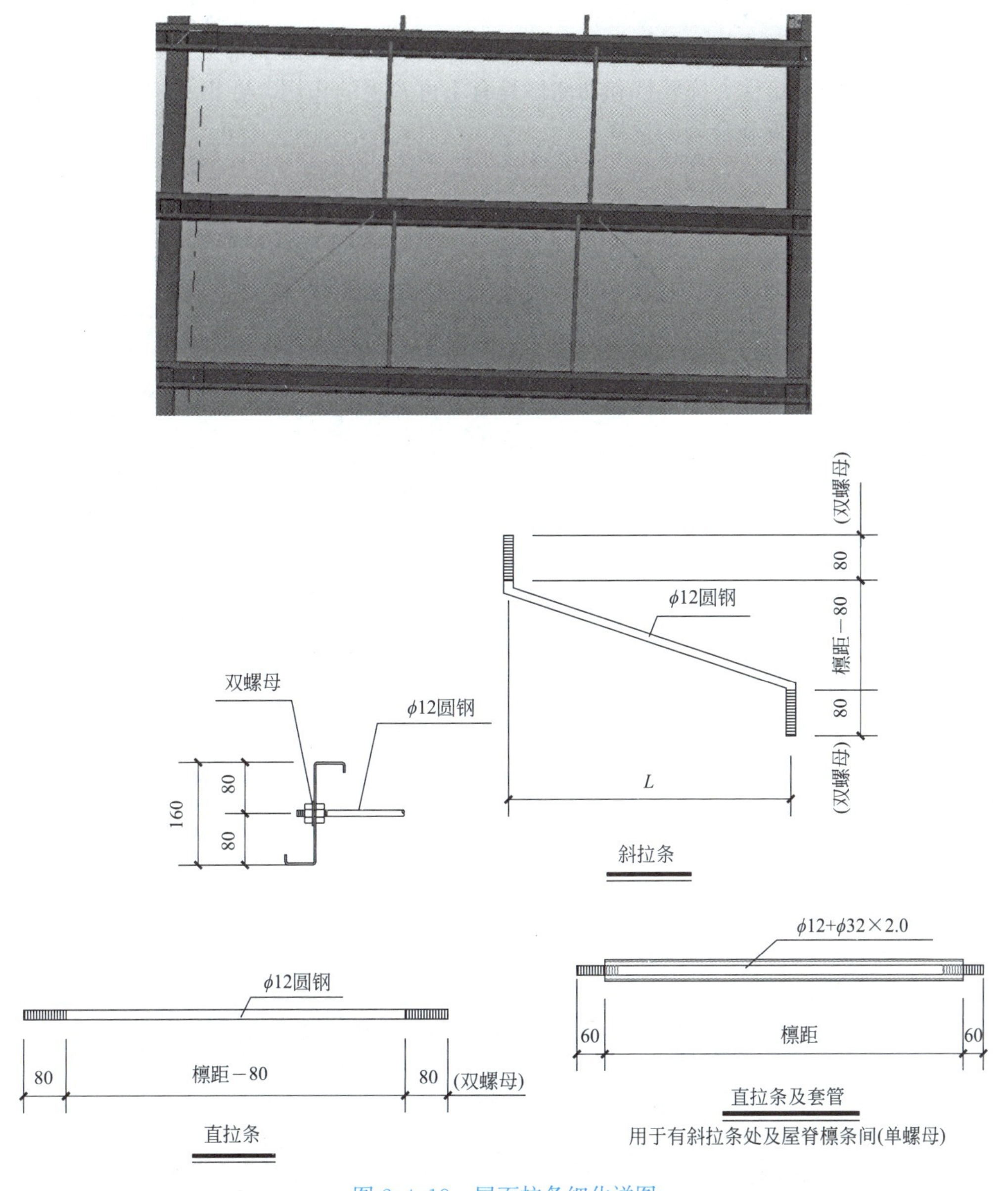

图 2.4.18 屋面拉条细化详图

要设置斜拉条，同时直拉条外要装套管。墙面拉条的计算与屋面拉条一致，这里不再详细讲解。

7. 屋面水平支撑细化详图

屋面水平支撑采用 ϕ25 的圆钢，端部做成 ϕ20 的螺纹与钢梁的腹板连接，在腹板上开 ϕ 22×50 的椭圆孔，支撑穿过腹板椭圆孔后用垫块将圆钢支撑拉紧，后用垫片、螺母固定。支撑的撑杆与梁腹板的夹角通常控制在 45°～60°之间。水平支撑 ϕ25 的圆钢的长度用勾股定理计算，其直边长分别为柱距 6m 以及山墙面边柱与抗风柱之间的距离（图 2.4.20）。

在钢结构的设计和施工中，次构件的选择和布置应根据整体结构的受力情况。使用功能和施工条件进行综合考虑。合理的次构件布置不仅可以提高结构的整体性能，还可以简化施工流程，降低工程造价。钢结构次构件虽然在结构受力方面不是主要的承担者，但对于确保整体结构的稳定性、完整性和功能性具有不可忽视的作用。在钢结构的设计和施工中，应给予足够的重视和合理的选择。

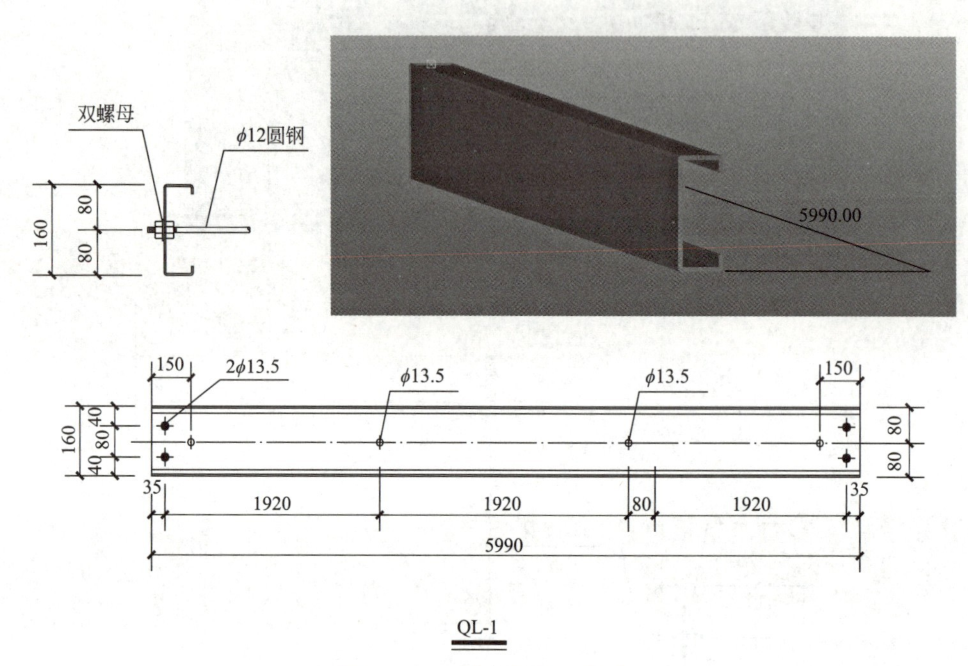

图 2.4.19 墙面墙梁细化详图

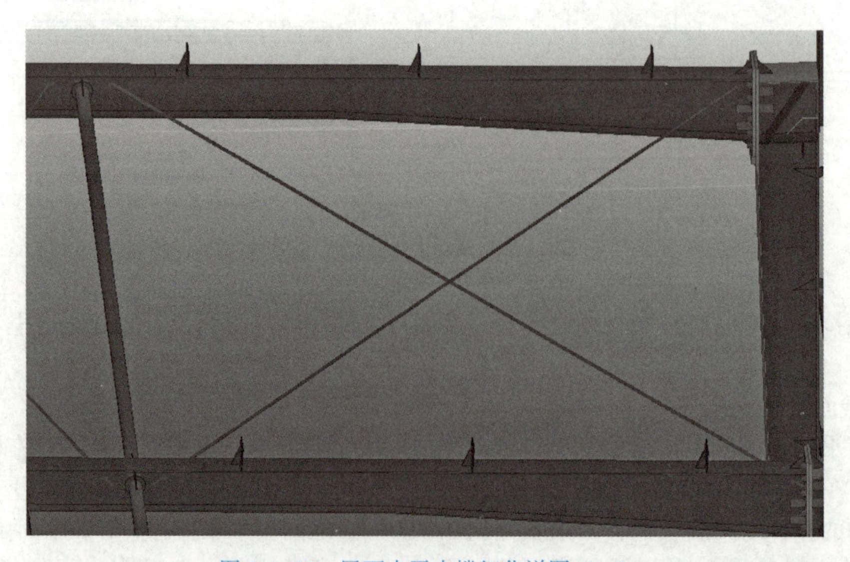

图 2.4.20 屋面水平支撑细化详图（一）

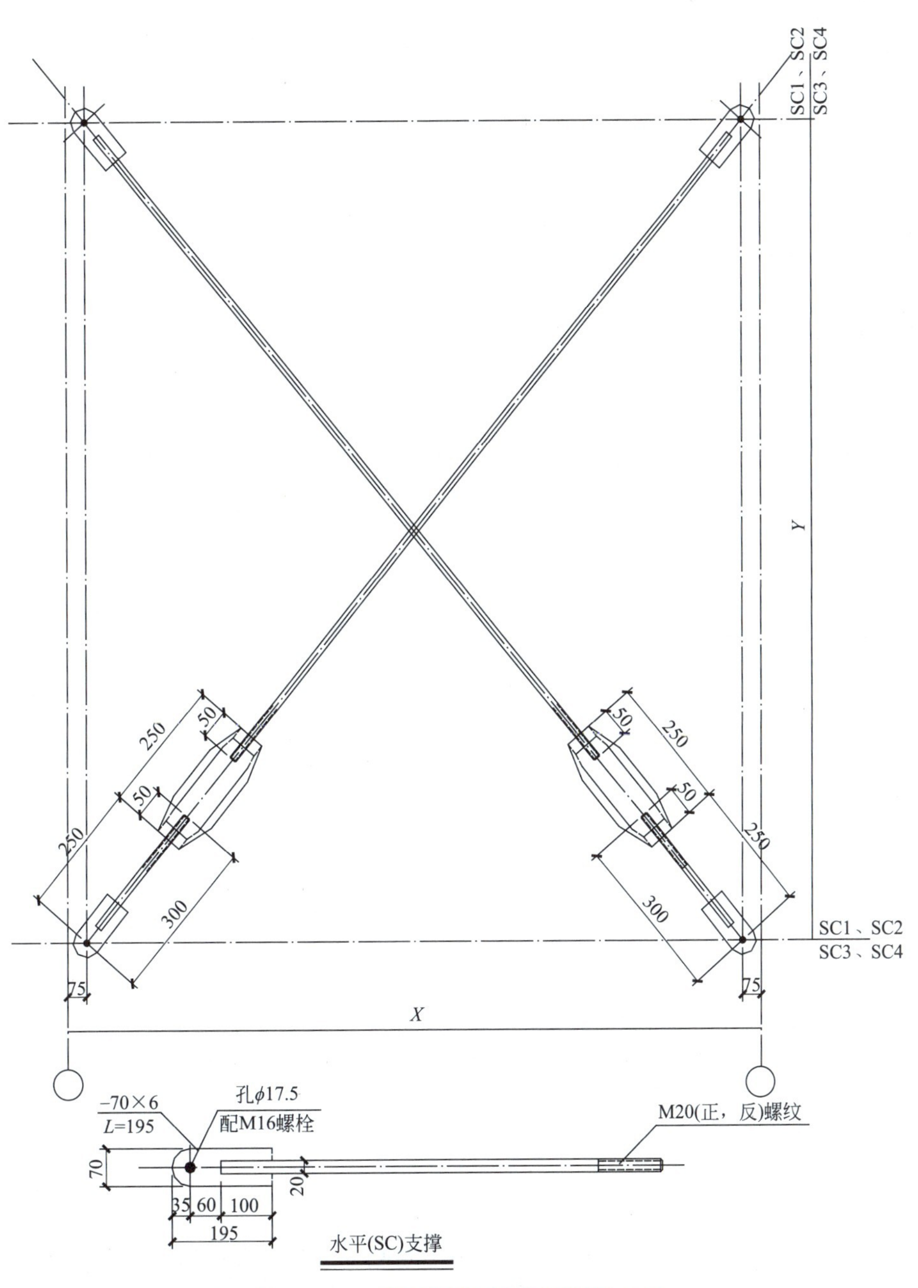

图 2.4.20 屋面水平支撑细化详图（二）

任务测试

一、单选题

1. 在 A 厂房 GS-05 的 GJ-01 详图中，钢柱的翼缘板宽度为（　　）。

A. 150mm　　B. 200mm　　C. 400mm　　D. 220mm

2. 在 A 厂房 GS-05 的 GJ-01 详图中，钢梁的腹板厚度为（　　）。

A. 5mm　　B. 6mm　　C. 8mm　　D. 10mm

3. 在A厂房GS-07的②号节点详图中，柱脚柱底板上需要开孔数为（　　）。

A. 5　　B. 3　　C. 6　　D. 4

4. 在A厂房GS-07的①号节点详图中，梁柱连接板处三角形的加劲板共有（　　）块。

A. 13　　B. 12　　C. 14　　D. 15

5. 在A厂房GS-07的⑤号节点详图中，抗风柱顶板开孔（　　）。

A. 4ϕ21.5　　B. 4ϕ17.5　　C. 2ϕ21.5　　D. 2ϕ21.5

二、多选题

1. 在A厂房GS-07的①号节点详图中，关于钢柱梁间的节点采用的连接，以下描述正确的是（　　）。

A. 采用12M20的高强度螺栓　　B. 采用8M20的高强度螺栓

C. 连接板开孔12ϕ21.5　　D. 连接板开孔8ϕ21

E. 采用12M21.5的高强度螺栓

2. 在A厂房GS-07的④号节点详图中，关于柱脚的锚接，以下描述正确的是（　　）。

A. 柱底板开孔4ϕ36　　B. 柱底板厚度20mm

C. 锚栓4M24　　D. 垫块开孔ϕ26

E. 垫块开孔ϕ36

3. 在A厂房GS-07的③号节点详图中，对于屋脊处钢梁间的节点采用的连接，以下描述正确的是（　　）。

A. 2M16　　B. 8M20　　C. 连接板开孔8ϕ21.5

D. 连接板开孔2ϕ17.5　　E. 10M20

任务训练

1. 简单概述一下无檩屋盖结构体系和有檩屋盖结构体系的优缺点。

2. 请阐述轻型门式刚架结构横向承重结构与纵向框架结构的组成及如何传递荷载。

3. 请阐述钢结构施工图识图的步骤，以及门式刚架传统细化详图的思路。

项目小结

本项目主要由单层厂房钢屋盖结构、轻型门式刚架结构、A厂房施工图识图、钢结构施工详图设计四大任务模块组成。在单层厂房钢屋盖结构模块，主要了解屋盖结构体系的分类与组成，熟悉屋盖结构中各类构件的构造要求与设置要求，掌握屋盖结构中支撑体系的作用与布置原则、整体稳定等。在轻型门式刚架结构模块，主要了解轻型门式刚架结构的组成与特点，熟悉门式刚架结构中各类结构形式的布置要求，掌握刚架的节点设计、构造要求，掌握门式刚架中支撑体系的各种类及形式、布置要求等。在A厂房施工图识图模块，主要是了解A厂房的建筑布局及结构组成情况，熟悉A厂房钢结构施工图刚架结构及节点连接情况，熟悉支撑围护体系的做法，掌握钢结构施工图识读方法，能熟练识读钢结构施工图。在钢结构施工详图设计模块，主要了解钢结构细化详图的组成内容，熟悉细化详图设计的编制方法，通过对A厂房的细化详图绘制掌握钢结构细化详图的内容、步骤及方法，为后期的钢结构 BIM 建模与用模打下基础。

项目评价

请扫描右侧二维码进行在线测试。

项目拓展

一、B 厂房钢结构施工图的识图

1. B 厂房建筑施工图识图

识读 B 厂房平面布置图、柱位布置图，了解项目的跨度、柱距，钢柱与平面轴线之间的关系；识读立面图、剖面图，熟悉侧面门窗布置情况、项目标高信息、刚架布置情况。

2. B 厂房结构施工图识图

识读布置图，了解构件的布置位置；识读刚架详图，掌握刚架中梁柱的截面、材料信息，节点的连接方式；识读节点连接图，掌握主构件之间的连接方式、支撑构件与主构件间的连接、次构件之间的连接。

二、B 厂房细化详图的绘制

1. B 厂房梁柱构件的布置图

对 B 厂房整个项目的钢柱及钢梁进行分类编号（完全相同为一类编号），绘制钢柱、钢梁平面布置图。

2. B 厂房钢柱细化详图的绘制

①选其中某一编号的钢柱，绘制钢柱详图，在详图中对组成的钢板零件进行编号（完全相同为一类编号）。②对编号的钢板绘制详图。③制作钢柱材料表。

3. B 厂房钢梁细化详图的绘制

①选其中某一编号的钢梁，绘制钢梁详图，在详图中对组成的钢板零件进行编号（完全相同为一类编号）。②对编号的钢板绘制详图。③制作钢梁材料表。

4. B 厂房支撑构件细化详图的绘制

结合钢结构施工图细化屋面水平支撑、柱间支撑、隅撑、系杆等支撑构件。

5. B 厂房围护构件细化详图的绘制

结合钢结构施工图细化檩条、墙梁、拉条等围护构件。

项目 3　Tekla Structures 软件基础操作

学习目标

1. 知识目标

了解 Tekla Structures 软件的菜单栏、工具栏、对话框，选择开关和捕捉设置等特殊的工具栏以及位于窗口底部的状态栏等屏幕组件；熟悉标准、编辑、视图、转换、捕捉设定、钢部件等工具栏以及软件常用快捷键；熟悉标高、轴网、视图的建模前期操作。

2. 技能目标

能正确完成 Tekla Structures 软件的安装；能够新建模型以及打开已有模型，并根据个人喜好进行系统背景颜色的更改；能熟练创建工程项目的标高、轴网、视图平面。

3. 素质目标

养成认真负责、精益求精的工作态度；养成良好的组织协调、团结协作意识；追求创新，学无止境。

标准规范

(1)《热轧 H 型钢和剖分 T 型钢》GB/T 11263—2017

(2)《钢结构设计标准》GB 50017—2017

(3)《门式刚架轻型房屋钢结构技术规范》GB 51022—2015

(4)《冷弯薄壁型钢结构技术规范》GB 50018—2002

项目导引

本教材所用的软件为 Tekla Structures，Tekla Structures 是 Tekla 公司出品的一款钢结构详图设计软件，它能够在材料或结构十分复杂的情况下，实现准确细致、极易施工的三维模型建模和管理。

本项目学习任务详见图 3.0.1。

项目3　Tekla Structures软件基础操作
- 任务3.1　软件操作指南
  - 3.1.1　软件简介
  - 3.1.2　屏幕组件
  - 3.1.3　常用命令的介绍
- 任务3.2　轴网与视图的创建
  - 3.2.1　轴网的创建
  - 3.2.2　视图的创建

图 3.0.1　项目 3 Tekla Structures 软件基础操作学习任务

任务 3.1 软件操作指南

任务引入

本门课程所选用的钢结构详图设计软件为芬兰 Tekla 公司开发的 Tekla Structures，该软件可创建钢结构三维模型，并施加各种荷载，生成钢结构详图和各种报表。

为了顺利地建立钢结构厂房三维模型，在正式建模前需要了解软件的屏幕组件，比如位于屏幕右上角一行的菜单栏，菜单栏下方的工具栏，设置信息的对话框，选择开关和捕捉设置等特殊的工具栏以及位于窗口底部的状态栏等。为了更快捷准确地完成建模，需要对软件常用的重点命令进行了解学习。本任务将学习标准、编辑、视图、转换、捕捉设定、钢部件等工具栏以及软件常用快捷键。

通过本任务学习，了解 Tekla Structures 安装、新建模型、打开模型以及如何改变背景颜色、菜单及命令的熟练操作。

本节任务的学习内容详见表 3.1.0。

软件操作指南学习任务　　表 3.1.0

任务	技能	知识	拓展
3.1 软件操作指南	3.1.1　软件简介	3.1.1.1　Tekla Structures 软件介绍 3.1.1.2　Tekla Structures 安装 3.1.1.3　用户界面	
	3.1.2　屏幕组件	3.1.2.1　菜单栏 3.1.2.2　快捷菜单 3.1.2.3　工具栏 3.1.2.4　对话框 3.1.2.5　开关 3.1.2.6　状态栏	
	3.1.3　常用命令的介绍	3.1.3.1　标准工具栏 3.1.3.2　中断——撤销工具栏 3.1.3.3　编辑工具栏 3.1.3.4　视图工具栏 3.1.3.5　转换工具栏 3.1.3.6　捕捉设定工具栏 3.1.3.7　点工具栏 3.1.3.8　钢部件工具栏 3.1.3.9　细部工具栏 3.1.3.10　工具工具栏 3.1.3.11　软件常用快捷键简介	

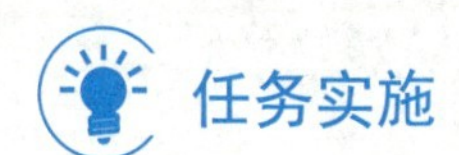

视频

软件简介、用户界面

3.1.1 软件简介

3.1.1.1 Tekla Structures 软件介绍

Tekla Structures（别名 Xsteel），是芬兰 Tekla 公司开发的钢结构详图设计软件，该软件可创建钢结构三维模型，并且依据钢结构的三维模型，自动生成钢结构详图和各种报表。由于图纸与报表均以模型为准，而在三维模型建模过程中，操纵者可以很容易地发现构件之间连接有无错误，所以它可以保证钢结构详图深化设计中构件之间连接的正确性。同时 Tekla Structures 自动生成的各种报表和接口文件，可以服务（或在设备中直接使用）于整个工程。在钢结构领域，Tekla Structures 在处理模型的创建及数据、报表的生成与运用方面始终处于领先的地位。

Tekla Structures 软件支持的语言如图 3.1.1 所示。

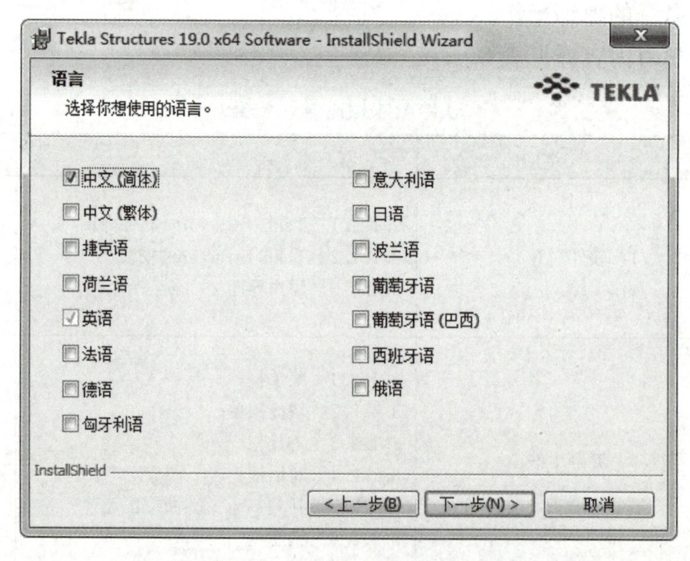

图 3.1.1 Tekla Structures 软件支持的语言

该软件支持 CXL、DWG、DXF、DGN、MIS、HMS、FEM、TBP、SKP 等文件格式。

3.1.1.2 Tekla Structures 安装

首先找到 Tekla Structures 安装主程序，双击进行安装，然后点击“确定”；按照程序提示选择“下一步”；点击选择“我接受该许可证协议中的条款”，然后点击“下一步”；选择安装软件文件夹以及建模位置文件夹，点击“下一步”；选择想使用的语言“中文简体”，点击“下一步”；选择“安装”，完成安装。

3.1.1.3 用户界面

Tekla Structures 软件版本不同，界面也不同。下面我们以 Tekla Structures 19.0 版本

为例，介绍用户界面。打开 Tekla Structures 19.0，进入软件启动界面，如图 3.1.2 所示。

图 3.1.2 软件启动界面

几秒钟之后，软件启动成功，跳转至软件登录界面，如图 3.1.3 所示。在软件登录界面中，用户需根据自己的需求设置“环境”与“配置”。在“环境”这一选项选择“China”，“配置”我们选择“钢结构深化”。点击“确认”进入软件操作界面，如图 3.1.4 所示。单击图 3.1.4 中“新模型”可进行新模型的创建，如图 3.1.5 所示，选择保存路径，修改模型名称。单击图 3.1.4 中“打开模型”可以打开已存在的模型，如图 3.1.6、图 3.1.7 所示。

图 3.1.3 软件登录界面

系统背景颜色默认为蓝色渐变色，也可自行修改。点击菜单“工具”→“选项”→“高级选项”，出现如图 3.1.8 所示对话框。通过改变数值，达到改变颜色的目的。红色框内四个参数分别代表模型视图左上角、右上角、左下角和右下角的背景色。使用 RGB（红绿蓝）值（从 0 到 1）定义颜色。使用 0.0 0.0 0.0 定义黑色背景，而 1.0 1.0 1.0 定义白

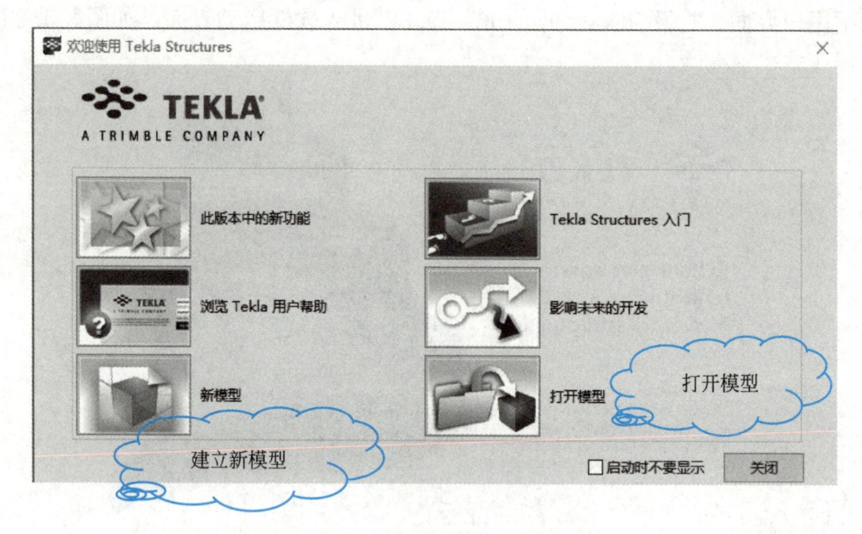

图 3.1.4 软件操作界面

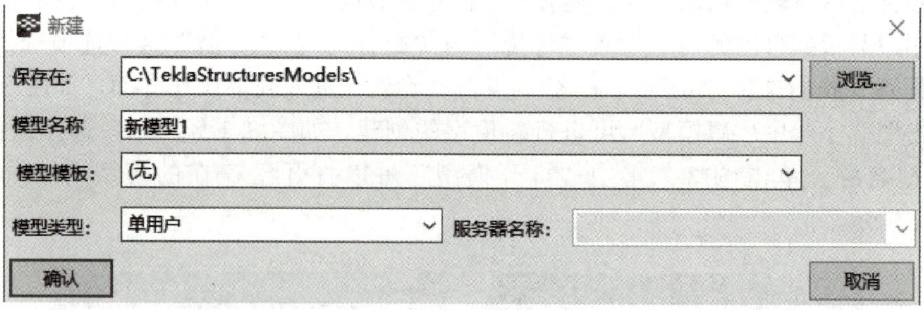

图 3.1.5 新建模型对话框

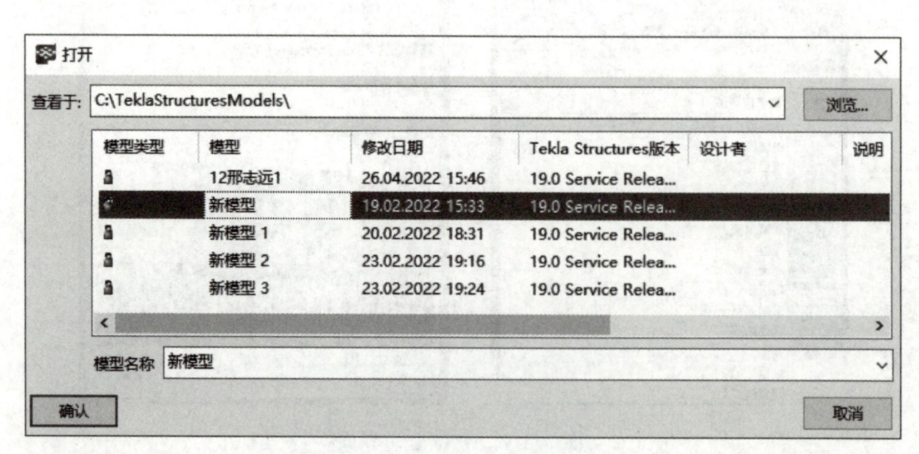

图 3.1.6 打开已有的模型文件

色背景。对于单色背景，将四个角的颜色值设置为相同的。重新打开视图以使修改起作用。默认值：0.98 0.98 0.99。

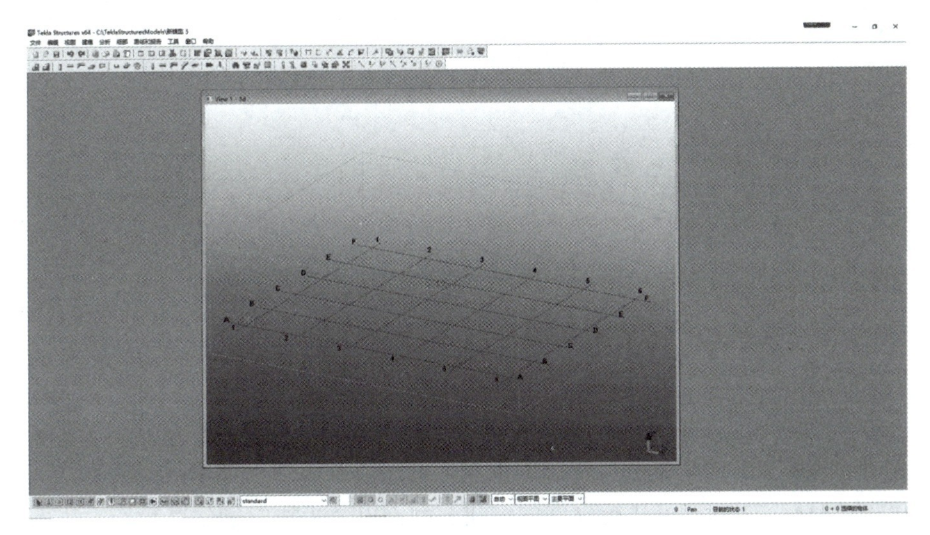

图 3.1.7　软件工作界面

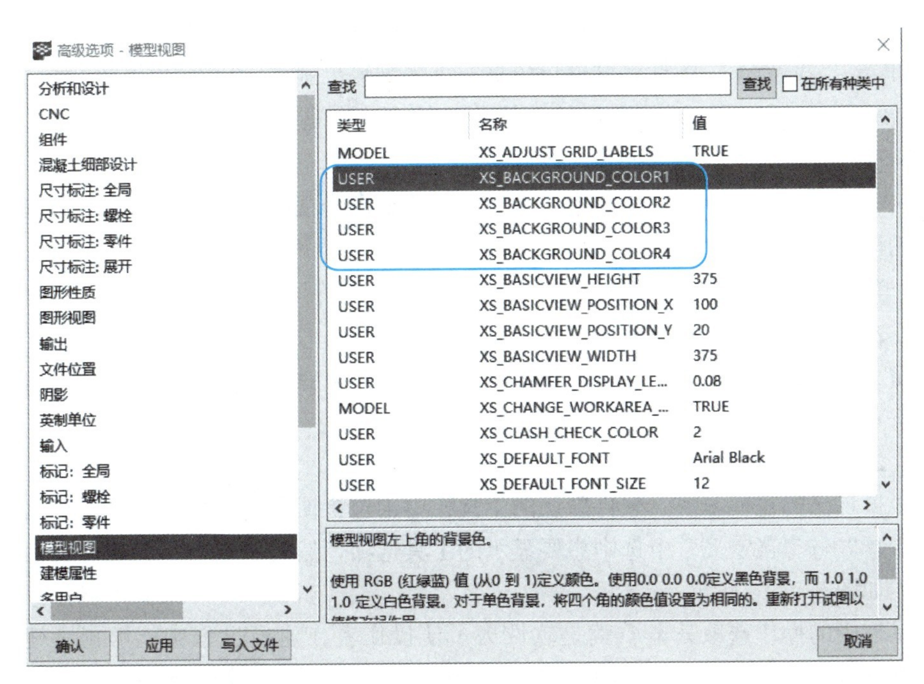

图 3.1.8　模型视图高级选项

3.1.2　屏幕组件

本节简单介绍几种重要的屏幕组件。比如：位于屏幕左上角一行的菜单栏，菜单栏下方的工具栏，设置信息的对话框，选择开关和捕捉设置等特殊的工具栏以及位于窗口底部的状态栏等都属于屏幕组件的内容。

3.1.2.1 菜单栏

图 3.1.9 给出了 Tekla Structures 软件的菜单栏与工具栏。

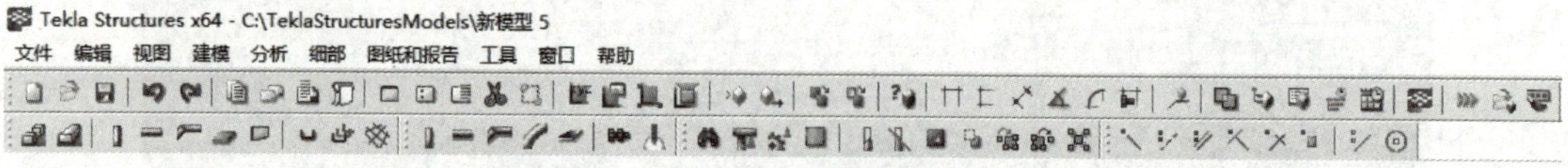

图 3.1.9 软件的菜单栏与工具栏

菜单栏主要功能如下：

1. 单击“文件”图标，可进行文件的新建、保存、修改等操作。

2. 单击“编辑”图标，可进行构件的移动、复制、删除以及撤销操作。

3. 单击“视图”图标，可进行视图的设置、调用以及工作平面的设定等操作。

4. 单击“建模”图标，可进行轴网的创建、型钢以及板块的创建等操作。

5. 单击“分析”图标，可进行构件上荷载的添加，从而对模型进行受力分析。

6. 单击“细部”图标，可在板块之间添加焊缝、螺栓以及进行板块的切割等操作。

7. 单击“图纸和报告”图标，软件可依据三维模型输出施工图以及相应的报表。

8. 单击“工具”图标，该图标的下拉菜单较多，也是软件较深层次的运用，主要包括模型碰撞检查、状态管理等操作命令。

9. 单击“窗口”图标，可进行窗口的管理，比如多个视图窗口可进行水平铺设或者垂直铺设的设置。

10. 单击“帮助”图标，可在线寻求建模过程中问题的解答。

3.1.2.2 快捷菜单

快捷菜单又称右键菜单，在编辑器编辑区或选中对象时都可以单击鼠标右键弹出。它根据预选对象确定菜单内容。

3.1.2.3 工具栏

若根据自己的建模习惯，软件默认的工具栏中未包含惯用的操作选项，操作者可在菜单栏“工具”→“自定义”中选中想要显示的工具选项，然后勾选“可见的”即可在界面中显示，如图 3.1.10 所示。

工具栏中的操作选项其本质就是软件为了使操作者在建模过程中能够提高建模的速度，而把部分菜单栏中的操作选项单独“拎”出来，便于操作者快速使用。部分常用工具栏图标含义如表 3.1.1 所示。

部分常用工具栏图标含义　　表 3.1.1

图标	含义	图标	含义
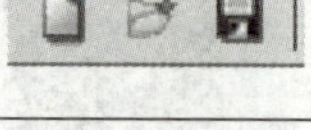	模型的新建与保存	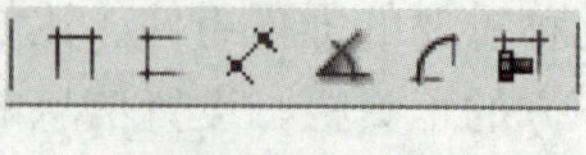	距离、角度量测
	撤销操作	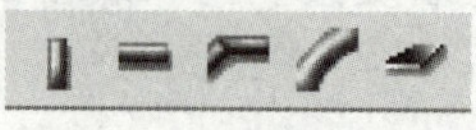	梁、柱、板的创建

续表

图标	含义	图标	含义
	创建图纸、输出报告		安装焊缝、螺栓
	创建视图		零件切割与炸开
	工作平面的设置		辅助点的创建
	构件的复制与移动		辅助线、圆的创建

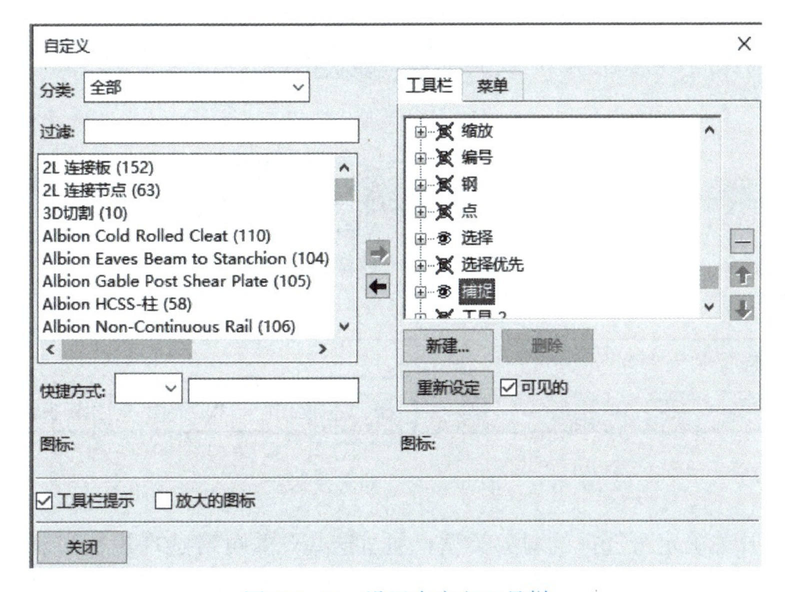

图 3.1.10 设置自定义工具栏

3.1.2.4 对话框

您可以在 Tekla Structures 中使用对话框输入并查看信息。

如果所选命令的名称后有三个点（例如：“属性…”），单击该命令 Tekla Structures 将显示相应对话框；双击某个对象或图标也将显示相应对话框；选中模型中任一对象，右击出现快捷菜单栏，单击快捷菜单命令也可以出现相应的对话框。

要显示单个对象的属性对话框，双击该对象即可显示。

图 3.1.11 为梁的属性对话框，并且列出了对话框中的部分组件。

3.1.2.5 开关

选择开关（图 3.1.12）和捕捉开关（图 3.1.13）是特殊的工具栏，其中包含控制对象选择和栅格点捕捉的开关。

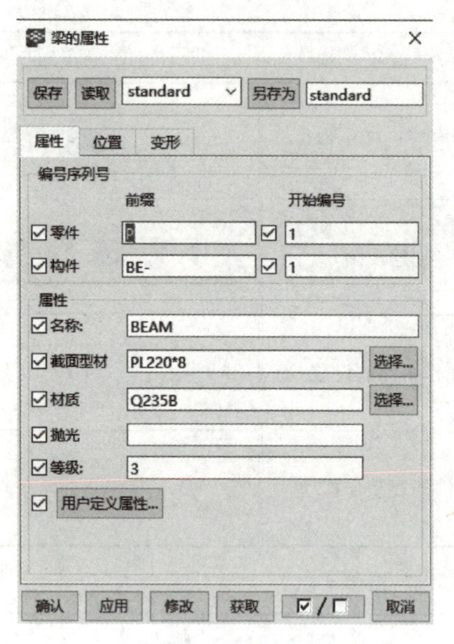

图 3.1.11 梁的属性

图 3.1.12 选择开关

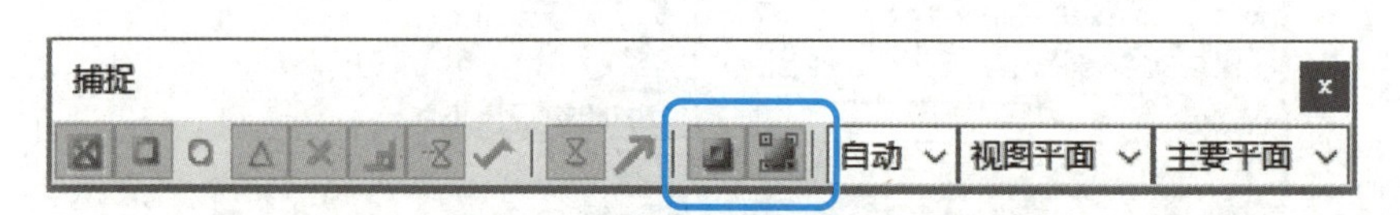

图 3.1.13 捕捉开关

使用选择开关确定可选择的对象类型，通过这些开关可对选择进行限制。例如，如果只有“选择螺栓”命令开关处于激活状态，那么即使您选择了整个模型区域，Tekla Structures 也只会选择模型中的螺栓。

图 3.1.12 圈起来的两对开关可控制是否能选择组件和组件创建的对象，或者构件和构件中的对象。这两个开关的优先级别最高。如果这两个开关均关闭，就算其他所有的开关都打开，您也无法选择任何对象。

要选取不同的位置和点（例如，线的端点和交点），您需要激活捕捉开关（图 3.1.13）。

图 3.1.13 圈起来的两个开关可控制是否能选取对象中的参考点或任何其他点，如部件顶角。必须激活这两个开关中的一个或全部，其他开关才会起作用，它们的优先级别最高。

3.1.2.6 状态栏

状态栏位于 Tekla Structures 窗口底部，显示提示和消息，如图 3.1.14 所示。

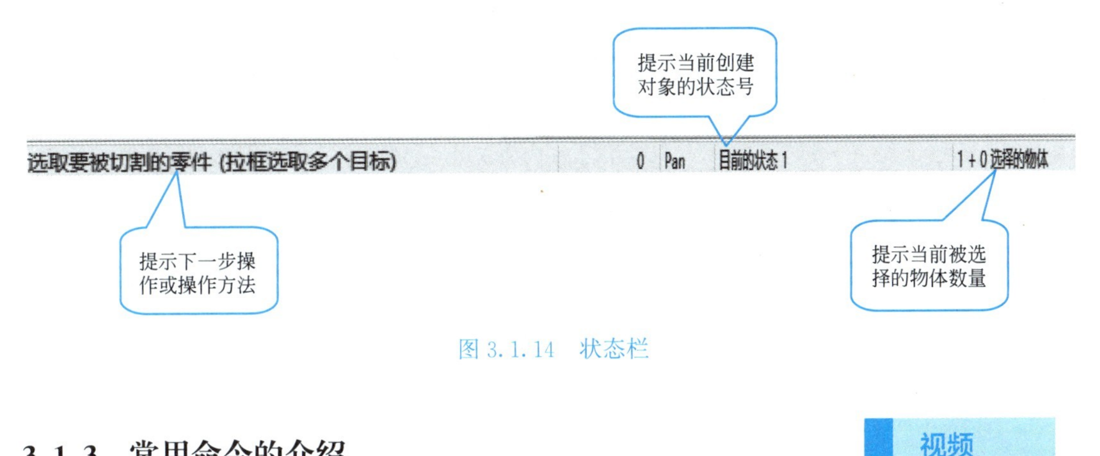

图 3.1.14 状态栏

3.1.3 常用命令的介绍

视频

常用命令的介绍

3.1.3.1 标准工具栏

标准工具栏如图 3.1.15 所示。

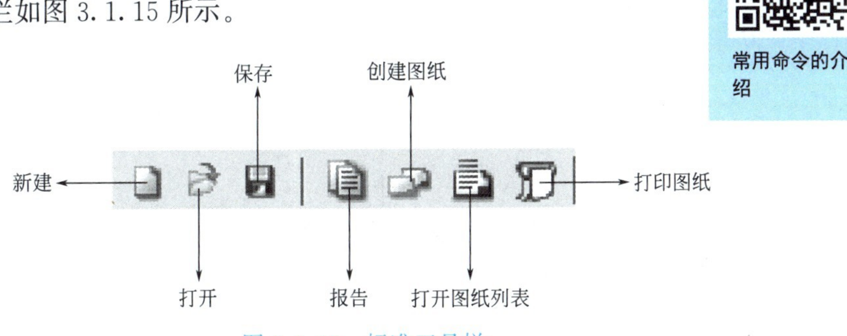

图 3.1.15 标准工具栏

（1）新建（Ctrl+N）：新建模型命令。创建新的模型时，将关闭当前打开的模型。可以根据需要保存当前打开的模型。

（2）打开（Ctrl+O）：打开另一个模型。打开另一个模型时，将关闭当前打开的模型。可以根据需要保存当前打开的模型。

（3）保存（Ctrl+S）：保存模型。

（4）报告（Ctrl+B）：创建、显示并打印模型中的报告。您可以使用模版编辑器创建报告模版。

（5）创建图纸：主图纸目录将所有创建图纸的命令集中在一个位置。主图纸是一张 Tekla Structures 图纸或一组图纸属性，用于创建与主图纸外观相同的新图纸。

（6）打开图纸列表（Ctrl+L）：打开图纸列表。可以使用图纸列表管理当前模型中创建的所有图纸。

（7）打印图纸（Shift+P）：打印一张或多张图纸。此命令将打开图纸列表和打印图纸对话框，从图纸列表中选择要打印的图纸。

3.1.3.2 中断——撤销工具栏

中断——撤销工具栏如图 3.1.16 所示。

（1）撤销（Ctrl+Z）：撤销上一次的操作。

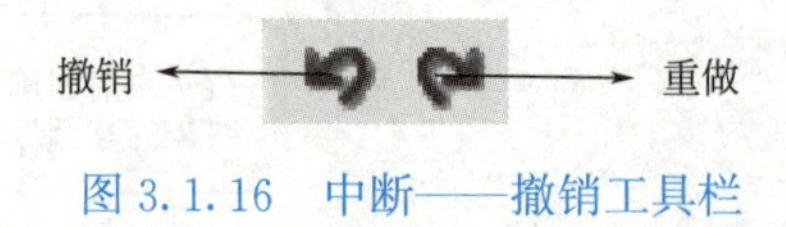

图 3.1.16　中断——撤销工具栏

（2）重做（Ctrl+Y）：重做以前撤销的操作。

3.1.3.3　编辑工具栏

编辑工具栏如图 3.1.17 所示。

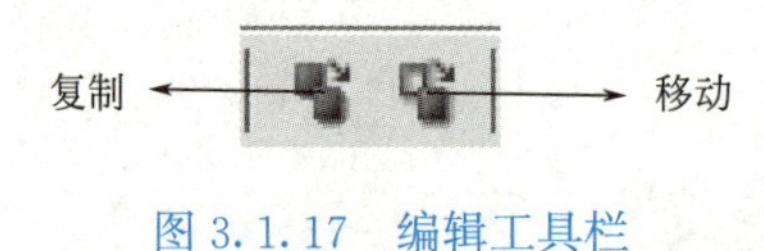

图 3.1.17　编辑工具栏

（1）复制（Ctrl+C）：通过选取原点和目标点复制所选对象。

（2）移动（Ctrl+M）：通过选取原点和目标点移动所选对象。

3.1.3.4　视图工具栏

视图工具栏如图 3.1.18 所示。

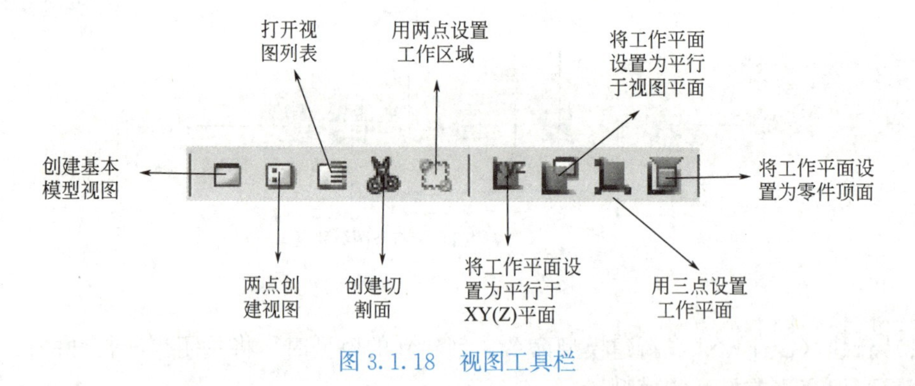

图 3.1.18　视图工具栏

（1）创建基本模型视图：沿两个坐标轴创建一个基本视图。在基本建模和总览模型时使用视图。在创建基本模型视图对话框中设置视图的平面和标高（距全局原点的距离）。可以在视图属性中设置更多属性。

（2）两点创建视图：使用选取的两个点（原点和一个水平方向上的点）创建视图。

（3）打开视图列表（Ctrl+I）：打开可用模型视图的列表。该对话框用于打开、关闭或删除视图。

（4）创建切割面（Shift+X）：在任何渲染模型视图中最多创建 6 个切割面。使用切割面，您可以将重点放在模型中要求的细节上。可以通过拖动切割面符号移动切割面，即按住 Shift，然后拖动符号。

（5）用两点设置工作区域：根据在视图平面上选取的两个角点设置工作区域。工作区域的深度与视图深度相同。

（6）将工作平面设置为平行于 XY（Z）平面：将工作平面设置为平行于 XY、XZ 或 ZY 平面。深度坐标定义了工作平面沿平行于第三条轴的平面的垂线距全局原点的距离。

（7）将工作平面设置为平行于视图平面：将工作平面设置为与所选视图的视图平面

相同。

（8）用三点设置工作平面：使用选取的三个点（原点、一个 X 方向上的点和一个 Y 方向上的点）设置工作平面。Tekla Structures 根据右手法则确定 Z 方向。

（9）将工作平面设置为零件顶面：将工作平面设置为平行于零件的顶部平面。

3.1.3.5　转换工具栏

转换工具栏如图 3.1.19 所示。

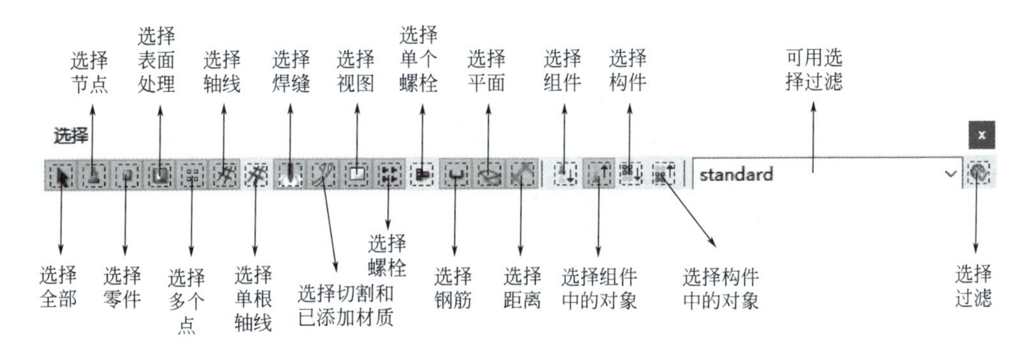

图 3.1.19　转换工具栏

（1）选择全部（F2）：打开所有选择开关。

（2）选择节点：在模型中启用对组件符号的选择。

（3）选择零件（F3）：启用对零件（例如，柱、梁或板）的选择。当按 F3 时，您会注意到选择开关工具栏中的选择零件开关处于活动状态。

（4）选择表面处理：启用对表面处理的选择。

（5）选择多个点：启用对点的选择。

（6）选择轴线：启用对轴线的选择。

（7）选择单根轴线：启用对单根轴线的选择。

（8）选择焊缝：启用对焊缝的选择。

（9）选择切割和已添加材质：启用对线、零件以及多边形的切割、接合和已添加材质的选择。

（10）选择视图：启用对模型视图的选择。

（11）选择螺栓：启用通过选择螺栓组中的一个螺栓来选择整个螺栓组的功能。

（12）选择单个螺栓：启用对单个螺栓的选择。

（13）选择钢筋：启用对钢筋和钢筋组的选择。

（14）选择平面：启用对辅助平面的选择。

（15）选择距离：启用对距离的选择。

（16）选择组件：启用组件选择。按住 Shift 的同时使用鼠标中键向上滚动来逐层高亮显示组件分层结构中较低层次上的对象。单击属于某个组件的任何对象时，Tekla Structures 将选择该组件符号并高亮显示（不选择）所有组件对象。单击进行激活或取消激活。您也可以使用此开关来选择参考模型。

（17）选择组件中的对象：启用由组件自动创建的对象的选择。按住 Shift 的同时使用鼠标中键向上滚动来逐层高亮显示组件分层结构中较高层次上的对象。单击进行激活或取消激活。您也可以使用此开关来选择参考模型对象。

（18）选择构件：启用构件选择。按住 Shift 的同时使用鼠标中键向上滚动来逐层高亮显示构件分层结构中较低层次上的对象。选择构件或浇筑体中的任何对象时，Tekla Structures 将选择同一构件或浇筑体中的全部对象。单击进行激活或取消激活。

（19）选择构件中的对象：启用对构件和浇筑体中单个对象的选择。按住 Shift 的同时使用鼠标中键向上滚动来逐层高亮显示构件分层结构中较高层次上的对象。单击进行激活或取消激活。

（20）可用选择过滤：打开可用选择过滤的列表并选择需要的过滤。

（21）选择过滤（Ctrl+G）：打开对象组，选择过滤对话框，您可以在此对话框中调整选择过滤设置并控制可以选择的对象。提示：将选择过滤与选择开关一起使用。

3.1.3.6 捕捉设定工具栏

捕捉设定工具栏如图 3.1.20 所示。

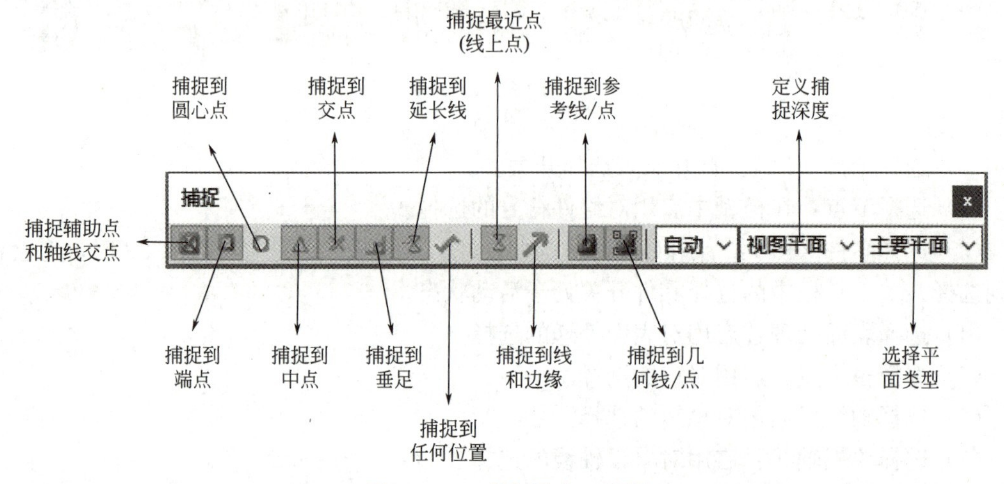

图 3.1.20 捕捉设定工具栏

（1）捕捉辅助点和轴线交点：捕捉到点和轴线交点。单击进行激活或取消激活。

（2）捕捉到端点：捕捉到线、折线段和弧的端点。单击进行激活或取消激活。

（3）捕捉到圆心点：捕捉到圆和弧的中心。单击进行激活或取消激活。

（4）捕捉到中点：捕捉到线、折线段和弧的中点。单击进行激活或取消激活。

（5）捕捉到交点：捕捉到线、折线段和弧的交点。单击进行激活或取消激活。

（6）捕捉到垂足：捕捉到对象上与另一个对象形成垂直对齐的点。单击进行激活或取消激活。

（7）捕捉到延长线：捕捉到附近对象的延长线。在激活此捕捉开关并启动需要选取位置的命令时，延长线显示为蓝色。单击进行激活或取消激活。

（8）捕捉到任何位置（F7）：捕捉到任何位置。单击进行激活或取消激活。

（9）捕捉最近点（线上点）（F6）：捕捉到对象上最近的点，例如零件边缘或直线上的任何点。单击进行激活或取消激活。

（10）捕捉到线和边缘：捕捉到轴线、参考线和现有对象的边缘。单击进行激活或取消激活。

（11）捕捉到参考线/点（F4）：捕捉到对象参考点，即具有句柄的点。单击进行激活或取消激活。

（12）捕捉到几何线/点（F5）：捕捉到对象的角点或边缘。单击进行激活或取消激活。

（13）定义捕捉深度：定义您选取的每个位置的深度。使用平面，您可以捕捉到视图平面或工作平面上的位置。选择 3D 可在整个 3D 空间中选取位置。在透视图中，自动的作用类似于 3D，在非透视图中类似于平面。

（14）选择平面类型：当创建距离将模型对象绑定到一起时，在此处选择所需的平面类型。

3.1.3.7 点工具栏

点工具栏如图 3.1.21 所示。

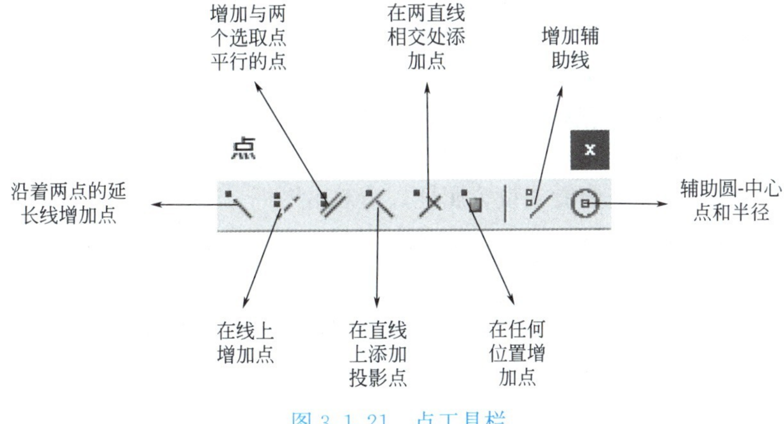

图 3.1.21 点工具栏

（1）沿着两点的延长线增加点：打开点的输入对话框并沿两个选取点之间的线段的延长线创建点。Tekla Structures 使用指定距离创建点。提示：使用负距离可在选取的两个点之间创建一个点。

（2）在线上增加点：沿选取的线等间距创建指定数目的点。

（3）增加与两个选取点平行的点：创建两个偏移点，使其平行于两个选取的点之间的线段，并且距离选取的线段有指定的距离。

（4）在直线上添加投影点：将选取的点投影到选取的线或其延长线上。您可以在任何 3D 平面上使用此命令。

（5）在两直线相交处添加点：在两直线相交处创建一个点。这两条线被视为无限长，两条线的延长线必定在某点相交。

（6）在任何位置增加点：在选取的位置创建一个点。注意：捕捉开关选择决定可选取的位置。

（7）增加辅助线：在任意两个选取的点之间创建一条辅助线。您可以使用辅助线在模型中放置对象。提示：如果您使线具有磁性，当移动线时，线上的所有句柄也会一同移动。

（8）辅助圆-中心点和半径：在视图平面上创建一个辅助圆。选取中心点和半径可创建辅助圆，您可以使用辅助圆在模型上放置各种对象。

3.1.3.8 钢部件工具栏

钢部件工具栏如图 3.1.22 所示。

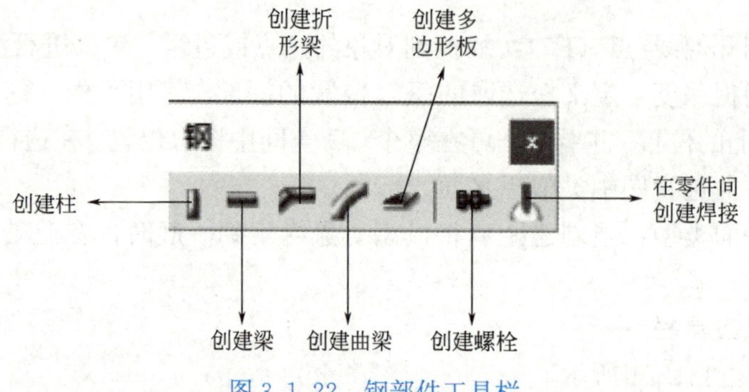

图 3.1.22 钢部件工具栏

(1) 创建柱：在选择的位置创建一根钢柱。柱的顶部和底部标高取决于当前的柱属性。要创建不垂直的钢柱，请使用创建梁命令。

(2) 创建梁：在选择的两点间创建一根钢梁。

(3) 创建折形梁：创建穿过选取点的钢梁。单击鼠标中键以完成此命令。您也可以对角点进行切角处理。要首先查看或设置属性，请双击图标。

(4) 创建曲梁：使用选取的三个点创建一根钢曲梁。请按照状态栏中的说明进行操作。

(5) 创建多边形板：使用选取的三个或更多个点创建一块多边形钢板。要完成此创建，请单击鼠标中键。选取的点定义钢板的形状，选取的截面定义钢板的厚度。要首先查看或设置属性，请双击图标。

(6) 创建螺栓：在零件上创建螺柱或螺栓，以连接两个或更多零件。请按照状态栏中的说明进行操作。

(7) 在零件间创建焊接：在两个或更多对象间创建焊接。首先选取主对象，然后选取次对象。选取顺序很重要。使用工厂焊接手段焊接在一起的对象会自动组成构件。提示：您可以通过区域选择的方法选择多个次对象。

3.1.3.9 细部工具栏

细部工具栏如图 3.1.23 所示。

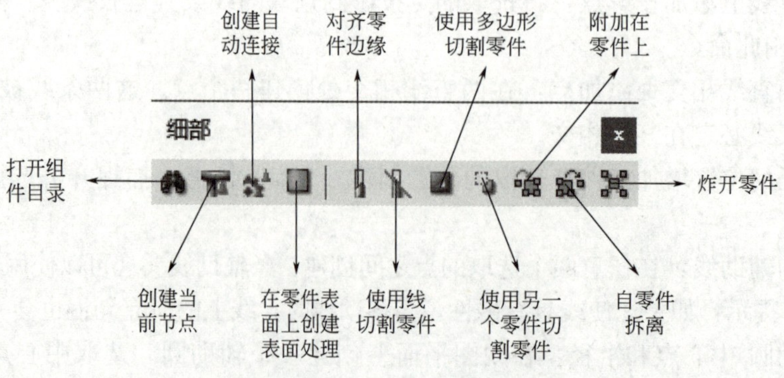

图 3.1.23 细部工具栏

(1) 打开组件目录（Ctrl+F）：打开组件目录，可在其中创建、选择和管理组件。

(2) 创建当前节点：使用您上次使用的组件工具创建具有其当前属性的组件。

(3) 创建自动连接（Ctrl+J）：使用预定义的规则组自动创建连接。使用自动连接时，Tekla Structures 会忽略连接对话框中的属性，并使用定义的规则组属性创建连接。选择要连接的零件并启动命令。选择规则组并点击创建连接。

(4) 在零件表面上创建表面处理：将表面处理（如重叠或未涂漆区域）添加到零件的整个面上。要首先查看或设置属性，请双击图标。

(5) 对齐零件边缘：通过在选取的两点之间创建一条直切割线对齐零件的边缘。可以使用此命令来减短梁。此命令不能用于大量延伸梁。

(6) 使用线切割零件：使用切割线切割对象以修改对象末端的形状。除进行接合操作外，还可使用此命令修改零件形状。提示：使用此命令可将角部从梁的末端切割下来。

(7) 使用多边形切割零件：通过在零件上选取多边形来切割零件。开始之前，确保工作平面位于您要切割的平面上。要完成此操作，请单击鼠标中键。提示：请将切割延伸到零件外部。建议不要将同一平面上的切割面作为零件面，但是可以在零件面上包含单个角点。

(8) 使用另一零件切割零件：如果没有用以切割零件的零件，首先须创建该零件，然后使用该零件切割零件，最后删除该用以切割零件的零件。启动此命令，然后按照状态栏中的说明操作。

(9) 附加在零件上：将一个零件附加到另一个零件上并将两个零件组合为一个零件。首先选择要附加到的零件，然后选择被附加的零件。单击鼠标中键附加零件。在图纸中，新组合的零件只有一个标记。

(10) 自零件拆离：将一个零件从另一个零件上拆离。选择要拆离的零件，单击鼠标中键拆离零件。

(11) 炸开零件：炸开具有附件零件的零件，选择要炸开的零件，单击鼠标中键炸开零件。

3.1.3.10 工具工具栏

工具工具栏如图 3.1.24 所示。

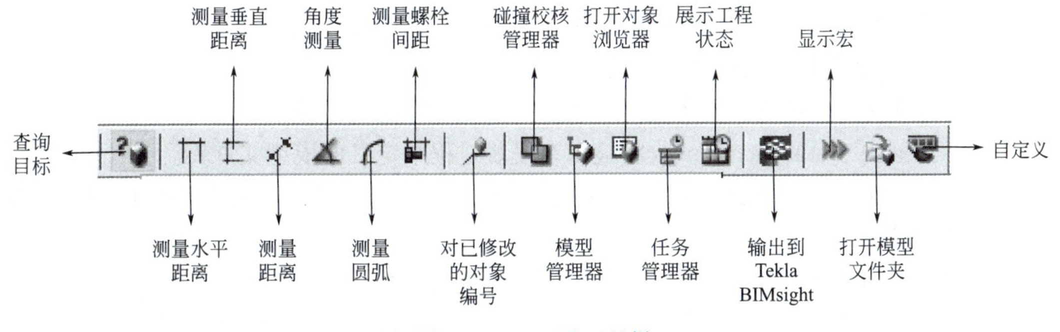

图 3.1.24 工具工具栏

(1) 查询目标（Shift+I）：显示模型内的一个或一组对象的属性，如位置、装配位置、重量和重心。

（2）测量水平距离：测量沿X轴的两点间的水平距离。在下一次更新窗口之前，测量值将一直显示在视图平面上。请按照状态栏中的说明进行操作。

（3）测量垂直距离：测量沿Y轴的两点间的垂直距离。在下一次更新窗口之前，测量值将一直显示在视图平面上。请按照状态栏中的说明进行操作。

（4）测量距离（F）：测量任意两点间的距离。使用此命令可测量当前视图平面上的斜距或准距。默认情况下，结果包含距离和坐标。

（5）角度测量：测量角度。请按照状态栏中的说明进行操作。

（6）测量圆弧：测圆弧的半径和长度。请按照状态栏中的说明进行操作。

（7）测量螺栓间距：测量零件中的螺栓间距和边距。例如，使用此命令测量螺栓组中螺栓间的距离。Tekla Structures会给出螺栓和零件之间的边距。此距离在视图平面上测量。请按照状态栏中的说明进行操作。

（8）对已修改的对象编号：检查模型中已修改的零件，并为已修改的零件分配位置编号。

（9）碰撞校核管理器：在模型中查找和管理碰撞。碰撞自动按其类型分类。您可以对碰撞校核结果进行排序、缩放到碰撞对象以及更改碰撞的状态和优先级。可以保存碰撞校核会话，并在以后重新查看这些会话。

（10）模型管理器：将建筑分类为逻辑建筑区域和对象类型。使用模型管理器将模型拆分为小区域可以简化大模型的处理并支持计划任务。例如，可以使用对象类型来评估不同对象的数量。

（11）打开对象浏览器：打开对象浏览器。

（12）任务管理器：把跟时间有关的进度数据录入Tekla Structures模型，并在整个工程的不同阶段和细节层次上控制计划。使用任务管理器可以创建、存储和管理计划任务，并将任务链接到与其相对应的模型对象。

（13）展示工程状态：查看模型中的对象在特定时段内的状态。使用此工具可以用不同颜色查看各零件组的安装时间表，并标识计划在特定时间段内制造的零件。

（14）输出到Tekla BIMsight：将Tekla Structures模型以可以在Tekla BIMsight中查看的工程文件（.tbp）的形式输出。

（15）显示宏：显示宏对话框，可以在其中运行、编辑、创建和删除宏。可以使用宏来通过菜单、对话框和快捷键运行一系列操作。

（16）打开模型文件夹：显示包含与当前打开的模型相关联的文件的文件夹。如果没有打开任何模型，Tekla Structures将显示在安装过程中定义的模型文件夹。

（17）自定义：显示或隐藏工具栏和工具图标，创建您自已的工具栏和快捷键，以及在用户菜单中添加命令。

3.1.3.11 软件常用快捷键简介

为了便于软件的使用者方便、快速地建立模型，Tekla Structures将键盘与鼠标操作相结合，给出了许多方便、实用的建模操作。现以单根钢柱为例，选中一个视图，对部分快捷键进行讲解与演示，见表3.1.2。

常用快捷键简介 表 3.1.2

快捷键	Ctrl+1	Ctrl+2	Ctrl+3	Ctrl+4
效果				
快捷键	Ctrl+O	Ctrl+S	Ctrl+Z	Ctrl+Y
效果	打开模型	保存模型	撤销	重做
快捷键	Ctrl+C	Ctrl+M	Enter	Esc
效果	复制	移动	重复上一次命令	中断操作
快捷键	Ctrl+R	鼠标滚轮	Ctrl+滚轮	Ctrl+P
效果	选中旋转，按住鼠标左键可旋转模型	鼠标滚轮可直接推动模型	旋转模型	三维与二维平面切换

任务测试

一、单选题

1. 进行钢结构工程建模时，环境配置一般选择为（　　）。

A. 浏览器　　B. 钢结构深化

C. 工程　　D. 建筑浏览

2. 软件登录成功之后，下列哪一项为正确的操作？（　　）。

A. 进行模型柱子建模　　B. 进行模型轴网创建

C. 新建模型文件　　D. 以上均不对

3. 软件登录成功之后，菜单栏与工具栏均显示为“灰色”，不可用，原因为（　　）。

A. 软件安装错误　　B. 打开方式不对

C. 未新建或打开模型文件　　D. 重新打开

4. 在钢结构建模中，默认工具栏中包含的构件命令为（　　）。

A. 柱、梁、板　　B. 柱、梁、墙

C. 梁、板、墙　　D. 柱、墙、板

5. 快捷键 Ctrl+P 表示（　　）。

A. 打开模型　　B. 关闭模型

C. 复制模型　　D. 二维与三维的转换

6. Ctrl+1、Ctrl+2、Ctrl+3、Ctrl+4 系列命令表示（　　）。

A. 移动模型　　B. 构件线框与颜色的转变

C. 转换视图　　D. 切换视图平面

7. 中断操作的命令为（　　）。

A. Ctrl　　B. Enter

C. Shift　　D. Esc

8. 若默认工具栏中未包括想用的工具，正确的操作为（　　）。

A. 重新打开软件　　B. 重新建立模型文件

C. 不可更改　　D. 进入工具自定义进行设置

9. 菜单栏中哪一选项可进行焊缝、螺栓的添加？（　　）。

A. 细部　　B. 视图

C. 分析　　D. 窗口

10. 进行构件的移动、复制、删除以及撤销操作的建模命令为（　　）。

A. 窗口　　B. 视图

C. 编辑　　D. 分析

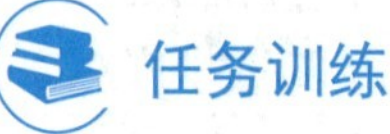

任务训练

1. 简述 Tekla Structures 软件的安装条件、注意事项及流程。
2. 简述细部工具栏各命令的作用及属性设置。
3. Tekla Structures 软件的屏幕有哪些组件？其具体用途是什么？

任务 3.2　轴网与视图的创建

任务引入

以 A 厂房为案例，创建该工程的轴网和视图。在对刚架进行建模前，必须正确创建刚架所在轴网以及必要的视图平面，重点是选择合理的视图平面进行建模。

通过本任务的学习，掌握轴网新建、修改、删除等基本操作；掌握视图平面的创建、删除、打开、修改和移动等操作，了解视图属性；完成 A 厂房轴网和视图的创建。

本任务的学习内容详见表 3.2.0。

轴网与视图的创建学习内容 表 3.2.0

任务	技能	知识	拓展
3.2 轴网与视图的创建	3.2.1 轴网的创建	3.2.1.1 创建 A 厂房模型文件 3.2.1.2 新建、修改轴网 3.2.1.3 删除轴线 3.2.1.4 轴线属性介绍 3.2.1.5 修改轴线属性 3.2.1.6 A 厂房轴网创建	
	3.2.2 视图的创建	3.2.2.1 视图的定义 3.2.2.2 视图平面 3.2.2.3 创建视图 3.2.2.4 删除视图 3.2.2.5 打开视图 3.2.2.6 视图属性介绍 3.2.2.7 修改视图 3.2.2.8 移动视图 3.2.2.9 A 厂房创建视图	

任务实施

3.2.1 轴网的创建

3.2.1.1 创建 A 厂房模型文件

本节内容以 Tekla Structures 19.0 为例，讲解模型文件的创建。点击工具栏中“ ”图表或者使用快捷键“Ctrl+N”，弹出对话框，如图 3.2.1 所示。

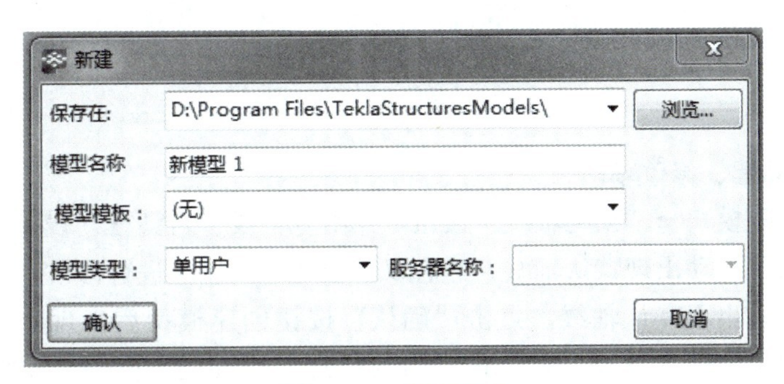

图 3.2.1 新建模型

单击“浏览”选项，弹出“浏览文件夹”对话框，如图 3.2.2 所示。在该对话框内，可选择模型文件的保存位置。点击“确定”，跳回图 3.2.1 对话框。然后修改模型的名称，其余选项无特殊要求，按默认即可。点击“确认”，模型文件创建成功，如图 3.2.3 所示。

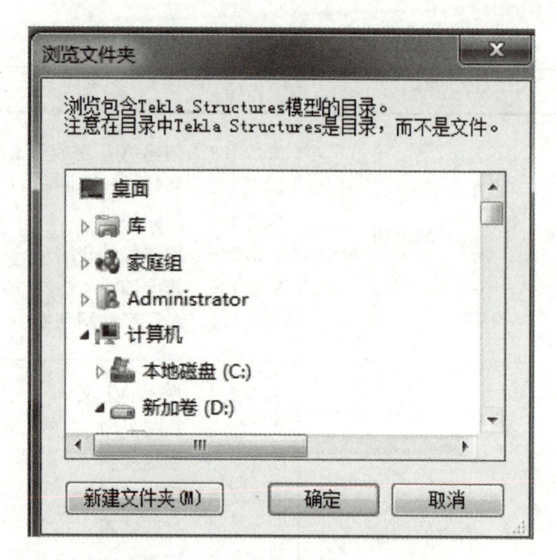

图 3.2.2　模型保存位置选择

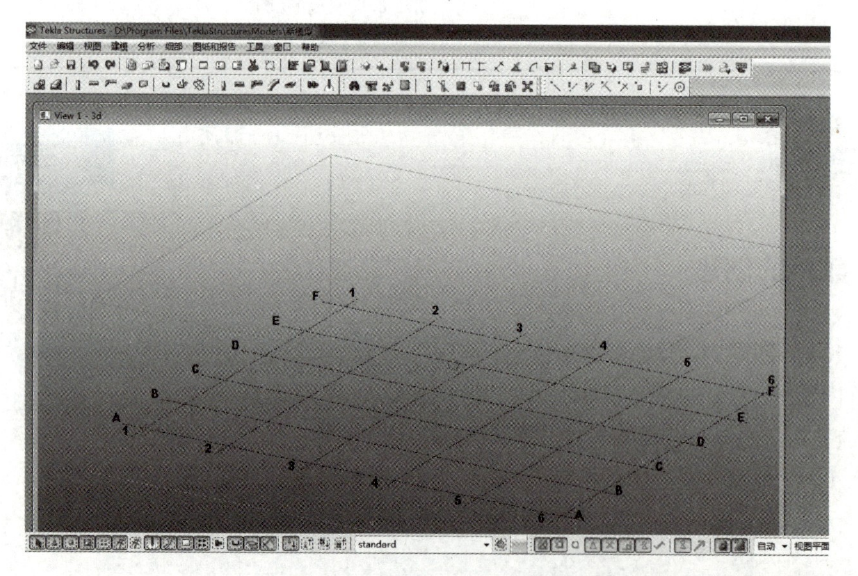

图 3.2.3　新模型文件工作界面

3.2.1.2　新建、修改轴网

点击菜单“建模”→“创建轴线”按钮，弹出“轴线”对话框。设置轴线属性，创建轴线；或利用软件自动出现默认轴线，然后双击轴线对其属性进行修改（图 3.2.4）。

软件也可自动出现默认轴线。点击“确认”按钮创建模型后出现页面“View1-3d”，这是系统默认给出的一个视口。双击视口内的任意一根轴线，就会出现轴线属性对话框（图 3.2.5）。

提示：在一个模型中可使用多个轴线。可能需要为整个结构创建一个大标度轴线，并为一些细节部分创建较小的轴线。轴线总是矩形的。可以通过更改工作平面创建旋转轴线。

要在圆形模式下定位对象，可以使用构造圆辅助线完成。

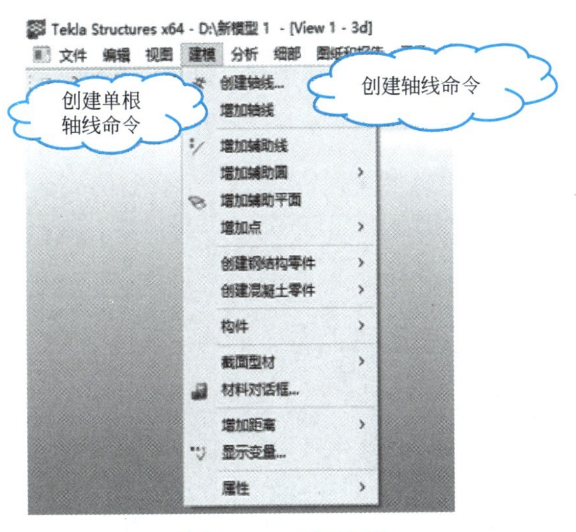

图 3.2.4 创建轴线

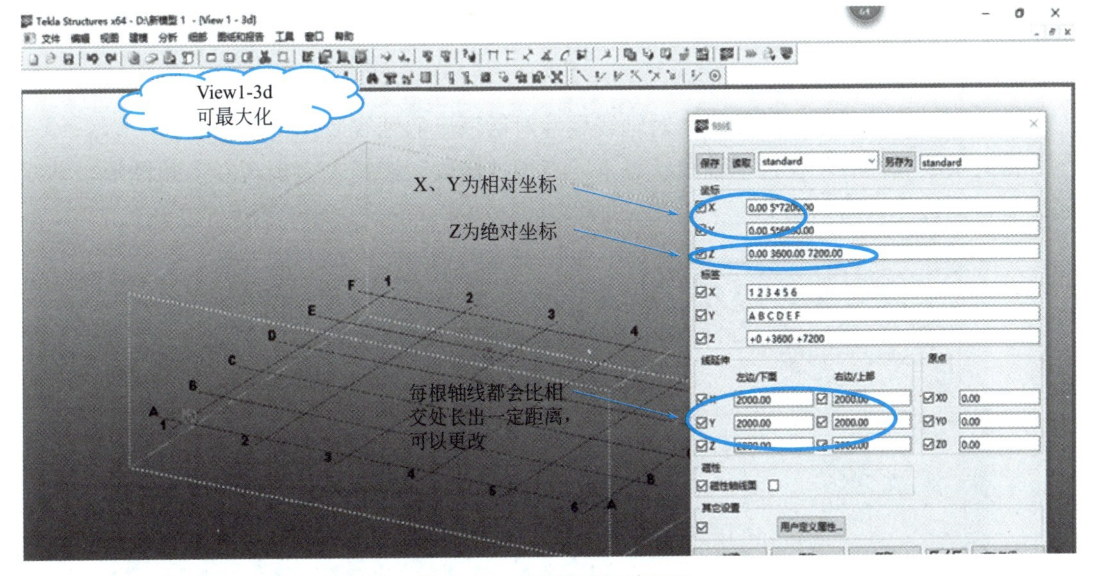

图 3.2.5 轴线属性对话框

3.2.1.3 删除轴线

需要删除轴线的时候，不要选择轴线以外的其他任何对象，否则会连同其他对象一起被删除。

3.2.1.4 轴线属性介绍

坐标轴线的 X 和 Y 坐标是相对坐标，这就意味着 X 和 Y 的坐标值总是相对于上一个坐标值的。Z 坐标是绝对坐标，即 Z 轴的坐标值是从工作平面原点出发的轴线绝对距离。

有两种方法输入轴线的 X 和 Y 坐标：①分别输入，例如“0 4000 4000”；②输入等间距的多个轴线，例如“0 2 * 4000”。两种方法都将创建间距为 4000 的三条轴线。

标签。标签是显示在视图中的轴线的名称。X 字段中的名称与平行于 Y 轴的轴线关联，反之亦然。Z 字段是平行于工作平面的水平面的名称。如果愿意，标签字段可留空。

线延伸。线延伸可以在给定的轴线坐标上定义线延伸和轴线的原点。

原点。可以在模型中选择原点进行轴线创建，也可以在轴线对话框中输入自己想要创建的轴线的原点坐标进行创建（图 3.2.6）。

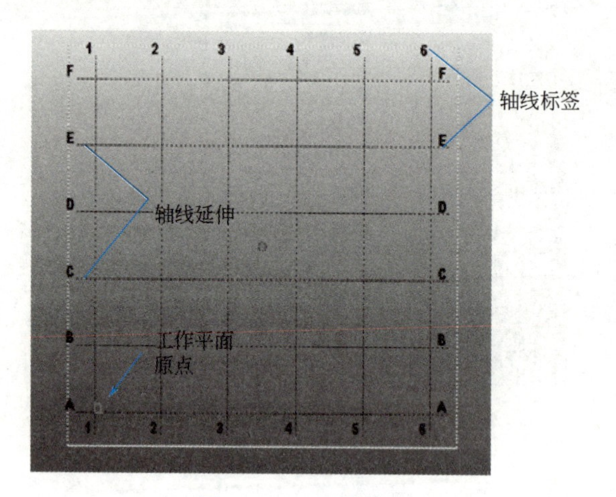

图 3.2.6 创建轴线

3.2.1.5 修改轴线属性

我们可以按照施工图的轴线，对轴线属性对话框里的轴线属性进行修改。

修改轴线属性后，在选中轴线状态下，点击“修改”按钮，会出现左上角图形，轴线超出了视图边界（图 3.2.7）。

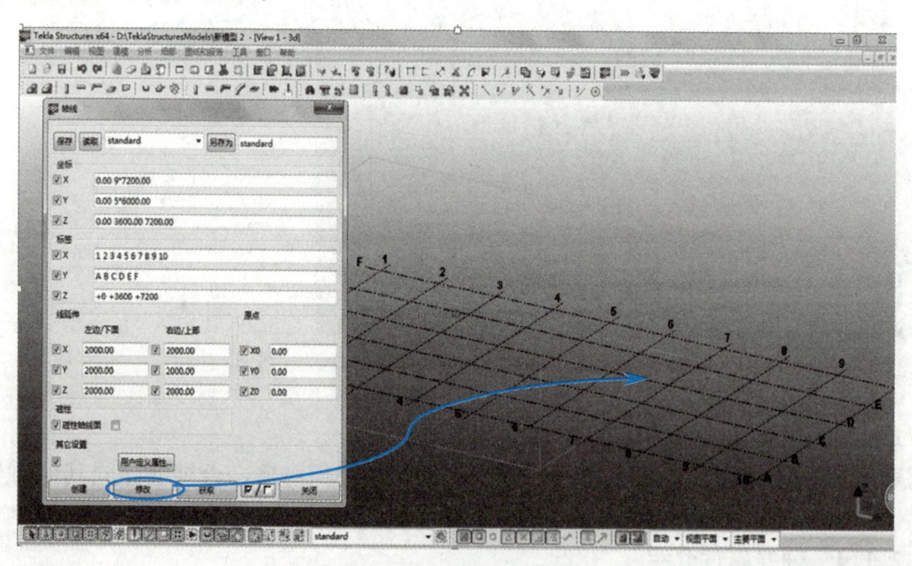

图 3.2.7 修改轴线属性

关闭轴线对话框，鼠标右键点击界面上空白的地方，选择“适合工作区域到整个模型”，轴线进入视图边界内部（图 3.2.8）。

有时候需要在轴线之间创建小轴线，可以利用菜单“点”→“单根轴线”，然后按照软件界面左下角提示进行操作，极为方便。

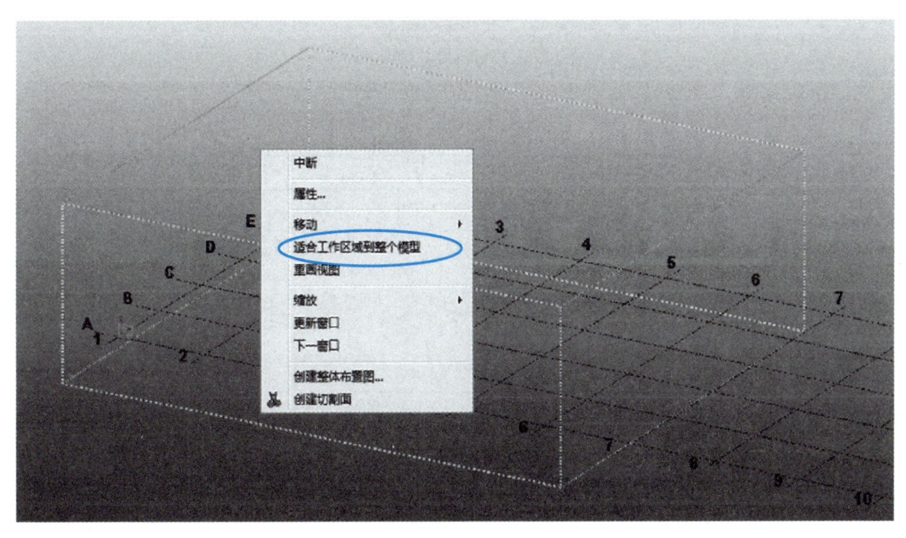

图 3.2.8　适合工作区域到整个模型

提示：在起始处使用 0 来代表（0，0）坐标处轴线，并使用空格作为坐标的分隔符。在坐标字段中，最多可以输入 1024 个轴线字符。

3.2.1.6　A 厂房轴网创建

第一步：看屋面结构布置图，明确 X 和 Y 向轴线布置情况，如图 3.2.9 所示。

第二步：看墙梁布置图，明确 Z 向坐标，如图 3.2.10 所示。

第三步：左键双击轴线，在轴线属性对话框中修改轴线属性，注意数据之间用空格符隔开，设置好以后点击“修改”命令，如图 3.2.11 所示。

第四步：右击对话框空白处，点击“适合工作区域到整个模型”，如图 3.2.12 所示。

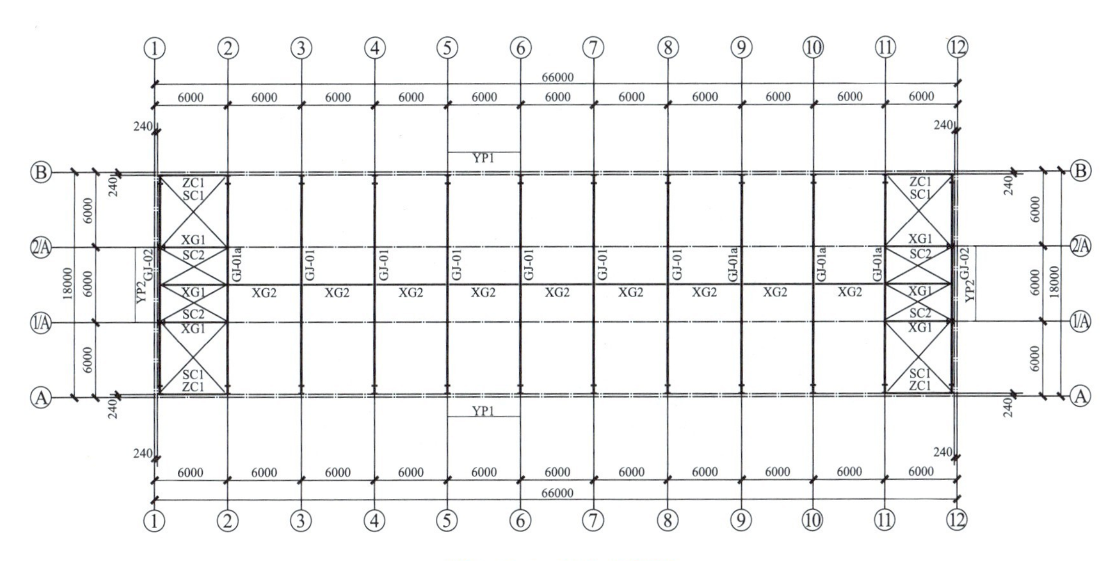

图 3.2.9　结构布置图

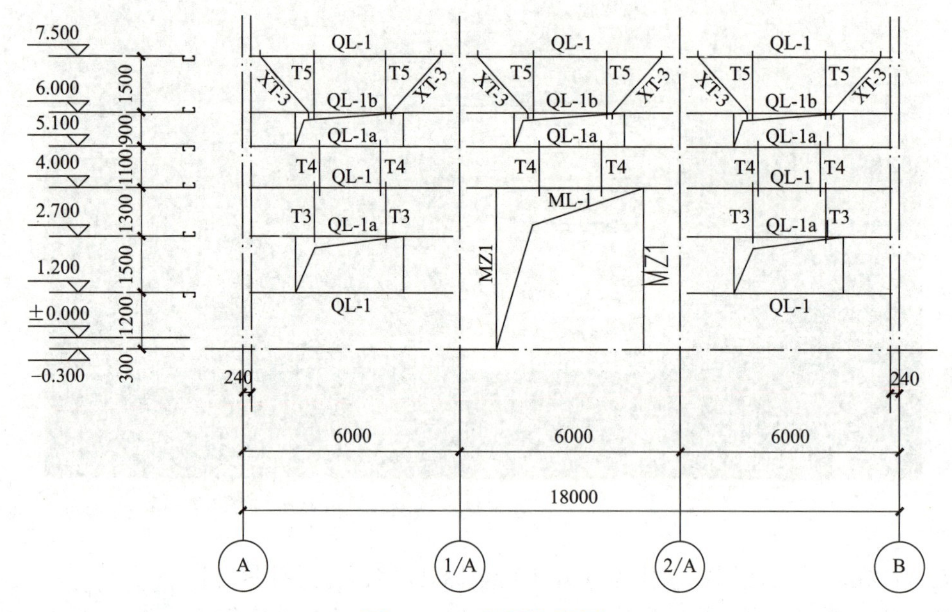

图 3.2.10　墙梁布置图

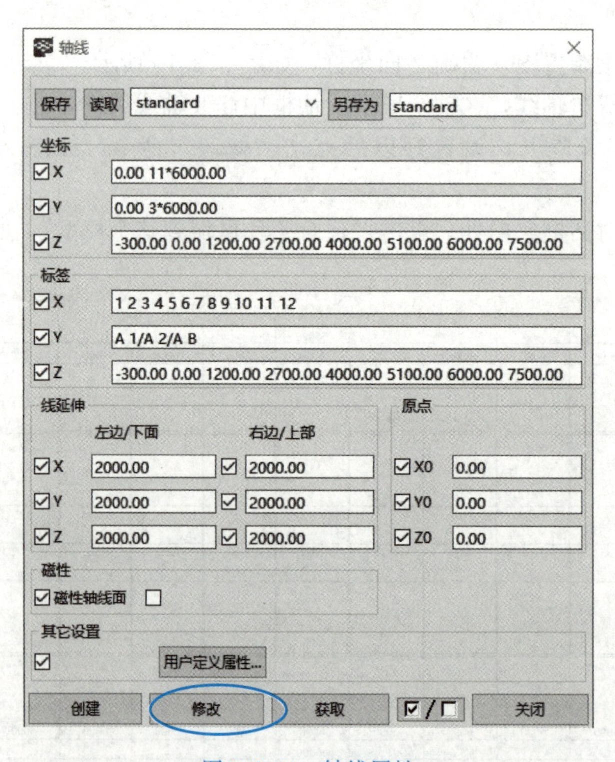

图 3.2.11　轴线属性

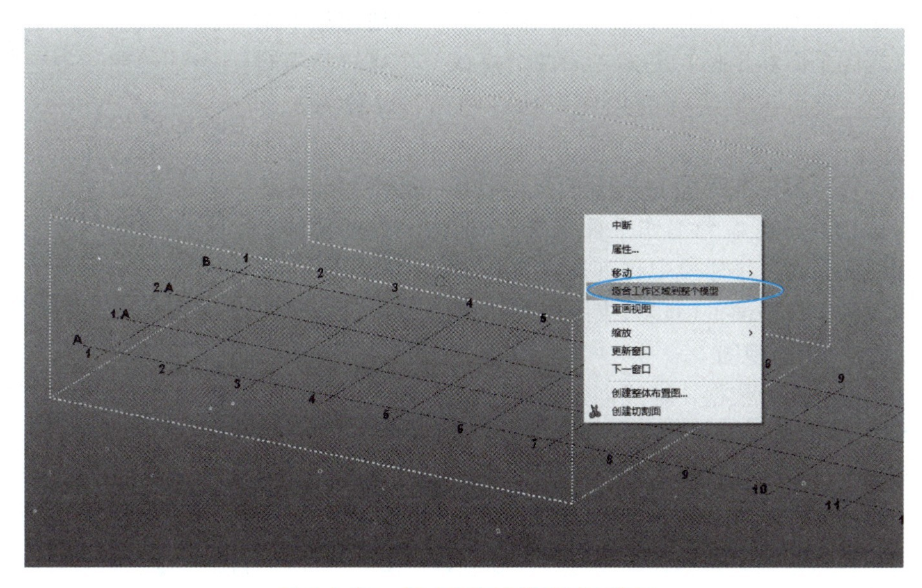

图 3.2.12 适合工作区域到整个模型

第五步：Ctrl+P，将三维视图转化为平面视图，如图 3.2.13 所示。

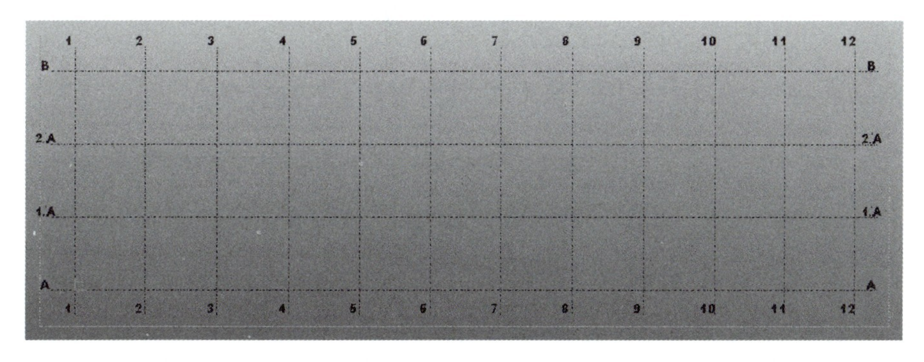

图 3.2.13 轴网平面视图

3.2.2 视图的创建

3.2.2.1 视图的定义

视图是原始数据库数据的一种变换，是查看表中数据的另外一种方式。可以将视图看成是一个移动的窗口，通过它可以看到感兴趣的数据。

3.2.2.2 视图平面

每个视图都有一个视图平面，在 Tekla Structures 软件中视图平面上轴线都是可见的，点以黄色十字叉表示。

在 Tekla Structures 软件中，基本视图平行于全局基本平面，即 XY、XZ、ZY。点击“视图”→“创建模型视图”→“基本视图”后在对话框中可以了解到，如图 3.2.14 所示。

除了基本视图外，还有其他的视图类型，可以通过选取的点来定义视图平面和坐标，例如，用两个点或三个点（参考视图工具栏），或者根据所选的创建方法，例如，设置为工作平面。

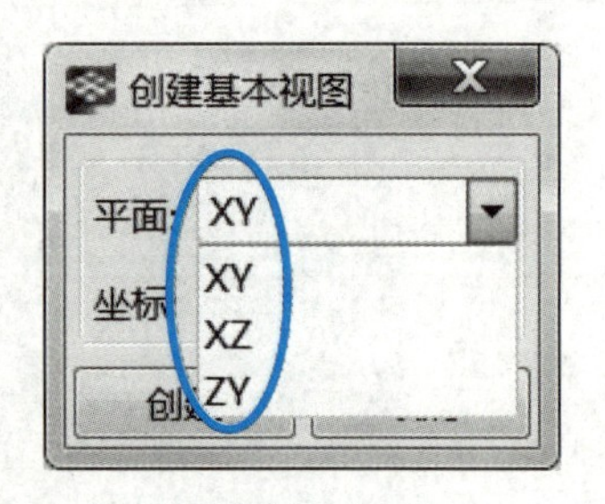

图 3.2.14　视图平面

注意：每一个视图都会有视图平面，但是视图平面与工作平面是有区别的（可参考工作平面定义）。通俗一点的说法就是，工作平面是在三维建模中将其设置为所选视图的视图平面，可以在设置的工作平面上创建二维图形。

3.2.2.3　创建视图

以结构设计图为依据，轴线创建完成后，需要创建各剖面视图。一般情况下，我们按照设计施工图创建轴线视图，即轴线平面图及轴线立面图就可以了。在建模过程中可以随意创建视图，也可以保存视图。

可以用 Tekla Structures 自动创建一个轴线和一个视图。在创建一个新的模型时，可以选中“创建默认视图和轴线”复选框。要创建视图，可使用视图工具栏上的图标，如图 3.2.15 所示，或者单击“视图”→“创建视图”。

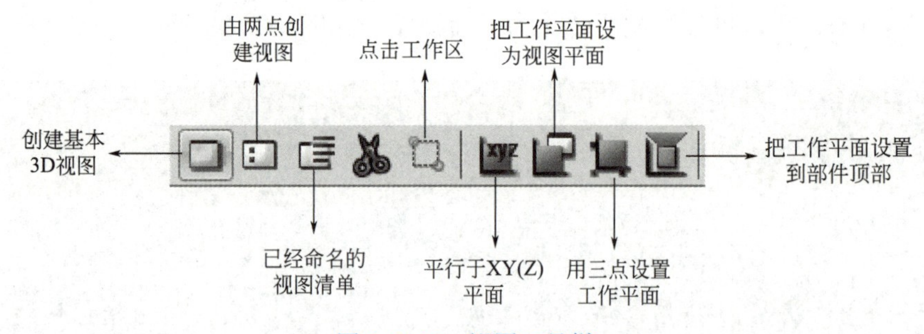

图 3.2.15　视图工具栏

（1）创建基本 3D 视图：此命令显示“创建基本视图”对话框，可创建一个基本视图。

（2）由两点创建视图：使用选取的两个点（原点和一个 X 方向的点）创建视图。该命令很常用。

（3）已经命名的视图清单：打开已经命名的视图清单。打开可用视图的列表，使用该命令弹出对话框可以打开或删除视图。

（4）点击工作区：根据视图平面上选取的两个角点设置工作区，工作区的深度与视图深度相同。处理某局部对象时可以使用。

（5）把工作平面设为视图平面：此命令将工作平面设置为与所选的视图平面相同。

（6）用三点设置工作平面：此命令使用三个选取的点设置工作平面，第一个选取的点是原点，第二个点定义工作平面的 X 方向，第三个点定义工作平面的 Y 方向。Tekla Structures 根据右手规则确定 Z 方向。

例如，用两点创建视图命令的应用。

首先，选择“由两点创建视图”命令图标，或“视图”→“创建视图”→“用两个点”都可以创建一个视图。

其次，按照状态栏左侧提示进行操作，会有如图 3.2.16 所示过程出现。

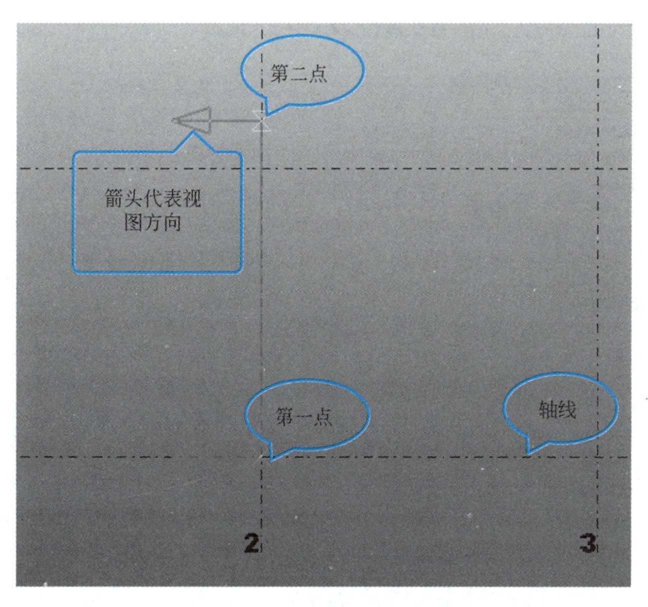

图 3.2.16　创建视图过程

然后，出现新的视图。

最后，双击视图任意空白处，出现“视图属性”对话框（图 3.2.17），修改视图名称，点击“确认”保存，新视图名称也就修改完成了。

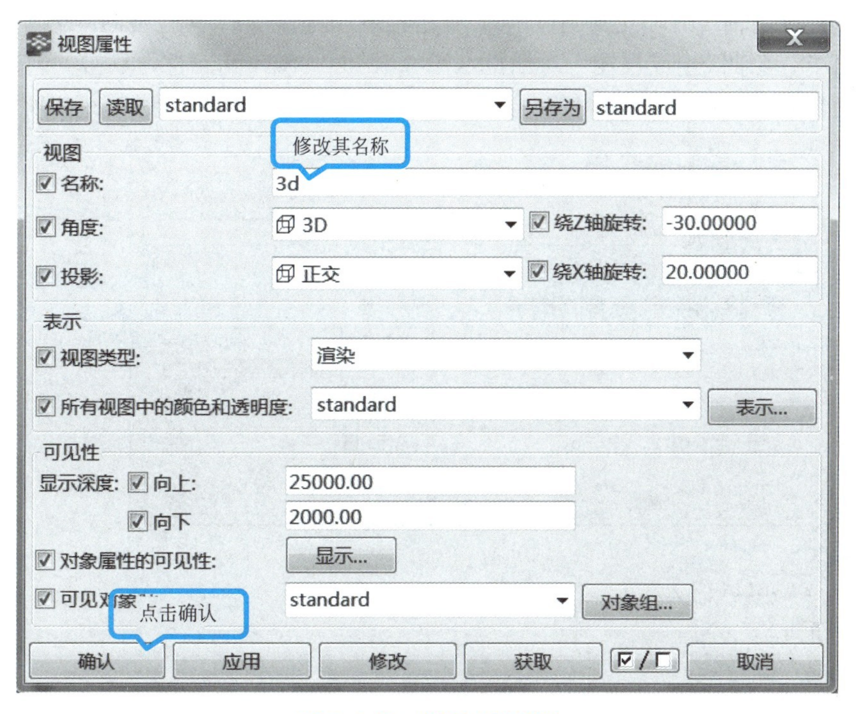

图 3.2.17　修改视图名称

一般轴线视图是我们依据结构设计图最先创建的视图。有必要创建其他关键视图时，按图 3.2.18 命名关键标高或剖面视图，以便在建立模型时能方便而准确地定位。

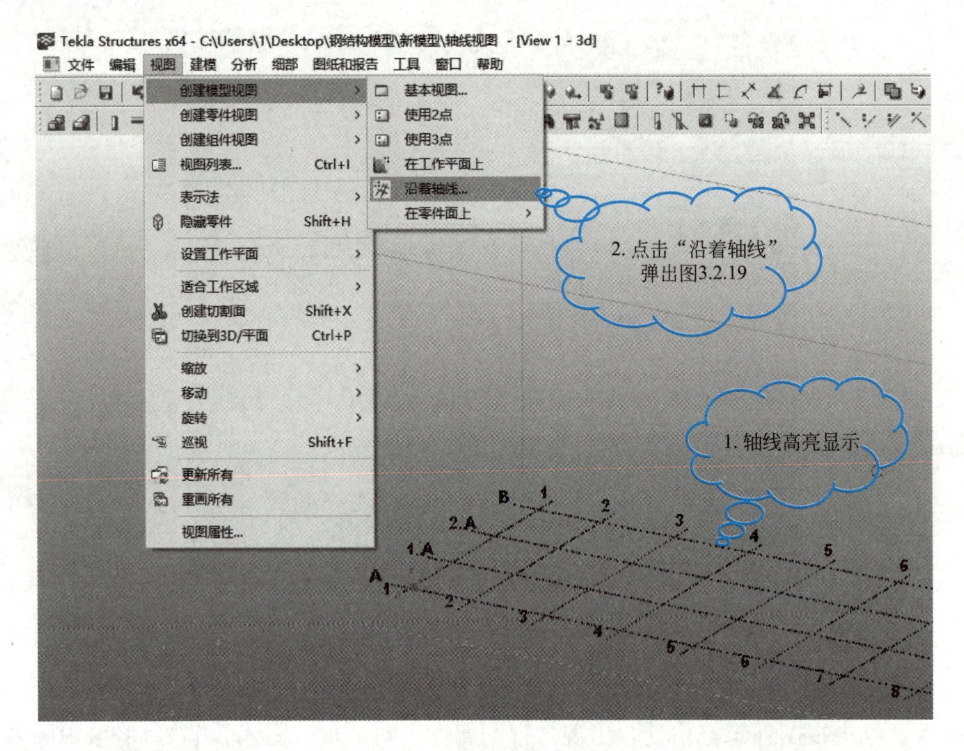

图 3.2.18　轴线视图

选中创建好的轴线（轴线高亮显示），点击菜单“视图”→“创建视图”→“轴线视图”按钮，弹出“沿着轴线生成视图”对话框（图 3.2.19）。修改其属性，点击“创建”按钮，即可成功创建轴线视图。视图属性修改如图 3.2.20 所示，视图命名如图 3.2.21 所示。

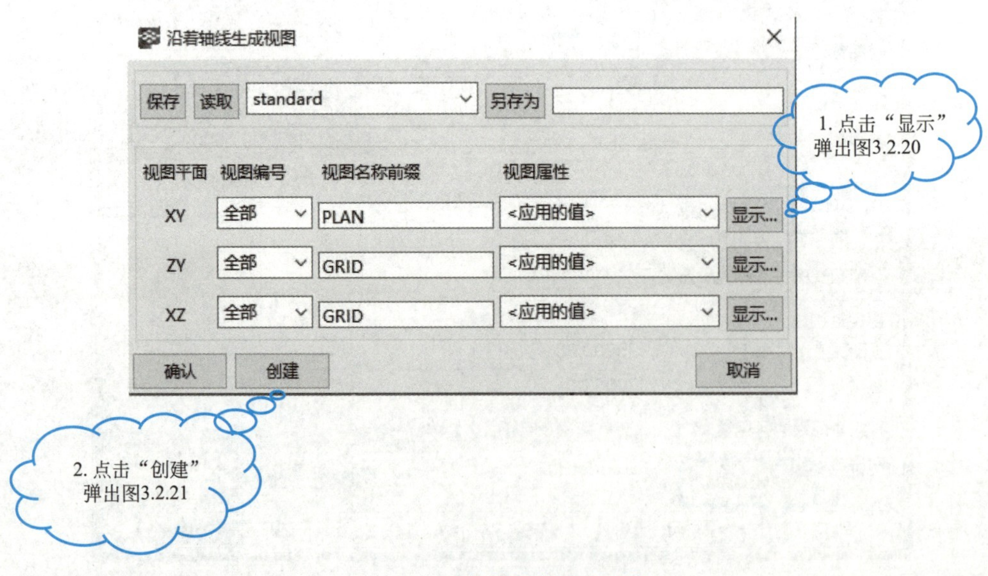

图 3.2.19　沿着轴线生成视图

提示：您在屏幕上最多可以同时打开 9 个视图。如需要在视图中切换，可以用 Ctrl+Tab。

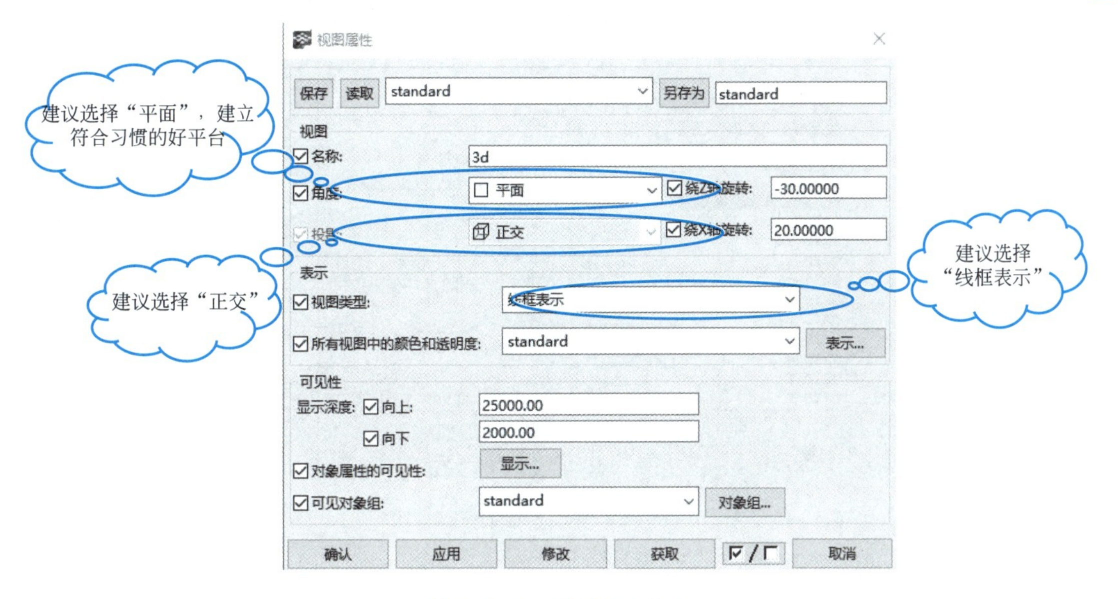

图 3.2.20　视图属性修改

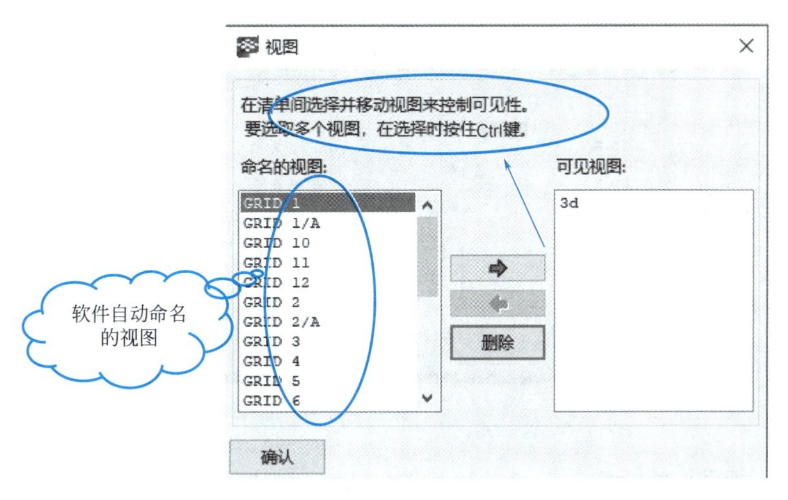

图 3.2.21　视图命名

3.2.2.4　删除视图

要删除视图，请打开“视图”对话框，选中要删除的视图，点击“删除”按钮即可实现（图 3.2.22）。

3.2.2.5　打开视图

首先，单击图标“ ”或单击菜单“视图”→“命名的视图”，显示“视图”对话框。该对话框在左边列出所有不可见的命名视图，在右边列出所有可见视图。

其次，使用列表间的箭头在两个列表间移动选择的视图，实现要显示或者隐藏视图功能（图 3.2.23）。也可双击视图对话框中的一个视图以打开或关闭它。

要选择列表中的多个视图，请在选择视图时使用 Shift 键和 Ctrl 键。如果需要取消选择的视图，请按住 Ctrl 键。

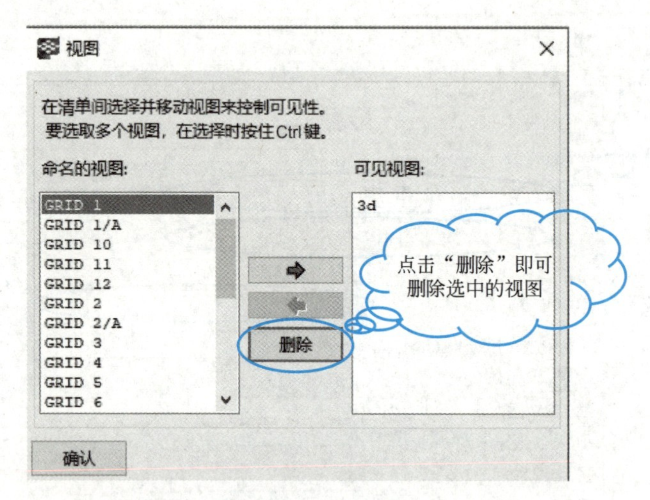

图 3.2.22　删除视图

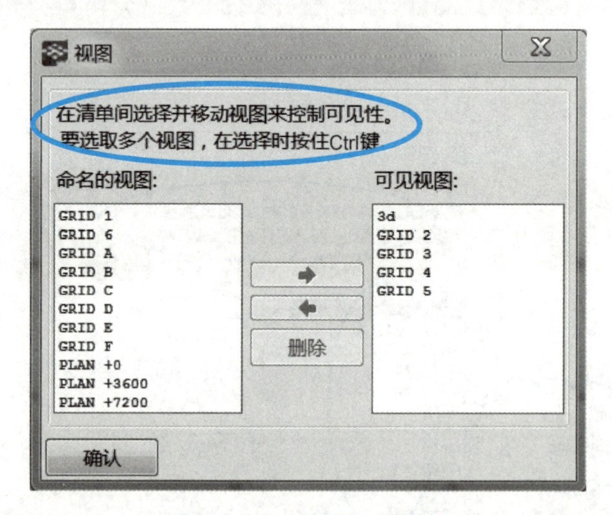

图 3.2.23　“视图”对话框

3.2.2.6　视图属性介绍

(1) 视图名称

Tekla Structures 软件会按照轴线的顺序依次给视图编号，因此可以不用给每个轴线视图指定一个名称。

但是对于其他方式创建的视图（两点创建视图、三点创建视图），如果需要在以后的会话中再次打开，则应该给视图一个唯一名称（参见创建视图—用两点创建视图）。

当退出模型的时候，Tekla Structures 软件只保存命名的视图。当关闭视图的时候，Tekla Structures 软件不保存那些未命名的视图。

提示：在多用户模式下，给视图一个唯一名称是很重要的。如果几个用户的视图不同但名称相同，一个用户的视图设置可能会随机覆盖其他用户的设置。

(2) 视图类型

视图类型定义视图的外观。视图类型选项有“线框表示”和“渲染”两种。选择“线框表示”类型时，不能利用旋转视图；选择“渲染”类型时，能利用“Ctrl＋鼠标中键”或其他方式旋转视图，十分方便。

线框类型：对象是透明的并且显示它们的轮廓。因为线框视图使用线图技术，重画视图非常快捷。

渲染类型：对象看上去更加真实，也可以在渲染视图中选择线框或者阴影线框选项（快捷键 Ctrl＋1、Ctrl＋2、Ctrl＋3、Ctrl＋4）。

（3）视图深度

每个视图都有深度，它是模型所显示的切片的厚度。可以分别定义从视图平面向上和向下的深度（图 3.2.24）。在模型中，所显示深度和工作区内的对象是可见的。但是，在视图之后创建的对象在视图深度外也是可见的。

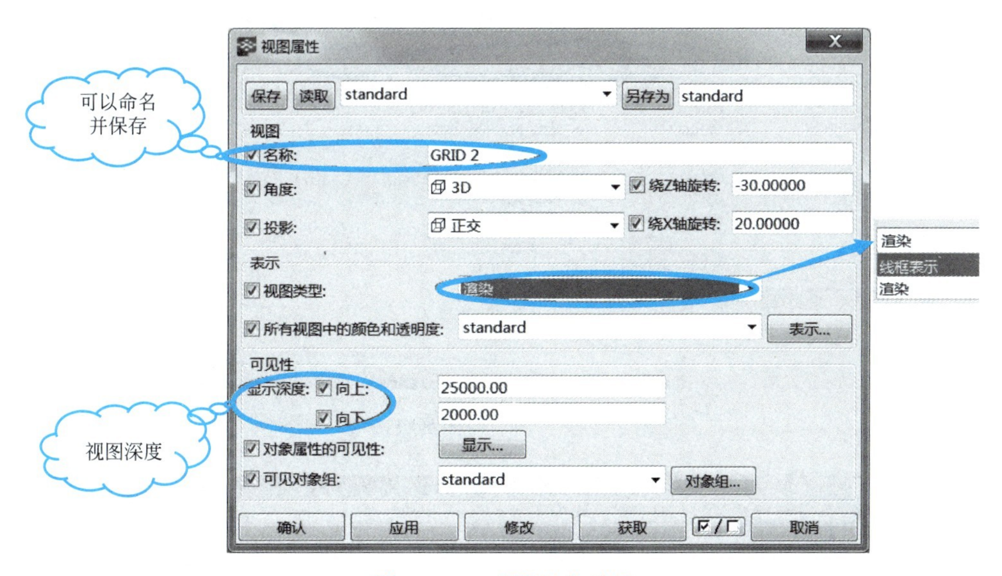

图 3.2.24 视图渲染选择

（4）视图旋转

旋转是特定于视图的操作。可以在三维视图中使用鼠标和键盘来旋转模型，或者在视图属性对话框中定义旋转角度来旋转模型，也可以指定围绕 Z 轴和 X 轴的旋转角度。

3.2.2.7 修改视图

要修改一个视图，双击视图背景中的任何空白位置，将出现“视图属性”对话框，可以在对话框中修改属性。

3.2.2.8 移动视图

和任何其他的对象一样，可以通过移动来改变视图平面。单击平面背景的任意位置，右键单击并从弹出菜单中选择“移动”→“线性的”（图 3.2.25）。

提示：移动视图平面可能会因为视图深度与工作区不相交使得窗口中没有内容显示。

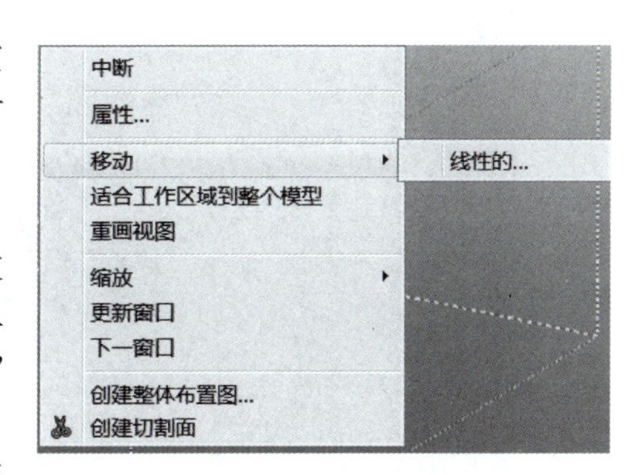

图 3.2.25 移动视图

3.2.2.9 A厂房创建视图

第一步：用 Ctrl＋E 进入模型视图的高级选项设置，将其中 MODEL 类型的 XS _ ENABLE _ WIRE _ FRAME 的“值”由“FALSE”改为“TURE”（图 3.2.26）。

第二步：创建轴线、标高模型视图平面。

首先打开“视图”→“创建模型视图”→“沿着轴线”，如图 3.2.27 所示。

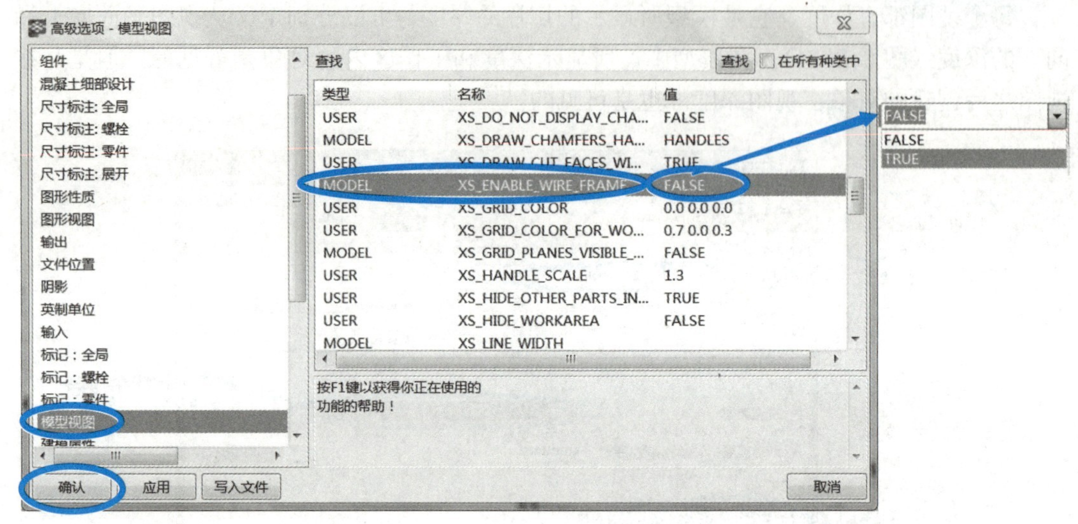

图 3.2.26 模型视图高级选项

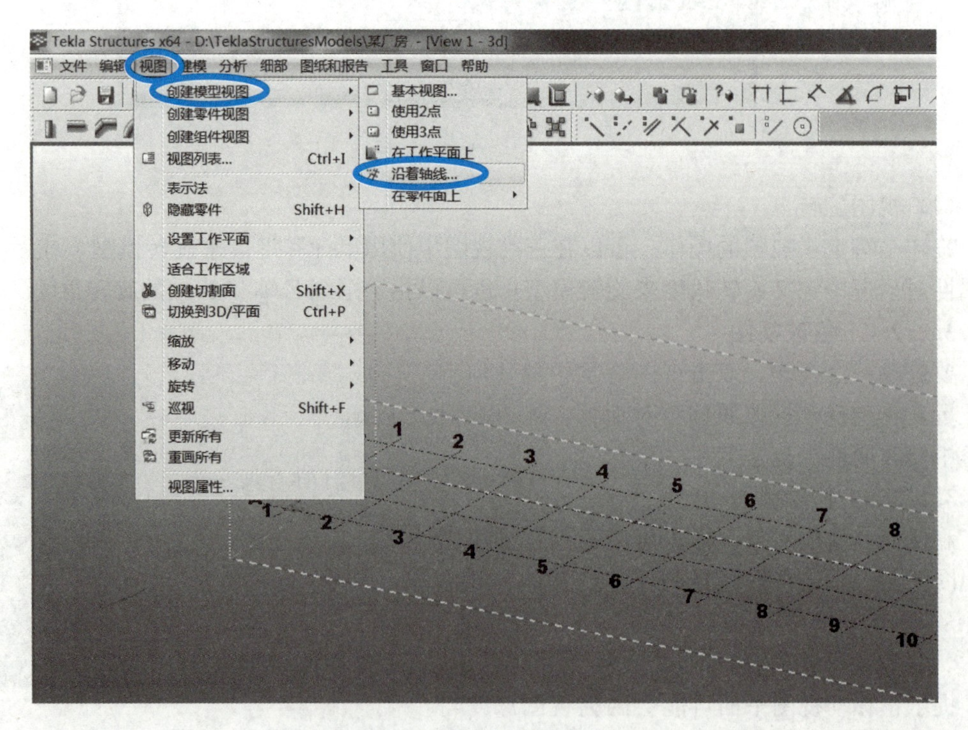

图 3.2.27 视图的生成

点击“显示”修改视图属性，如图 3.2.28 所示。

图 3.2.28　视图属性修改

视图属性中“角度”由“3D”改为“平面”，“视图类型”由“渲染”改为“线框表示”，后点击“修改”→“确认”，如图 3.2.29 所示。

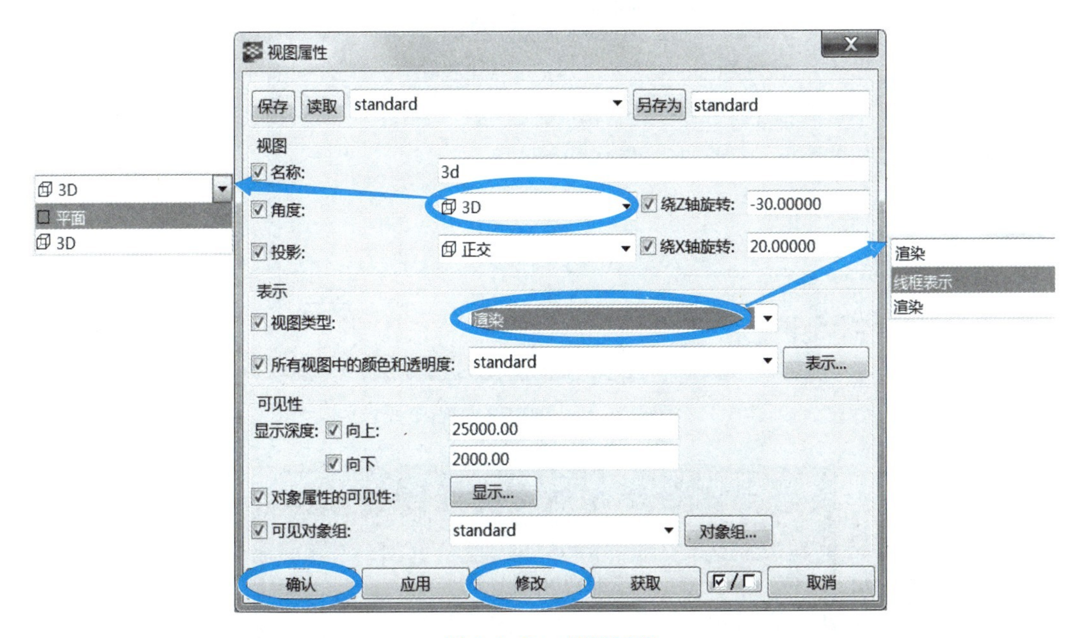

图 3.2.29　视图属性

修改好视图属性后，在“沿着轴线生成视图”对话框（图 3.2.30）中点击“创建”→“确认”，完成基本视图的创建，出现如图 3.2.31 所示对话框，点击“确认”完成。

第三步：点击工具“打开视图列表”命令“ ”，出现命名的视图。选取要进行建模的某一视图模型。如某厂房中要创建一榀刚架，②～⑪轴的刚架均相同，只需建好一榀刚架即可进行复制。①轴和⑫轴为山墙面，设置了抗风柱，可在原有的②～⑪轴刚架上进行添加。故选择先在基本的②号轴线的视图模型中建模。将②轴视图模型 GRID 2 用右箭头转入可见视图（图 3.2.32），即打开了②号轴线的视图模型。

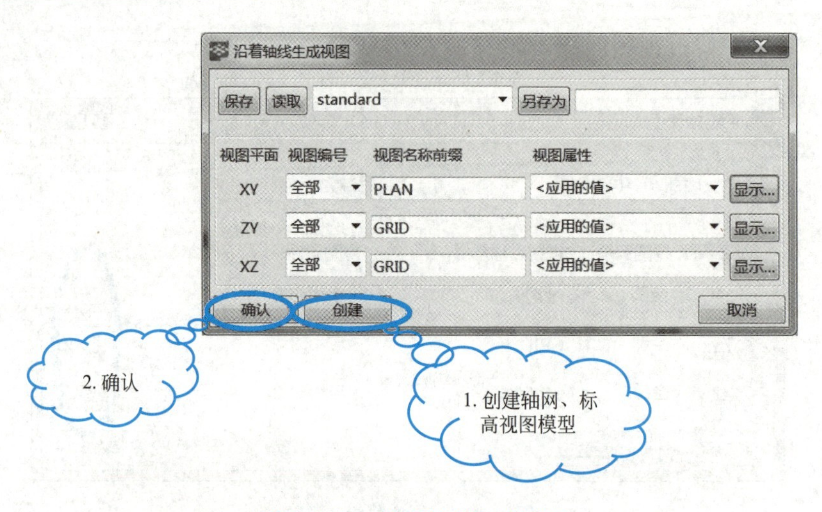

图 3.2.30 沿着轴线生成视图

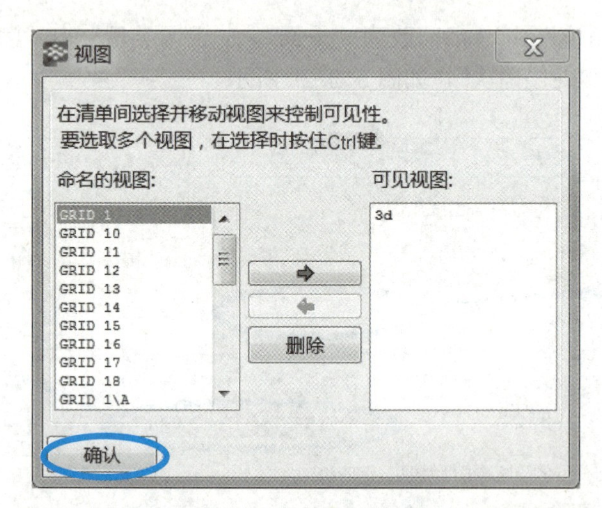

图 3.2.31 创建基本视图

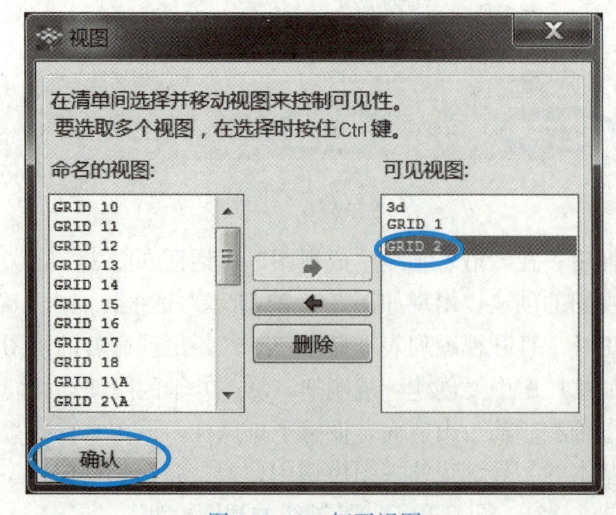

图 3.2.32 打开视图

第四步：将②号轴线的视图模型作为工作平面。

点击工具“把工作平面设置为视图平面”命令“ ”，在视图左下角出现坐标标志，如图 3.2.33 所示，即该视图模型已经进入工作平面。

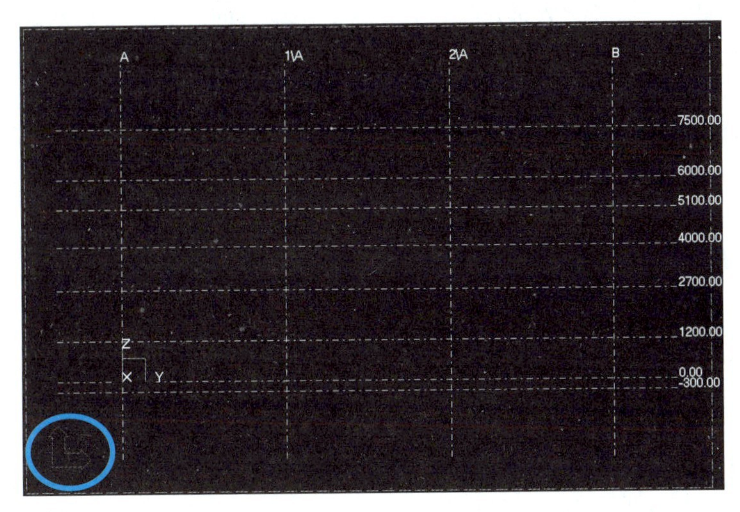

图 3.2.33　工作平面

至此完成视图模型的操作，接下来可以在②号轴线的视图模型中创建一榀刚架。

任务测试

一、单选题

1. 在 Tekla Structures 软件中，增加单根轴线时，应调用（　　）命令。

A. 直线轴网　　B. 弧线轴网　　C. 增加轴线　　D. 创建轴线

2. 在 Tekla Structures 软件中，创建轴线时，应调用（　　）命令。

A. 直线轴网　　B. 增加轴线　　C. 弧形轴网　　D. 创建轴线

3. 在 Tekla Structures 软件中，将三维视图转化为平面视图，应调用（　　）命令。

A. Ctrl+E　　B. Ctrl+A　　C. Ctrl+P　　D. Ctrl+C

4. 在 Tekla Structures 软件中，要修改已经创建的轴网，应在轴线属性对话框中选（　　）命令。

A. 修改　　B. 创建　　C. 关闭　　D. 获取

5. 在 Tekla Structures 软件的轴线属性对话框中，数据用（　　）隔开。

A. 空格符号　　B. /　　C. @　　D. ；

6. 在 A 厂房中要创建一榀刚架，应该将哪一个视图平面设置为工作平面进行建模？（　　）。

A. GRID 1　　B. GRID 2　　C. GRID 1/A　　D. PLAN 0.00

7. 在 A 厂房中要创建钢柱的柱底板，应该将哪一个视图平面设置为工作平面进行建模？（　　）。

A. PLAN 0.00　　B. GRID 2　　C. PLAN 300.00　　D. GRID 1

8. 两点创建视图用的命令是（　　）。

A.　　　　B.　　　　C.　　　　D.

9. 使用“两点创建视图”命令时，箭头的方向代表（　　）。

A. 视图方向　　B. 平面方向　　C. 高度方向　　D. 水平方向

10. 打开已经命名的视图清单的命令是（　　）。

A.　　　　B.　　　　C.　　　　D.

11. 将工作平面设为视图平面的命令是（　　）。

A.　　　　B.　　　　C.　　　　D.

任务训练

总结创建 A 厂房轴网与视图的步骤。

项目小结

本项目包括两大任务。任务 3.1 主要由软件简介、屏幕组件、常用命令介绍三大模块组成。在软件简介模块，主要了解软件的界面组成，熟悉软件的基本操作流程，掌握软件的安装流程及注意事项等。在屏幕组件模块，主要了解屏幕中的菜单，熟悉各个菜单的命令组成，掌握不同菜单下拉命令的使用等，熟悉创建轴网与修改轴网的几种方法，掌握不同视图平面的创建。在常用命令的介绍模块，主要了解屏幕中常用工具条的情况，熟悉各工具条命令的用途，掌握不同工具栏中各命令的正确使用，能在建模及用模过程中熟练选择合适的命令进行任务的完成。任务 3.2 以 A 厂房为案例，介绍了轴网和视图的创建方法。

项目评价

请扫描右侧二维码进行在线测试。

项目拓展

1. Tekla Structures 软件安装要求

①操作系统：Tekla Structures 软件支持的主要操作系统为 Windows 系列，建议使用最新稳定版。

②硬件配置：

。处理器：建议使用多核高性能处理器。

。内存：至少 16GB RAM，建议 32GB 或更高以保证大型项目的流畅运行。

。硬盘：SSD 硬盘可显著提高软件运行速度和模型加载速度。

。显卡：支持 OpenGL 的独立显卡，以保证良好的图形渲染效果。

③软件环境：

。确保安装前已关闭杀毒软件或防火墙，以避免安装过程中的冲突。

。确保系统上未安装与 Tekla Structures 冲突的其他软件版本。

2. Tekla Structures 螺栓标准

Tekla Structures 软件支持多种螺栓标准，包括国际标准（如 ISO、DIN 等）以及地区性标准（如 ASTM、GB 等）。在建模过程中，应根据项目需求选择合适的螺栓标准，并确保在模型中使用正确的螺栓连接方式和参数。

3. 建模与节点规范

①建模应遵循实际工程结构，确保模型的准确性和真实性。

②节点设计应符合相关标准和规范，确保节点的连接强度和稳定性。

③在建模过程中，应注意单位的一致性，避免因单位不同而导致计算错误。

4. 图纸创建与规范

①Tekla Structures 软件支持多种图纸输出格式，应根据项目需求选择合适的输出格式。

②图纸应包含完整的项目信息构件尺寸、标注和说明等。

③图纸应符合相关行业的绘图标准和规范，确保图纸清晰、准确和易读。

5. 碰撞检查与校核

①使用 Tekla Structures 软件的碰撞检查功能，对项目模型进行全面的碰撞检查。

②根据碰撞检查结果，对模型进行调整和优化，确保模型的正确性和可施工性。

③在模型调整过程中，应进行多次校核，确保模型的最终质量。

6. 报表检查与编号

① Tekla Structures 软件支持多种报表输出功能，如材料清单构件清单等。

②报表应准确反映模型中的构件信息，包括尺寸数量、材质等。

③报表应进行编号管理，以便于追踪和查询。

7. 硬件与系统支持

①Tekla Structures 软件提供完善的硬件和系统支持，包括驱动程序更新、补丁安装等。

②在使用过程中，如遇硬件或系统问题，应及时联系 Tekla Structures 官方技术支持获取帮助。

8. 质量控制与验收

①在模型和图纸创建过程中，应严格按照相关标准和规范进行质量控制。

②完成模型和图纸创建后，应进行内部审核和验收，确保模型的准确性和完整性。

③在项目交付前，应与客户或第三方进行最终验收，确保满足项目需求和质量要求。

Tekla Structures 软件作为专业的钢结构建模软件，其标准规范对于确保项目的顺利进行和质量至关重要。在使用过程中，应严格按照上述规范进行操作和管理，以提高工作效率，降低错误率，并确保项目的成功实施。同时，随着技术的不断发展和更新，应关注 Tekla Structures 软件的最新功能和标准变化，以便更好地满足项目需求和提高工作效率。

项目 4　钢结构三维建模

学习目标

1. 知识目标

了解钢结构三维建模的顺序；掌握梁板柱以及折梁的创建方法；熟悉辅助线、裁切、工作平面设置等常用命令的操作；掌握门式刚架创建的基本操作方法。

2. 技能目标

能正确识读轻型门式刚架结构图纸，并能提炼有效信息用于钢结构三维建模；能完成A厂房刚架的创建，包括变截面钢柱和变截面梁、等截面女儿墙立柱和等截面抗风柱、柱脚、梁柱连接节点、梁梁连接节点以及抗风柱与梁节点的创建；能完成A厂房支撑体系的创建，包括屋面系杆、屋面支撑以及隅撑的创建；能完成A厂房围护体系的创建，包括屋面檩托、屋面檩条、屋面拉条、墙面墙托、墙面墙梁以及墙面拉条的创建。

3. 素质目标

养成认真负责、精益求精的工作态度；养成良好的组织协调、团结协作意识；养成自主学习新技术、新标准、新规范，灵活适应发展变化的创新能力；培养责任与安全意识，具备社会责任感。

标准规范

(1)《钢结构设计标准》GB 50017—2017

(2)《门式刚架轻型房屋钢结构技术规范》GB 51022—2015

(3)《建筑抗震设计标准》GB/T 50011—2010（2024年版）

(4)《冷弯薄壁型钢结构技术规范》GB 50018—2002

(5)《钢结构工程施工质量验收标准》GB 50205—2020

(6)《门式刚架轻型房屋钢结构（有悬挂吊车）》04SG518-2

(7)《门式刚架轻型房屋钢结构标准图集（檩条、墙梁分册）》02TD-102

项目导引

钢结构三维建模是钢结构数字深化设计的前提和重点，使用 Tekla Structures 软件构建钢结构的精细三维模型，可确保设计精度，降低后期施工问题；并且与其他 CAD 和 BIM 软件兼容性好，方便数据交换和团队协作，能够将厂房 CAD 图纸导入软件中，辅助建模。利用直观易用的建模界面，能够快速准确地创建钢结构模型，使用丰富的工具和命令来定义构件、连接、荷载和约束等元素，从而构建出完整的钢结构体系。此外，可以轻松修改和调整模型参数，实现设计的灵活性和高效性。

本项目学习任务详见图4.0.1。

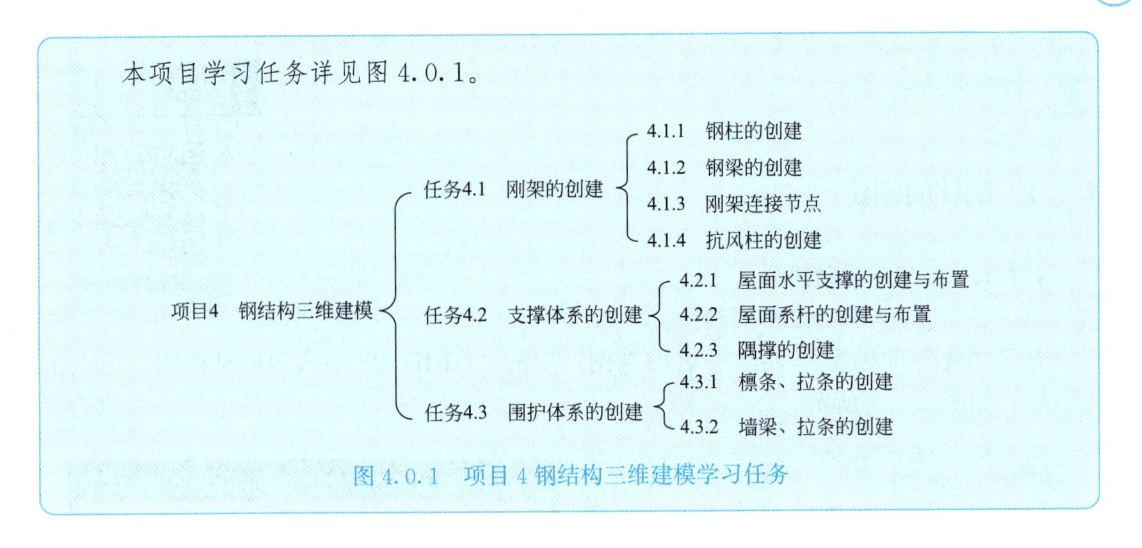

图4.0.1 项目4钢结构三维建模学习任务

任务4.1 刚架的创建

任务引入

前面已经完成了A厂房轴网的创建和视图平面的创建。接下来将以A厂房中的②号轴线为基准创建一榀刚架，以及以A厂房中的①号轴线为基准创建位于山墙的抗风柱。

通过本任务的学习，我们要掌握变截面钢柱和变截面梁的创建、等截面女儿墙立柱和等截面抗风柱的创建、柱脚的创建、梁柱连接节点的创建、梁梁连接节点以及抗风柱与梁节点的创建，掌握螺栓创建、梁柱创建以及辅助线创建等命令的使用。

本任务的学习内容详见表4.1.0。

刚架的创建学习内容　　表4.1.0

任务	技能	知识	拓展
4.1 刚架的创建	4.1.1 钢柱的创建	4.1.1.1 CAD辅助线导入 4.1.1.2 等截面柱属性定义及布置 4.1.1.3 变截面柱属性定义及布置 4.1.1.4 A厂房钢柱柱身的创建 4.1.1.5 A厂房女儿墙立柱的创建 4.1.1.6 A厂房钢柱柱脚的创建	钢柱分类及制造要求
	4.1.2 钢梁的创建	4.1.2.1 不规则型钢截面的创建 4.1.2.2 A厂房钢梁的创建	钢梁安装
	4.1.3 刚架连接节点	4.1.3.1 梁柱连接节点的创建 4.1.3.2 梁间连接节点的创建	门式刚架梁柱连接节点设计及施工要点
	4.1.4 抗风柱的创建	4.1.4.1 A厂房抗风柱柱身的创建 4.1.4.2 A厂房抗风柱柱脚的创建 4.1.4.3 A厂房抗风柱女儿墙立柱的创建 4.1.4.4 A厂房抗风柱与梁节点的创建	抗风柱的布置要求与作用

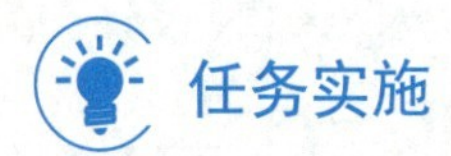

任务实施

视频

CAD辅助线导入

4.1.1 钢柱的创建

4.1.1.1 CAD 辅助线导入

第一步：进入 GRID 2 平面视图。

打开“视图列表”，将“命名的视图”中的“GRID 2”导入“可见视图”后点击“确认”，如图 4.1.1 所示。

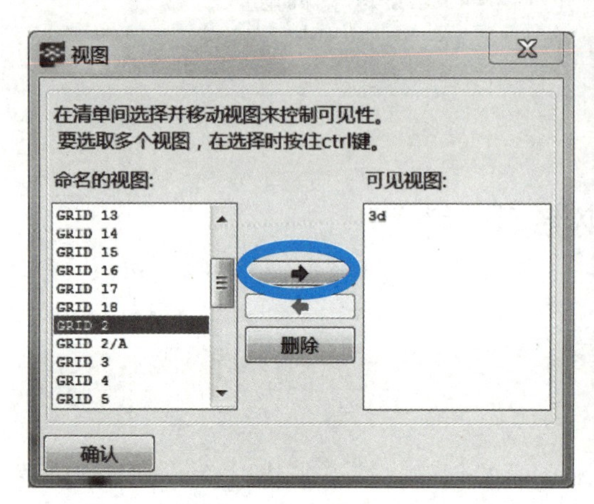

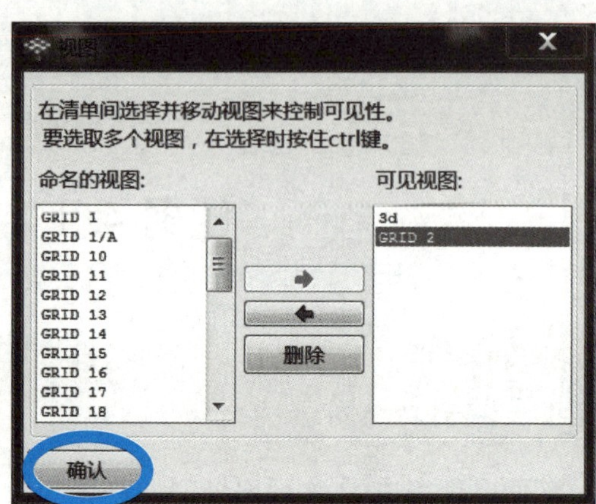

图 4.1.1 视图导入

将工作平面设置为“平行于视图平面”，点击 GRID 2 中的工作区域范围内，如图 4.1.2 所示。

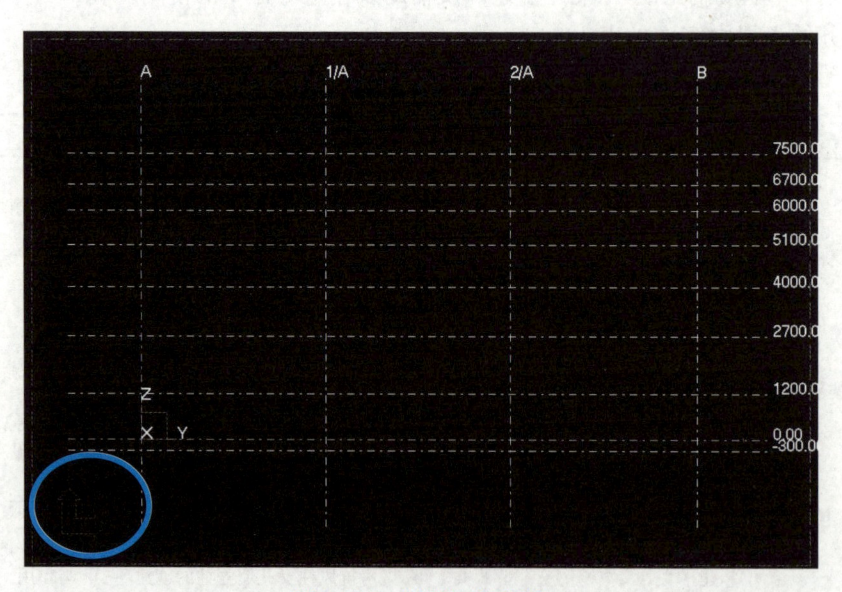

图 4.1.2 设置工作平面

第二步：将门式刚架的CAD图导入Tekla Structures的GRID 2平面中。

首先在CAD中打开A厂房的刚架详图→选中要复制的内容后输入“W”创建块，如图4.1.3所示。

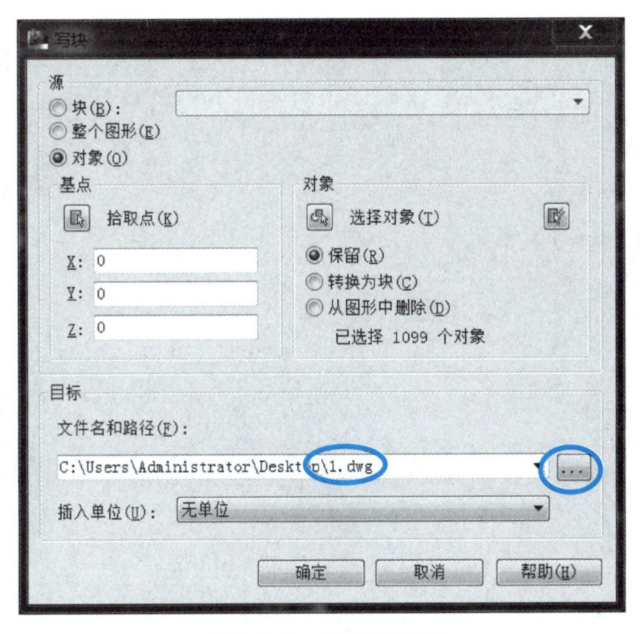

图4.1.3 块模型创建

新块名称不可出现中文字符，保存为CAD2010版本即可。

其次在Tekla Structures中点击“文件”→“输入”→“DWG/DXF”，导入CAD块模型文件，出现如图4.1.4所示的对话框。

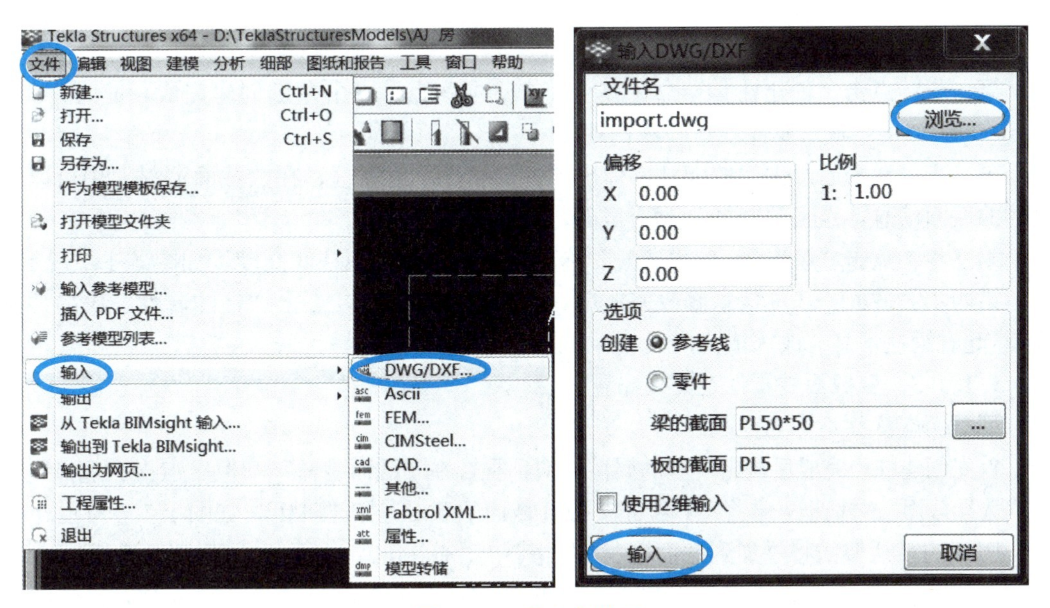

图4.1.4 导入块模型

在“浏览”中选择CAD块所在的路径后，点击“输入”，在Tekla Structures界面中找到导入的块，找好基准点——Ⓐ轴与标高－300.00的交点，将其“移动”到GRID 2的工作区域中，如图4.1.5所示。

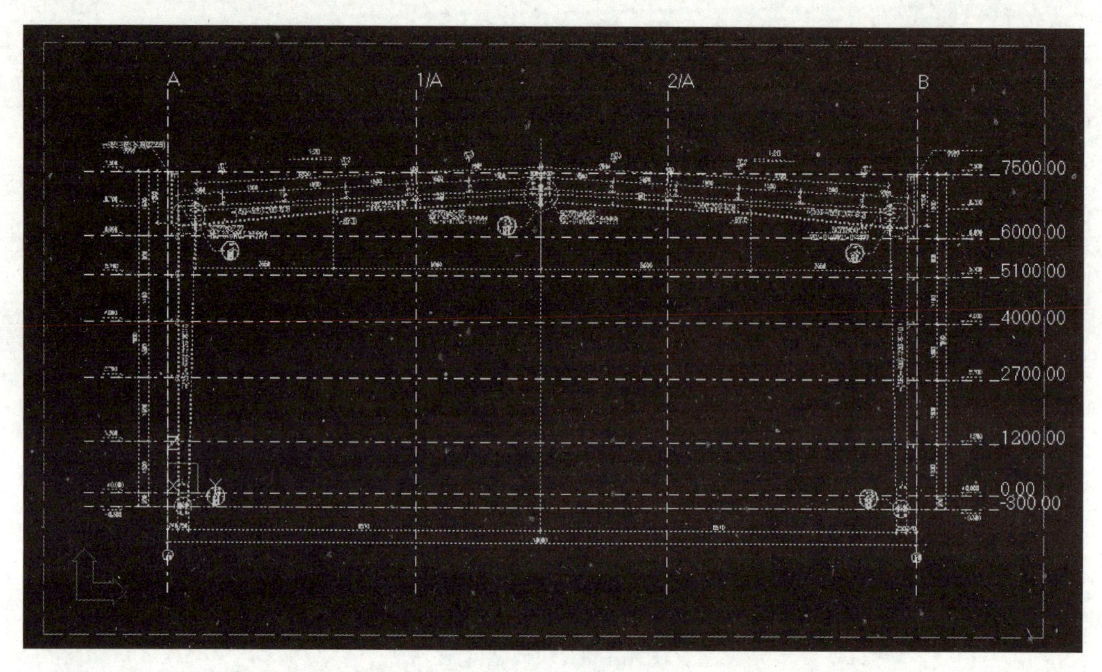

图4.1.5　完成块模型导入

在视图属性中将“角度”由“3D”改为“平面”，“视图类型”由“渲染”改为“线框表示”，后点击“修改”→“确认”。

4.1.1.2　等截面柱属性定义及布置

型材两端截面相等为等截面。

第一步：点击“创建柱”命令在空间中选取一点，点击左键创建完成，此时Tekla Structures会按照默认属性创建一根钢柱。

第二步：双击已经创建的钢柱，弹出“柱的属性”对话框，在“截面型材”中可以修改柱的截面信息，点击“选择”改变截面，如图4.1.6所示。

第三步：点击“位置”，在“高度”选项中可以修改柱顶柱底高度，如图4.1.7所示。

第四步：截面、高度信息修改完成后，选择要修改的柱，点击“柱的属性”中的“修改”，此时钢柱信息修改完成。

4.1.1.3　变截面柱属性定义及布置

型材两端截面不等为变截面。

首先创建柱，完成后调出“柱的属性”对话框，在“截面型材”一栏后点击“选择”弹出“选择截面”对话框，选择“I截面”，在I截面中双击选择“PHI”，如图4.1.8所示。

PHI的默认截面将添加到截面型材中，其中“300-400”表示上、下截面高度，“15”为腹板厚度，“20”为翼板厚度，“300”为翼板宽度，此时的柱就是变截面柱，点击“修改”，如图4.1.9所示。

图 4.1.6 “柱的属性”对话框（一）

图 4.1.7 “柱的属性”对话框（二）

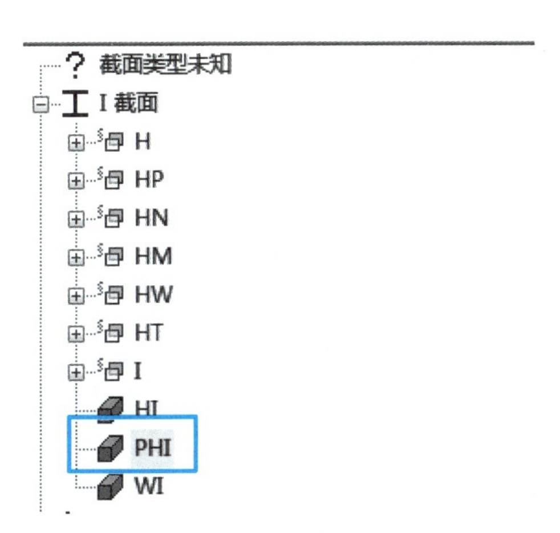

图 4.1.8 选择截面

图 4.1.9 变截面柱属性

变截面柱可以使用此种形式创建。本任务所创建的厂房模型我们不采用此种形式，而是用三块板拼接的形式。

4.1.1.4 A 厂房钢柱柱身的创建

1. 图纸识读

A 厂房钢柱基本信息如图 4.1.10 所示。

由钢柱柱身的标注可知，本模型钢柱为变截面钢柱。柱脚型钢截

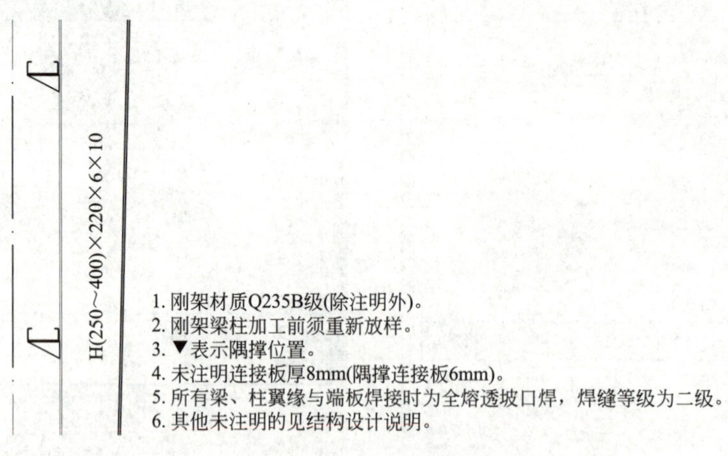

图 4.1.10 钢柱基本信息

面为 H250×220×6×10，柱顶型钢截面为 H400×220×6×10。对于本模型，本书使用“梁”的命令，创建钢板，通过板块的拼接，创建钢柱。现在对“梁”的截面进行分析，柱身由 4 块板组成：①钢柱直翼缘，板块截面为长 220mm、宽 10mm；②钢柱斜翼缘，板块截面为长 220mm、宽 10mm；③钢柱柱顶螺栓板，板块截面为长 220mm、宽 20mm；④钢柱腹板，板厚为 6mm。

2. 轴刚架柱身创建

进入 GRID 2 平面视图。依次创建钢柱中的每块钢板，以导入的 CAD 刚架图作为辅助线，以板厚呈现的钢板（如钢柱翼缘板）用“创建梁”命令，以板面呈现的钢板（如钢柱腹板）用“创建多边形板”命令。

（1）左边翼缘板创建

第一步创建梁：双击“创建梁”命令，出现“梁的属性”对话框，在对话框中修改创建钢板信息（图 4.1.11）。

第二步修改梁截面型材：依次点击“截面型材选择”→“板的截面”→“PL”→“确认”，在截面型材框中输入“PL220 * 10”（PL-钢板、220-钢板宽、10-钢板厚），如图 4.1.12 所示。“材质”由图纸信息为 Q235B，“等级”中数字大小表示在 3D 视图中板的显示颜色。

第三步修改梁位置属性并生成梁：“在平面上”选择“右边”，“在深度”选择“中间”，点击“修改”，再点击“确认”，如图 4.1.13 所示。沿着钢板的长度方向绘制起始-终止点，选取第一个位置点“左翼缘底部左侧角点”，选择第二个位置点“左翼缘顶部左侧角点”，点击滚轮中键进行确定。由于在梁的属性设置时，“在平面上”设置为“右边”，所以在选取两个位置点连线走向的右侧生成梁。若板生成位置与参考线不一致，可双击刚创建的钢板，将“在平面上”属性设置为“左边”。

以同样的方法绘制钢柱中所有以板厚呈现的各钢板，确定所创建钢板的宽度和厚度即可，并在 3D 视图中观察板件位置是否正确。使用“线切割零件”按照提示操作切去右边斜翼缘板与柱顶螺栓板连接处直角，防止应力集中，如图 4.1.14 所示。

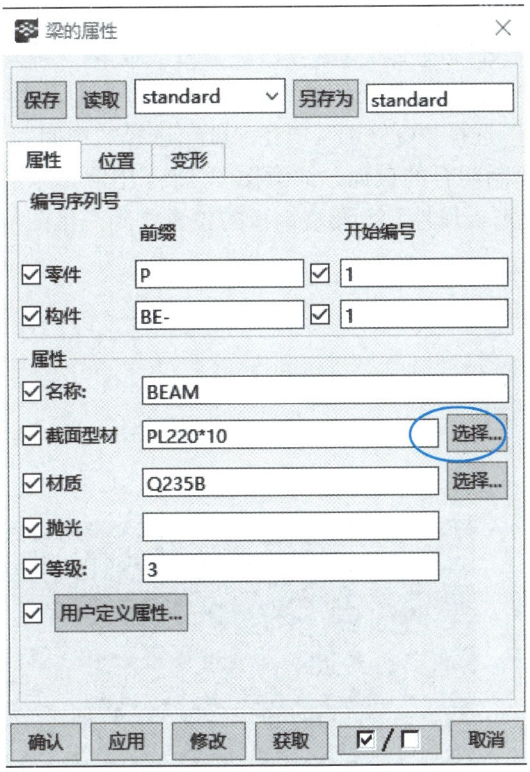

图 4.1.11　梁的属性设置

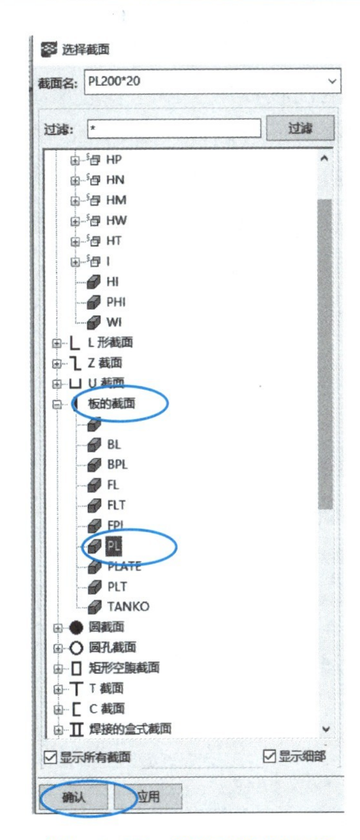

图 4.1.12　梁截面类型选择

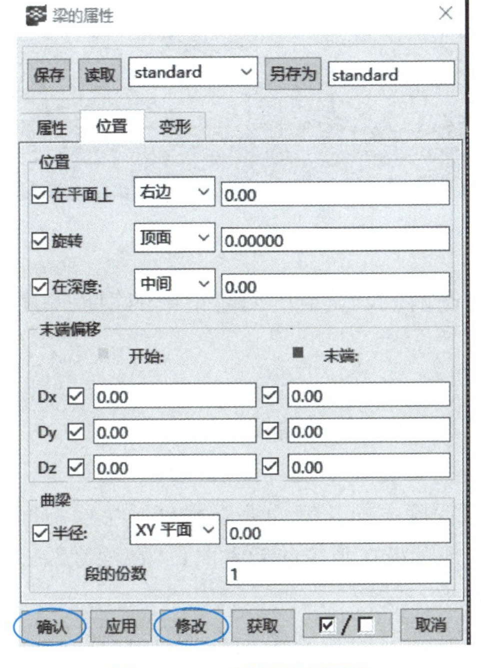

图 4.1.13　梁的位置属性

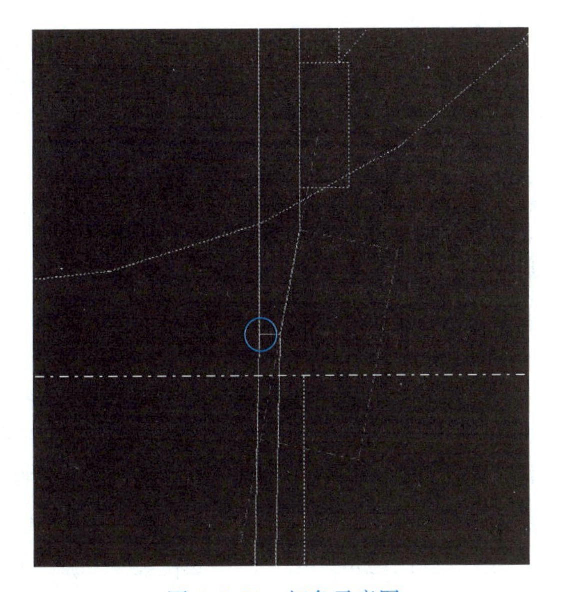

图 4.1.14　切角示意图

(2) 钢柱腹板创建

钢柱腹板用“创建多边形板”命令进行创建。双击“创建多边形板”命令，出现“多边形板属性”对话框，在对话框中修改创建钢板信息（图 4.1.15），“截面型材”选择“PL6”（PL-钢板、6-钢板厚），“材质”选择“Q235B”，“在深度”选择“中间”，点击“修改”→“确认”，再沿着钢板的角点绘制闭合的板面，注意图 4.1.14 中圈出来的交点要选。可以双击刚创建的钢板，在“多边形板属性”上调整钢板的位置，到三维图中观察是否正确。

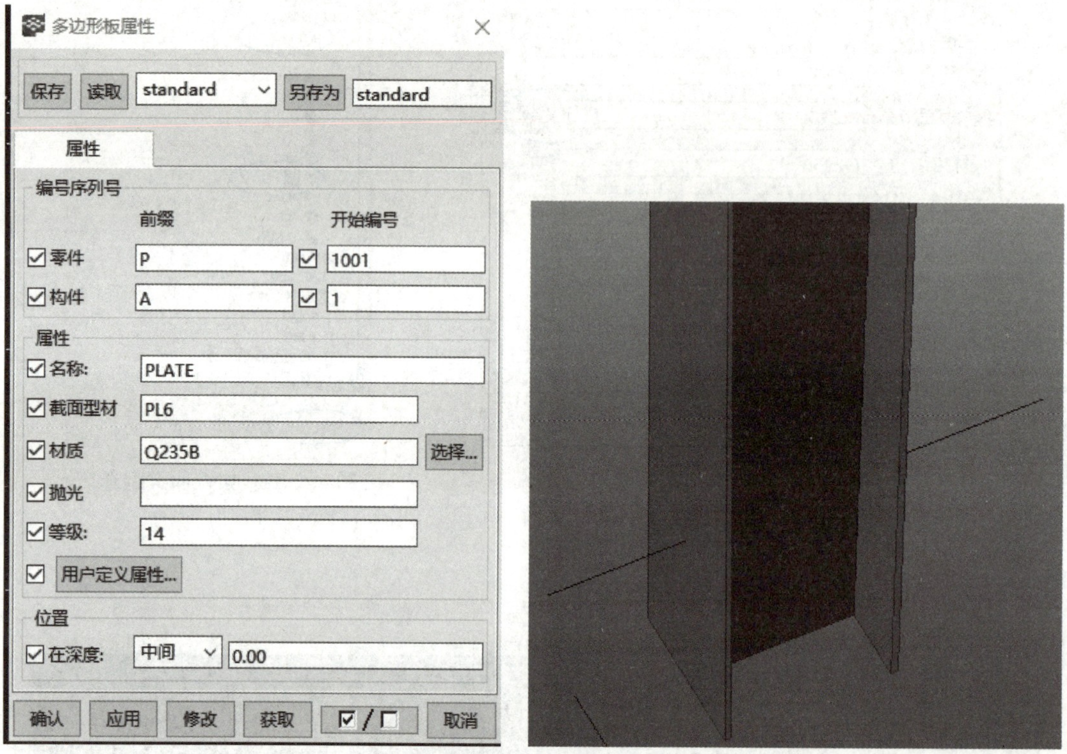

图 4.1.15 柱腹板创建

用同样的方法绘制钢柱中所有以板面呈现的各钢板，确定所创建钢板的钢板厚度即可，同时关注三维中钢板所在的位置。

(3) 钢柱加劲板创建

柱中加劲板如图 4.1.16 所示，通过镜像完成对称的两块加劲板，具体操作如下：

第一步：创建横向加劲板。双击“创建梁”命令，出现“梁的属性”对话框，在对话框中修改创建钢板信息（图 4.1.17）。加劲板深度方向长度为翼缘宽度减去腹板厚度再除以 2，即 107mm；厚度为 8mm。位置关系，加劲板在腹板前后方向，“在深度”选择“前面的”→“3”，并在 3D 视图中观察板件位置是否正确。

第二步：切角。用“两点创建视图”创建所需要的视图平面如图 4.1.18（a）所示。进入图示加劲板所在平面，如图 4.1.18（b）所示，高亮显示即为所需镜像复制加劲板。

图 4.1.16 柱加劲板示意图

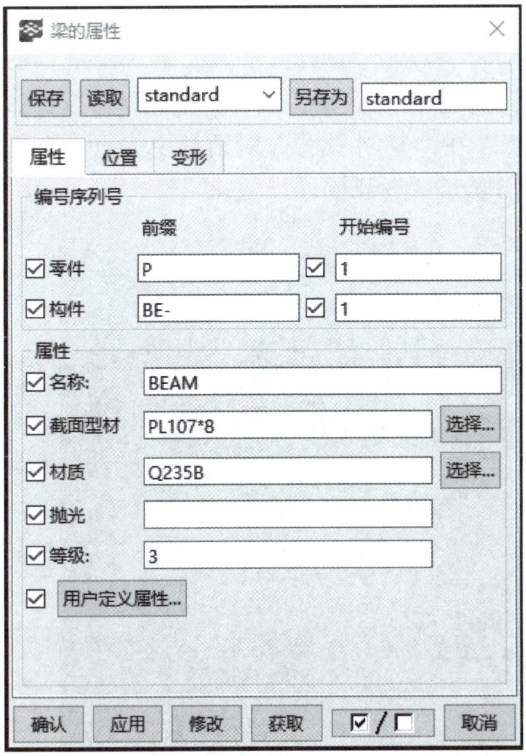

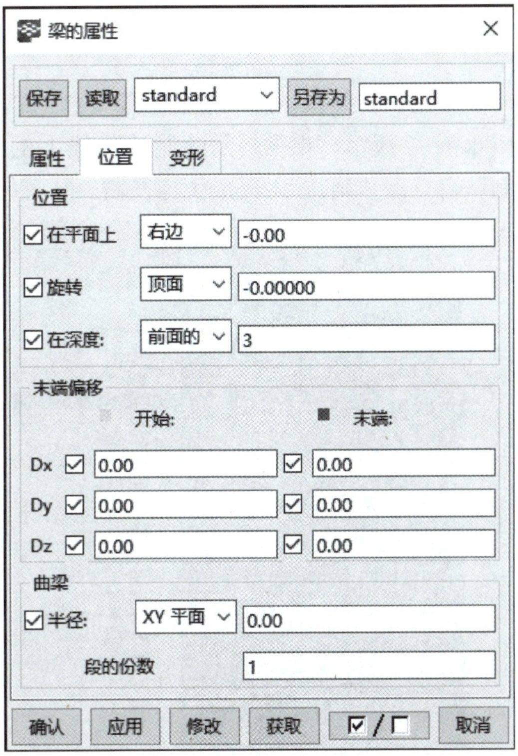

梁的属性

保存 读取 standard 另存为 standard

属性 位置 变形

编号序列号

前缀 开始编号

☑零件 P ☑ 1

☑构件 BE- ☑ 1

属性

☑名称: BEAM

☑截面型材 PL107*8 选择...

☑材质 Q235B 选择...

☑抛光

☑等级: 3

☑ 用户定义属性...

确认 应用 修改 获取 ☑/☐ 取消

梁的属性

保存 读取 standard 另存为 standard

属性 位置 变形

位置

☑在平面上 右边 -0.00

☑旋转 顶面 -0.00000

☑在深度: 前面的 3

末端偏移

开始: 末端:

Dx ☑ 0.00 ☑ 0.00

Dy ☑ 0.00 ☑ 0.00

Dz ☑ 0.00 ☑ 0.00

曲梁

☑半径: XY 平面 0.00

段的份数 1

确认 应用 修改 获取 ☑/☐ 取消

图 4.1.17 加劲板梁属性

进入新的工作平面进行操作，首先点击“![]”按钮，将当前页面设为工作平面。为了保证主要焊缝完整，加劲板两个根部一般切去 20mm，以便让主要焊缝通过。可先用“辅助圆◎”命令在加劲板根部画一个直径 20mm 的圆，再利用“线切割”命令切角。

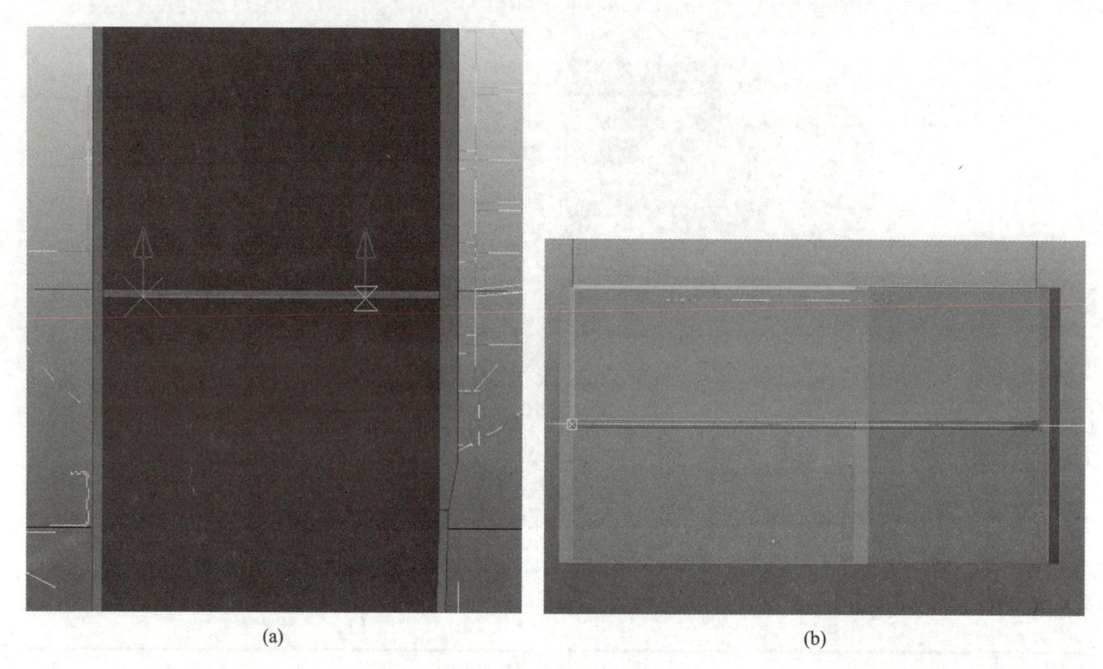

图 4.1.18　加劲板平面图

第三步：镜像。选取需要镜像复制的钢板（高亮显示），点击鼠标右键选择命令，如图 4.1.19 所示，根据提示绘制镜像线上的两点，在“复制-镜像”对话框中先点击“复制”再点击“确认”，完成镜像复制。从三维图中查看是否正确。

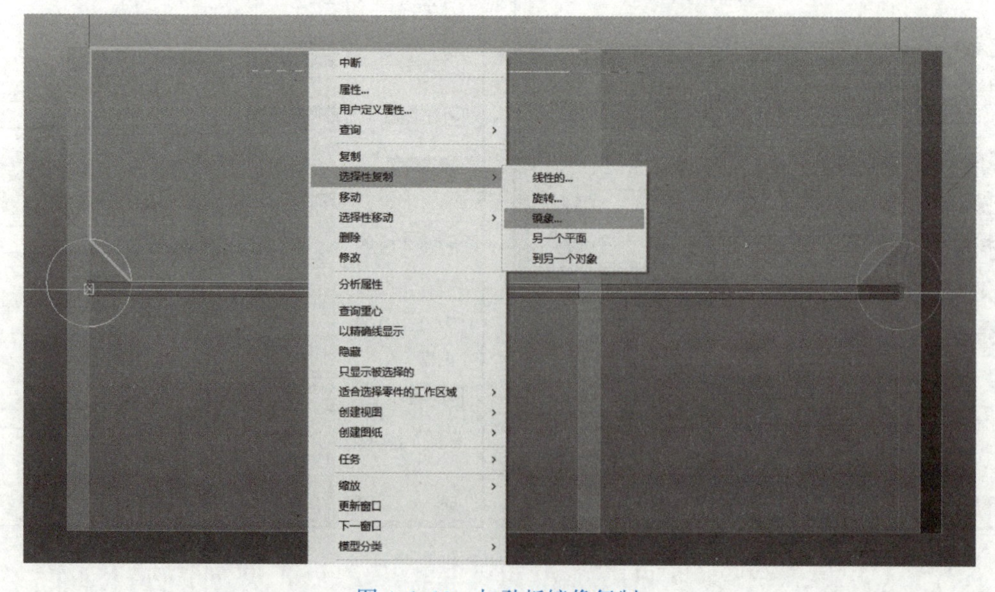

图 4.1.19　加劲板镜像复制

用同样的方法绘制钢柱中所有加劲板，如图 4.1.20 所示。

图 4.1.20　加劲板示意图

4.1.1.5　A 厂房女儿墙立柱的创建

1. 图纸识读

由图 4.1.21 女儿墙立柱节点详图可知，女儿墙立柱为等截面钢柱，截面为 H160×160×5×6，翼缘宽度为 160mm、厚度为 6mm，腹板厚度为 5mm，柱身高度为 1200mm，柱顶标高为 7.500，则柱底标高为 6.300。女儿墙立柱与主钢柱通过四个 M16 的螺栓相连，螺栓具体位置见图 4.1.21 所示。

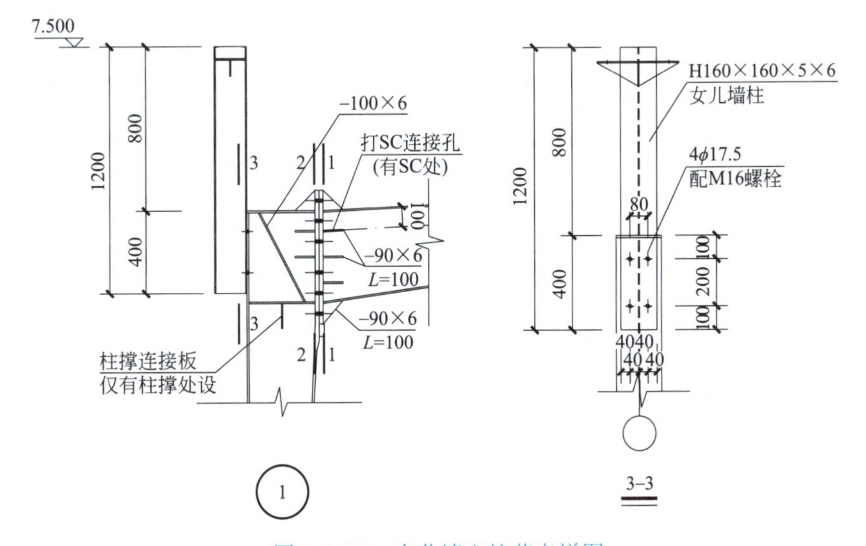

图 4.1.21　女儿墙立柱节点详图

2. 女儿墙立柱柱身创建

第一步：将女儿墙立柱的截面型材导入型材库。A 厂房女儿墙立柱采用 H160×160×5×6，而 Tekla Structures 软件截面库中不存在该截面，需要先在型材库中创建该截面。在选项栏中点击“建模”→“截面型材”→“截面库”，如图 4.1.22 所示，出现“修改截面目录”对话框，如图 4.1.23 所示。

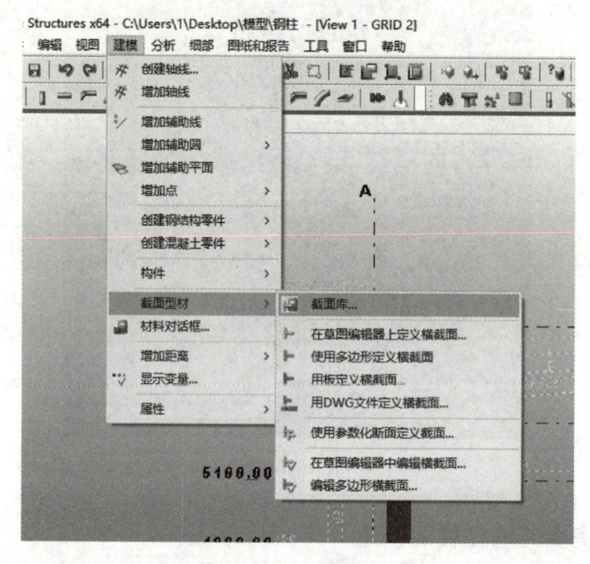

图 4.1.22 创建截面库

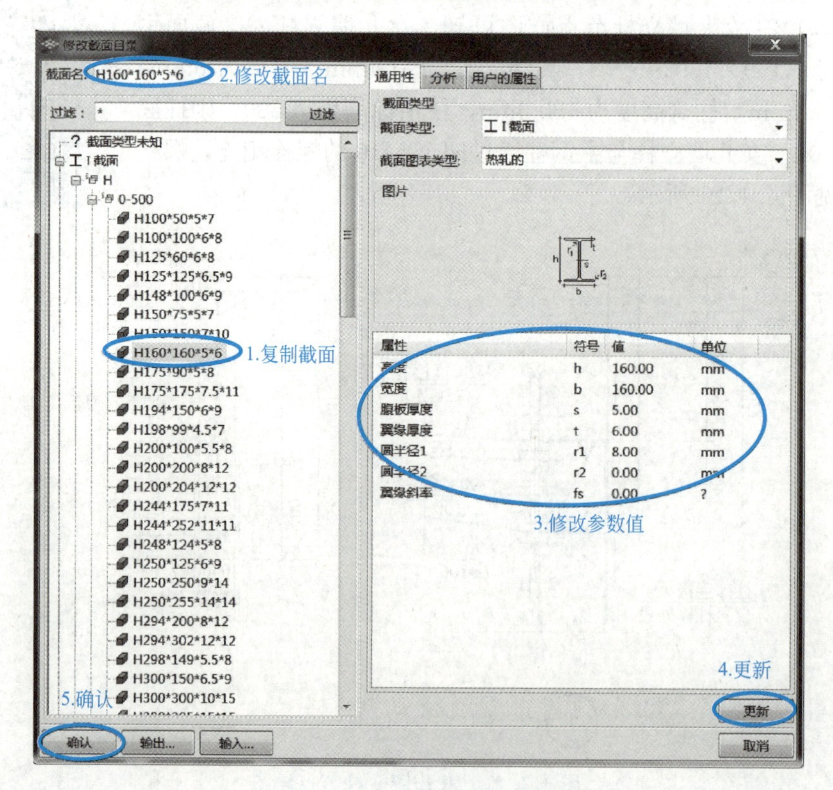

图 4.1.23 截面属性设置

修改截面：复制一个类似的型材截面→在“截面名”中修改为“H160 * 160 * 5 * 6”→在“属性”中修改参数值（h = 160mm，b = 160mm，s = 5mm，t = 6mm）→右下角点击“更新”→左下角点击“确认”，如图 4.1.23 所示。

第二步：进入 GRID 2 平面视图。双击“创建梁”命令，出现“梁的属性”对话框，选择“截面型材”，选择第一步创建的女儿墙立柱截面，如图 4.1.24 所示。

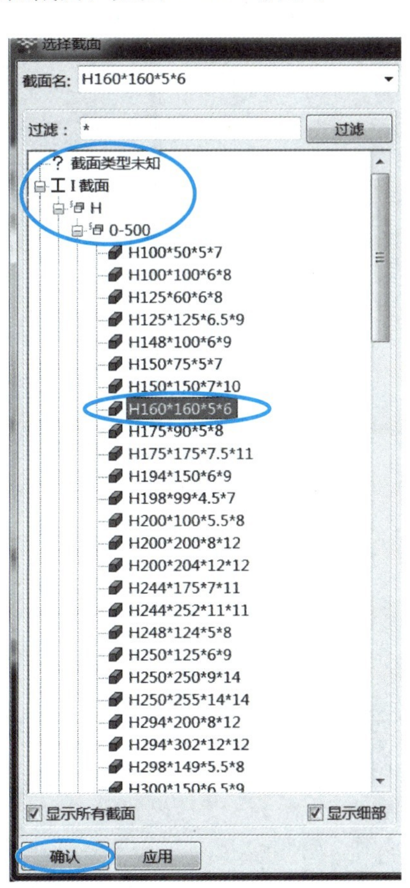

图 4.1.24　梁属性调用与设置

调整女儿墙立柱的位置，如图 4.1.25 所示。

放置立柱时选取女儿墙立柱底部和顶部中点两点位置，并在 3D 视图中观察女儿墙位置是否正确，如图 4.1.26 所示。若女儿墙位置方向有偏差，双击刚创建的女儿墙立柱，对图 4.1.25 中梁的“位置”属性进行调整。

3. 创建女儿墙立柱与钢柱的螺栓连接

第一步：用“用两点创建视图”命令沿两构件连接面创建工作视图平面，并用“”命令将该平面设为工作平面，如图 4.1.27 所示。

第二步：修改螺栓属性。进入所需视图平面后，双击创建螺栓“”命令，出现“螺栓属性”对话框，如图 4.1.28 所示。修改“螺栓尺寸”为“16”，“螺栓标准”为“TS10.9”，“螺栓 X 向间距”为“200”，“螺栓 Y 向间距”为“80”，“起始点：Dx”为“100”，必要时调整对话框右上角的位置关系。点击“修改”→“确认”。

图 4.1.25 位置调整

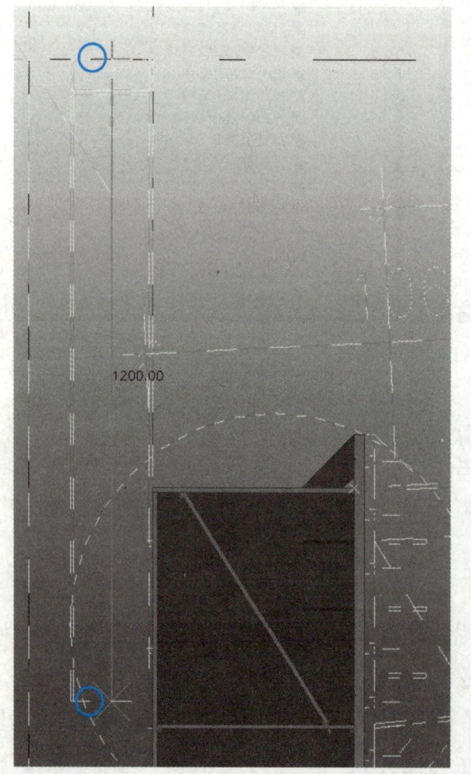

图 4.1.26 创建女儿墙立柱

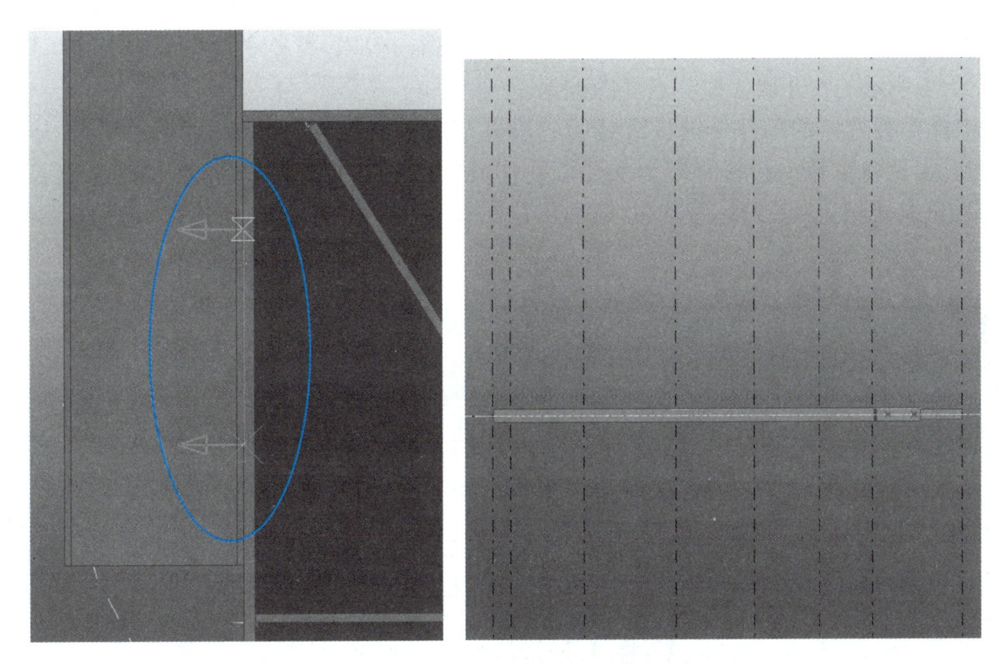

图 4.1.27　创建工作视图平面

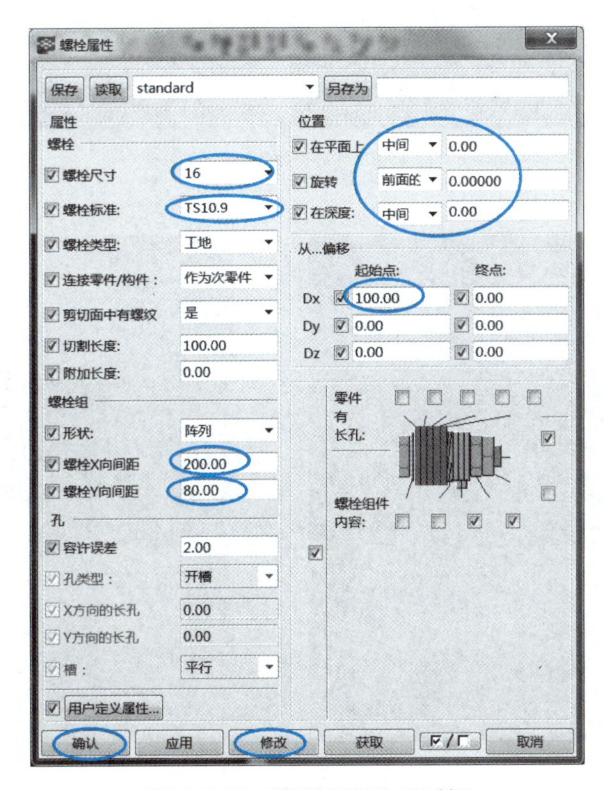

图 4.1.28　“螺栓属性”对话框

说明：图 4.1.28 起始点 Dx 表示后续“选取第一个位置”时，螺栓 X 轴生成位置沿 X 轴正向距离选取第一个位置 100mm。螺栓尺寸、螺栓标准、螺栓 X 向间距及 Y 向间距由图 4.1.21 所示的女儿墙立柱节点详图确定。

选择要装螺栓的零件→钢柱翼缘板、女儿墙立柱翼缘板（两板相接触），点击鼠标中键确认。“选取第一个位置”为女儿墙立柱最低点（图 4.1.29 左侧点），“选取第二个位置”为螺栓组几列螺栓的走向（图 4.1.29 右侧点）。完成螺栓连接，如图 4.1.30 所示。

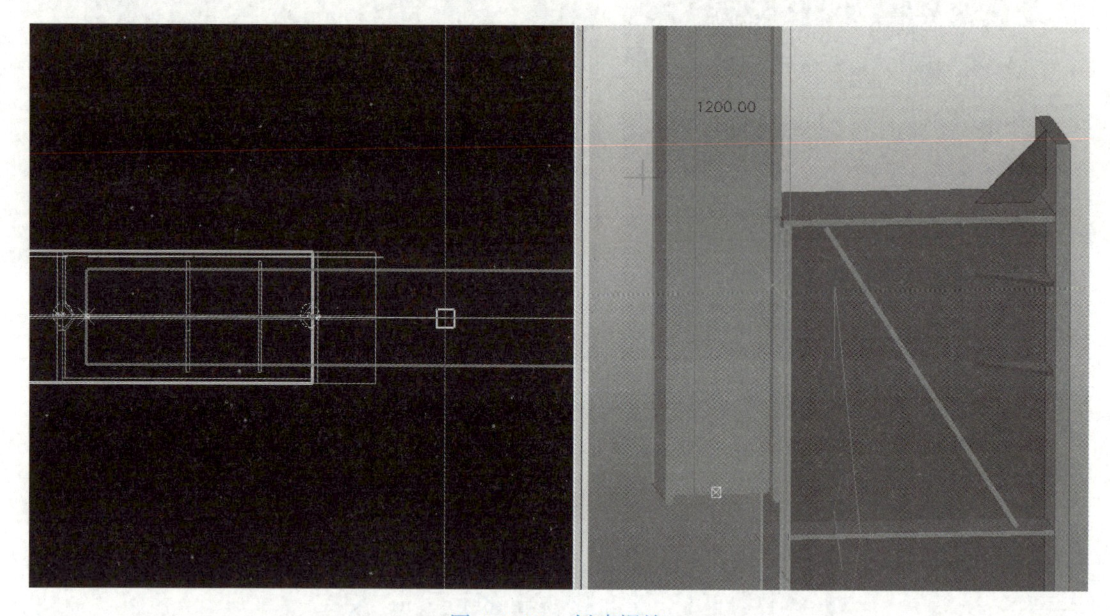

图 4.1.29　创建螺栓

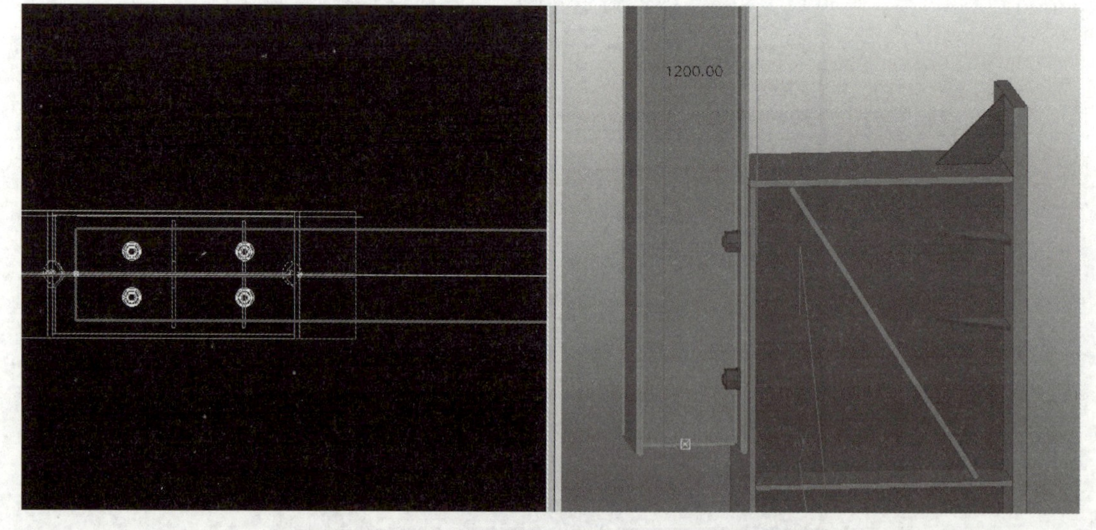

图 4.1.30　女儿墙立柱与钢柱螺栓连接示意图

说明：为了更方便地选取钢柱翼缘板、女儿墙立柱翼缘板（两板相接触），可以选择窗口中的垂直平铺或水平平铺，进行多窗口操作。在3D视图中选择女儿墙立柱和与女儿墙立柱贴近的钢柱翼缘，同时选中的构件在图4.1.29左侧平面会高亮显示，方便拾取生成螺栓的第一个位置及第二个位置。

至此完成轴钢柱柱身和女儿墙的创建，接下来可以在②号轴线上继续创建钢柱柱脚，完成整个钢柱的创建。

4.1.1.6　A厂房钢柱柱脚的创建

1. 图纸识读

A厂房钢柱柱脚基本信息如图4.1.31所示。

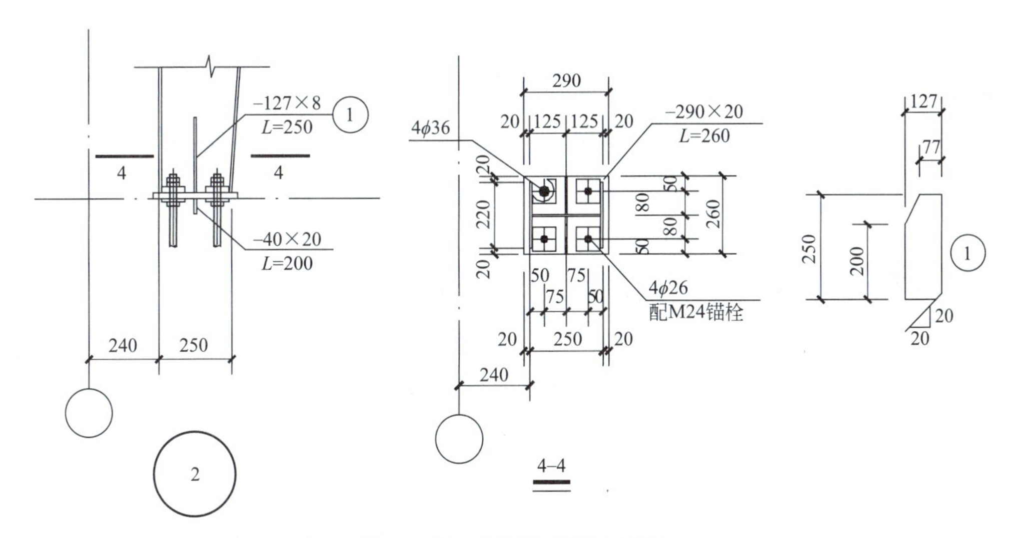

图4.1.31　钢柱柱脚节点详图

由图4.1.31钢柱柱脚节点详图可知，钢柱底板长度为290mm，宽度为260mm，厚度为20mm；底板上下一般各设四块80mm的方形垫块，上垫块厚度20mm，下垫块厚度10mm；钢柱与基础混凝土通过4M24锚栓相连，底板孔洞36mm，垫块孔洞26mm；钢柱底板焊接抗剪键，柱脚设置加劲板。

2. 钢柱柱脚的创建

第一步：底板的创建。进入GRID 2平面视图，并用“”命令设为工作平面。双击“创建梁 ”命令，出现“梁的属性”对话框，在对话框中修改创建底板信息，如图4.1.32所示。创建钢柱底板，并在3D视图中观察位置是否正确。

第二步：进入PLAN −300.00平面视图。点击“视图列表”命令，将“命名的视图”中的“PLAN −300.00”导入“可见视图”后点击“确认”，如图4.1.33所示，并用“”命令设为工作平面。

第三步：作辅助线，确定垫块位置。辅助线只需要在底板上布置，可将投影在PLAN −300.00平面上的其他构件隐藏，以方便作图。在视图平面空白地方双击，对可见性显示深度进行修改，如图4.1.34所示。

根据图4.1.31钢柱柱脚节点详图，先用“增加与两个选取点平行的点”命令，作出垫块中心辅助线与底板四个边的交点，如图4.1.35（a）所示。

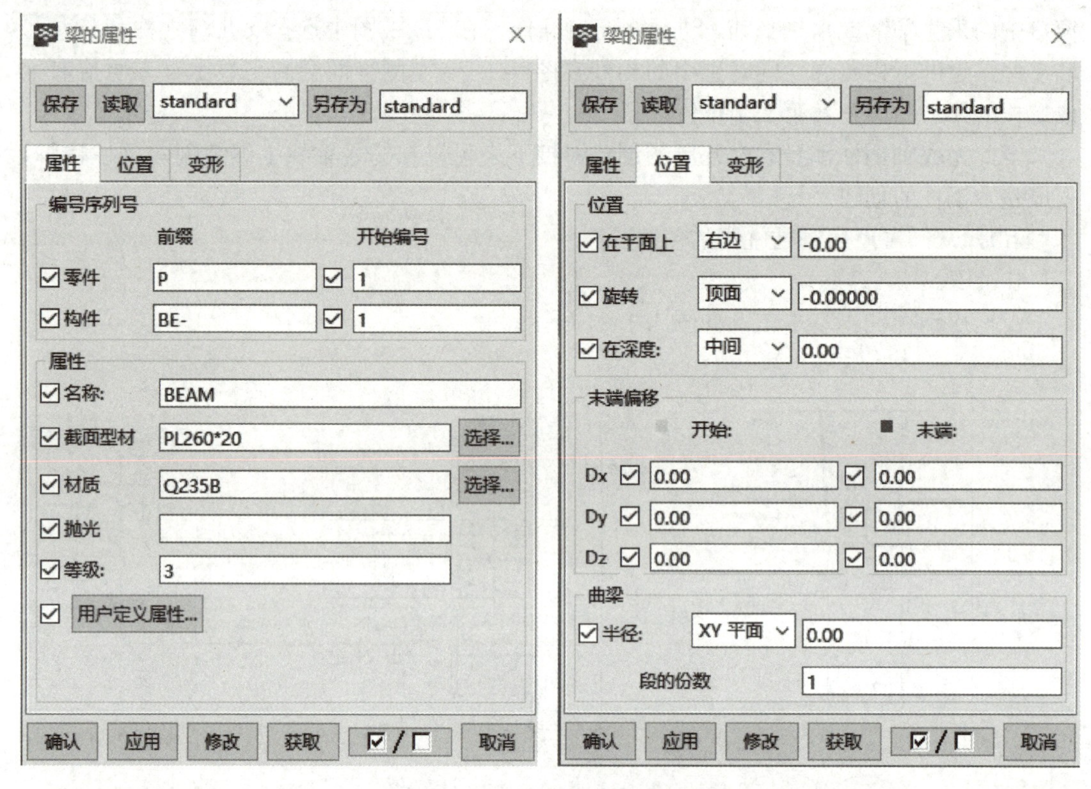

图 4.1.32 “梁的属性”对话框

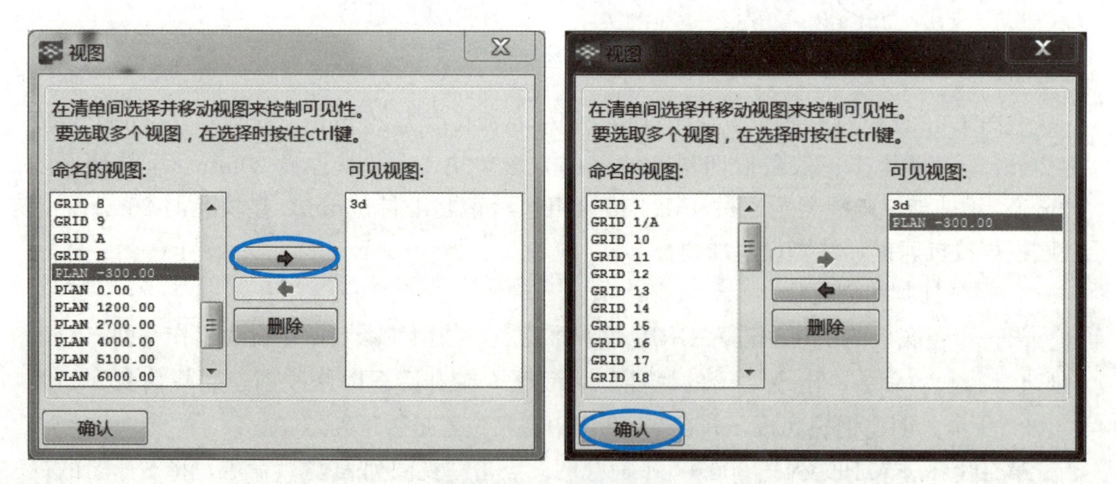

图 4.1.33 视图调取

再用“增加辅助线”命令连接刚创建的交点，如图 4.1.35（b）所示。

然后用“辅助圆”命令作半径 40mm 的圆，并用“增加辅助线”命令连接出垫块的四边位置，如图 4.1.36 所示。

第四步：创建底板上下垫块。用“创建多边形板”命令创建上垫块：修改板厚 20mm，材质 Q235B，位置在 PLAN －300.00 平面上＋20mm。绘制四个板角点闭合线，创建上垫块，如图 4.1.37 所示。

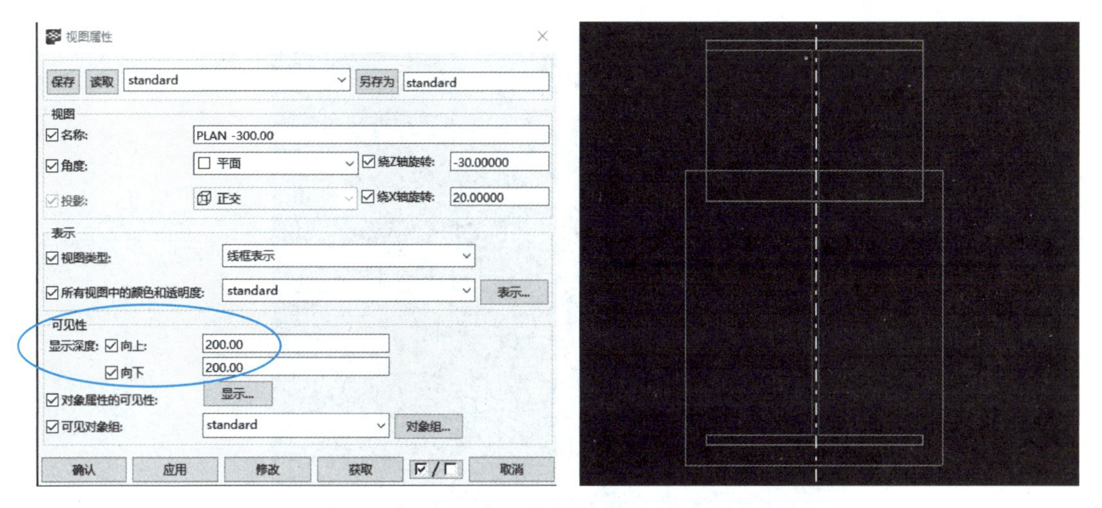

图 4.1.34　视图处理

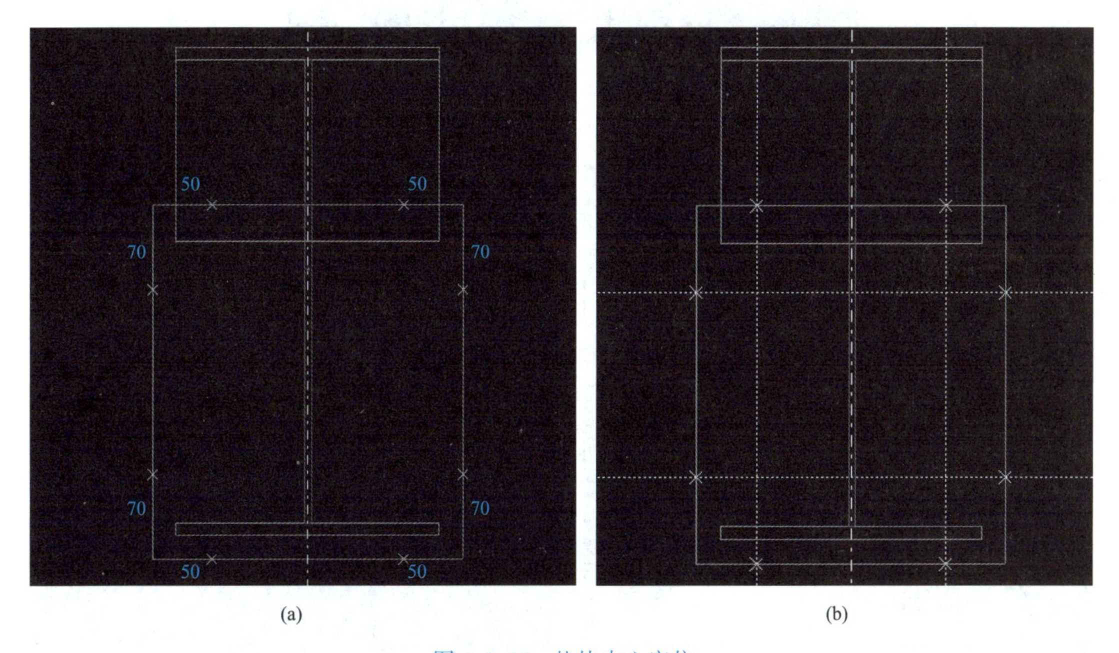

(a)　　(b)

图 4.1.35　垫块中心定位

同理在 PLAN －300.00 平面上绘制下垫块，在“多边形板属性”对话框中修改“截面型材”为“PL10”（下垫块 10mm），“在深度”为“后部”→“0”。绘制四个板角点闭合线，创建下垫块，如图 4.1.38 所示。

复制剩余三个锚栓位置的上下垫块。框选已经创建的上下垫块，点击鼠标右键选择“复制”，以锚栓中心为基准点复制其他三个上下垫块，如图 4.1.39 所示。

第五步：在 PLAN －300.00 平面上创建柱脚的四个锚栓 4M24，尺寸及位置见图 4.1.31。双击“创建螺栓”命令，出现“螺栓属性”对话框，如图 4.1.40 所示。修改“螺栓尺寸”为“24”，“螺栓标准”为“HS10.9”，“螺栓 X 向间距”为“160”，“螺栓

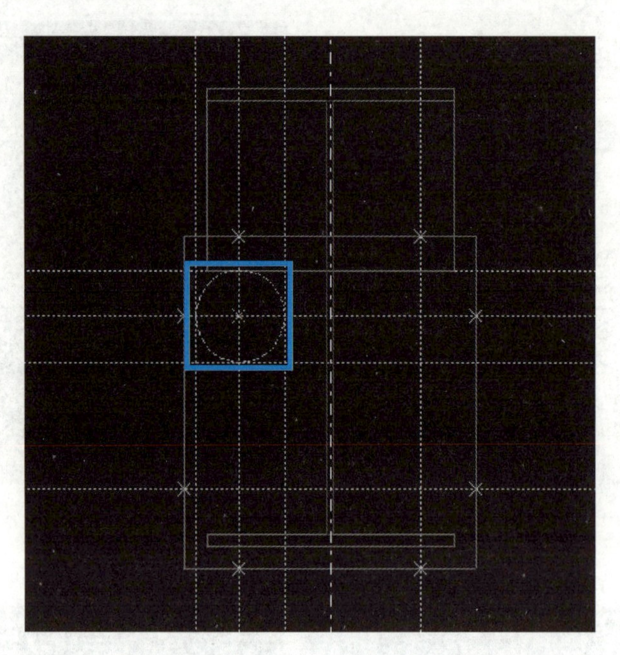

图 4.1.36　垫块四边定位

图 4.1.37　创建单块柱上垫块

Y 向间距”为“150”，必要时调整对话框右上角的位置关系。点击“修改”→“确认”。

选择要装螺栓的零件→柱底板、垫块（只需选其中一块），点击鼠标中键确认。“选取

图 4.1.38 创建单块柱下垫块

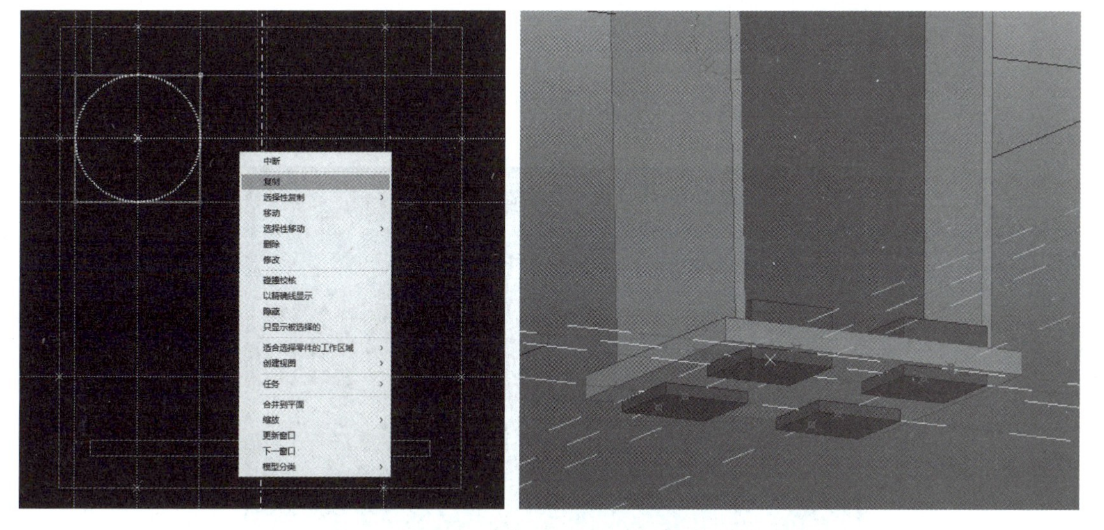

图 4.1.39 柱垫块示意图

第一个位置”为螺栓组第一列螺栓的中间点，“选取第二个位置”为螺栓组几列螺栓的走向，如图 4.1.41 所示。

由图 4.1.42 可以看出，螺栓并未穿过垫块。点击螺栓，右键选择螺栓部件，按 Shift 键同时选中上垫块、底板和下垫块，最后按滚轮中键进行确认，如图 4.1.42 所示。若没有成功，依次点击四个螺栓，重复该操作，柱脚螺栓位置如图 4.1.43 所示。

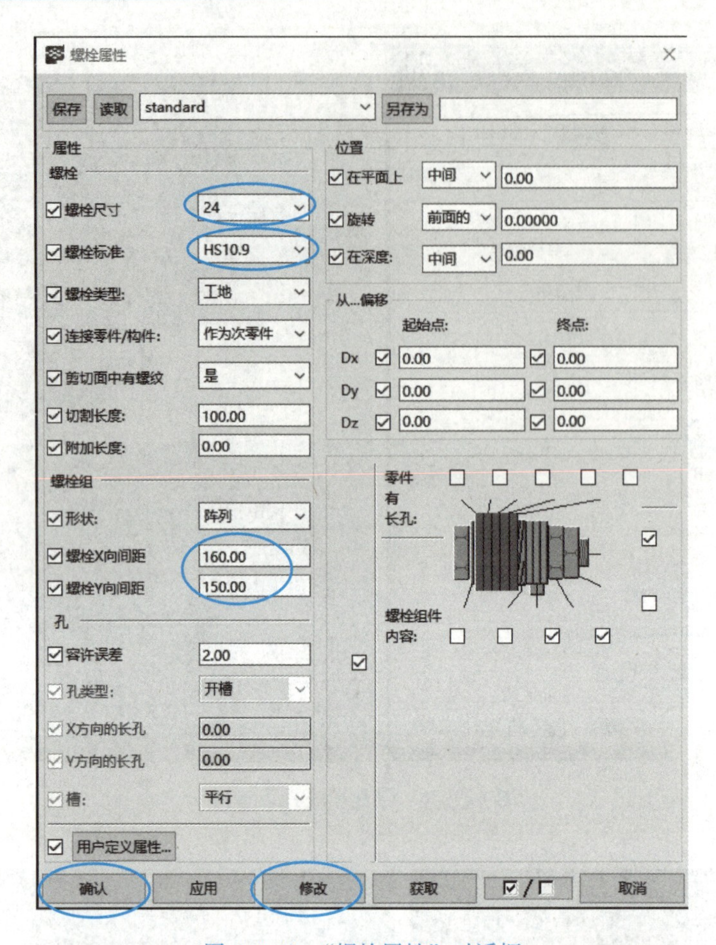

图 4.1.40 “螺栓属性”对话框

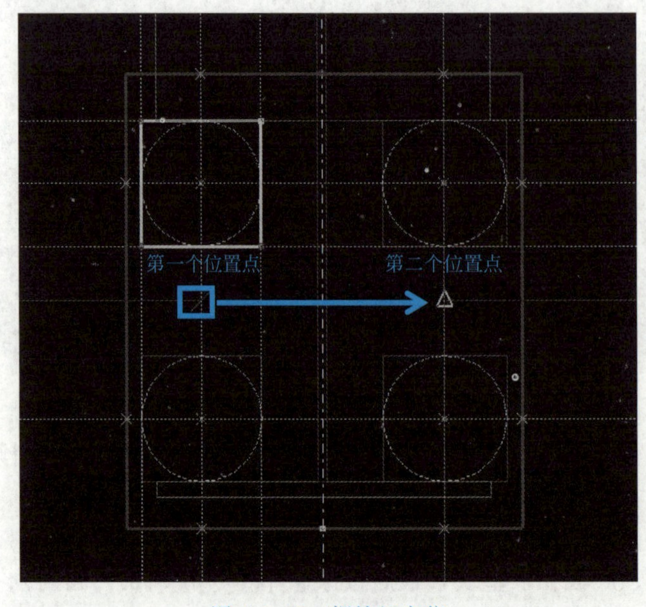

图 4.1.41 螺栓组定位

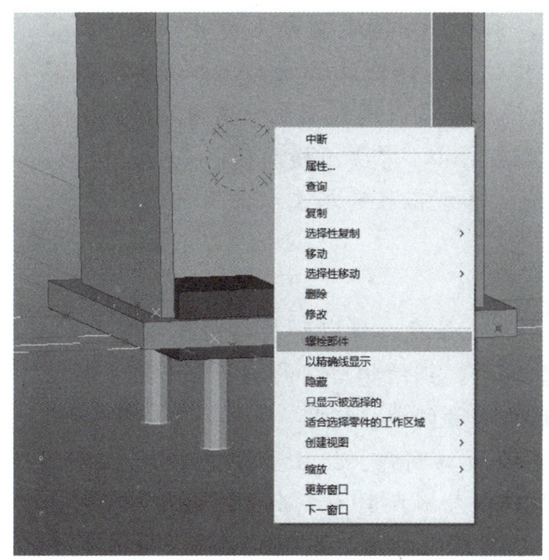

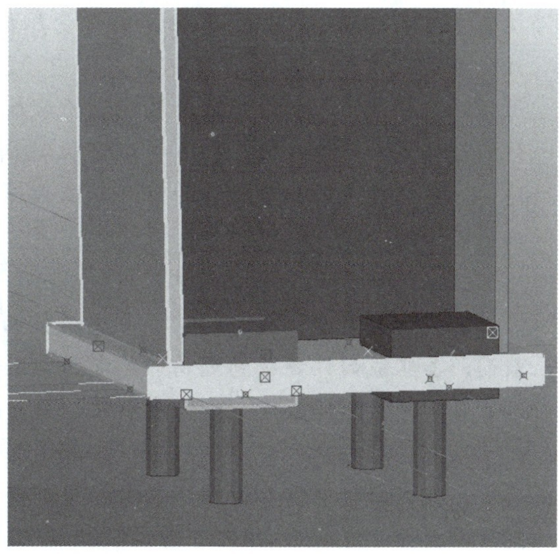

图 4.1.42 螺栓调整

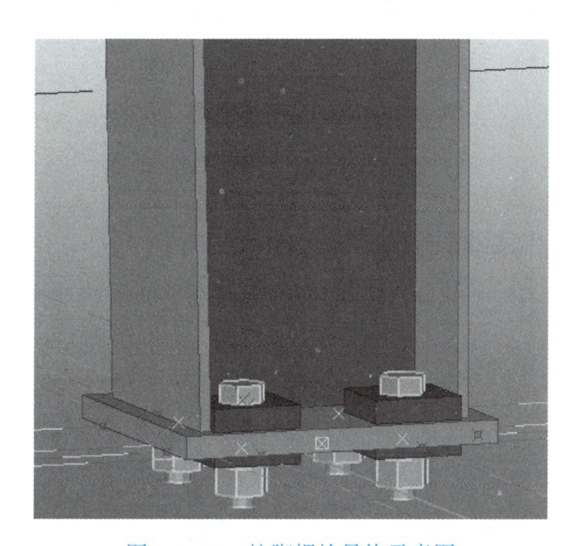

图 4.1.43 柱脚螺栓最终示意图

钢柱分类及制造要求

1. 钢柱分类

钢柱是工业产品，是用钢材制造的柱，通常用于大中型工业厂房、大跨度公共建筑、高层房屋等建筑结构中。钢柱按照截面形式可分为实腹柱和格构柱。实腹柱是一种具有整体截面的钢柱，工字形截面是最常见的形式；格构柱，其截面分为两肢或多肢，各肢间用缀条或缀板连接，这种形式在荷载较大、柱身较宽时能节省钢材。钢柱按受力情况可分为轴心受压柱和偏心受压柱。钢柱按结构类型分主要有三种：圆管柱、方管（箱形）柱和H型钢柱。其中，圆管柱内可以灌注混凝土，形成钢管混凝土柱，这种柱的承载力比钢筋混凝土的承载力高出很多，同时还能节省用钢量。方管柱的结构简单科学，但在上下翼缘部位与钢梁连接时，需要用横隔板形成贯通节点，这在一定程度上增加了操作的难度和工程造价。H型钢柱的加工和使用都比较简单，应用领域较多。

2. 设计和制造钢柱的要求

在设计和制造钢柱时，需要考虑其截面应满足强度、稳定和长细比限制等要求，截面的各组成部件还应满足局部稳定的要求。此外，钢结构所用的钢材应具有抗拉强度、延展强度、伸长度、冷缩度和硫、碳等物质含量的合格证明。

在制造过程中，需要进行钢板拼接、下料及破口制作、组立和焊接等工艺步骤。其中，钢板拼接前需要矫平，翼缘和腹板拼接焊缝应不在同一截面上，相互之间错开尺寸需大于200mm，并且缝还应避开柱节点位置，同时与劲板之间错开尺寸也需大于200mm。焊接全部采用CO_2气体保护焊打底1～2道，埋弧自动焊填充和盖面，焊接顺序采取对角焊的方法施焊。同时，需要注意焊接变形矫正，采用矫平机直接矫正，矫正应分多次进行，每次矫平量应不得大于3mm。

4.1.2 钢梁的创建

4.1.2.1 不规则型钢截面的创建

与创建柱的方法相同，选择工具时，只需要选择创建梁就可以了。

4.1.2.2 A厂房钢梁的创建

1. 图纸识读

A厂房钢梁基本信息如图4.1.44所示。

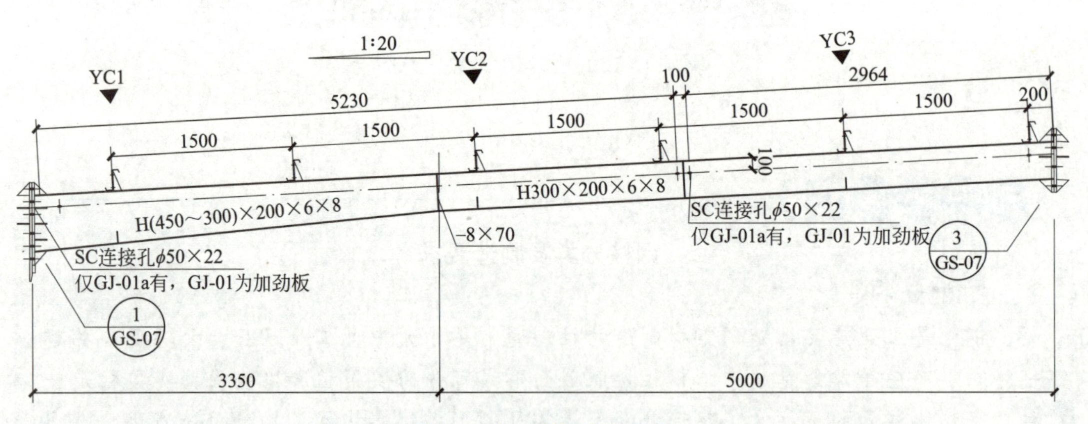

图4.1.44 钢梁基本信息

由钢梁的标注可知，本模型钢梁由两部分组成，左侧为 H(450～300)×200×6×8 的变截面梁，右侧为 H300×200×6×8 的等截面梁。上翼缘由整块钢板组成，下翼缘则由两块钢板组成，翼缘宽度为 200mm、厚度为 8mm。腹板厚度为 6mm。

2. 钢梁的创建

绘制上翼缘板：进入 GRID 2 平面视图，并用“ ”命令设为工作平面。双击“创建梁 ”命令，出现“梁的属性”对话框，在对话框中修改钢梁上翼缘的信息，如图 4.1.45 所示。创建钢柱底板，并在 3D 视图中观察位置是否正确。

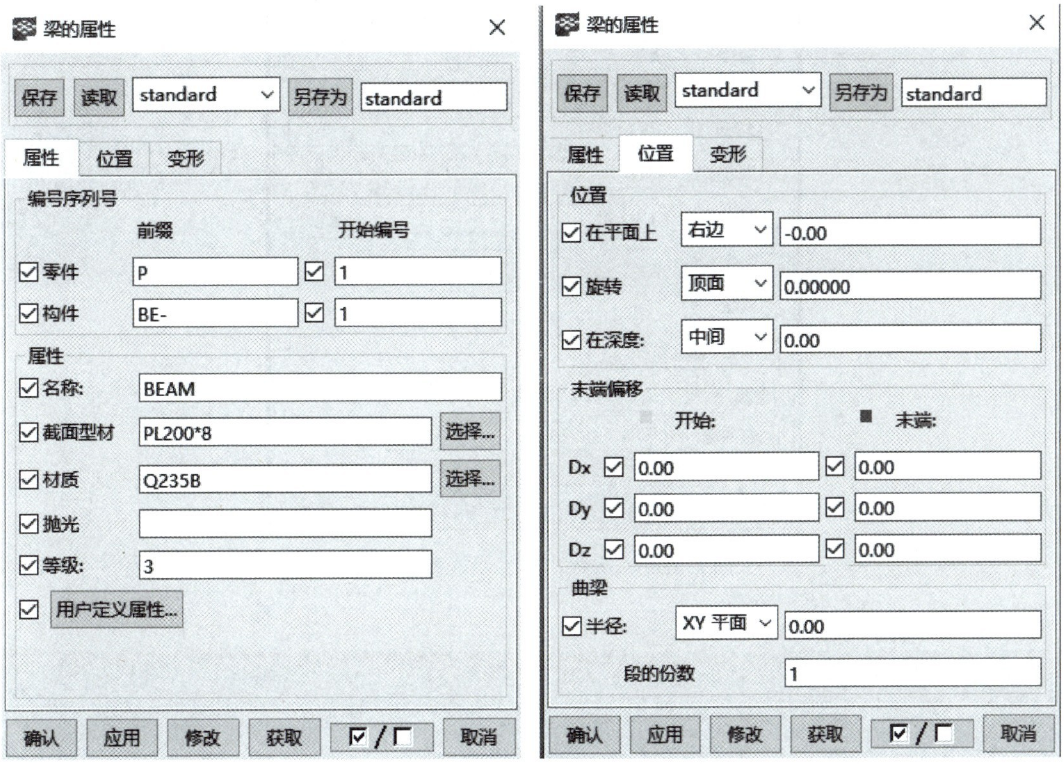

图 4.1.45 翼缘“梁的属性”设置

绘制梁下翼缘板：用同样的方法绘制两片下翼缘。

绘制梁腹板：绘制梁的腹板，能看到平面图形的板，用创建多边形板的命令，如图 4.1.46 所示。截面型材设置为 PL6，只需要设置板厚，沿着 CAD 图形的轮廓线绘制即可，要注意绘制路线完全闭合。

在 3D 视图中查看创建的钢梁位置是否正确，如图 4.1.47 所示。

绘制梁左右两侧连接板：

与绘制梁翼缘板的方法一样，从图 4.1.48 所示的梁柱连接节点及梁梁连接节点详图中读取连接板的尺寸，梁左右侧截面型材设置均为“PL200 * 20”，沿着 CAD 辅助线绘制，转化到三维视图平面查看绘制结果，如图 4.1.49 所示。

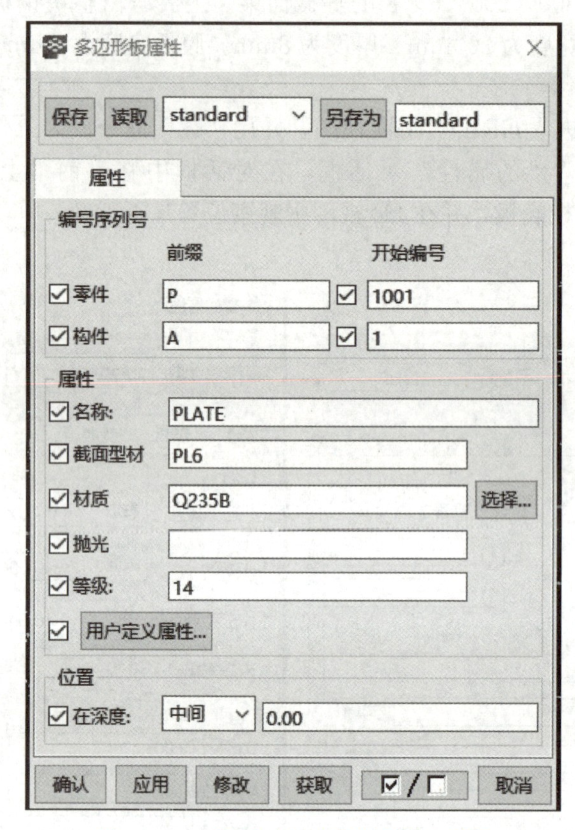

图 4.1.46 腹板“多边形板属性”设置

图 4.1.47 钢梁示意图

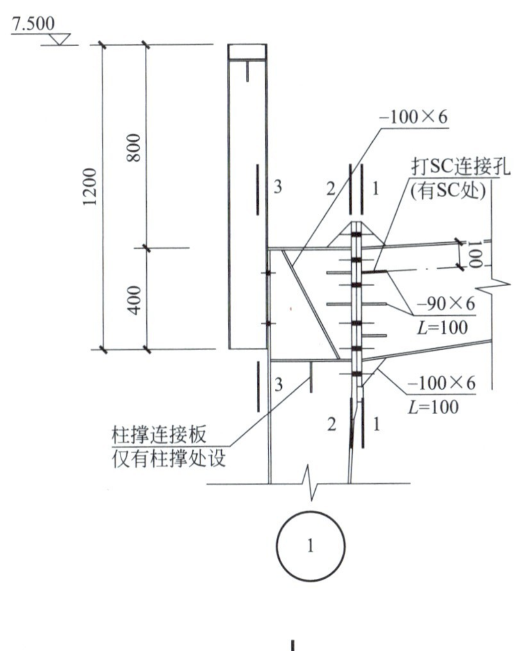

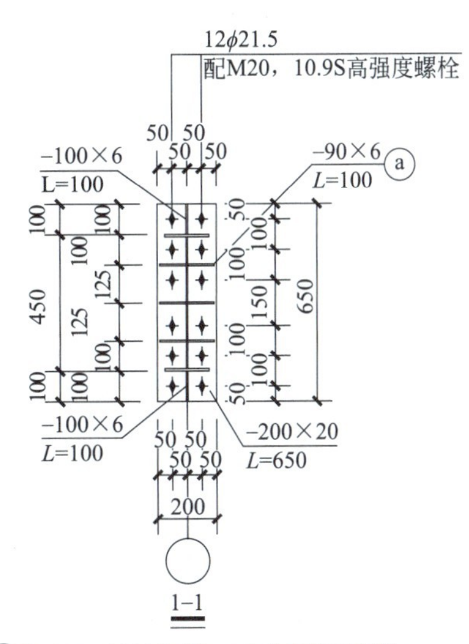

注：ⓐ作为SC连接板时按SC连接板详图制作

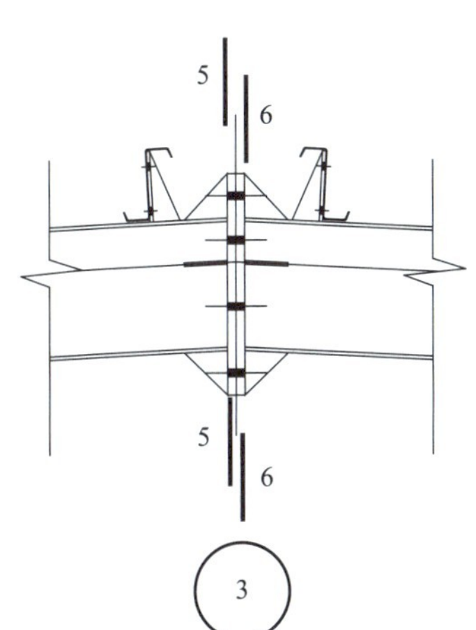

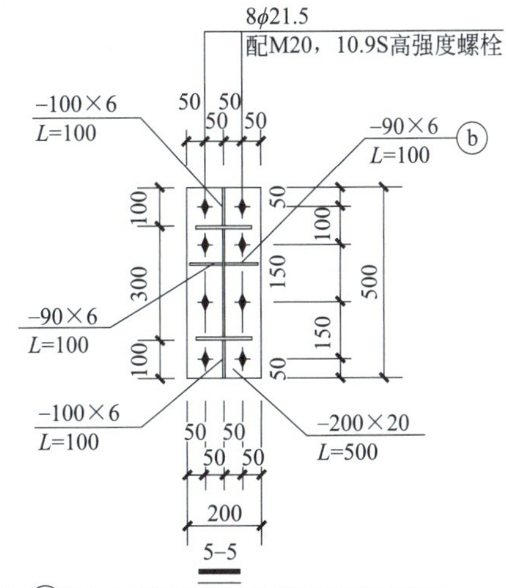

注：ⓑ作为SC连接板时按SC连接板详图制作

图 4.1.48 梁柱连接节点及梁梁连接节点详图

图 4.1.49 钢梁左右侧连接板

钢梁安装

钢梁是建筑结构中的重要组成部分，它承载着整个建筑物的重量和力量。钢梁的安装过程需要经过一系列的工序，以确保安全可靠。

1. 前期准备工作

安装方案设计：在进行钢梁安装前，需要由专业的工程师进行安装方案的设计。设计方案应包括钢梁的尺寸、数量、材质要求以及安装位置等信息。

钢梁制造准备：在钢梁安装之前，需要提前制造好所有需要的钢梁。钢梁的制造过程应符合相关的标准和规范，并进行质量检查以确保质量合格。

现场准备工作：在钢梁安装之前，需要对安装场地进行清理和整理，确保施工现场的无障碍通道和安全环境。

2. 钢梁安装步骤

拆解吊装：将已到达施工现场的钢梁进行拆解吊装。利用吊车或起重机进行吊装操作，确保吊装过程平稳无误。

定位：将吊装好的钢梁进行定位，确保其位置准确无误，根据设计方案和施工图纸中的标志点进行定位。

垂直校正：将钢梁进行垂直校正，以确保其垂直度符合要求，可以利用水平仪等工具进行校正。

连接固定：将钢梁进行连接固定，确保其稳定和牢固，可以使用螺栓、焊接等方式进行连接。

水平调整：将钢梁进行水平调整，以确保其水平度符合要求，可以利用水平仪和调整器等工具进行调整。

焊接处理：对钢梁的连接部位进行焊接处理，以增加其连接强度。焊接过程应符合相关的安全规范和操作要求。

质量检查：在钢梁安装完成后，进行质量检查。对钢梁的连接、固定、垂直度和水平度等进行检验，确保质量合格。

3. 安装要点

安全第一：在钢梁安装过程中，安全永远是第一位的。必须做好相关的安全措施，如佩戴安全帽、系挂安全绳等，并遵守相关的安全操作规范。

严格按照设计进行安装：在钢梁安装过程中，必须严格按照设计方案进行操作，不得随意更改安装位置、连接方式等。

保持通畅的施工现场：钢梁安装过程中，施工现场应保持通畅，不得堆放杂物和障碍物，以保证作业顺利进行。

精细施工：钢梁安装过程中，应注重细节和精细施工。连接固定要牢固可靠，垂直度和水平度要符合要求。

质量检验：安装完成后，对钢梁进行质量检验。发现问题及时进行修复和调整，确保安装质量合格。

通过以上步骤和要点的认真实施，钢梁安装工序可以顺利进行，确保钢梁的安全可靠。在实际工程中，还需要根据具体情况和要求进行具体操作和控制，以确保施工质量和安全。

4.1.3 刚架连接节点

视频

创建A厂房梁柱节点

4.1.3.1 梁柱连接节点的创建

第一步：在 GRID 2 平面，沿梁柱连接面创建两点工作视图平面，如图 4.1.50 所示，并用“”命令设为工作平面。

第二步：修改螺栓属性。梁柱通过 12M20 高强度螺栓相连，螺栓间距及距边尺寸详见图 4.1.48，双击“创建螺栓”命令，出现“螺栓属性”对话框，如图 4.1.51 所示。修改“螺栓尺寸”为“20”，“螺栓标准”为“HS10.9”，“螺栓 X 向间距”为“100 100 150 100 100”，“螺栓 Y 向间距”为“100”，位置“起始点：Dx”为“50”，必要时调整对话框右上角的位置关系。点击“修改”→“确认”。

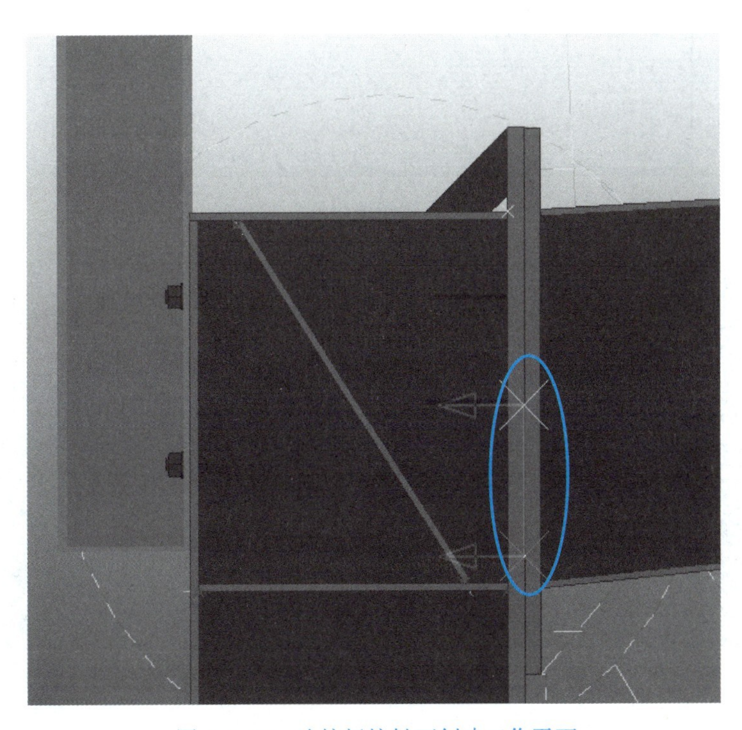

图 4.1.50 连接板接触面创建工作平面

第三步：创建螺栓。选择要装螺栓的零件→梁柱连接板（相接触的两块板，可以从 3D 视图中选取），点击鼠标中键确认。“选取第一个位置”→钢梁连接板下边缘中点，“选取第二个位置”→螺栓组几列螺栓的走向，如图 4.1.52 所示。完成螺栓连接，并创建梁柱节点加劲板和小牛腿，如图 4.1.53 所示。

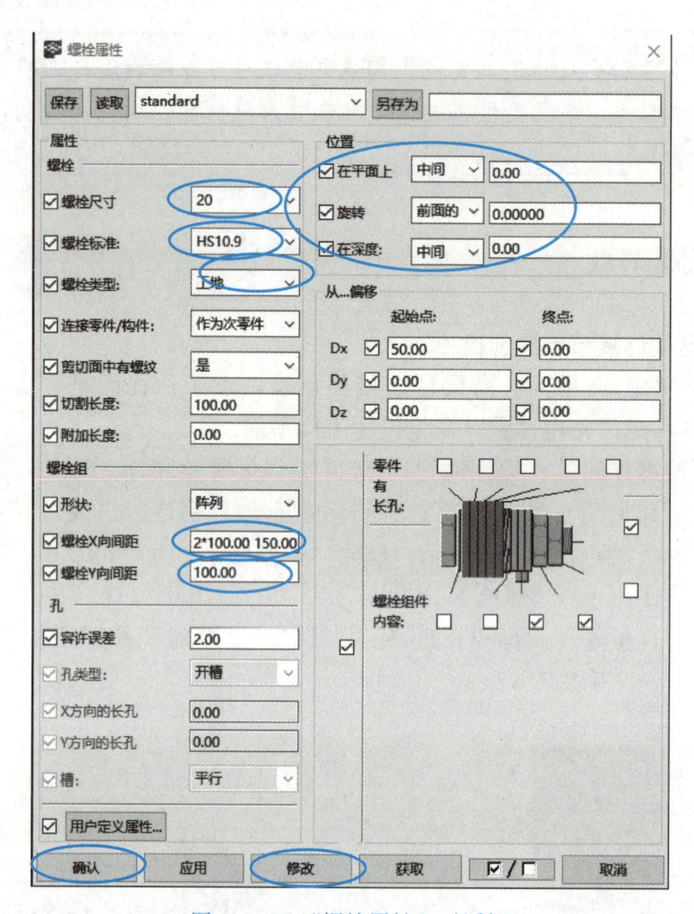

图 4.1.51 “螺栓属性”对话框

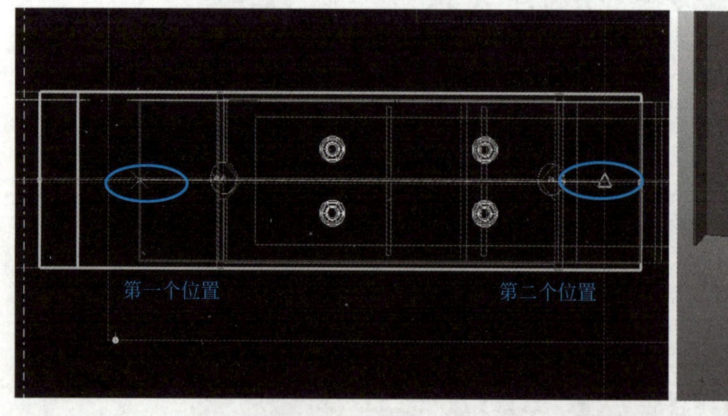

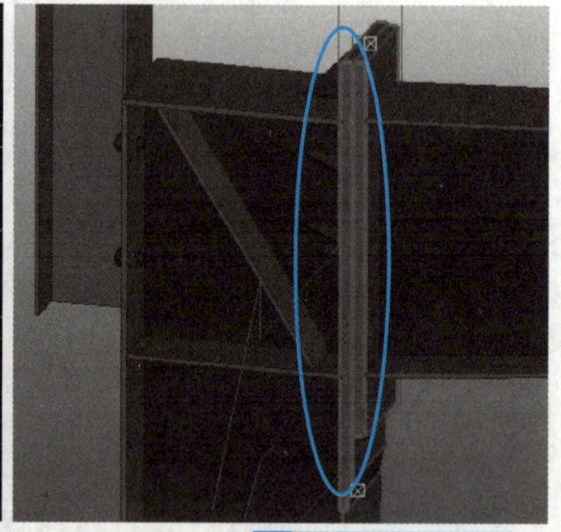

图 4.1.52 创建螺栓

视频

创建A厂房梁间节点

4.1.3.2 梁间连接节点的创建

第一步：进入 GRID 2 平面，框选平面内已经创建好的半榀刚架，右击“选择性复制”→“镜像”→“第一点梁梁连接板上侧点、第二点下侧点”→“复制”→“确认”，打开 3D 视图查看，如图 4.1.54 所示。

第二步：在 GRID 2 平面，沿梁梁连接面创建两点工作视图平

图 4.1.53 梁柱连接示意图

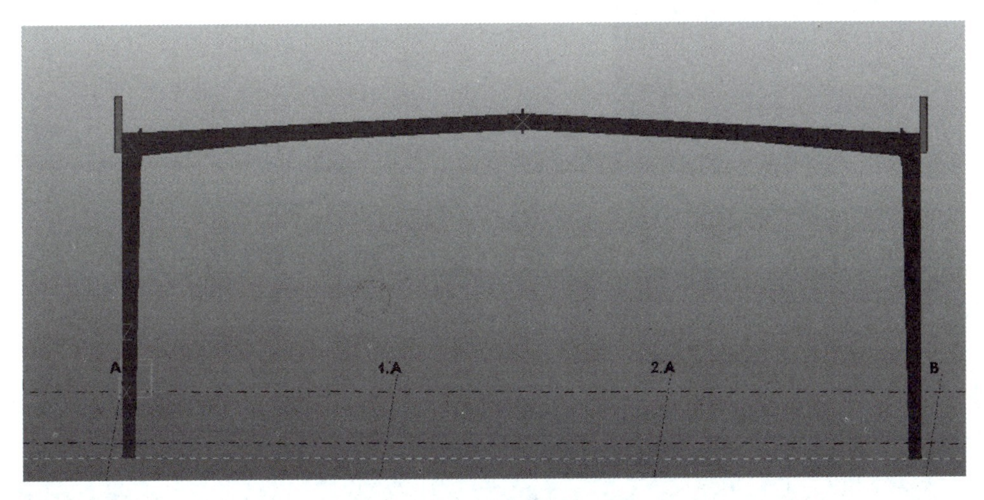

图 4.1.54 创建右侧半榀刚架

面，如图 4.1.55 所示，并用“ ”命令设为工作平面。

第三步：修改螺栓属性。梁梁通过 8M20 高强度螺栓相连，螺栓间距及距边尺寸详见图 4.1.48，双击“创建螺栓 ”命令，出现“螺栓属性”对话框，如图 4.1.56 所示。修改“螺栓尺寸”为“20”，“螺栓标准”为“HS10.9”，“螺栓 X 向间距”为“150 150 100”，“螺栓 Y 向间距”为“100”，位置“起始点：Dx”为“50”，必要时调整对话框右上角的位置关系。点击“修改”→“确认”。

第四步：创建螺栓。选择要装螺栓的零件→梁梁连接板（相接触的两块板，可以从 3D 视图中选取），点击鼠标中键确认。“选取第一个位置”→钢梁连接板下边缘中点，“选取第二个位置”→螺栓组几列螺栓的走向，如图 4.1.57 所示。完成螺栓连接，并创建梁间节点加劲板，如图 4.1.58 所示。

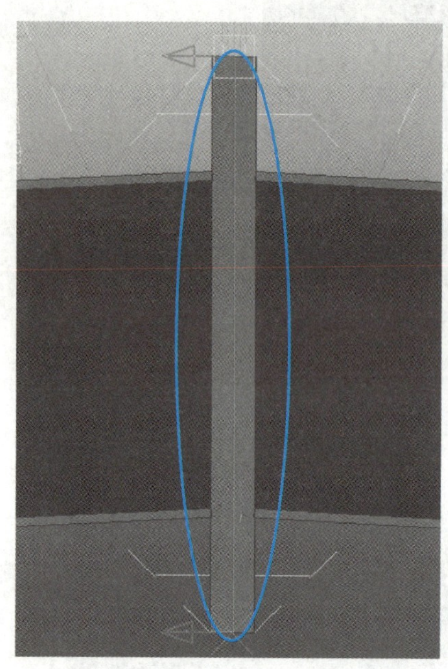

图 4.1.55 梁梁连接面创建工作平面

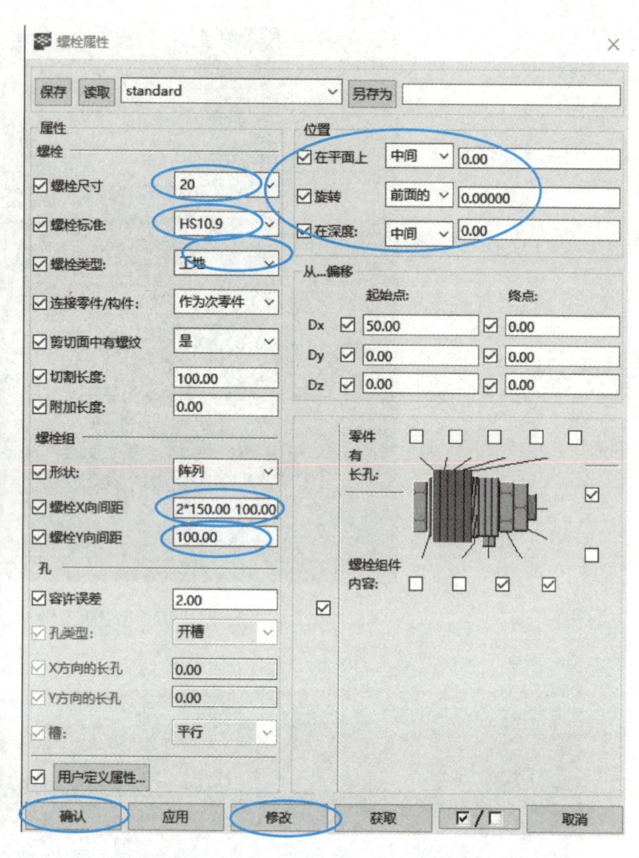

图 4.1.56 “螺栓属性”对话框

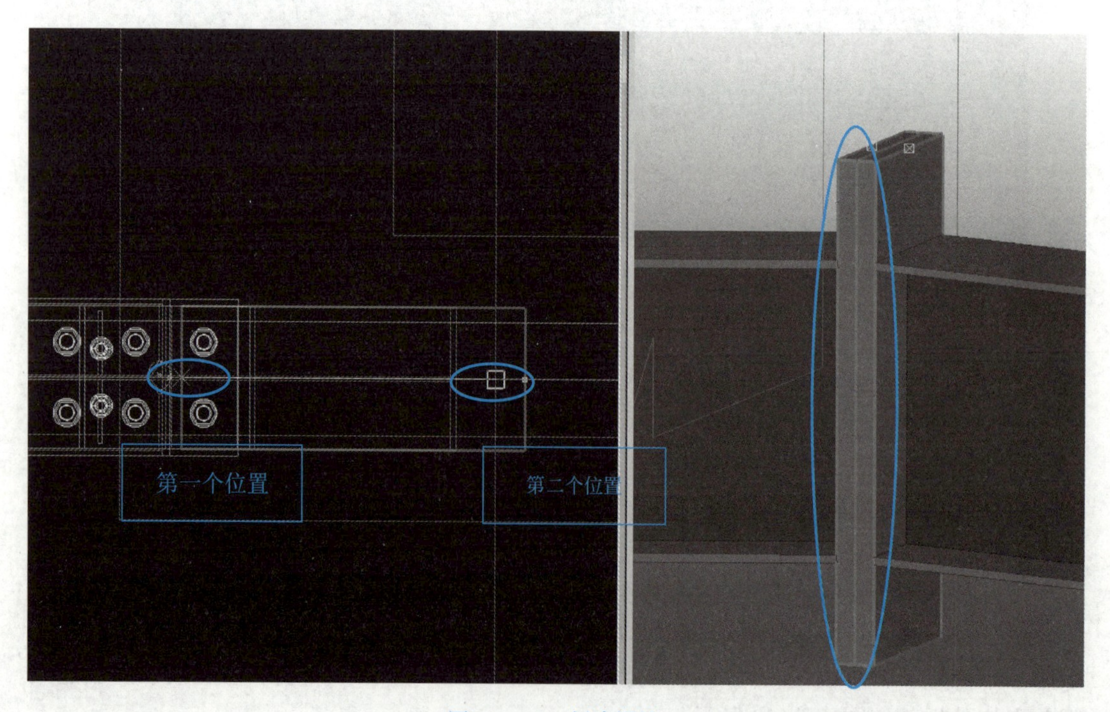

图 4.1.57 创建螺栓

图 4.1.58　梁间连接示意图

知识拓展

门式刚架梁柱连接节点设计及施工要点

1. 节点类型选择

门式刚架梁柱连接节点的类型选择应根据结构的设计要求、施工条件以及预期的荷载情况来确定。常见的节点类型包括刚性连接、铰接连接和端板连接等。在选择节点类型时，应充分考虑节点的承载能力、刚度、变形性能以及施工的可操作性。

2. 连接面保护

连接面的保护对于确保连接节点的长期稳定性和安全性至关重要。在节点施工过程中，应采取有效措施保护连接面，防止其受到锈蚀、污染或损伤。同时，在连接完成后，应对连接面进行定期检查和维护，及时发现并处理潜在的问题。

3. 高强度螺栓施工

高强度螺栓是门式刚架梁柱连接节点中常用的连接元件。在施工过程中，应严格控制高强度螺栓的预紧力，确保螺栓连接的紧固性和可靠性。同时，还应注意高强度螺栓的施工顺序和安装方法，避免出现螺栓松动或损坏的情况。

4. 垂直度与标高控制

在门式刚架梁柱连接节点的施工过程中，应严格控制梁柱的垂直度和标高。垂直度和标高的偏差可能会导致节点的受力不均或产生附加应力，影响结构的整体稳定性和安全性。因此，在施工过程中应采取有效的措施进行监控和调整，确保节点的垂直度和标高符合设计要求。

5. 节点刚度和强度

节点的刚度和强度是确保门式刚架结构稳定性和安全性的关键因素。在节点设计和施工过程中，应充分考虑节点的刚度要求，确保节点能够承受预期的荷载和变形。同时，还应进行节点的强度验算，确保节点在承受荷载时不会发生破坏或失效。

6. 端板连接形式

端板连接是门式刚架梁柱连接节点中常用的一种形式。端板的设计和施工应满足节点的承载能力和刚度要求。在选择端板厚度、宽度和连接方式时，应充分考虑节点的受力情况和施工条件。同时，在端板连接过程中，应注意端板与梁柱的贴合度和密封性，防止出现连接松动或渗漏的情况。

7. 加劲肋设置

为了提高门式刚架梁柱连接节点的刚度和稳定性，通常会在节点处设置加劲肋。加劲肋的设置应根据节点的受力情况和设计要求来确定。在设置加劲肋时，应注意其尺寸、位置和数量的合理性，确保加劲肋能够有效地提高节点的刚度和承载能力。同时，在加劲肋的施工过程中，还应严格控制其施工质量，确保其与梁柱的连接牢固可靠。

综上所述，门式刚架梁柱连接节点是门式刚架结构中的关键部位。在节点的设计、施工和维护过程中，应充分考虑节点的类型选择、连接面保护、高强度螺栓施工、垂直度与标高控制、节点刚度和强度、端板连接形式、内力取值与设计以及加劲肋设置等因素，确保节点的稳定性和安全性。同时，还应加强节点的维护和管理，定期进行检查和维修，及时处理潜在的问题，确保门式刚架结构的长期稳定性和安全性。

4.1.4 抗风柱的创建

视频

创建A厂房抗柱一

4.1.4.1 A厂房抗风柱柱身的创建

1. 图纸识读

A厂房抗风柱柱身基本信息如图4.1.59所示。由抗风柱柱身的标注可知，本模型钢柱为等截面钢柱，截面为H300×180×6×8。抗风柱柱身采用“梁”的命令创建。

2. 抗风柱柱身创建

第一步：进入PLAN -300.00平面视图，将②号轴线创建的刚架复制到①号轴线中去。①号轴线与②号轴线钢柱位置关系如图4.1.60所示。

用“”命令将PLAN -300.00平面视图设置为工作平面，用辅助线命令做出①号轴线钢柱左下角点的位置，如图4.1.61所示。将②号轴线创建的刚架复制到①号轴线中去，如图4.1.62所示。

第二步：进入GRID 2平面视图，将带有抗风柱的①号轴线门式刚架CAD图导入GRID 2平面中，具体操作可参考4.1.1CAD辅助线导入，如图4.1.63所示。

1. 刚架材质Q235B级(除注明外)。
2. 刚架梁柱加工前须重新放样。
3. ▼表示隅撑位置。
4. 未注明连接板厚8mm(隅撑连接板6mm)。
5. 所有梁、柱翼缘与端板焊接时为全熔透坡口焊，焊缝等级为二级。
6. 其他未注明的见结构设计说明。

图 4.1.59 抗风柱柱身基本信息

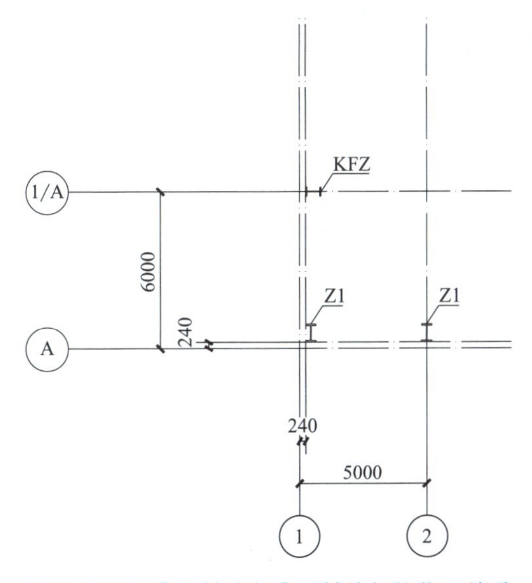

图 4.1.60 ①号轴线与②号轴线钢柱位置关系

图 4.1.61 ①号轴线钢柱的位置

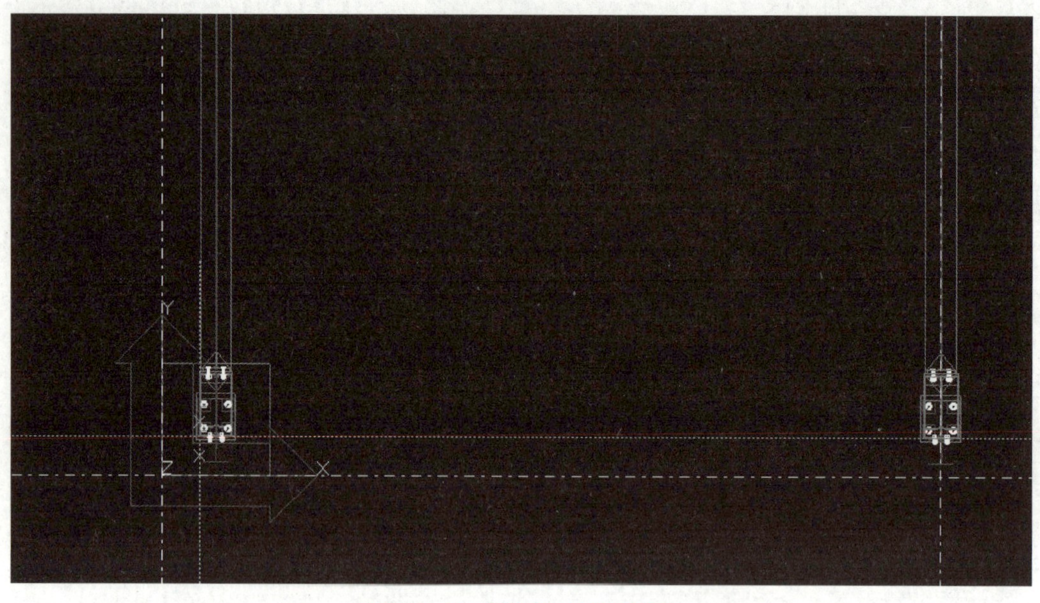

图 4.1.62 ①号轴线刚架创建

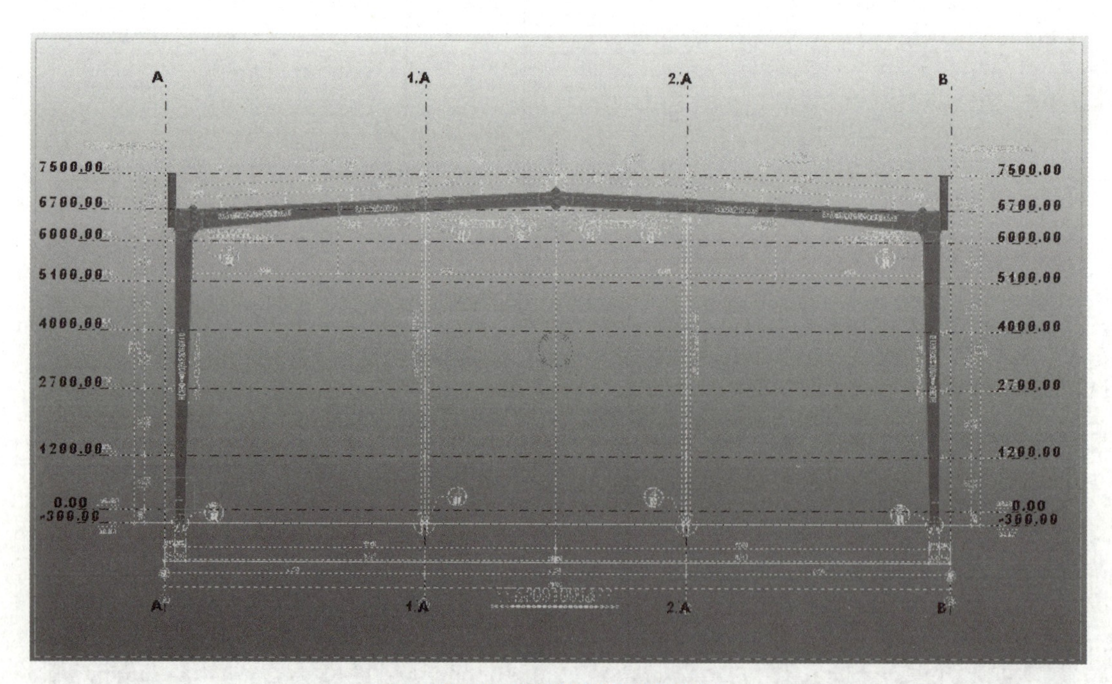

图 4.1.63 ①号轴线参考线创建

第三步：抗风柱柱身采用“梁”的命令创建。首先在选项栏中点击“建模”→“截面型材”→“截面库”，创建抗风柱截面尺寸。双击图标“ ”，弹出“梁的属性”对话框，在“截面型材”选择在截面库中刚创建的抗风柱尺寸“H300 * 180 * 6 * 8”，调整位置关系，“在深度”选择“前面的”→“240”，如图 4.1.64 所示。

再根据已导入的模型轮框线进行抗风柱的绘制。起点选择抗风柱底边中点，至于抗风

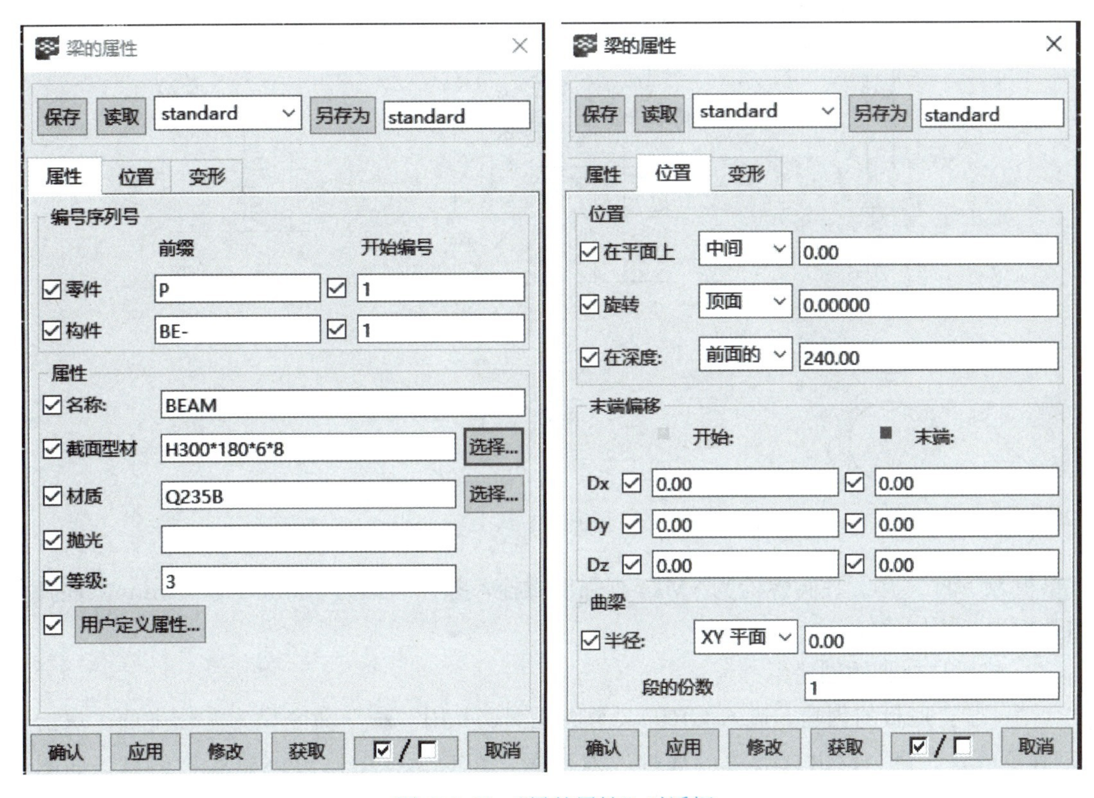

图 4.1.64 “梁的属性”对话框

柱的长度可适当延长，后期在调整过程中可进行切割。抗风柱示意图及位置关系如图 4.1.65 所示，其中图左侧为 3D 视图的平面视图，右侧为①号轴线视图的平面视图。

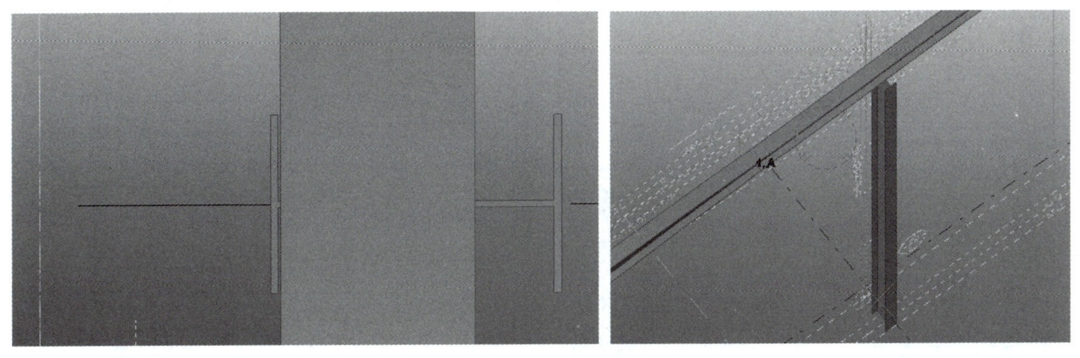

图 4.1.65 抗风柱

4.1.4.2 A 厂房抗风柱柱脚的创建

1. 图纸识读

A 厂房抗风柱柱脚基本信息如图 4.1.66 所示。

依据抗风柱柱脚节点详图，建模的思路大致可分为：先完成柱脚板建模，再进行柱脚螺栓的设置，最后创建两块加劲板。柱脚板分为 3 类板，包含 1 块底板 220×20×340、4 块上垫板 80×80×20 和 4 块

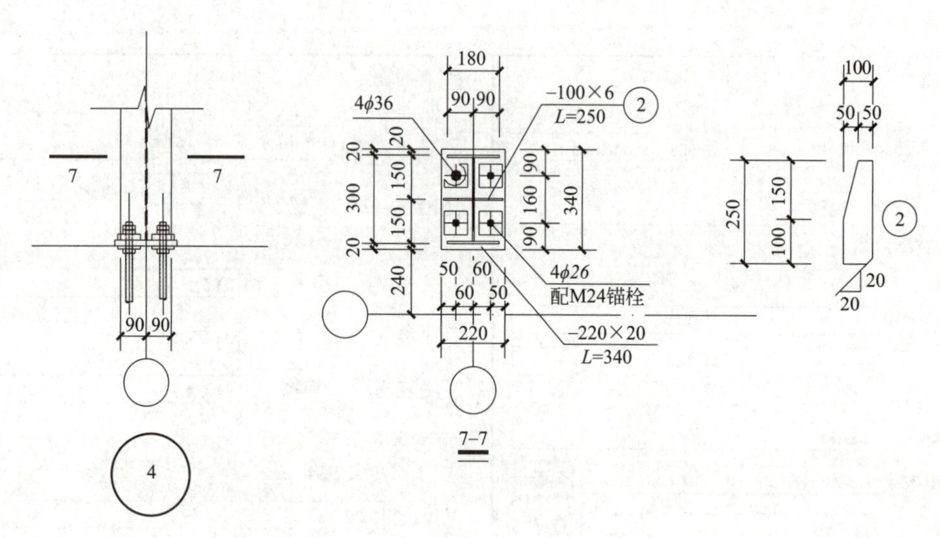

图 4.1.66　抗风柱柱脚节点详图

下垫板 80×80×10。柱脚螺栓为 4M24 高强度螺栓，螺栓间距为 120mm 与 160mm。柱脚加劲板为 2 块切角板。

2. 抗风柱柱脚的创建

第一步：底板的创建。进入 GRID 2 平面视图，并用“ ”命令设为工作平面。双击“创建梁 ”命令，出现“梁的属性”对话框，在对话框中修改创建底板信息，如图 4.1.67 所示。创建钢柱底板，并在 3D 视图中观察位置是否正确。

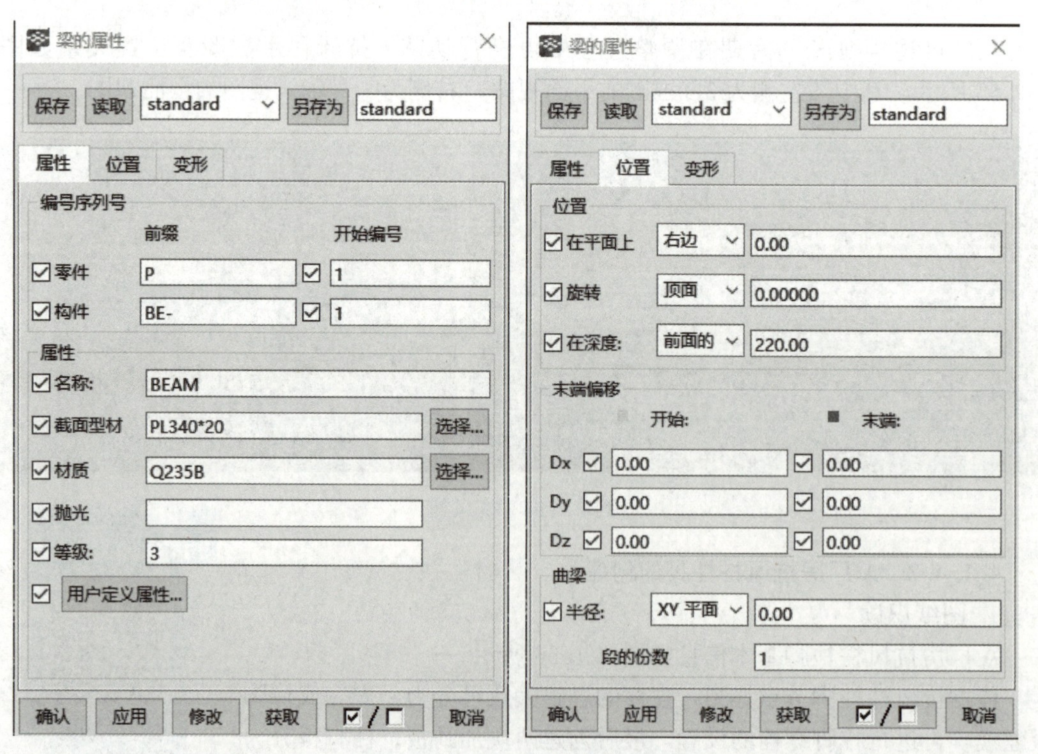

图 4.1.67　“梁的属性”对话框

接下来进入 PLAN －300.00 平面视图，做辅助线，确定垫块位置；创建底板上下垫块，并创建螺栓；最后进入 GRID 1/A 平面视图进行抗风柱柱脚加劲板的创建，如图 4.1.68 所示。详细过程可参考 A 厂房钢柱柱脚的创建。

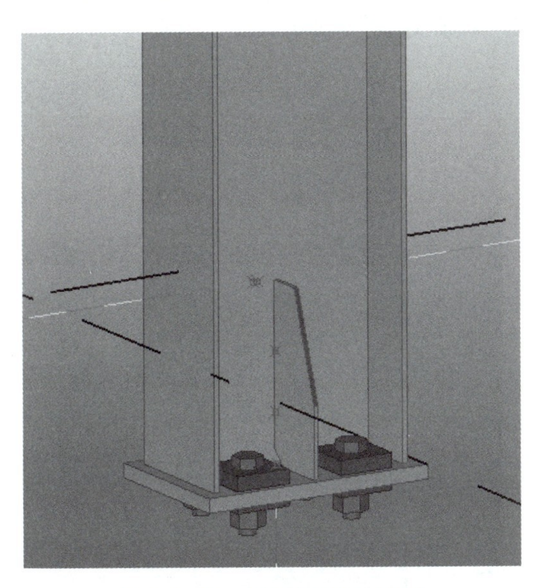

图 4.1.68 抗风柱柱脚示意图

4.1.4.3 A 厂房抗风柱女儿墙立柱的创建

1. 图纸识读

由图 4.1.69 可知，女儿墙立柱为等截面钢柱，截面尺寸为 H160×160×5×6，柱底标高为 6300mm，柱顶标高与钢柱女儿墙立柱高度一致为 7500mm，柱身高度为 1200mm。女儿墙立柱与主钢柱通过四个 M16 的螺栓相连，螺栓具体位置见图 4.1.69。

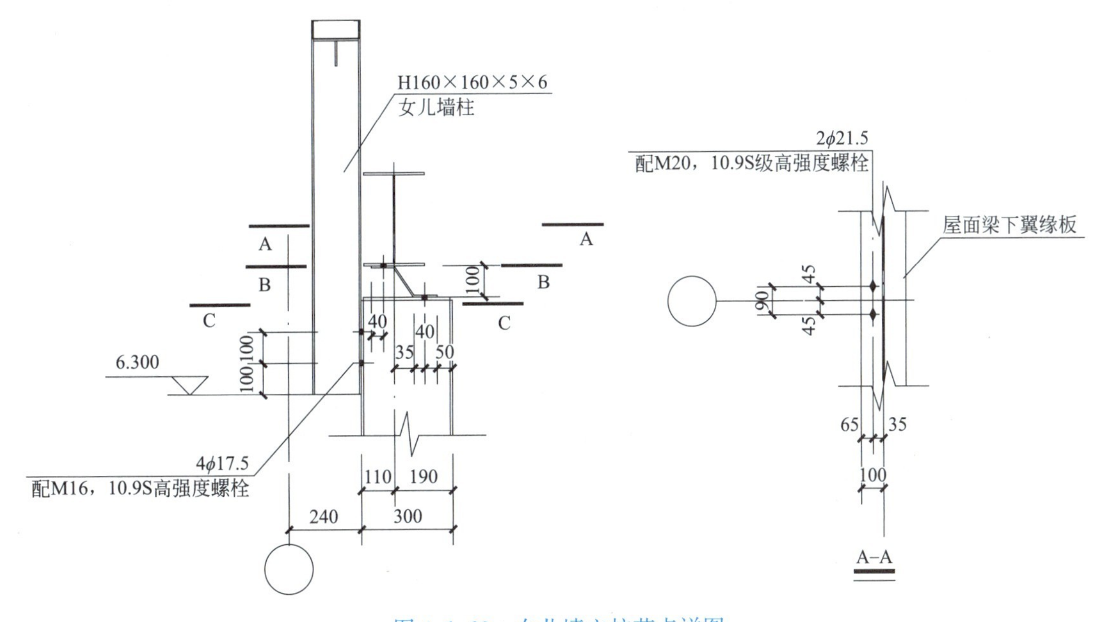

图 4.1.69 女儿墙立柱节点详图

2. 抗风柱女儿墙立柱柱身创建

采用“梁”或者“柱”的命令在 GRID 1/A 平面视图创建女儿墙立柱，然后用“用两点创建视图”命令沿两构件连接面创建工作视图平面，最后创建螺栓，完成女儿墙立柱及螺栓连接的创建，如图 4.1.70 所示。

图 4.1.70 抗风柱女儿墙立柱及螺栓连接示意图

4.1.4.4 A 厂房抗风柱与梁节点的创建

1. 图纸识读

A 厂房抗风柱与梁连接节点详图如图 4.1.71 所示，抗风柱与钢梁通过一块 Z 形弹簧板相连，Z 形弹簧板与钢梁下翼缘以及抗风柱顶板均通过螺栓进行连接，螺栓具体设置详见图 4.1.71。

2. A 厂房抗风柱与梁节点的创建

第一步：Z 形弹簧板的创建。进入 GRID 1/A 平面视图，并用

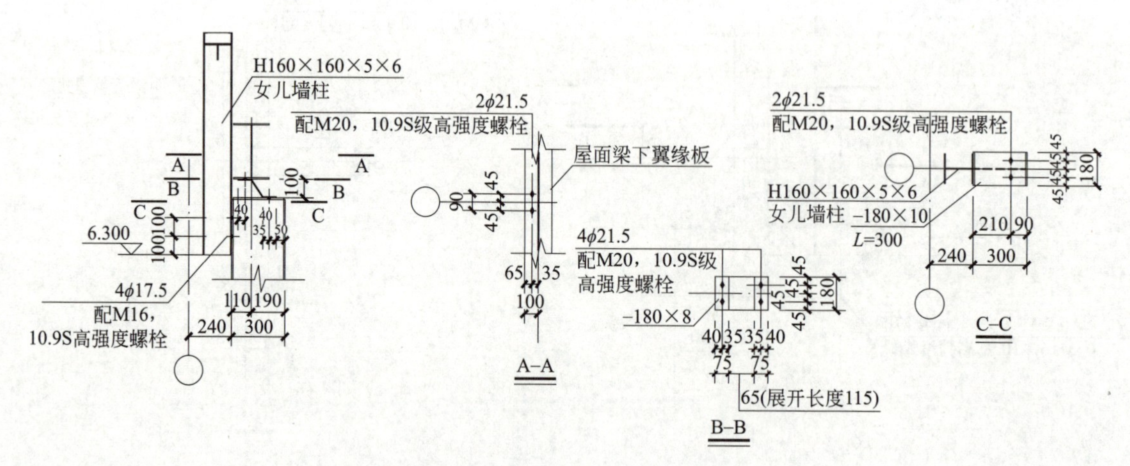

图 4.1.71 抗风柱与梁连接节点详图

“”命令设为工作平面。用“增加与两个选取点平行的点”和“增加辅助线”命令，做出Z形弹簧板轮廓线的定位辅助线，如图4.1.72所示。

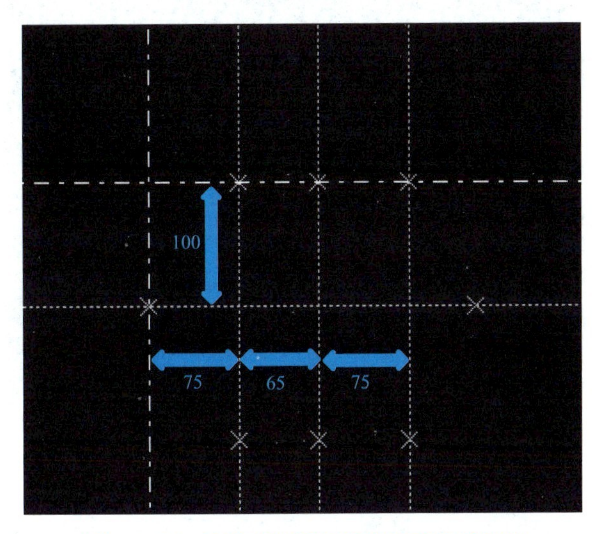

图4.1.72　Z形弹簧板轮廓线的定位辅助线

双击“创建折形梁”命令，修改“截面型材”为“PL180 * 8”，如图4.1.73所示，创建Z形弹簧板，如图4.1.74所示。

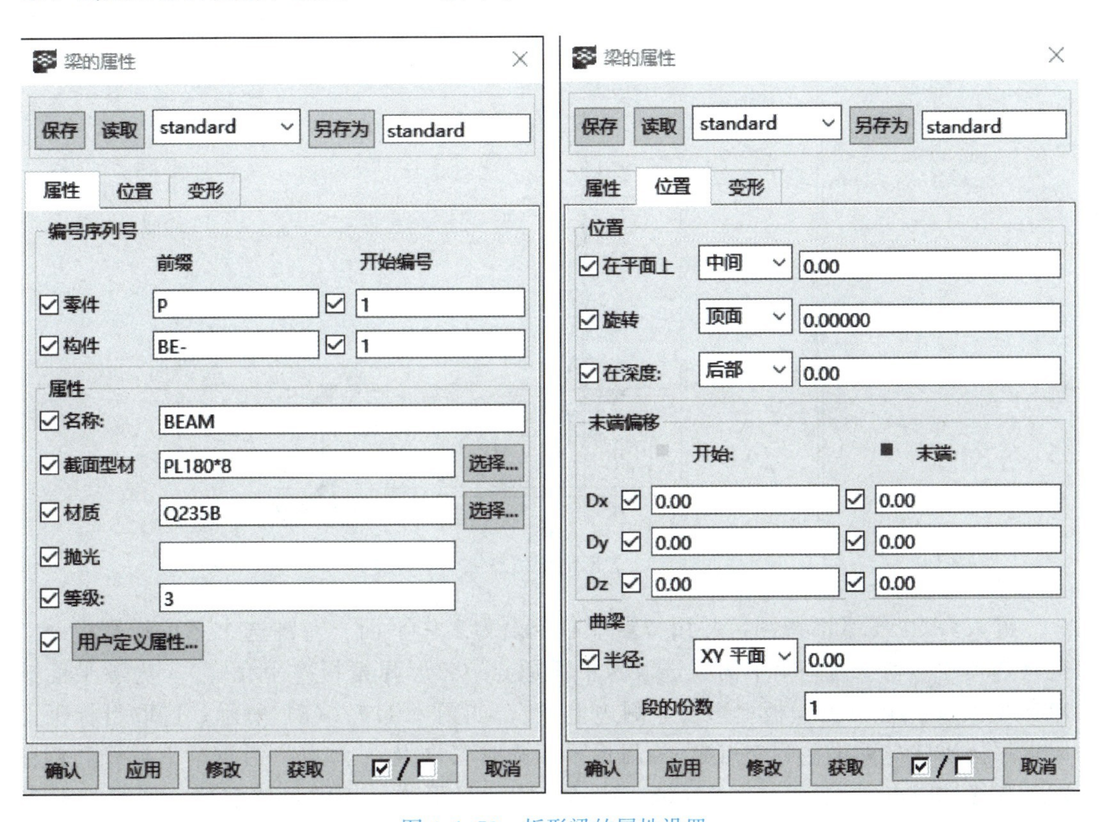

图4.1.73　折形梁的属性设置

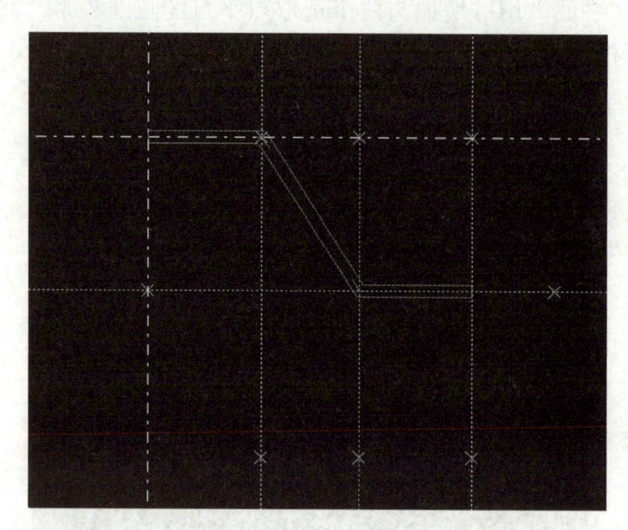

图 4.1.74　Z形弹簧板

第二步：移动刚创建的Z形弹簧板，使其位于抗风柱与钢梁连接节点处。由图 4.1.75 中Z形弹簧板与钢梁的位置关系可以发现，Z形弹簧板位于钢梁腹板中心线下方。在 GRID 1/A 平面视图，将刚创建的Z形弹簧板移动到钢梁腹板的下侧，如图 4.1.76（a）所示，查看 3D 视图平面位置关系，如图 4.1.76（b）所示。

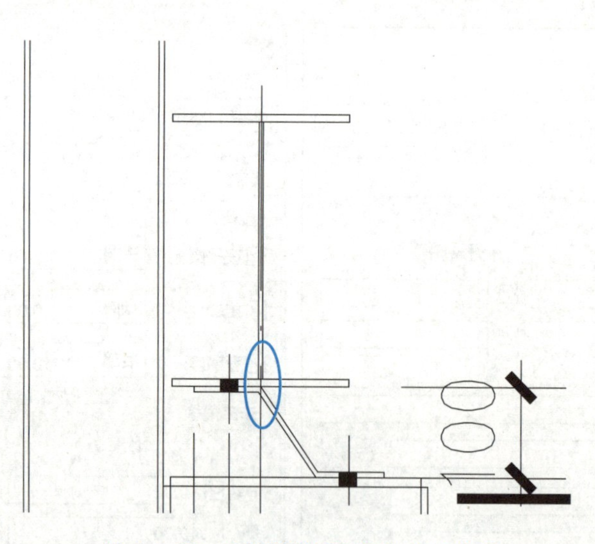

图 4.1.75　Z形弹簧板与钢梁位置关系

进入 GRID 1 平面视图，并用“ ”命令设为工作平面。左键选中Z形弹簧板→右键→选择性移动→另一个平面，选取源平面原点（Z形弹簧板左上角点），为源平面选取X向及Y向点（弹簧板上边及左侧边上点），如图 4.1.77（a）所示；选取目标平面原点（抗风柱与钢梁左侧交点），为目标平面选取X向及Y向点（沿钢梁下翼缘和钢柱左侧翼缘选取点），如图 4.1.77（b）所示。完成Z形弹簧板的最终定位，如图 4.1.78 所示。

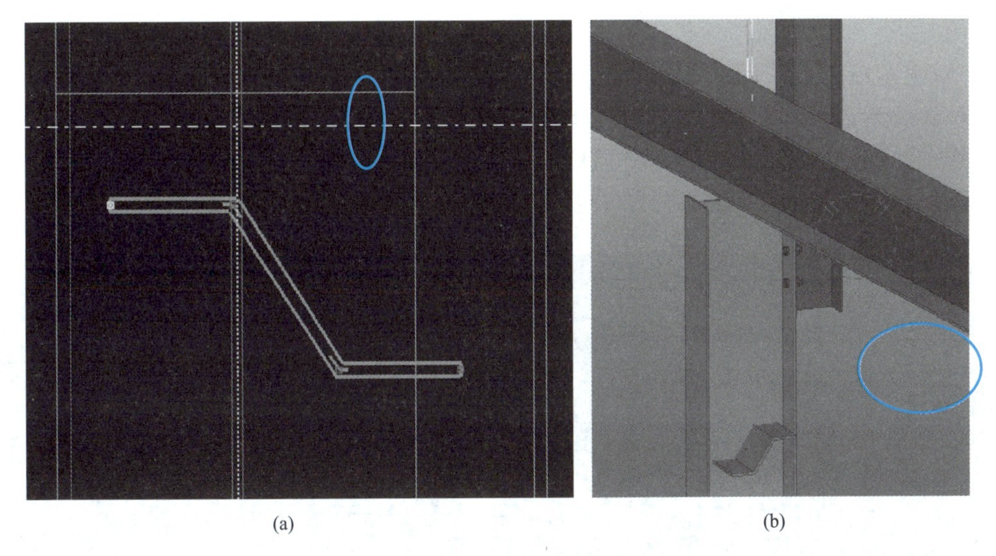
(a)　(b)

图 4.1.76　移动 Z 形弹簧板至钢梁下

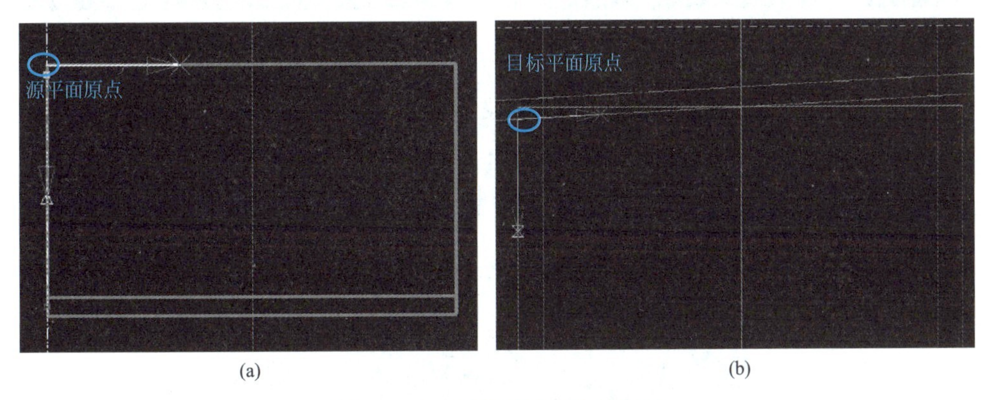

(a)　(b)

图 4.1.77　Z 形弹簧板位置调整

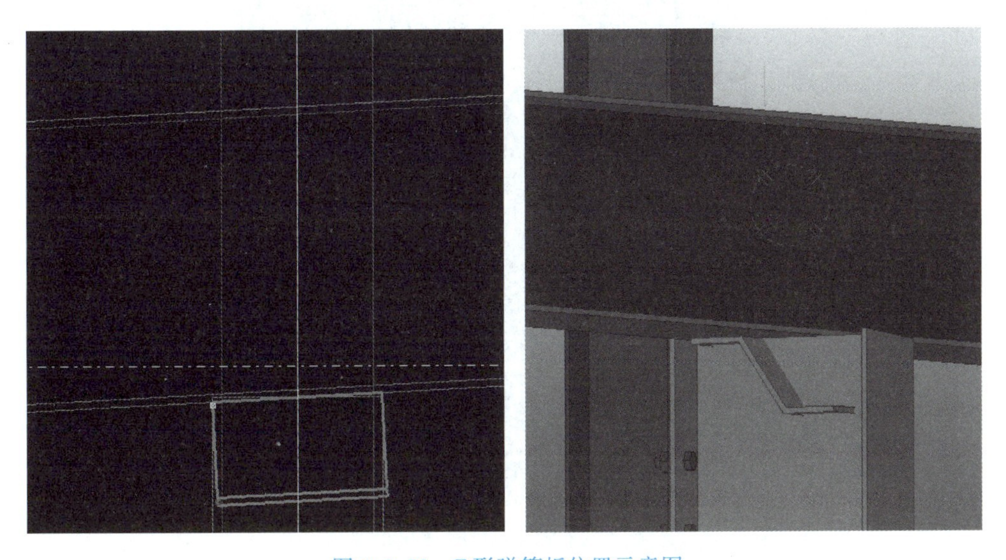

图 4.1.78　Z 形弹簧板位置示意图

第三步：创建抗风柱顶板。由图 4.1.71 中 C-C 截面可得弹簧板尺寸为 −180×10×300，双击图标“ ”，跳出“梁的属性”对话框，在“截面型材”选择“PL300 * 10”，调整位置关系，“在深度”选择“前面的”→“240”，创建抗风柱顶板，如图 4.1.79 所示。用“线切割零件 ”命令将抗风柱顶板以上多余钢柱部分删除，移动 Z 形弹簧板和抗风柱顶板，使其与钢柱对齐，如图 4.1.80 所示。

图 4.1.79 创建抗风柱顶板

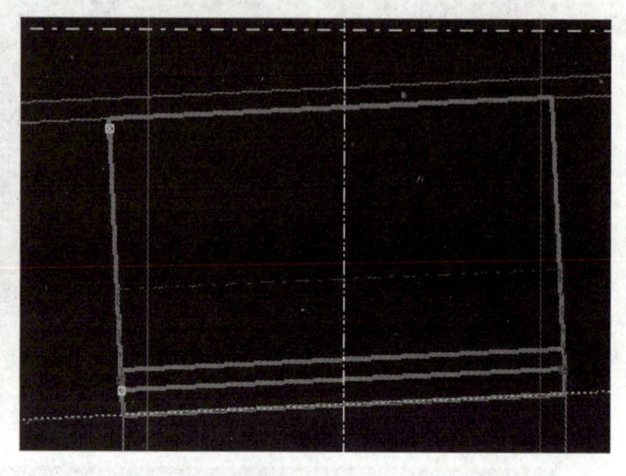

图 4.1.80 Z 形弹簧板及抗风柱顶板与钢柱对齐

第四步：创建 Z 形弹簧板与钢柱下翼缘和抗风柱顶板的螺栓连接。由图 4.1.71 中 B-B 截面可知，Z 形弹簧板与钢柱下翼缘和抗风柱顶板的螺栓连接均采用 2M20 高强度螺栓，螺栓具体创建流程可参考 A 厂房梁柱节点螺栓创建，A 厂房抗风柱与钢梁节点如图 4.1.81 所示。

图 4.1.81 A 厂房抗风柱与钢梁节点示意图

抗风柱的布置要求与作用

1. 抗风柱的布置要求

柱脚连接方式。抗风柱的柱脚应与基础铰接或刚接，以确保其能够有效地传递风荷载到基础结构。

柱顶连接方式。柱顶通常通过弹簧片或铰节点与屋盖系统相连，以提供水平方向的约束，同时不承受上部刚架传递的竖向荷载。

承受风荷载。抗风柱主要负责承受山墙的所有纵向风荷载，以及山墙本身的竖向荷载。

构造要求。在抗风柱的位置处，刚架梁上应有刚性系杆支撑，以提高结构的稳定性。

特殊情况下的布置。当山墙高度较高或风荷载较大时，可以使用抗风桁架代替抗风柱，这样可以提供更好的力学性能。

与刚架梁的连接。抗风柱与刚架梁应铰接，且不承担梁传下来的竖向荷载。

这些要求确保了抗风柱在单层工业厂房山墙处的结构安全和稳定性。

2. 抗风柱的作用

抗风柱是工业厂房山墙处的结构组成构件，主要作用是抵抗风荷载，保证厂房结构的稳定性和安全性。在风力作用下，抗风柱通过其与钢梁和基础的连接，将风荷载传递给整个厂房的承重结构，从而分散和承受风力。这有助于减少厂房结构的变形和破坏，保持其正常使用功能。

具体来说，抗风柱通过与钢梁的连接，将风荷载传递给屋盖系统，进而传递至整个排架承重结构。同时，抗风柱的下端通过与基础的连接，将部分风荷载传递给基础，进而分散到地基中。这种传递机制使得抗风柱能够有效地抵抗风荷载，保证厂房结构的稳定性和安全性。

除了承受风荷载外，抗风柱还具有一定的抗震作用。在地震发生时，抗风柱可以通过其连接节点和构件的弹性变形，吸收和分散地震能量，减少对厂房结构的破坏。

总的来说，抗风柱在工业厂房等建筑结构中具有重要的作用，它不仅能够抵抗风荷载，保证结构的稳定性，还能够承受地震作用，提高整体结构的安全性。因此，在厂房设计和施工过程中，应充分考虑抗风柱的作用，合理选择其规格和连接方式，确保厂房结构的稳定性和安全性。

任务测试

一、单选题

1. A厂房中抗风柱截面型钢参数为（　　）。

A. H300×180×6×8　　B. H180×180×6×8

C. H300×150×5×8　　D. H160×160×5×6

2. A厂房中钢柱柱脚螺栓上下垫板共（　　）块。

A. 10　　B. 6　　C. 8　　D. 9

3. A 厂房抗风柱柱底板尺寸含义为（　　）。

A. 长 340mm，宽 220mm，厚 20mm

B. 长 220mm，宽 340mm，厚 20mm

C. 长 20mm，宽 220mm，厚 340mm

D. 长 340cm，宽 220cm，厚 20cm

4. A 厂房中钢梁上翼缘尺寸含义为（　　）。

A. 宽 300mm，厚 8mm

B. 宽 200mm，厚 8mm

C. 宽 300mm，厚 6mm

D. 宽 200mm，厚 6mm

5. A 厂房中梁柱连接处的螺栓配置为（　　）。

A. 8M20　　B. 8M24　　C. 12M20　　D. 10M24

6. A 厂房中屋脊连接处的螺栓创建时阵列 X 向间距为（　　）。

A. 150mm　100mm　100mm　　B. 150mm　150mm　100mm

C. 100mm　100mm　100mm　　D. 150mm　150mm　150mm

7. A 厂房中钢梁上翼缘的创建，采用了（　　）。

A. 梁命令　　B. 多边形板命令

C. 柱命令　　D. 墙命令

8. A 厂房中钢梁腹板的创建，采用了（　　）。

A. 梁命令　　B. 多边形板命令

C. 柱命令　　D. 墙命令

任务训练

抗风柱与钢梁通过 Z 形弹簧板相连，那么抗风柱与钢梁在水平和垂直方向如何传力？

任务 4.2　支撑体系的创建

任务引入

钢结构支撑体系一般包含屋面水平支撑、隅撑、系杆、柱间支撑等。支撑体系提供了结构的整体稳定，有效地防止结构的失稳、倒塌事故。

作为工程施工及管理人员，为使建造的产品符合标准规范要求，保证施工顺利进行，首先需对钢结构支撑体系有一个基本认知：一是识读施工图，了解支撑体系布置的位置及材料做法；二是明确结构的受力性能，支撑体系起到空间稳定结构的作用；三是熟悉施工工艺流程，结合工艺流程进行支撑体系的三维建模。

本节任务的学习内容详见表 4.2.0。

支撑体系的创建学习内容 表 4.2.0

任务	技能	知识	拓展
4.2 支撑体系的创建	4.2.1 屋面水平支撑的创建与布置	4.2.1.1 屋面水平支撑的作用和建模步骤 4.2.1.2 螺栓制孔 4.2.1.3 屋面水平支撑的布置连接	屋面水平支撑的应用与前景
	4.2.2 屋面系杆的创建与布置	4.2.2.1 系杆的识图与建模步骤 4.2.2.2 系杆连接板的创建 4.2.2.3 系杆的创建 4.2.2.4 连接节点的创建	系杆在工程中的应用与维护
	4.2.3 隅撑的创建	4.2.3.1 隅撑的识图与建模步骤 4.2.3.2 隅撑杆件的创建 4.2.3.3 隅撑连接的创建	隅撑的基础知识

任务实施

视频

创建与布置A厂房屋面支撑

4.2.1 屋面水平支撑的创建与布置

4.2.1.1 屋面水平支撑的作用和建模步骤

屋面水平支撑的主要作用是增强厂房的整体稳定性，提高厂房抗荷载能力。对于 A 厂房的屋面水平支撑，建模大致可分为水平支撑制孔与水平支撑建模。屋面水平支撑的制孔本任务中采用螺栓进行，水平支撑的模型采用圆钢进行创建。

建模的基础是识图，识读屋面水平支撑的布设位置以及水平支撑的组成及尺寸规格。水平支撑布设（以一端布设情况为例）及施工详图如图 4.2.1 所示。本任务建模顺序依次为制孔、水平支撑建模。

建模采用的连接形式与图中给出的形式稍有不同。对于一般的工程，水平支撑的两端一般通过螺栓连接在钢梁腹板上，本次建模采用一般的方式进行创建。结合图 4.2.1 可知，水平支撑布设在靠近山墙侧，且在①轴与②轴之间布设了四道。现以 SC1 为例进行建模讲解。

4.2.1.2 螺栓制孔

首先采用两点创建视图的方式对钢梁所在的位置进行视图创建。以此为工作界面创建出螺栓打孔的位置。图 4.2.2 中标出了两榀刚架所需创建螺栓的位置，再结合图 4.2.1 中所示，水平支撑采用 M16 的螺栓连接，使用“ ”命令进行创建。螺栓属性设置如图 4.2.3 所示。创建过程中需注意如下几项：①根据左下角提示，“选择要装螺栓的零件”和“选取要被装螺栓的零件”时，均选取钢梁腹板；②点击鼠标中键之后，提示“选取第一个位置”和“第二个位置”时，第一个位置选取已设置的点，第二个位置可任意点击邻近位置；③进行移动操作，将螺栓定位到合适的位置。四个螺栓如图 4.2.4 所示。

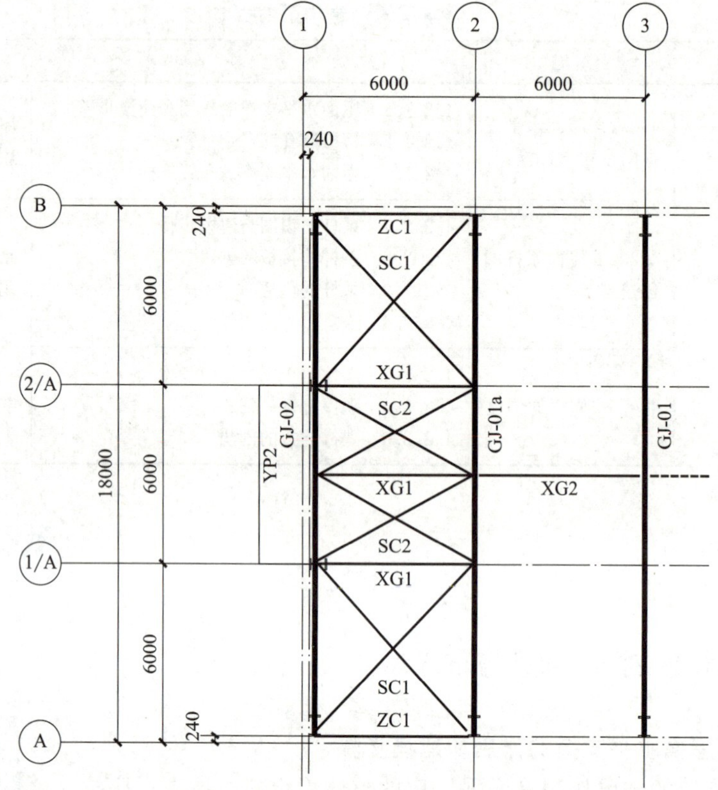

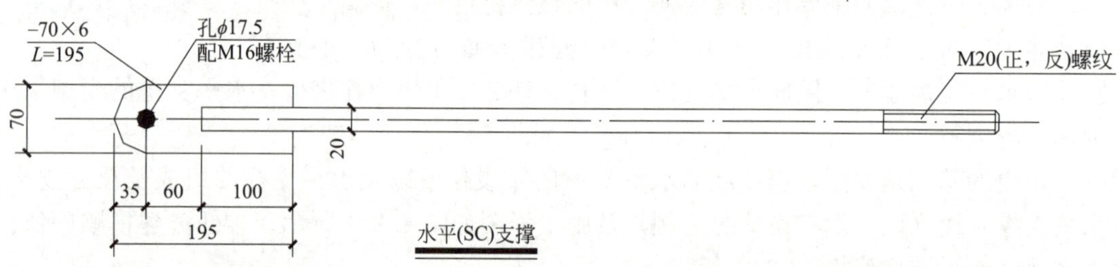

图 4.2.1 屋面水平支撑布设及施工详图

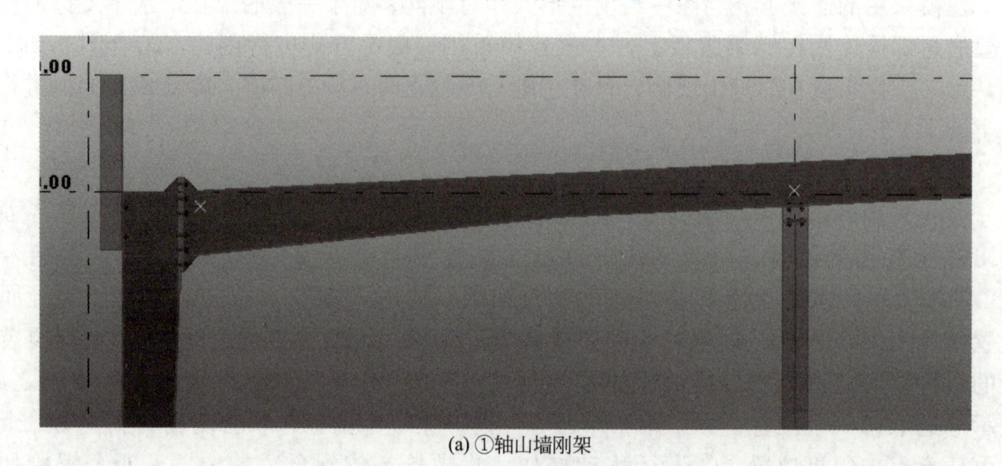

(a) ①轴山墙刚架

图 4.2.2 螺栓制孔位置示意图（一）

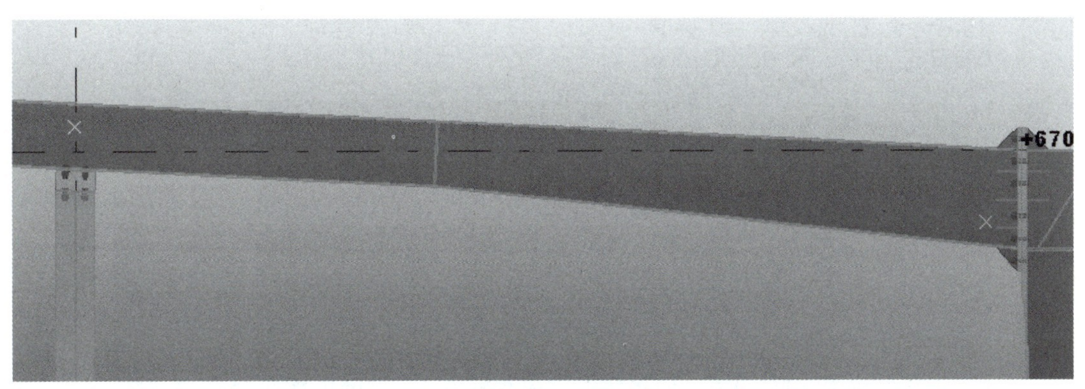

(b) ②轴山墙刚架

图 4.2.2　螺栓制孔位置示意图（二）

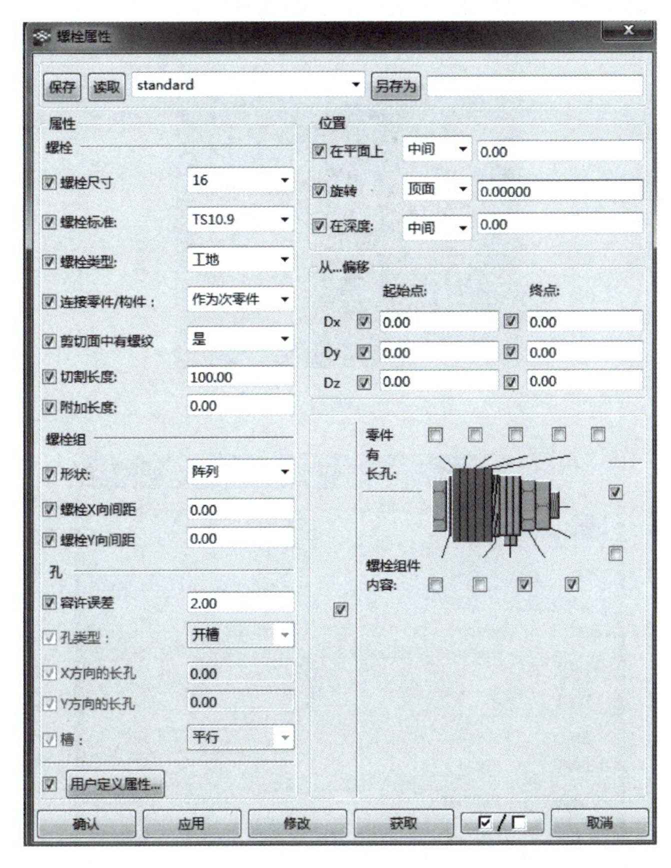

图 4.2.3　制孔螺栓的属性设置

4.2.1.3　屋面水平支撑的布置连接

水平支撑为直径 20mm 的圆钢，对于单肢水平支撑而言，并未在同一水平面上，故创建水平支撑时，宜在三维视图内创建。水平支撑采用“ ”命令创建，如图 4.2.5 所示，若型材库中没有现有的型钢，可参照 4.1.1.1 中的内容创建。图中“截面型材 1”即为创建的直径 20mm 的圆钢，最终水平支撑如图 4.2.6 所示。

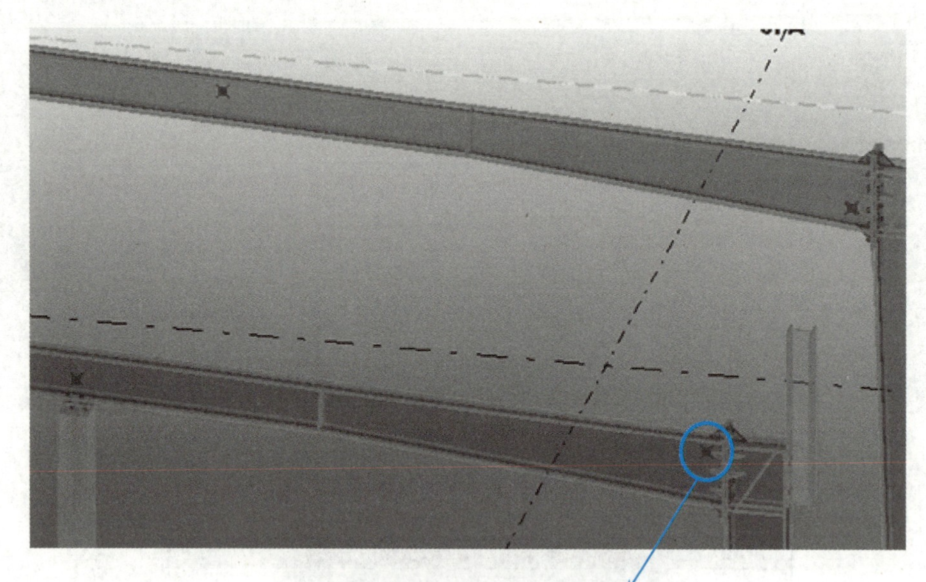

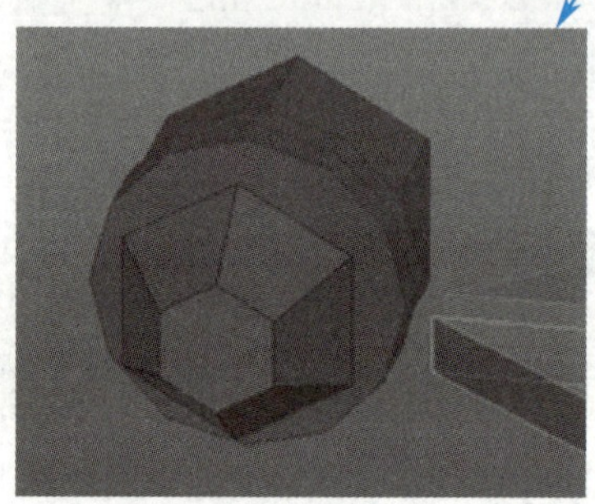

图 4.2.4 螺栓示意图

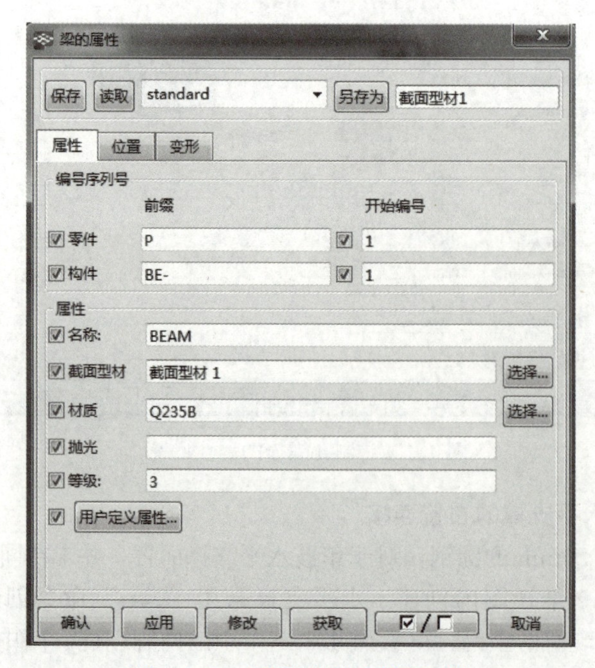

图 4.2.5 水平支撑型钢截面属性

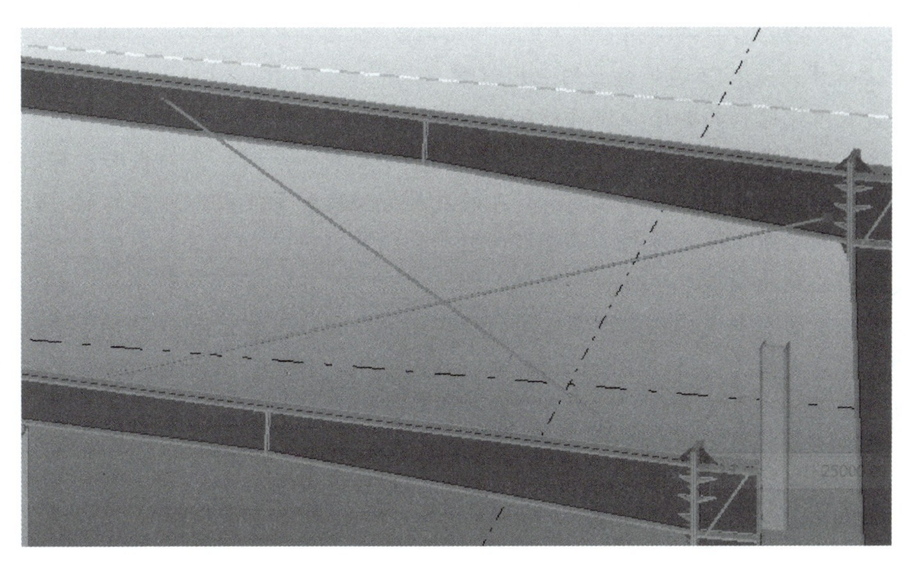

图 4.2.6 水平支撑示意图

屋面水平支撑的应用与前景

1. 屋面水平支撑的定义与重要性

屋面水平支撑是指将建筑物屋面固定在支架上，使支架成为承受屋面荷载和支撑屋面重量的结构组成部分。其重要性主要体现在以下几个方面：

首先，它能够承载屋面重量，确保建筑结构的稳定性和安全性；

其次，通过合理的支撑布置和连接方式，可以提高支撑结构的稳定性和耐久性；

最后，它还能够适应不同建筑形式和荷载需求，为建筑设计提供更大的灵活性。

2. 屋面水平支撑的材料与选型

在选择屋面水平支撑的材料时，需要考虑材料的耐候性、抗腐蚀性、易安装和维护等因素。常用的材料包括钢材、铝合金等。此外，还需要根据建筑的具体需求和荷载情况，选择合适的支撑型号和规格，以确保支撑结构的稳定性和安全性。

3. 屋面水平支撑的设计与施工技术

屋面水平支撑的设计与施工技术是保证其质量和性能的关键。在设计过程中，需充分考虑建筑形式、荷载情况、支撑点位置等因素，进行合理的结构计算和支撑布置。在施工过程中，需要严格遵守相关安全规定和操作规程，确保支撑结构的施工质量和使用安全。

4. 屋面水平支撑的优化与创新

随着建筑技术的不断发展和进步，屋面水平支撑的优化和创新也在不断进行。例如，通过采用新型材料、改进连接方式、优化支撑结构等方式，可以提高支撑结构的受力性能和稳定性。此外，还可以结合智能化技术，实现屋面水平支撑的自动化监测和维护，提高建筑的安全性和使用寿命。

5. 屋面水平支撑在建筑行业的应用前景

随着城市化进程的加速和建筑行业的不断发展，屋面水平支撑在建筑行业的应用前景十分广阔。未来，随着新材料、新技术的不断涌现和应用，屋面水平支撑的性能和稳定性将得到进一步提升，为建筑行业的发展提供更好的支撑和保障的同时，随着智能化技术的不断发展，屋面水平支撑的监测和维护也将更加便捷和高效，为建筑的安全使用和长期维护提供更好的保障。

总之，屋面水平支撑作为建筑结构的重要组成部分，其拓展和应用对于建筑行业的发展具有重要意义。通过不断优化和创新屋面水平支撑的设计和施工技术，可以提高建筑的安全性和使用寿命，为城市化建设和建筑行业的发展做出更大的贡献。

4.2.2 屋面系杆的创建与布置

钢结构系杆的主要作用包括：

① 传递轴力。系杆是钢结构厂房中常用的次构件，主要负责传递由风荷载、行车纵向刹车力以及地震作用等产生的轴力到支撑的刚架。

② 增强稳定性和安全性。通过将建筑物的不同部位连接起来，系杆能够增强建筑的整体刚度和稳定性，提高抗风性能和抗震能力。

③ 分担荷载。系杆能够分担上层荷载，减轻主体结构的承载压力，从而延长建筑的使用寿命。

④ 抵抗风荷载和地震作用。在强风和地震等自然灾害发生时，系杆可以分担和吸收荷载，减少结构的振动和变形，保证建筑的安全。

⑤ 保证结构空间稳定平直。系杆还能确保屋面梁在安装时保持平直，保证结构空间稳定平直。

4.2.2.1 系杆的识图与建模步骤

对于A厂房的系杆，建模大致可分为系杆连接板的创建与系杆的创建。建模的基础是识图，识读系杆的布设位置以及系杆的组成及板块尺寸规格。系杆布设图（以一端布设情况为例）及详图如图4.2.7所示。本节建模顺序依次为系杆连接板、系杆、连接节点。

视频

创建与布置A厂房系杆一

4.2.2.2 系杆连接板的创建

以(1/A)轴位置的系杆为例，与创建钢梁的加劲板类似，在钢梁腹板的两侧分别安装连接板 -115×8×284。用创建梁的命令创建系杆连接板，并将连接板靠腹板内侧边切20mm的焊缝角，连接板创建时“梁的属性”设置如图4.2.8所示。

4.2.2.3 系杆的创建

系杆采用 ϕ89×2.5的焊接钢管，在钢管两端用 -140×140×6的封头板，在封头板上垂直焊接 -140×95×6的连接板，系杆两头的做法一致。

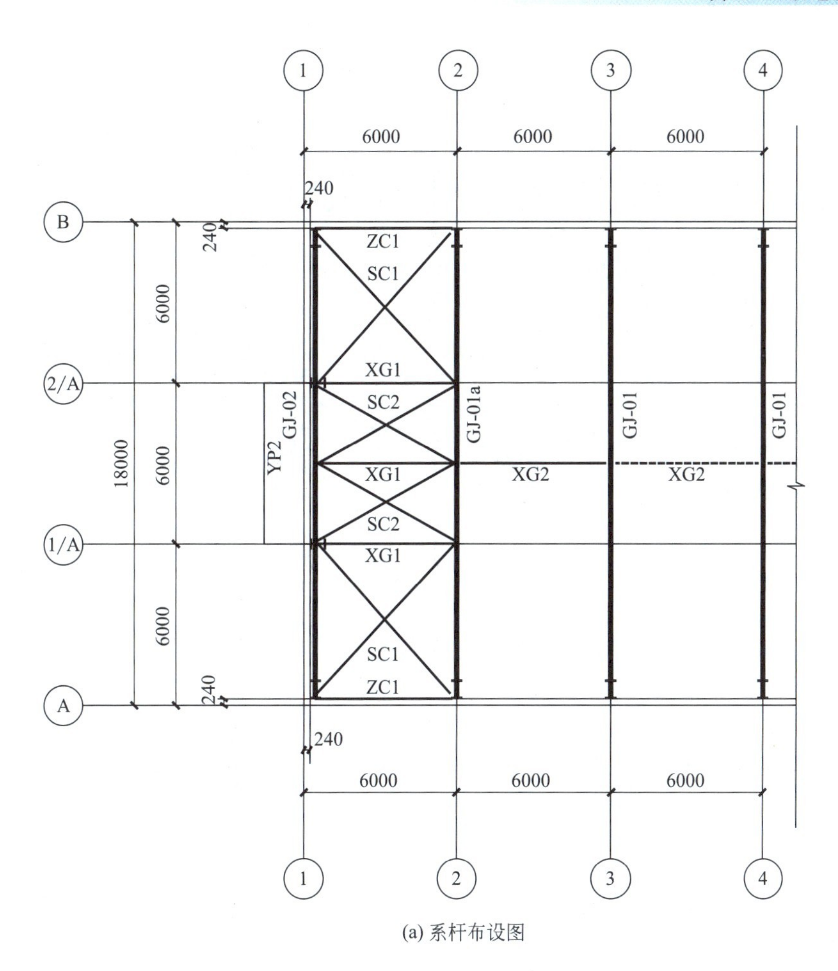

(a) 系杆布设图

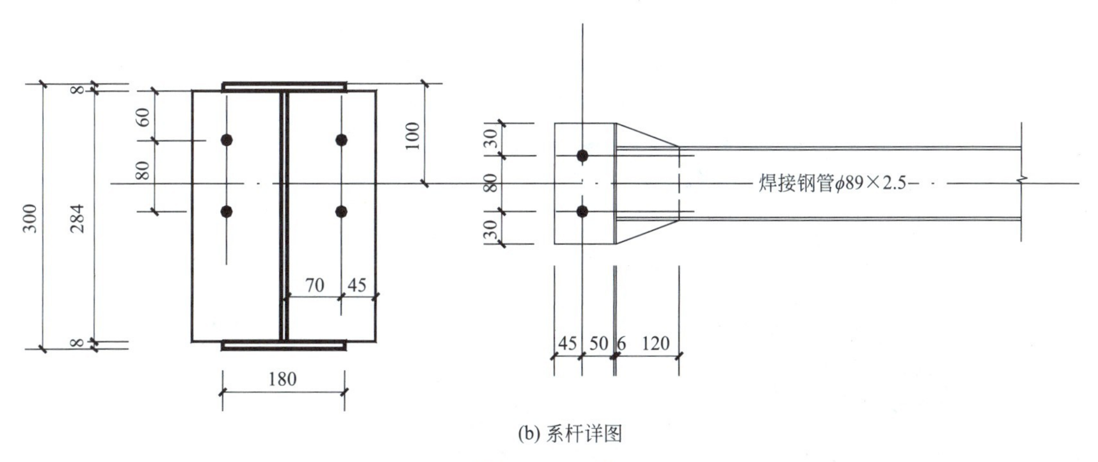

(b) 系杆详图

图 4.2.7　系杆

1. 创建焊接钢管

（1）用两点创建视图命令“ ”进入梁上的系杆连接板所在平面，在空白处双击，进入“视图属性”对话框，分别设置“平面”“线框表示”，在“可见性”中将“显示深度”的“向上”“向下”均修改为200mm后，点击“修改”→“确认”，如图4.2.9所示。

梁的属性
保存
读取
standard
另存为
standard
属性
位置
变形
编号序列号
前缀
开始编号
零件
P
1
构件
L-
1
属性
名称:
BEAM
截面型材
PL115*8
选择...
材质
Q235B
选择...
抛光
等级:
3
用户定义属性...
确认
应用
修改
获取
取消
梁的属性
保存
读取
standard
另存为
standard
属性
位置
变形
位置
在平面上
右边
-0.00
旋转
顶面
-0.00000
在深度:
前面的
3.00
末端偏移
开始:
末端:
Dx
0.00
0.00
Dy
0.00
0.00
Dz
0.00
0.00
曲梁
半径:
XY 平面
0.00
段的份数
1
确认
应用
修改
获取
取消

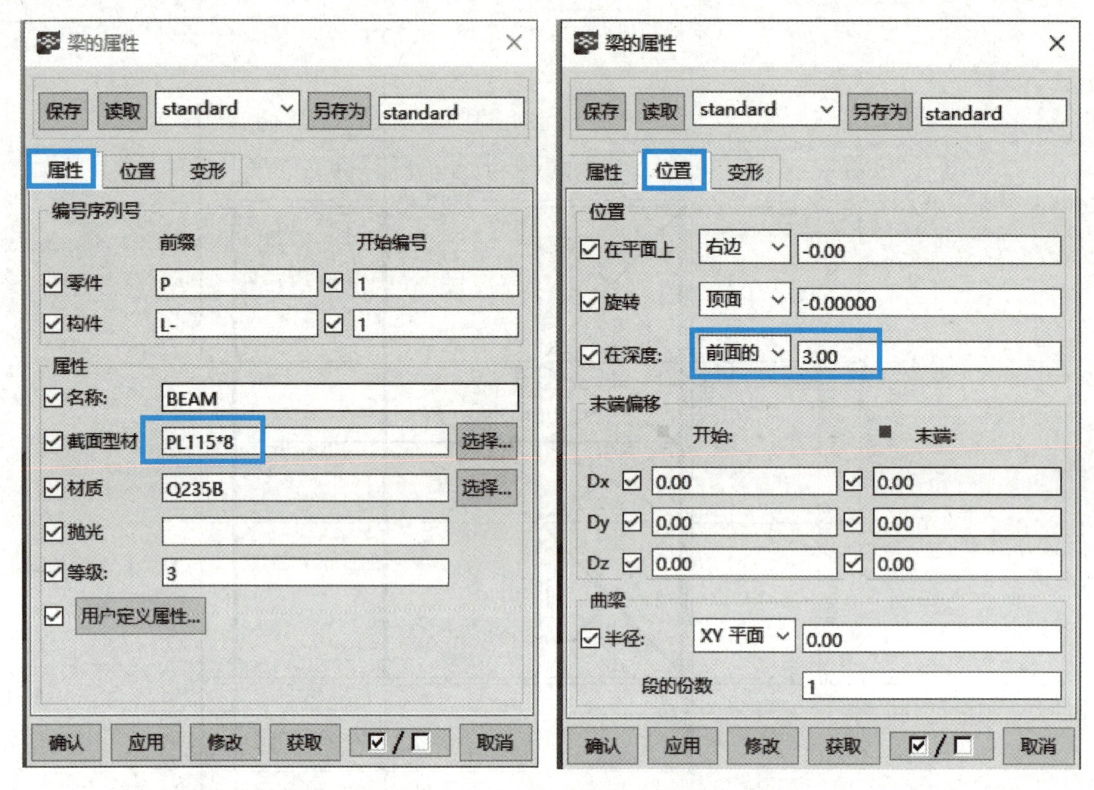

图 4.2.8　系杆连接板的创建

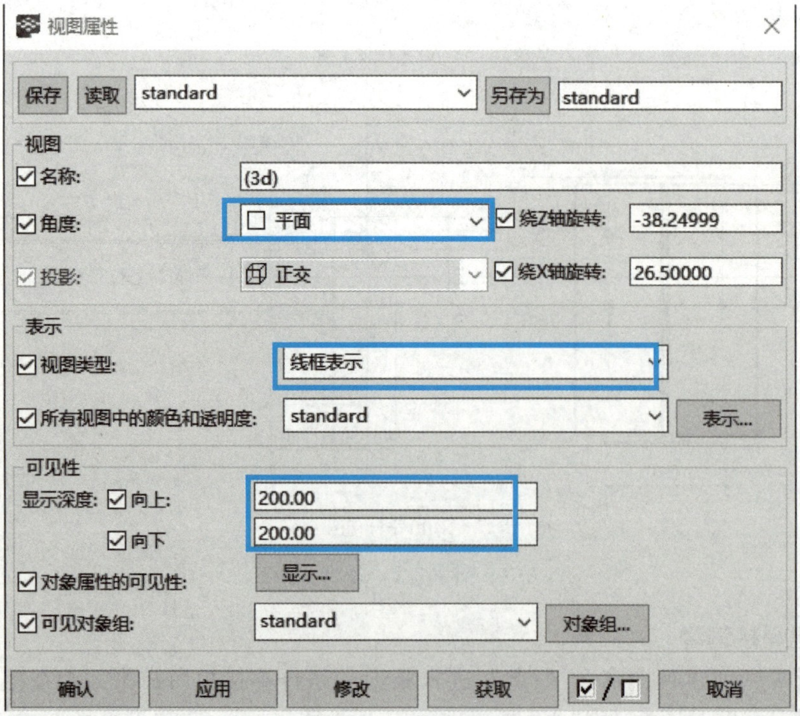

视图属性
保存
读取
standard
另存为
standard
视图
名称:
(3d)
角度:
平面
绕Z轴旋转:
-38.24999
投影:
正交
绕X轴旋转:
26.50000
表示
视图类型:
线框表示
所有视图中的颜色和透明度:
standard
表示...
可见性
显示深度:
向上:
200.00
向下
200.00
对象属性的可见性:
显示...
可见对象组:
standard
对象组...
确认
应用
修改
获取
取消

图 4.2.9　修改视图属性

（2）用创建梁的命令在①～②轴之间创建焊接钢管，在截面库中没有 ϕ89×2.5 的焊管，故要在下拉菜单“建模”→“截面型材”→“截面库”中进行添加。在圆孔截面中找到名为“PIP89＊3.5”的焊管，将此截面信息复制，更改截面名称为“PIP89＊2.5”，对右边的属性进行修改：板的厚度改为 2.5mm，点击右下角“更新”→左下角“确认”，如图 4.2.10 所示。

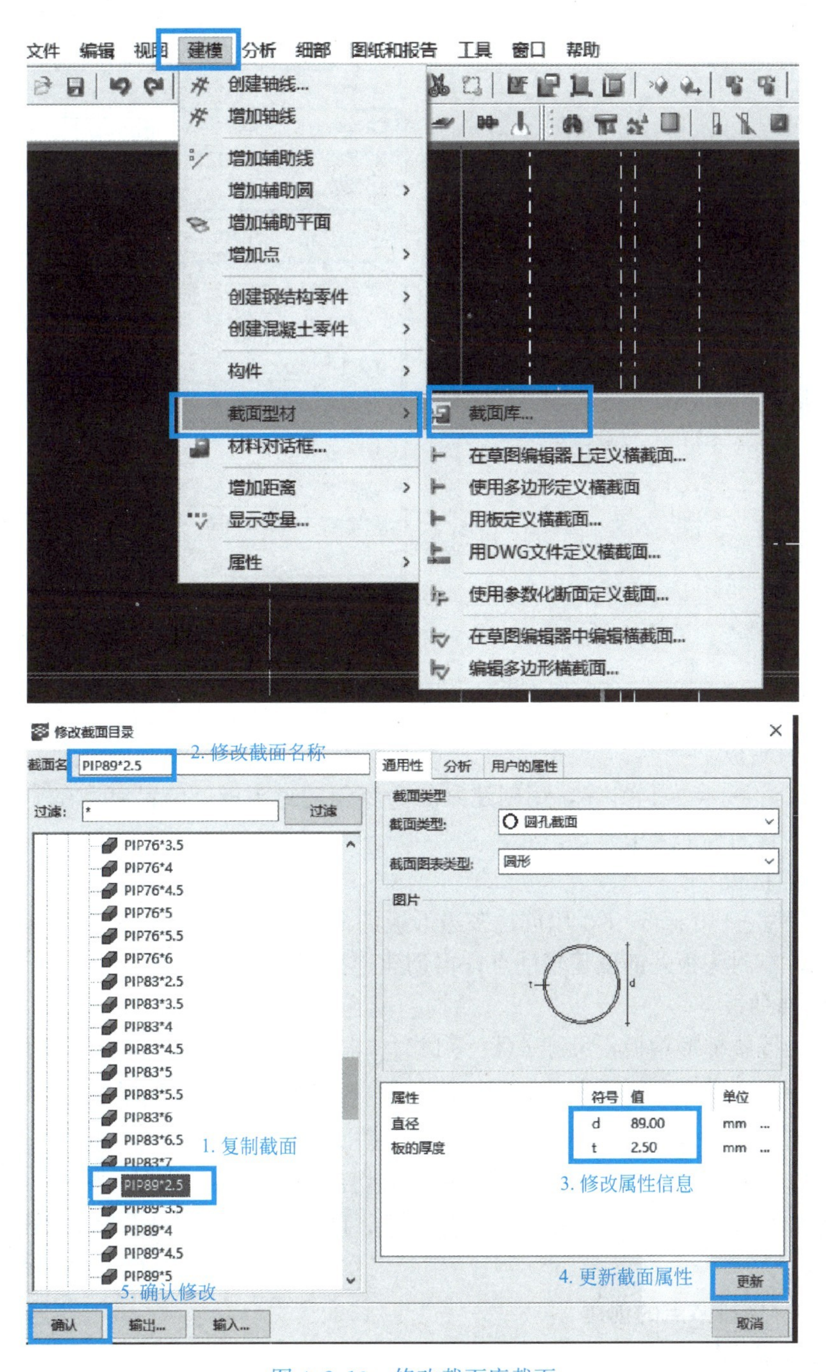

图 4.2.10　修改截面库截面

（3）在系杆连接板所在的视图平面中创建系杆，用创建梁的命令在①～②轴之间创建焊接钢管，修改梁的属性及位置信息，如图 4.2.11 所示。在①～②轴间的空白处创建钢管。

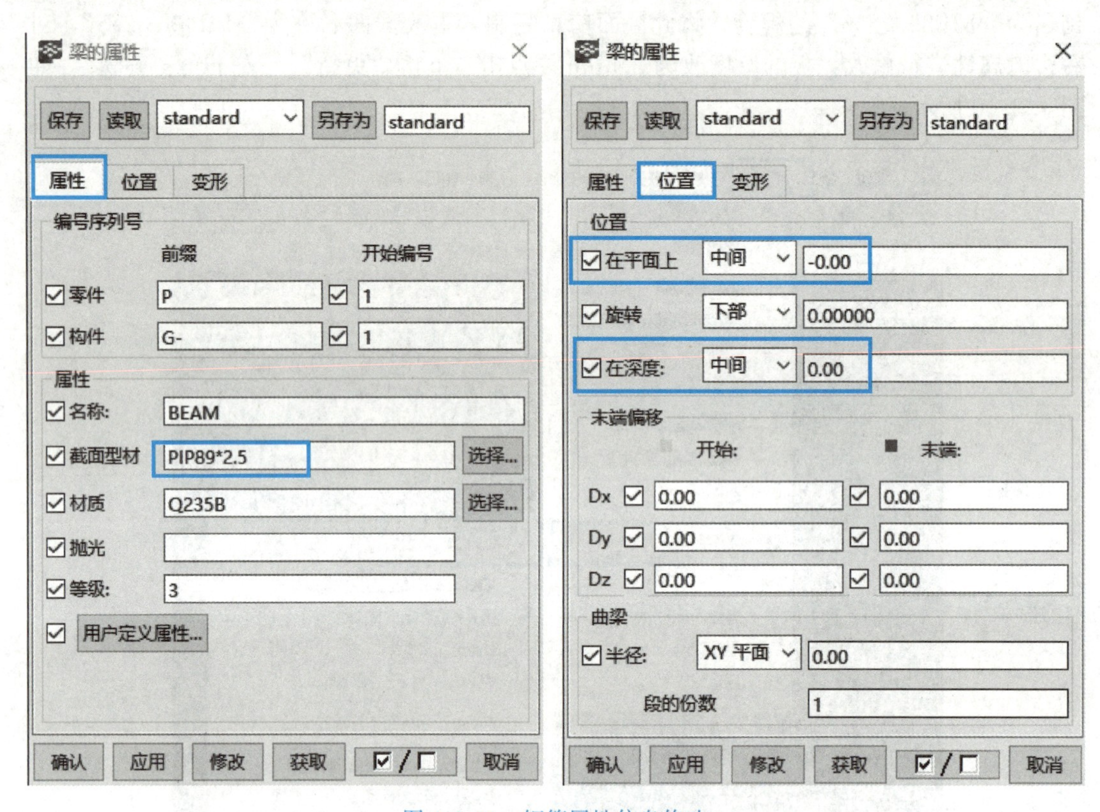

图 4.2.11　钢管属性信息修改

2. 创建封头板

封头板尺寸 -140×140×6，用创建梁的命令创建封头板，位置信息在平面和深度上都居中，在钢管的端部居中放置。

3. 创建连接板

连接板尺寸 -140×95×6，用创建多边形板的命令创建连接板，位置信息在平面和深度上都居中。在封头板外部创建辅助点，再创建连接板。

4. 创建加劲板

加劲板为等腰梯形钢板，尺寸 -(89～140)×120×6，用创建多边形板的命令创建加劲板，位置信息在平面和深度上都居中。按 CAD 图创建辅助点，再创建连接板。

加劲板与钢管采用相互嵌入的方式连接，使用切割零件“ ”，输入命令后选取被切割的连接——钢管，再选取切割的连接——梯形加劲板，完成零件的切割。系杆的构件创建完成，两端部一致，如图 4.2.12 所示。

4.2.2.4　连接节点的创建

1. 系杆位置调整

将创建好的系杆移动到钢梁上与连接板连接的相应位置。将两块

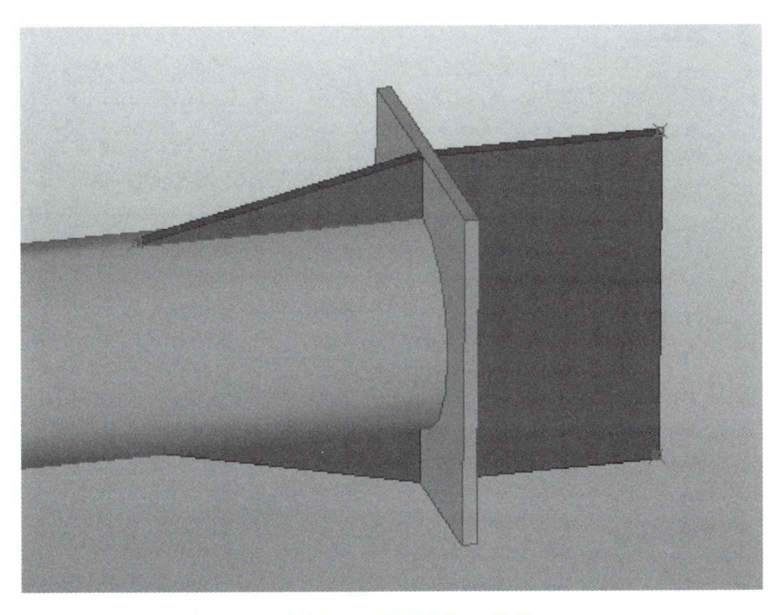

图 4.2.12　系杆端部三维图

连接板的两个螺栓位置重合，注意：此处在钢梁上翼缘下方 100mm 处为系杆的中心位置。系杆与钢梁的位置关系如图 4.2.13 所示。

图 4.2.13　系杆与钢梁的位置关系

2. 创建螺栓连接

用“两点创建工作平面”进入螺栓的两连接板的接触面，创建螺栓。螺栓属性设置如图 4.2.14 所示，按左下角提示选择安装螺栓的钢板及位置，创建螺栓连接，如图 4.2.15 所示。

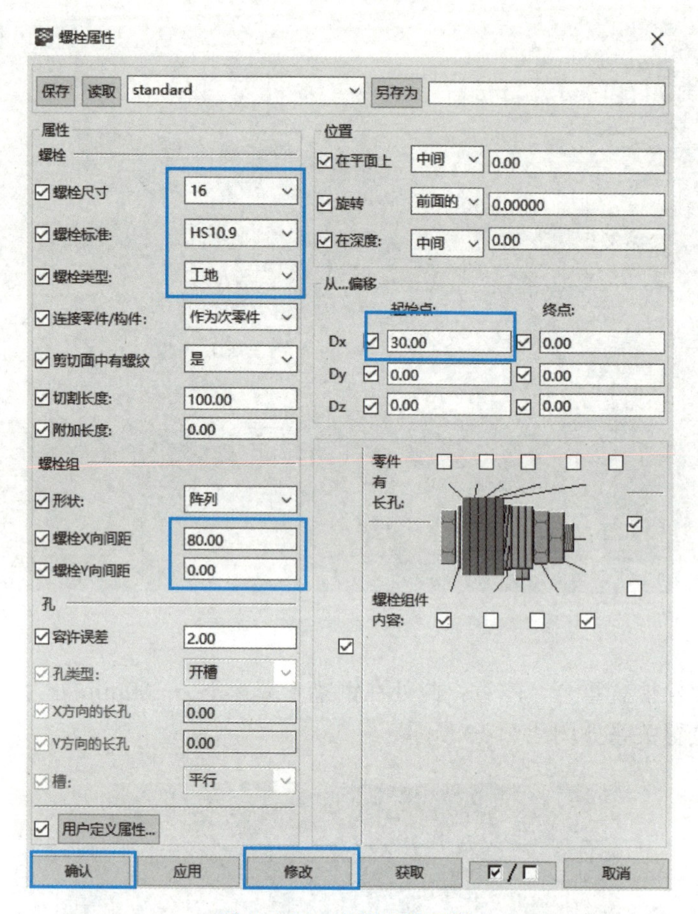

图 4.2.14 螺栓属性设置

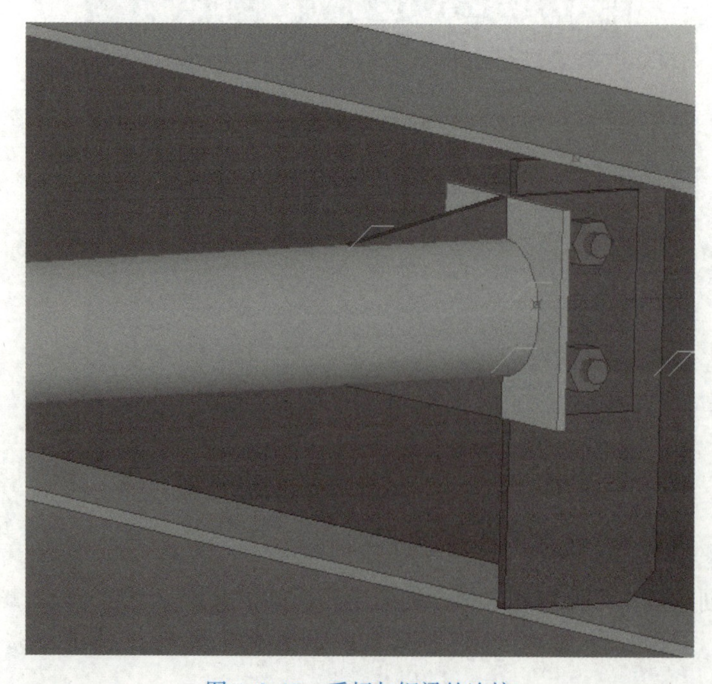
图 4.2.15 系杆与钢梁的连接

系杆在工程中的应用维护

钢结构系杆是连接钢结构中不同构件之间的构件，其主要作用是传递荷载并保证钢结构整体的稳定性和安全性。系杆可以由钢管、钢板等材料制成，根据应用场台和作用的不同，系杆可以分为拉杆、压杆和斜杆等。系杆在工程中的应用维护有以下几方面：

1. 系杆的防腐与防火处理

在一些特殊环境，如潮湿腐蚀或高温等环境下，系杆可能需要进行防腐和防火处理，以确保其长期使用的安全性和稳定性。

防腐处理可以采用涂层、镀锌、喷涂等方法，而防火处理则可以通过涂抹防火涂料、包裹防火材料等方式实现。

2. 系杆在复杂结构中的应用

在一些复杂的钢结构，如高层建筑大跨度桥梁等中，系杆的作用更加重要。这些结构中，系杆可能需要承受更大的荷载，具有更高的刚度和稳定性要求。

在这些复杂结构中，系杆的设计、加工和安装都需要更加精细和严格，以确保整个结构的安全性和稳定性。

3. 系杆的监测与维护

在钢结构使用过程中，系杆可能会受到各种因素的影响，如荷载变化、环境腐蚀等。为了确保系杆的安全性和稳定性，需要定期进行监测和维护。

监测可以包括定期检查系杆的外观、尺寸和连接情况等，而维护则可能包括修复损伤、更换老化部件等。

钢结构系杆在桥梁、建筑等领域的应用越来越广泛，具有结构稳定、性能卓越等优点。与传统的钢筋混凝土系杆相比，钢结构系杆具有更高的强度和刚度，能够承受更大的荷载。同时，钢结构的制造周期短，拆卸方便，适应性强，可以适应各种复杂的环境和地形。

总的来说，钢结构系杆是钢结构中不可或缺的重要构件，其质量和性能直接影响到整个钢结构的安全性和稳定性。因此，在钢结构的设计和施工过程中，应充分考虑系杆的作用和要求，确保系杆的质量和性能符合相关标准和规范。

4.2.3 隅撑的创建

视频

创建A厂房屋面隅撑

钢结构隅撑是连接钢梁和檩条的接近45°方向的斜撑。隅撑的作用是约束型钢截面远端翼缘板，起到远端翼缘板平面内支点的作用，避免形成局部屈曲；并有平面外支点的作用，减小翼缘板的平面外计算长度，从而控制平面外稳定性。

4.2.3.1 隅撑的识图与建模步骤

对于A厂房的隅撑，建模大致可分为隅撑连接板的创建与隅撑的创建。建模的基础是识图，识读隅撑的布设位置以及隅撑的组成及板块尺寸规格。隅撑布设图在屋面檩条上隔一设一，详见图 4.2.16。本节建模顺序为先创建隅撑杆件，再创造隅撑连接。

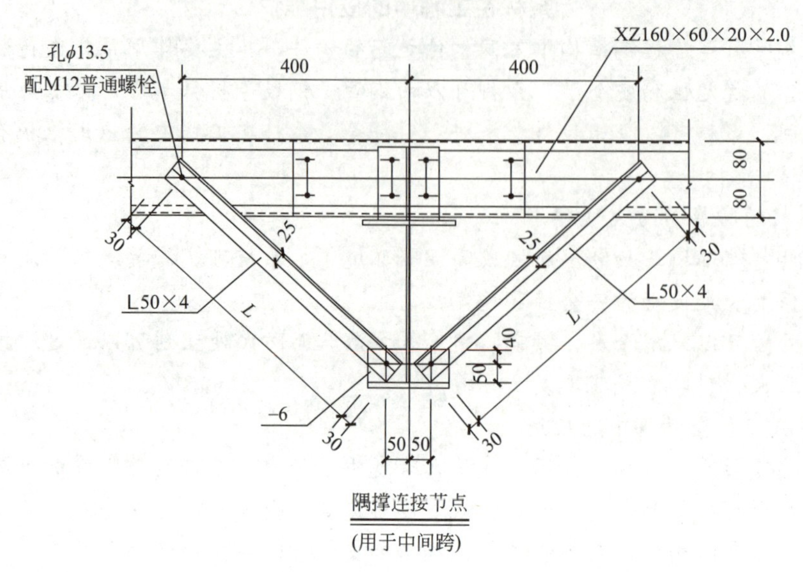

图 4.2.16 隅撑连接详图

4.2.3.2 隅撑杆件的创建

隅撑连接屋面钢梁与檩条，起到增强整体稳定性的作用。本工程采用角钢L 50×4，尺寸及位置如图 4.2.17 所示。隅撑创建需在平行于檩条面上进行。

① 在檩条面上创建两点工作视图平面。

② 在两点创建的视图平面上创建隅撑L 50×4 所需的辅助点线。如图 4.2.18 所示两点即为隅撑所需螺栓连接点。

③ 在两点创建的视图平面上创建隅撑L 50×4。双击“创建梁”命令，出现“梁的属性”对话框（图 4.2.19）。点击“选择”→进入“选择截面”对话框，在对话框中修改隅撑的材料信息，修改“截面型材”为“L 50 * 4”（L—角钢、50—肢宽、4—肢厚），点击“确认”后回到“梁的属性”对话框，修改“材质”为“Q235B”。

沿着角钢的长度方向绘制起始点—终止点。双击刚创建的钢板，在“梁的属性”→“位置”中调整角钢的位置，到三维图中观察是否正确点（图 4.2.20）。

4.2.3.3 隅撑连接的创建

在所需平面上创建 2 个普通螺栓 M12，尺寸及位置见图 4.2.16。双击创建螺栓“”命令，出现“螺栓属性”对话框，如图 4.2.21 所示。修改“螺栓尺寸”为“12”，“螺栓标准”为“A”，“螺栓 X 向间距”为“0”，“螺栓 Y 向间距”为“0”，两个螺栓分别创建。必要时调整对话框右上角的位置关系，点击“修改”→“确认”。

选择要装螺栓的零件→隅撑连接板、隅撑L 50×4（相接触的两块板），点击鼠标中键确认。“选取第一个位置”→连接螺栓创建的辅助点，“选取第二个位置”→单个螺栓无走向。另一螺栓的创建：选择要装螺栓的零件→檩条、隅撑L 50×4（相接触的两块板），点击鼠标中键确认。“选取第一个位置”→连接螺栓创建的辅助点，“选取第二个位置”→单

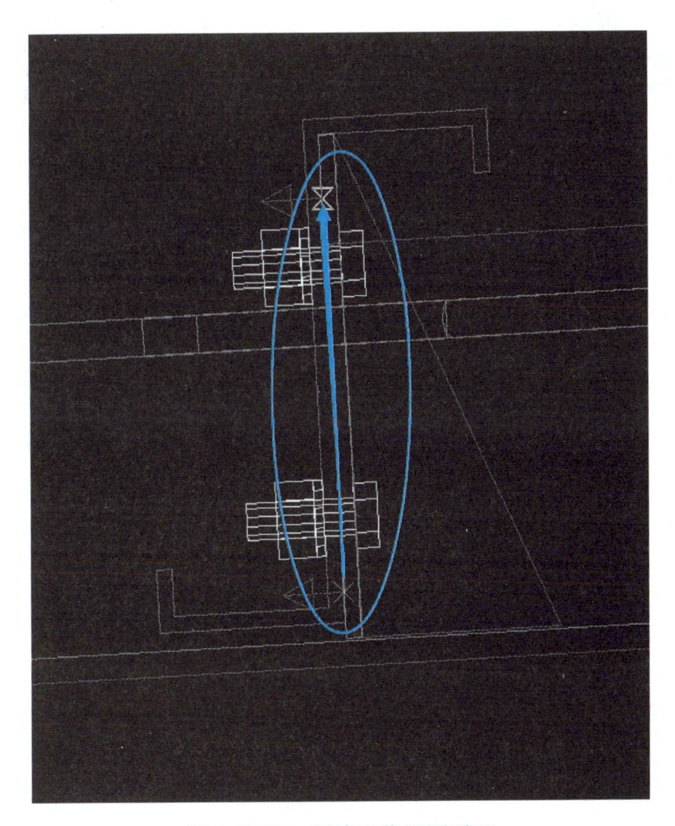

图 4.2.17 创建工作视图平面

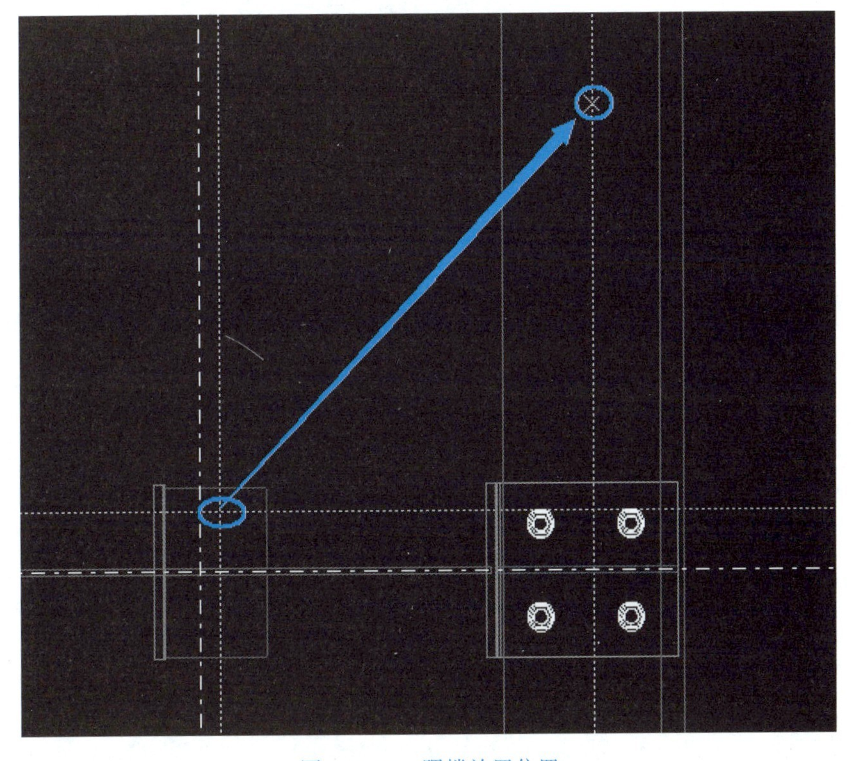

图 4.2.18 隅撑放置位置

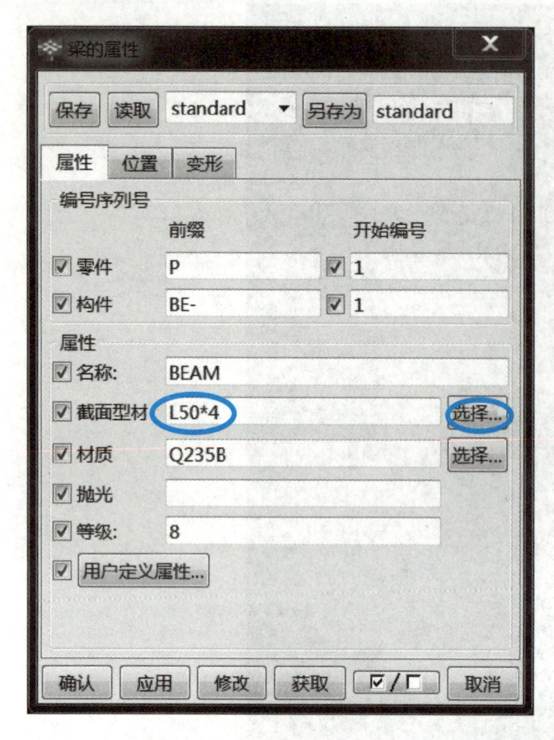

图 4.2.19　隔撑杆属性设置

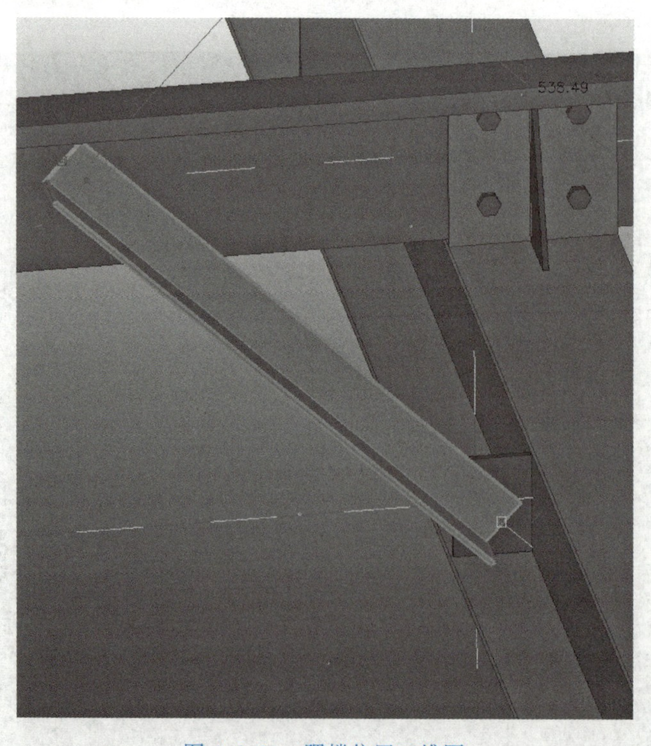

图 4.2.20　隔撑位置三维图

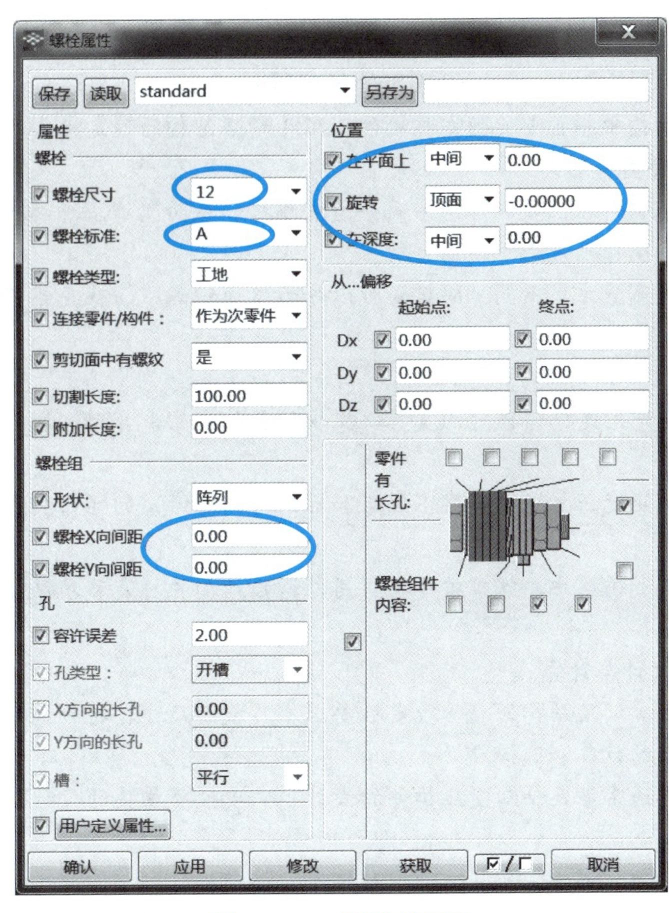

图 4.2.21 螺栓属性设置

个螺栓无走向。

至此完成一个屋面隅撑的创建（图 4.2.22），其他的隅撑可以通过镜像复制或直接复制的命令完成，最后完成三维空间的创建。

图 4.2.22 隅撑连接三维详图

隅撑的基础知识

隅撑是钢结构中一种重要的支撑构件，用于增强结构的稳定性和承载能力。

1. 隅撑的种类和形式

隅撑可以根据所在位置和作用不同分为墙隅撑和屋面隅撑。墙隅撑主要用于墙体结构中，而屋面隅撑则应用于屋面系统。

根据形状和布置方式不同，隅撑还可以分为单角钢隅撑、双角钢隅撑、槽钢隅撑等多种形式。

2. 隅撑的主要作用

隅撑的主要作用是提供额外的支撑，减少结构的变形和振动，增强结构的整体稳定性。

隅撑能够防止受压翼缘（如梁下翼缘和柱的内侧翼缘）的屈曲失稳，增强受压翼缘的稳定性。

在高层建筑和桥梁中，隅撑被广泛应用以增强结构的抗震和抗风能力，保证建筑物的安全和稳定。

3. 隅撑的设计与计算

隅撑的设计需满足结构的整体稳定性要求，其截面尺寸、材料选择以及连接方式都需要经过精确的计算和选择。

隅撑的计算通常涉及轴心受压构件的设计，需要按照相关的设计规范和标准进行计算和校核。

4. 隅撑的施工与安装

隅撑的施工和安装需要按照设计图纸和施工方案进行，确保隅撑的位置准确、连接牢固，并符合设计要求。

在安装过程中，需要注意隅撑与刚架构件腹板的夹角不宜大于45°，以保证其受力性能。

5. 隅撑的维护与检查

在使用过程中，隅撑可能会受到腐蚀、疲劳等因素的影响，需要定期进行维护和检查。维护包括修复损伤、涂刷防腐涂料等，而检查则主要关注隅撑的完整性、连接情况等，确保其正常工作。

综上所述，隅撑作为钢结构中的重要支撑构件，在增强结构稳定性、承载能力以及抗震抗风能力方面发挥着重要作用。通过深入学习和研究隅撑的相关知识，可以更好地理解其在钢结构中的作用，为钢结构的设计、施工和维护提供更为准确和有效的指导。

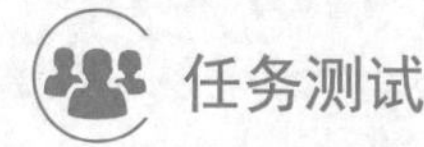

一、单选题

1. 对于单个空洞，采用螺栓制孔，螺栓属性设置中，螺栓X与Y方向间距为（　　）。

A. 100，100　　　　B. 10，10

C. 0，0　　　　D. 默认

2. 系杆端板连接板建模的第一步为（　　）。

A. 创建合适的工作平面

B. 使用“多边形板”命令建模

C. 进行板块切割

D. 进行镜像复制操作

3. 下面的选项正确的是（　　）。

A. A厂房系杆有两种，均布设在跨中部位

B. A厂房系杆有两种，布设于山墙两段及纵向跨中部位

C. A厂房系杆有一种，均布设在跨中部位

D. A厂房系杆有一种，布设于山墙两段及纵向跨中部位

4. A厂房中屋面水平支撑布置位置正确的是（　　）。

A. ①～②轴之间　　　　B. ②～③轴之间

C. ⑦～⑧轴之间　　　　D. ⑥～⑦轴之间

5. A厂房中水平支撑采用何种型钢？（　　）。

A. ϕ15 的圆钢　　　　B. ϕ16 的圆钢

C. ϕ18 的圆钢　　　　D. ϕ20 的圆钢

任务训练

1. 分析一榀刚架的概念，梳理钢结构传力体系、整体稳定的保证。

2. 钢结构各支撑体系在结构中发挥了哪些作用？

任务 4.3　围护体系的创建

任务引入

钢结构檩条和墙梁起到支撑整体稳定和连接围护板的作用，对于保证结构的强度和稳定性具有重要意义。

在制作和应用过程中，需要遵循相应的规范和工艺要求，确保其围护的质量和性能。作为工程施工及管理人员，首先需对钢结构围护体系有一个基本认知：一是识读施工图，了解围护体系布置的位置及材料、做法；二是明确结构的受力性能，围护体系起到空间稳定结构的作用；三是熟悉施工工艺流程，结合工艺流程进行围护体系的三维建模等等。

本任务的学习内容详见表 4.3.0。

围护体系的创建学习内容 表 4.3.0

任务	技能	知识	拓展
4.3 围护体系的创建	4.3.1 檩条、拉条的创建	4.3.1.1 檩条的创建 4.3.1.2 拉条的创建	檩条的应用领域与工艺
	4.3.2 墙梁、拉条的创建	4.3.2.1 建模步骤 4.3.2.2 墙托的创建 4.3.2.3 墙梁的创建 4.3.2.4 螺栓的创建 4.3.2.5 拉条的创建	墙梁的基础知识

任务实施

视频

创建A厂房屋面檩托

4.3.1 檩条、拉条的创建

4.3.1.1 檩条的创建

屋面檩条支撑屋面的整体结构，使得屋面能够承受各种外部荷载，如风、雨、积雪等。同时，屋面檩条还能够将屋面的重量均匀分布到梁柱上，保证房屋整体结构的稳固。

1. 檩条详图识图

A 厂房檩条采用 Z 形冷弯薄壁型钢 XZ160×60×20×2.0，搭接长度 600mm，与檩托间用 4M12 的普通螺栓连接，以①~②轴间檩条为例，用于端跨的节点，檩条在端部离钢梁腹板中心的距离 L=110mm，檩条在②轴的位置离钢梁腹板中心的距离 L=300mm。檩条连接详图如图 4.3.1 所示。

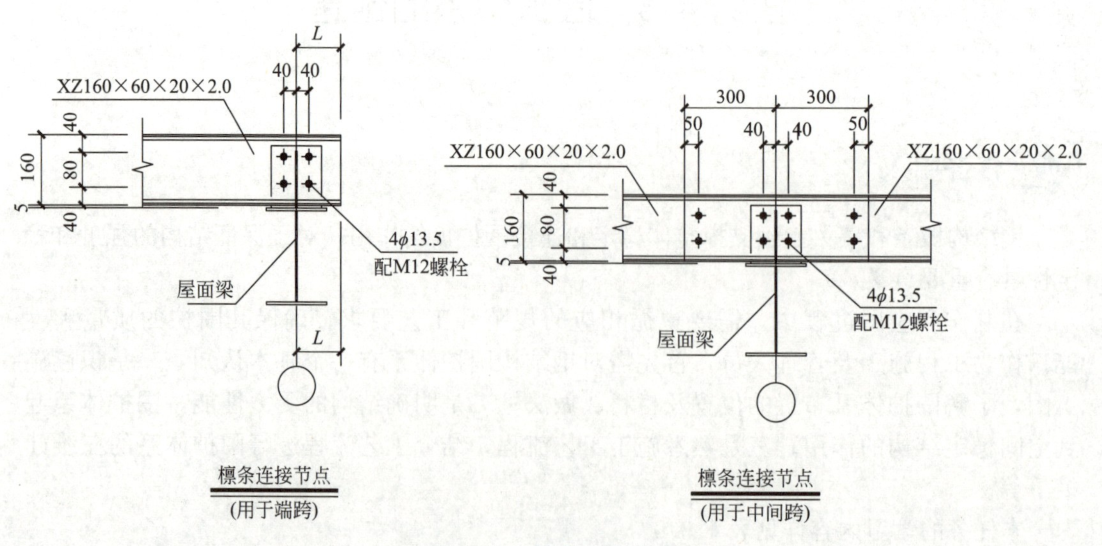

图 4.3.1 檩条连接详图

2. 檩条的创建

① 选择一平面沿着檩条长度在①～②轴之间创建Z形檩条，用辅助线、点定位檩条起点、终点。用创建梁的命令在平面图上创建檩条。在梁的属性中修改截面型材XZ160×60×20×2.0，如图4.3.2所示修改后，点击“应用”→“确认”。在平面图中创建檩条如图4.3.3所示。

② 进入②轴的立面图GRID 2，钢梁上翼缘找坡1∶20，檩条布置垂直于钢梁上翼缘，故用“选择性移动”→“另一个平面”完成檩条的角度调整（图4.3.4）。

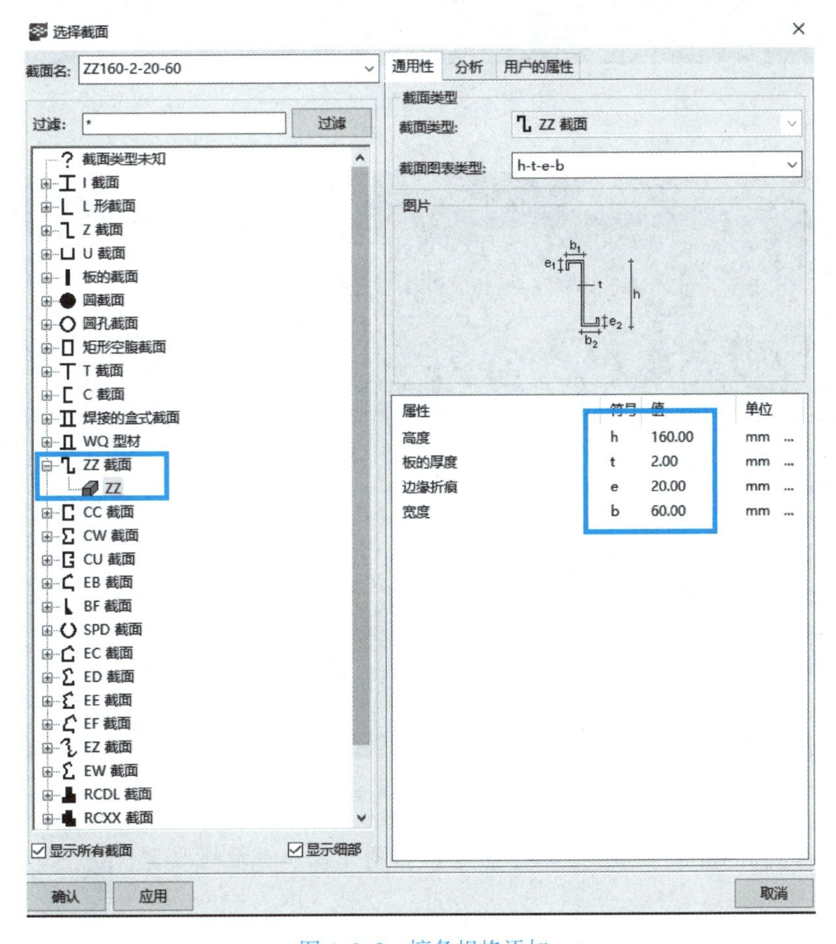

图4.3.2 檩条规格添加

3. 连接节点的创建

① 两点创建视图平面，螺栓的布置需要在螺栓连接钢板所在的平面上创建。先进入GRID 2立面视图，用两点创建视图命令“ ”进入需要的视图平面，将工作平面设置为平行于视图平面“ ”，在空白处双击，在识图属性中修改可见性的显示深度，上下各200mm，如图4.3.5所示。

② 用创建螺栓命令完成节点连接。檩条与檩托用4M12的普通螺栓连接。X向、Y向

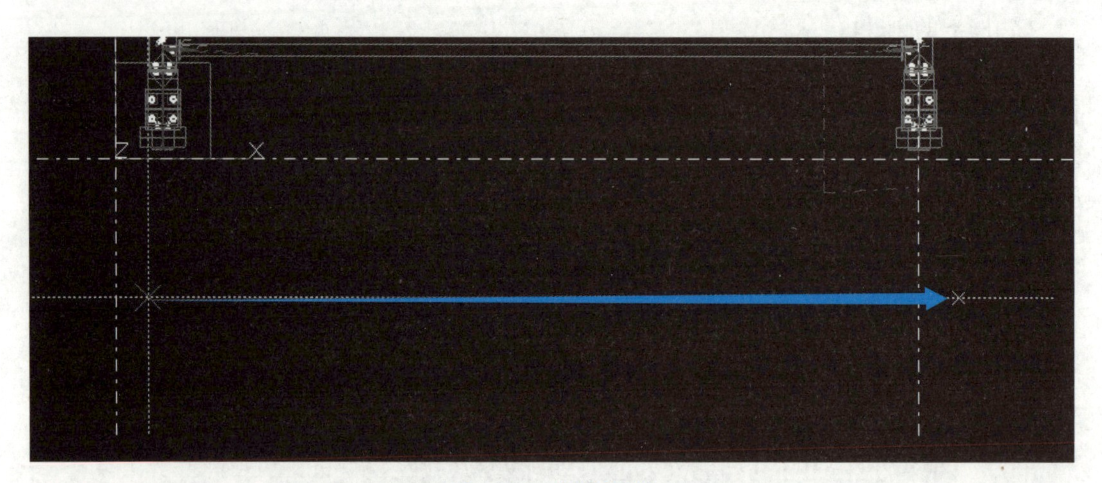

图 4.3.3 檩条创建

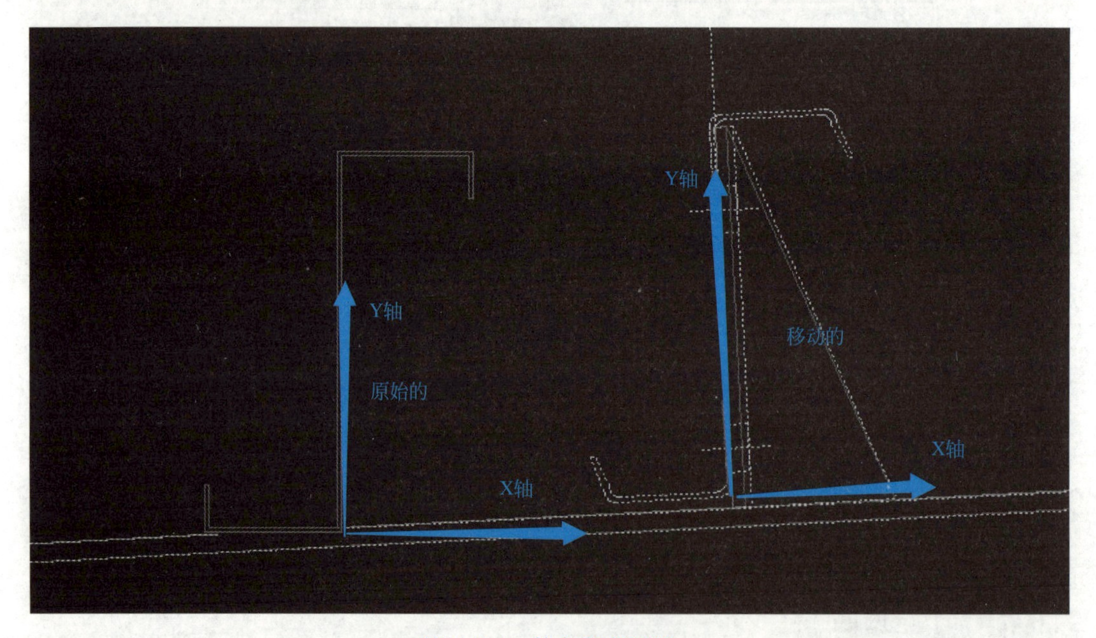

图 4.3.4 檩条角度调整

的螺栓间距都为 80mm，点击“ ”命令，如图 4.3.6 所示修改螺栓属性。

③ 用同样方法创建另一端节点的连接，再将已经创建的檩条及节点复制到钢梁上翼缘其他 5 个檩托所在的位置上（图 4.3.7）。

4.3.1.2 拉条的创建

拉条通过承受檩条侧向力、减小檩条侧向变形以及作为檩条的侧向支撑等方式，为钢结构提供稳定性和完整性。在设计和施工过程中，需要充分考虑拉条的作用和受力情况，以确保钢结构的安全性和可靠性。

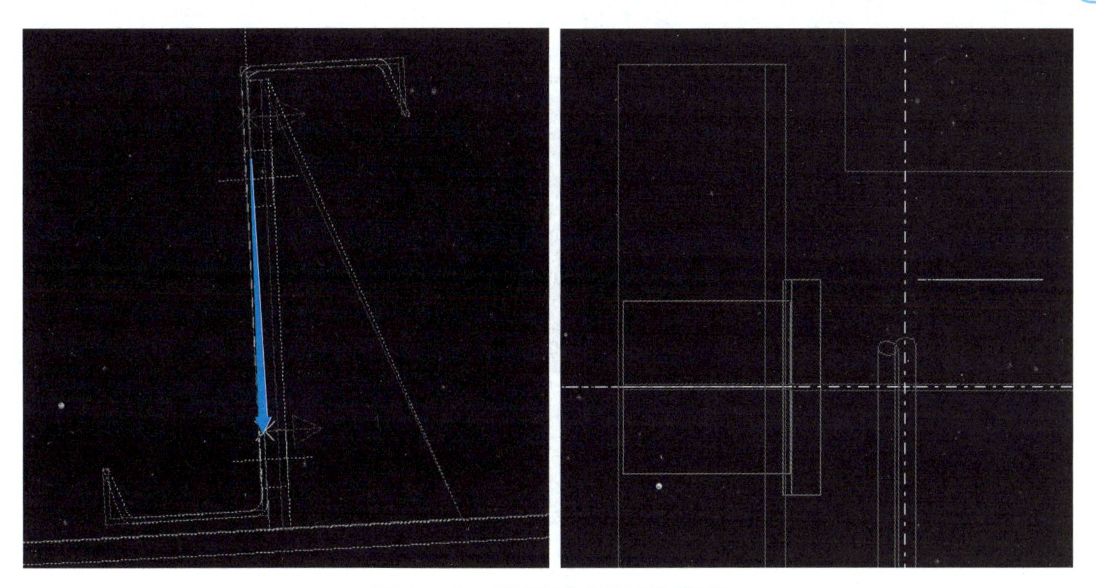

图 4.3.5　创建檩条连接工作平面

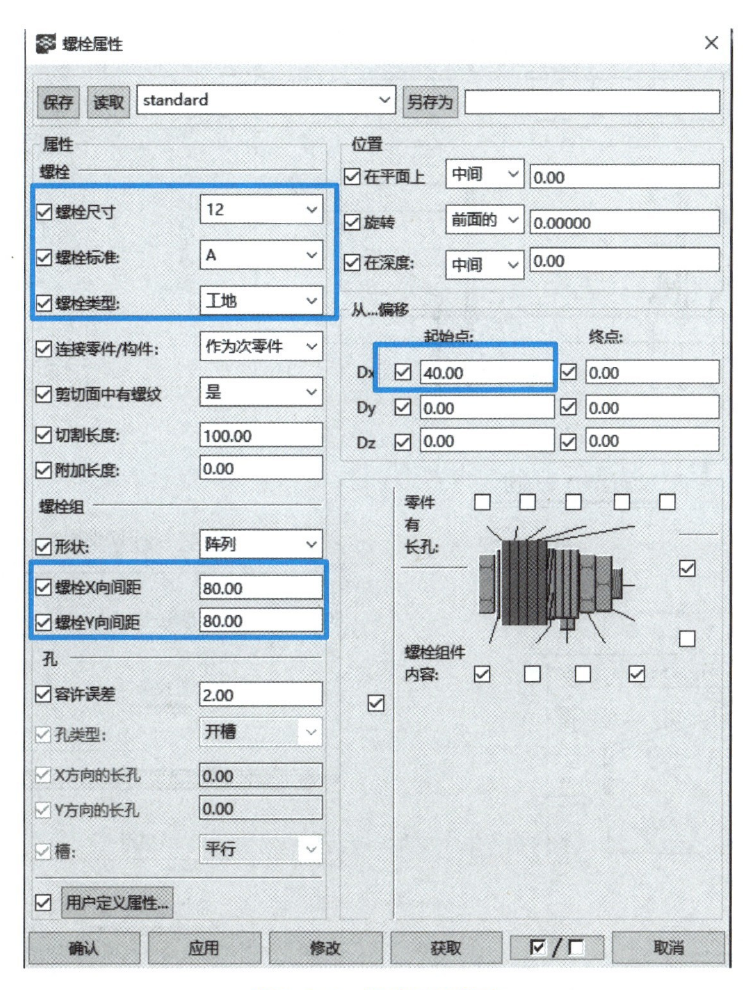

图 4.3.6　螺栓属性修改

图 4.3.7 檩条连接三维图

1. 拉条详图识图

A 厂房拉条采用 $\phi12$ 的圆钢，直拉条长度为：檩距 L +40mm+40mm，如图 4.3.8 所示。

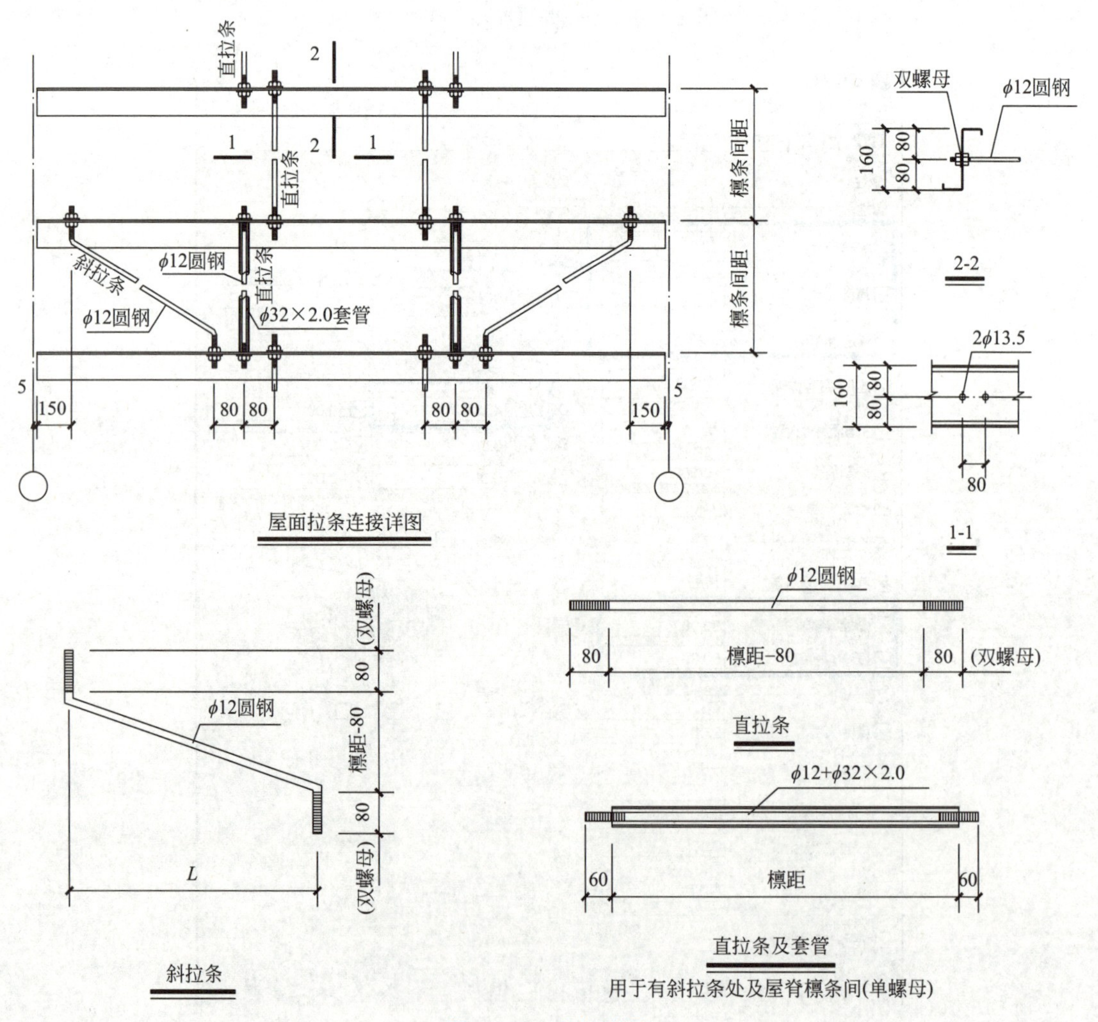

图 4.3.8 拉条详图

2. 直拉条的创建

进入屋面拉条所在平面，即平行于上翼缘的平面。在檩条高度方向的中点，用两点创建视图命令“ ”将工作平面设置为平行于视图平面“ ”。用辅助线、点做出拉条在檩条上的连接点，本工程柱距 6m，一根檩条间设置两个拉条，故从钢梁腹板中间偏移 2m 设置拉条。

① 用创建辅助点中“增加与两个选取点平行的点 ”做出偏移梁腹板中心 2m 的点。将拉条所在的两点连线，并在拉条所在的线上距檩条中心偏移 40mm。

② 在辅助线上创建直拉条，用创建梁的命令“ ”进入梁的属性，修改截面型材 ϕ12 的圆钢，位置在平面和深度上都居中，在拉条所在平面上创建直拉条（图 4.3.9、图 4.3.10）。

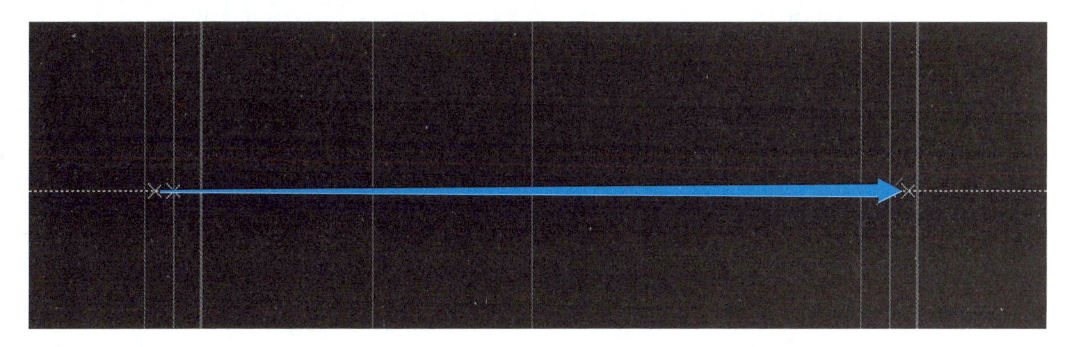

图 4.3.9 直拉条创建图

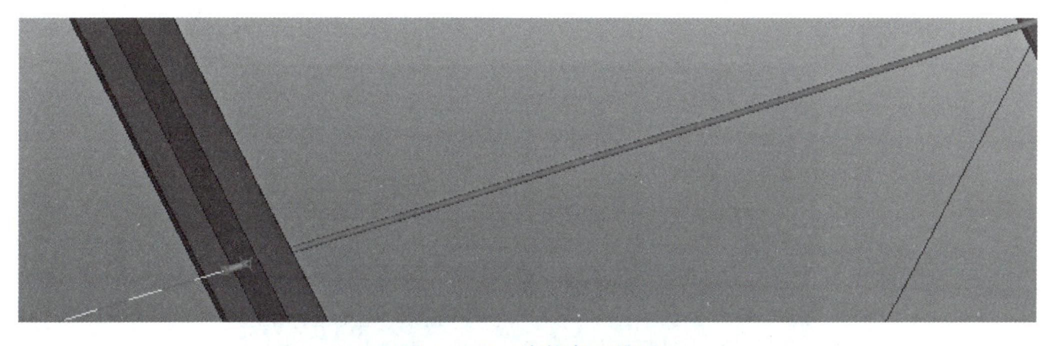

图 4.3.10 直拉条三维图

③ 用创建单个螺栓的方式在拉条与檩条之间用螺母固定（图 4.3.11）。

用同样的方式完成一根直拉条后，在平面上根据位置关系，用复制、镜像命令完成整个屋面的直拉条。

3. 斜拉条的创建

进入直拉条创建的同一平面：

① 用创建辅助点中“沿着两点的延长线增加点 ”命令，做出偏移直拉条 80mm 的点和距离梁腹板中心 150mm 的点，并在其相应点的位置距檩条中心往两边各偏移 40mm。

② 在辅助线上创建斜拉条，用创建折形梁的命令“ ”进入梁的属性，修改截面型材 ϕ12 的圆钢，位置在平面和深度上都居中，在拉条所在平面上创建斜拉条（图 4.3.12、图 4.3.13）。

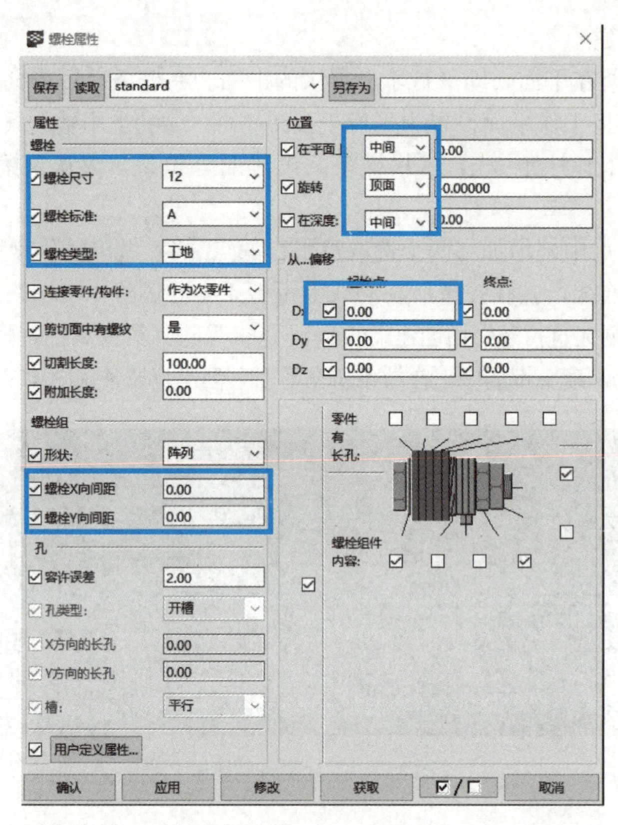

图 4.3.11　直拉条螺栓属性

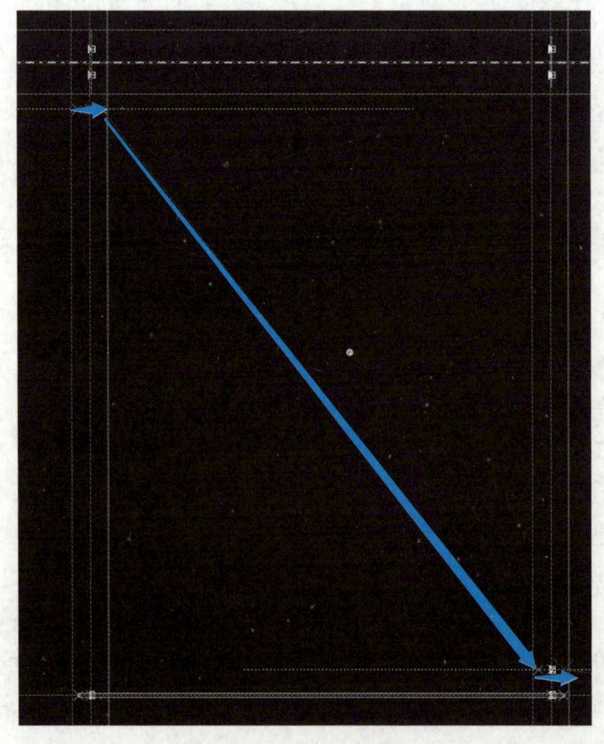

图 4.3.12　斜拉条创建图

图 4.3.13 斜拉条三维图

檩条的应用领域与工艺

檩条作为古建筑和现代建筑中的重要构件，承载着重要的功能，随着技术的发展，其应用领域和制作工艺也在不断进步。

1. 檩条的历史与演变

檩条的历史可以追溯到古代建筑。早在汉代建筑中，就已经开始使用檩条。随着时间的推移，檩条的制作方法和应用范围不断改进和扩大。到了宋代，檩条的使用更加广泛，并开始出现一些新的类型，如砖檩、扁檩等。这些檩条类型不仅增强了建筑的结构稳定性，还丰富了建筑的外观和风格。

2. 檩条的应用场景

(1) 屋顶结构：在屋顶制作时，檩条通常用于构建屋面骨架，用以支撑屋顶的重量和附加荷载。檩条可以搭设在檩架上，然后覆盖瓦片金属板等材料，构成屋面层面。

(2) 地板结构：在地板制作时，檩条通常作为榫头接合构件使用。地梁与檩条之间相互咬合，且与地面支柱等承重构件相连接，以支撑地面重量和荷载。

(3) 门窗结构：在门窗制作时，檩条通常用于支撑门窗框架的重量和附加荷载，并固定玻璃等材料，以确保门窗的牢固性和耐用性。

3. 檩条的制作工艺

檩条的制作工艺一般包括以下几个步骤：

(1) 原材料准备：选择适宜的原材料，如木材或人造板等，进行切割、破碎等处理，使其具备适宜的形状和尺寸。

（2）干燥处理：对原材料进行干燥处理，以去除水分，提高檩条的稳定性和耐久性。

（3）排列布局：根据檩条的设计要求，将干燥的原材料按照一定的规则排列布局，形成整齐的檩条板面。

（4）粘接加工：将原材料板面上的檩条经过涂胶处理后，逐一粘接到板面上，并施加一定的压力，以确保檩条与板面的牢固粘接。

4. 檩条的市场前景

随着建筑行业的快速发展，檩条的市场需求也在不断增加。尤其是在全球范围内，Z形檩条机等檩条生产设备的市场规模呈现出稳步增长的趋势。预计未来几年，亚太地区将成为檩条市场的重要增长点，其中中国、日本、韩国、印度和东南亚地区将扮演重要角色。

总之，檩条作为建筑结构中不可或缺的组成部分，其历史演变、应用场景、制作工艺和市场前景都值得我们深入了解和关注。随着技术的不断进步和市场的不断扩大，檩条将在未来的建筑行业中发挥更加重要的作用。

4.3.2 墙梁、拉条的创建

4.3.2.1 建模步骤

本节仍以A厂房为例，进行墙面墙梁及拉条的创建。建模步骤依次为：墙托板、墙梁、固定螺栓及拉条。依据前文，建模的第一步仍是识图，具体需注意墙梁布设的位置、墙梁规格、螺栓形式及拉条规格。本次建模以Ⓐ轴①～②跨墙梁及拉条为例，各部位构件具体如图4.3.14所示。

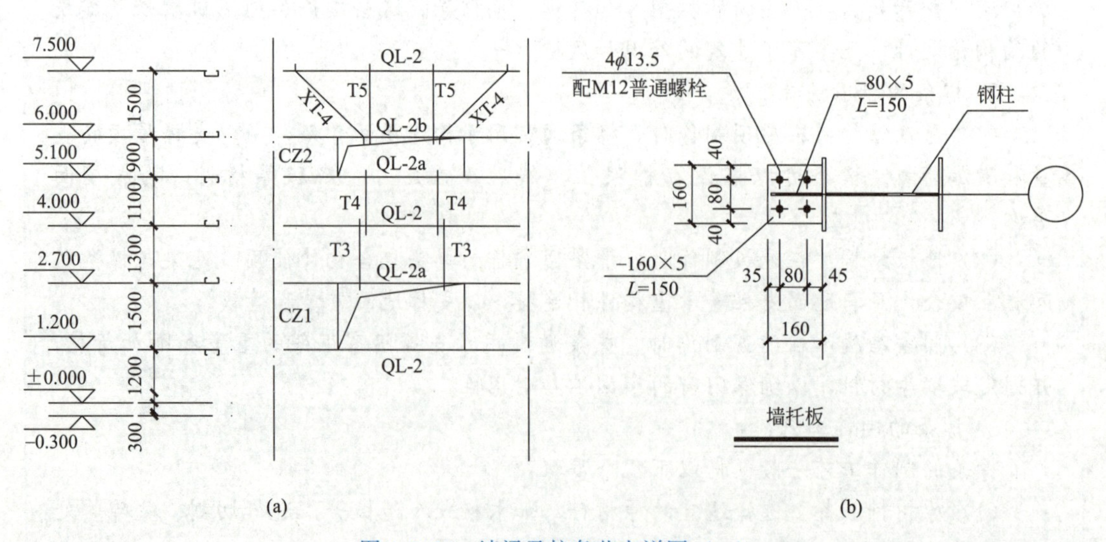

图4.3.14 墙梁及拉条节点详图（一）

(a) Ⓐ轴①～②跨墙梁及拉条布置图；(b) 墙托板

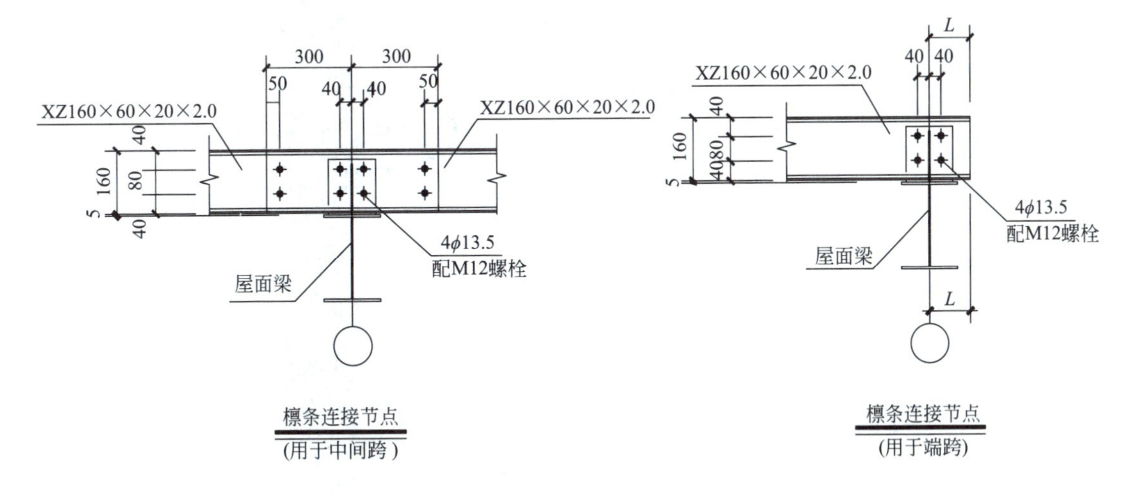

(c)

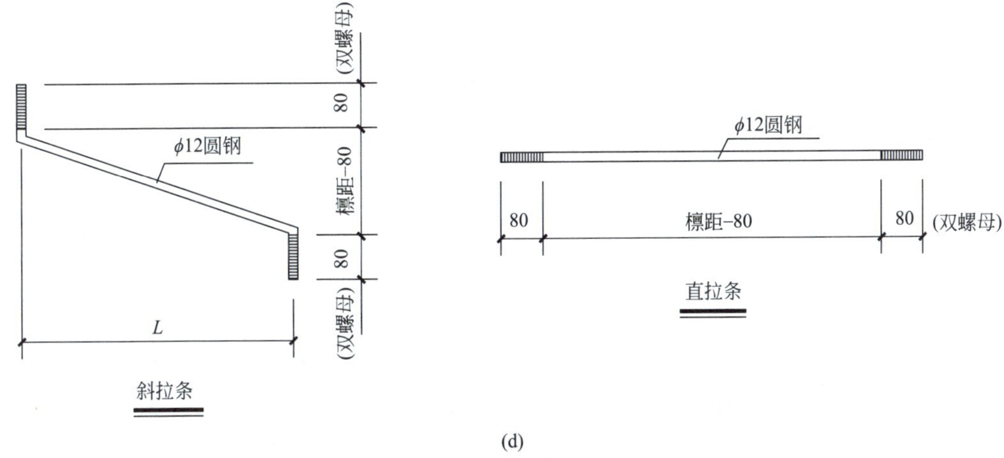

(d)

图 4.3.14　墙梁及拉条节点详图（二）

（c）屋面檩条（墙梁）及连接螺栓；（d）拉条示意图

4.3.2.2　墙托的创建

首先可依据图 4.3.14（a）定出墙托板的位置，若前期通过导图的方式建模，可直接定出构件的位置，如图 4.3.15 所示。由图 4.3.14（b）可知，墙托板由两块板组成：−160×5×150 和−80×5×150。我们选择在①轴平面视图进行建模，故第一块板可采用“梁”的命令创建，第二块板可采用“板”的命令创建。

双击“▬”命令，弹出属性对话框。对于墙托板 1 构件，梁属

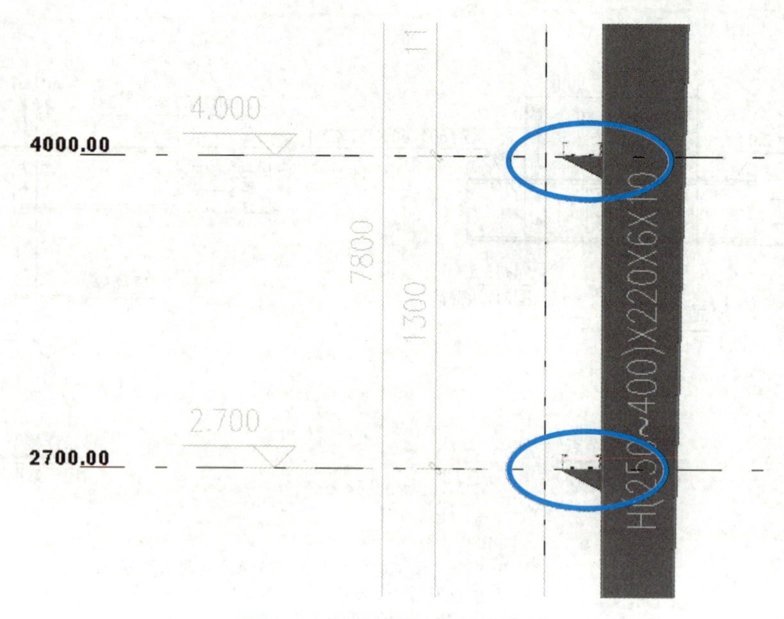

图 4.3.15　墙托板位置示意图

性参数定义如图 4.3.16（a）所示。对于墙托板 2 构件，板属性参数定义如图 4.3.16（b）所示。参照前文运用“梁”构件及“板”构件的建模方法，在确定的位置进行一个墙托板模型的创建，如图 4.3.17 所示。对于其他部位的墙托板可采用复制的方式创建，在此需注意两块板的相对位置变换。最终墙托板模型如图 4.3.18 所示。

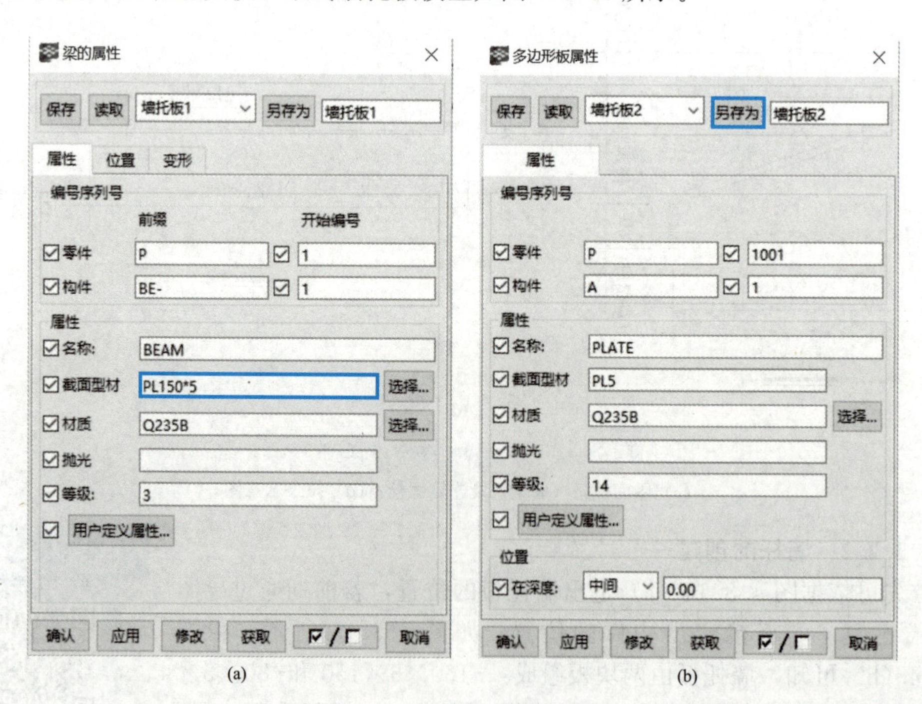

图 4.3.16　梁属性参数设置

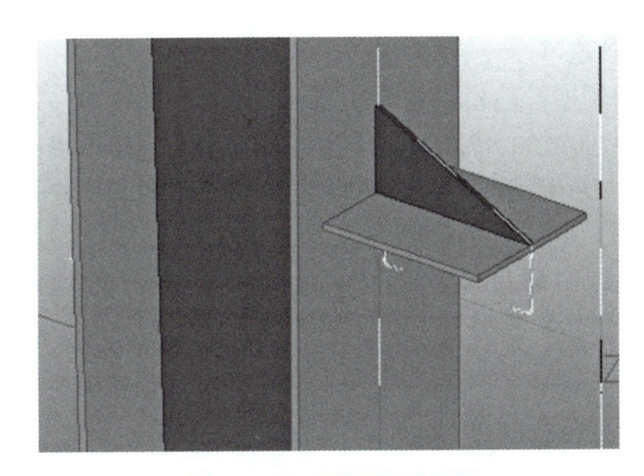

图 4.3.17 墙托板示意图

图 4.3.18 ①～②轴墙托板示意图

4.3.2.3 墙梁的创建

本示例是以端跨为例进行建模讲解，由图 4.3.14（c）得出，本模型墙梁规格为 C160×60×20×2.0。仍使用“梁”命令创建，墙梁属性参数定义如图 4.3.19 所示，墙梁端部伸出 140mm。墙梁创建视图可选择 3D 平面视图，定位点的创建方法同前文。墙梁模型如图 4.3.20 所示。其余墙梁可通过复制的方法创建，最终成果如图 4.3.21 所示。

视频

创建A厂房墙面墙梁

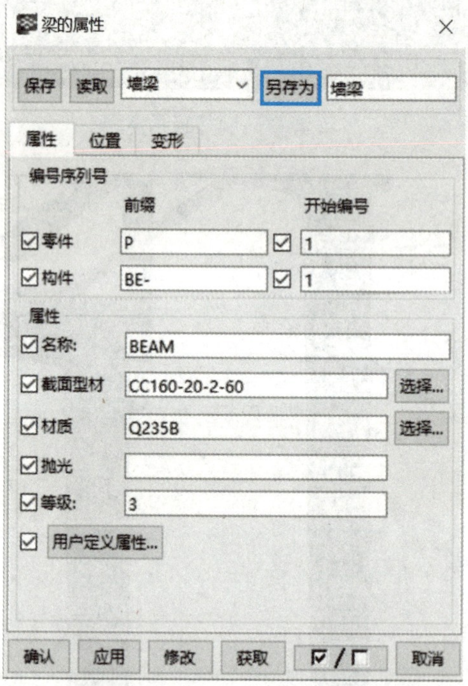

梁的属性

保存 读取 墙梁 另存为 墙梁

属性 位置 变形

编号序列号

前缀 开始编号

☑零件 P ☑ 1

☑构件 BE- ☑ 1

属性

☑名称: BEAM

☑截面型材 CC160-20-2-60 选择...

☑材质 Q235B 选择...

☑抛光

☑等级: 3

☑ 用户定义属性...

确认 应用 修改 获取 ☑/☐ 取消

图 4.3.19 墙梁属性参数定义

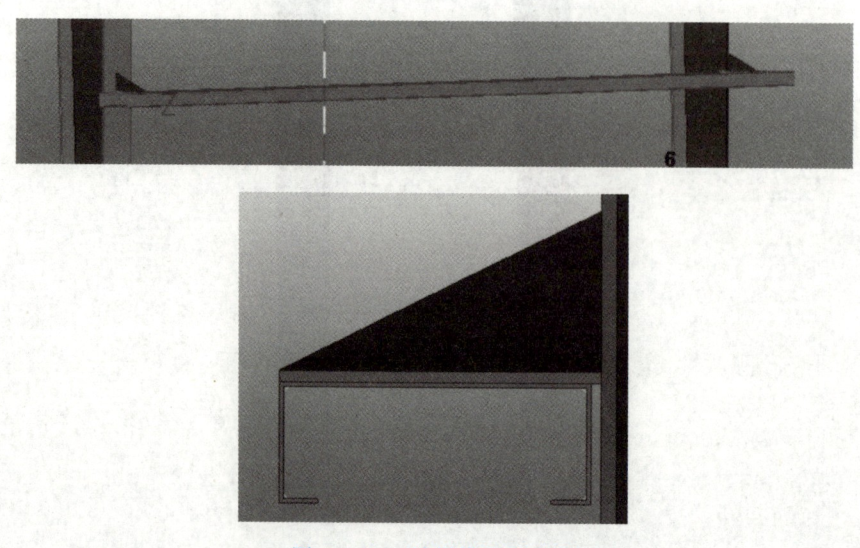

图 4.3.20 墙梁模型示意图

图 4.3.21 ①～②轴之间墙梁模型示意图

4.3.2.4 螺栓的创建

首先进行端部螺栓的创建，由图 4.3.14（c）可知，墙梁端部安装了 4 个 M12 的螺栓，螺栓间距均为 80mm；中部安装了 4 个 M12 的螺栓，螺栓间距亦为 80mm。螺栓属性参数设置如图 4.3.22 所示。螺栓的安装步骤及注意事项同前文所述。最终的效果图如图 4.3.23 所示。

视频

创建A厂房墙面拉条

4.3.2.5 拉条的创建

拉条的建模与前文水平支撑的创建方法类似，均需使用螺栓命令制孔。建模视图选择Ⓐ轴的平面视图。建模之前，需确定拉条的建模位置，本节将以顶层两道墙梁，演示直拉条与斜拉条的创建。参照 CAD 图纸，定出直拉条与斜拉条的位置，并使用螺栓命令进行制孔，

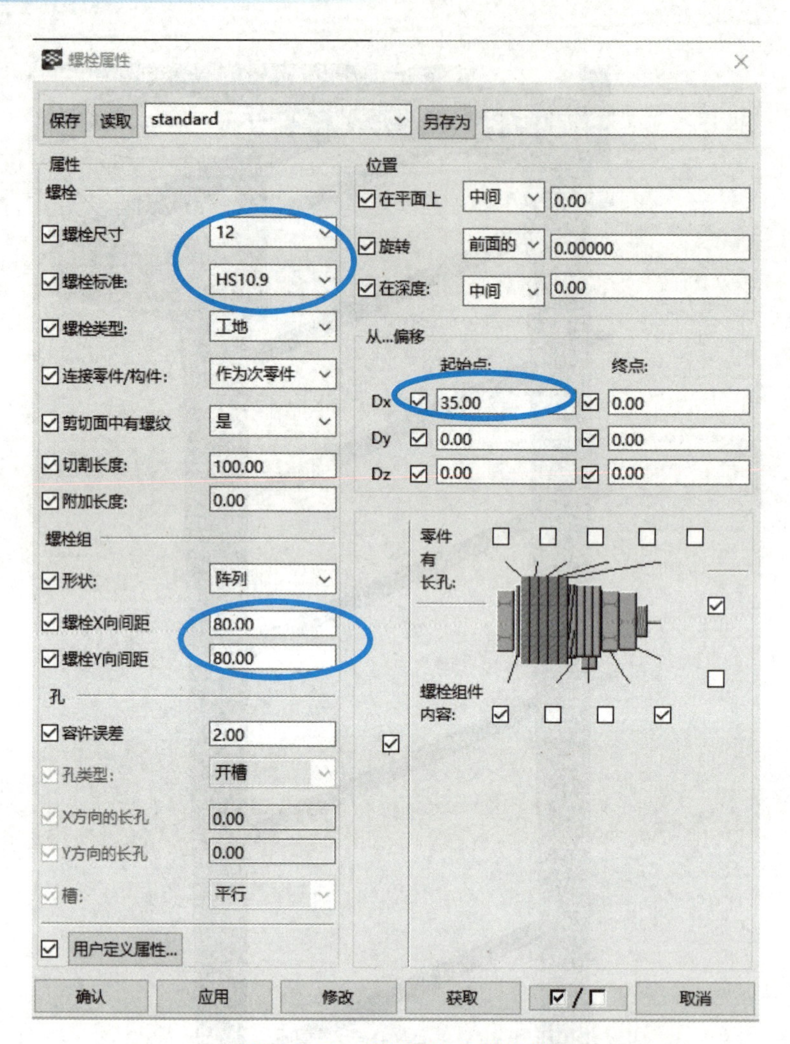

图 4.3.22 螺栓属性参数设置

图 4.3.23 螺栓效果图

如图 4.3.24 所示。

图 4.3.24 开孔位置

拉条采用直径为 12mm 的圆钢，斜拉条采用折形梁“ ”创建，直拉条可采用“梁”命令创建。创建的视图平面建议采用“两点创建视图”的方式，创建出四个制孔螺栓所在的平面。最终一侧的拉条如图 4.3.25 所示。另一侧可通过镜像的方式复制。其余拉条的创建以此类推即可（图 4.3.26）。

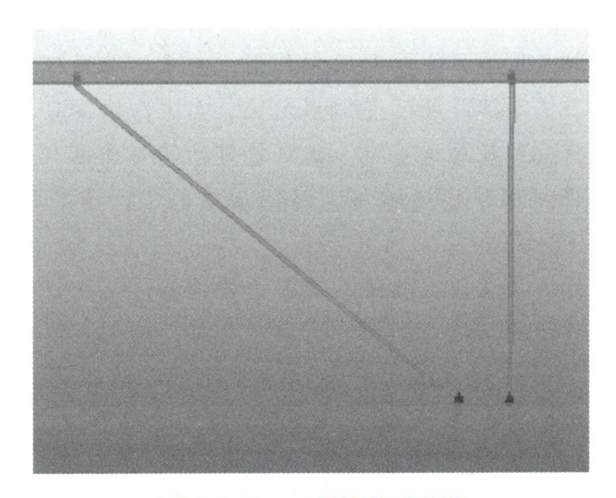

图 4.3.25 一侧拉条示意图

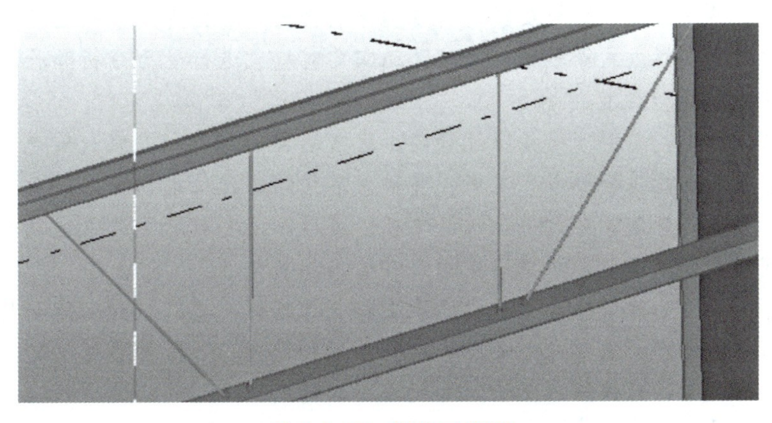

图 4.3.26 拉条示意图

墙梁的基础知识

墙梁作为建筑结构中重要的承重和支撑构件，具有多种功能和特点。以下是关于墙梁的一些拓展知识：

1. 墙梁的定义和分类

墙梁是一种用于支撑墙体和承重的构件，通常横向安装在墙体顶部。墙梁的作用主要是支撑墙体、传递荷载，并使建筑物更加牢固稳定。墙梁的分类可以根据材料、结构形式和使用功能进行划分。

按材料分类，墙梁可分为木质墙梁、钢筋混凝土墙梁等。木质墙梁通常由木材制成，价格相对便宜，但需要定期保养。钢筋混凝土墙梁则是由钢筋和混凝土构成的组合受力构件，具有较高的承载能力和耐久性。

按结构形式分类，墙梁可分为简支墙梁、连续墙梁和框支墙梁等。简支墙梁是指墙梁两端简单支撑在墙体或柱子上，受力简单明确。连续墙梁则是指墙梁在多个支撑点之间连续延伸，具有连续的受力性能。框支墙梁则是将堵梁嵌入框架结构中，与框架共同受力。

2. 墙梁的作用和优势

墙梁在建筑物中起着重要的支撑和承重作用。首先，墙梁可以支撑墙体，防止墙体下沉和裂缝的形成，提高建筑物的整体稳定性。其次，墙梁可以承受来自上层结构的重量，并通过传递荷载到基础地基中，保证建筑物的安全性。此外，墙梁还可以平衡墙体的侧向荷载，保护墙体不受破坏。在高层建筑中，墙梁还起到支撑楼层的作用，确保建筑物的稳定和安全。

与传统的墙体支撑方式相比，墙梁具有显著的优势。首先，墙梁具有较高的承载能力和刚度，可以有效地支撑墙体和承受荷载。其次，墙梁可以保证墙体的连续性和整体性，提高建筑物的整体稳定性。此外，墙梁还可以简化施工流程，提高施工效率，降低建筑成本。

3. 墙梁的设计和施工要点

墙梁的设计和施工对于建筑物的牢固性和稳定性至关重要。在设计过程中，需要根据建筑物的使用功能、荷载要求材料性能等因素进行综合考虑，确定墙梁的截面尺寸、配筋方式、支撑方式等参数。同时，还需要对墙梁进行受力分析和验算，确保其满足承载能力和变形要求。

在施工过程中，需要严格按照设计要求进行墙梁的制作和安装。首先，要保证墙梁材料的质量和性能符合要求。其次，要控制墙梁的制作精度和安装质量，确保墙梁的位置、标高、垂直度等参数符合设计要求。最后，还要对墙梁进行定期的检查和维护，及时发现和处理问题，保证墙梁的正常使用和安全性。

总之，墙梁作为建筑结构中重要的承重和支撑构件，具有多种功能和特点。在建筑设计和施工过程中，需要充分考虑墙梁的作用和优势，选择合适类型的墙梁并进行合理的设计和施工，以保障建筑物的结构安全和稳定性。

任务测试

单选题

1. A厂房中②～③轴之间檩条的长度为（　　）。

A. 6000mm　　B. 6300mm

C. 6600mm　　D. 6800mm

2. A厂房中②～③轴上，檩条间的直拉条的长度为（　　）。

A. 1500mm　　B. 1540mm

C. 1600mm　　D. 1580mm

3. 屋面檩条创建过程中，屋面檩条的位置移动命令选择步骤依次为（　　）。

A. 选中需要移动的构件→右键→选择性移动→到另一平面

B. 选中需要移动的构件→右键→移动

C. 选中需要移动的构件→右键→选择性移动→镜像

D. 选中需要移动的构件→右键→选择性复制→到另一平面

4. A厂房中②～③轴之间墙梁的长度为（　　）。

A. 6000mm　　B. 5980mm

C. 5800mm　　D. 5900mm

5. A厂房中屋面拉条所在平面是（　　）。

A. 水平面

B. 平行于屋面的斜平面

C. 垂直于屋面的斜平面

D. 垂直面

任务训练

简述围护体系在钢结构工程中发挥的作用。

项目小结

本项目以A厂房为案例，主要由刚架的创建、支撑体系的创建以及围护体系的创建三大任务模块组成。在刚架的创建模块，主要了解创建柱、创建梁、创建折梁、创建多边形板、创建螺栓以及辅助线等命令操作，掌握A厂房钢柱、钢梁、抗风柱以及梁柱连接节点的建立。在支撑体系的创建模块，主要了解厂房支撑体系的组成与布置，掌握屋面水平支撑、屋面系杆以及隅撑的创建。在围护体系的创建模块，主要了解厂房围护体系的组成和布置，掌握檩条、墙梁以及拉条的创建。

项目评价

扫描右侧二维码进行在线测试。

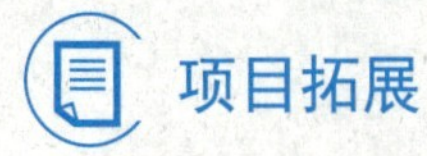

项目拓展

B厂房钢结构三维建模

1. B厂房轴网与视图的创建

识读B厂房钢柱平面布置图以及刚架详图，读取轴距、标高等关键信息，参照A厂房轴网与视图的创建方法，进行B厂房轴网与视图的创建。

2. B厂房门式刚架的创建

参照A厂房钢柱柱身、柱脚、女儿墙立柱、梁柱连接节点、抗风柱、抗风柱与钢梁连接的弹簧板等建立方法，创建B厂房门式刚架。

3. B厂房支撑体系的创建

参照A厂房屋面水平支撑、屋面系杆以及隅撑的创建方法及过程，创建B厂房支撑体系。

4. B厂房围护体系的创建

参照A厂房檩条、墙梁以及拉条的创建方法及过程，创建B厂房围护体系。

项目 5　钢结构数字深化设计

学习目标

1. 知识目标

了解钢结构三维模型的用模情况；熟悉钢结构施工详图的具体内容；掌握钢结构三维模型的碰撞检测；掌握 Tekla Structures 三维模型细化详图的生成方法与步骤；熟悉已有图纸的编辑与修改方法。

2. 技能目标

能利用 Tekla Structures 钢结构三维模型熟练识读钢结构施工图；能应用钢结构三维模型进行结构的碰撞检测；能应用 Tekla Structures 钢结构三维模型进行钢结构深化设计。

3. 素质目标

养成认真负责、精益求精的工作态度；养成良好的组织协调、团结协作意识；养成自主学习新技术、新标准、新规范，灵活适应发展变化的创新能力；培养节能低碳环保、质量标准安全、生态绿色智慧意识，树立低碳、绿色、生态发展理念。

标准规范

(1)《建筑制图标准》GB/T 50104—2010

(2)《房屋建筑制图统一标准》GB/T 50001—2017

(3)《建筑结构制图标准》GB/T 50105—2010

(4)《门式刚架轻型房屋钢结构（有悬挂吊车）》04SG518-2

(5)《门式刚架轻型房屋钢结构标准图集（檩条、墙梁分册）》02TD-102

(6)《压型金属板建筑构造》17J925-1

(7)《金属面夹芯板建筑构造》21J925-2

项目导引

钢结构数字深化设计是一个系统性、复杂性的工作，是对原始设计方案的细化与补充，通过运用数字化技术，将设计成果转化为施工所需的图纸和文件，确保施工过程的顺利进行。在进行 Tekla Structures 三维建模审模时，首要任务是确保模型的准确性，这涉及模型的整体结构、各部件的相对位置以及几何形状的精度。

本项目学习任务主要有对已建的模型进行审核及编号设置，按要求创建布置图、构件图、零件图，对创建的图纸进行编辑修改等，具体详见图 5.0.1。

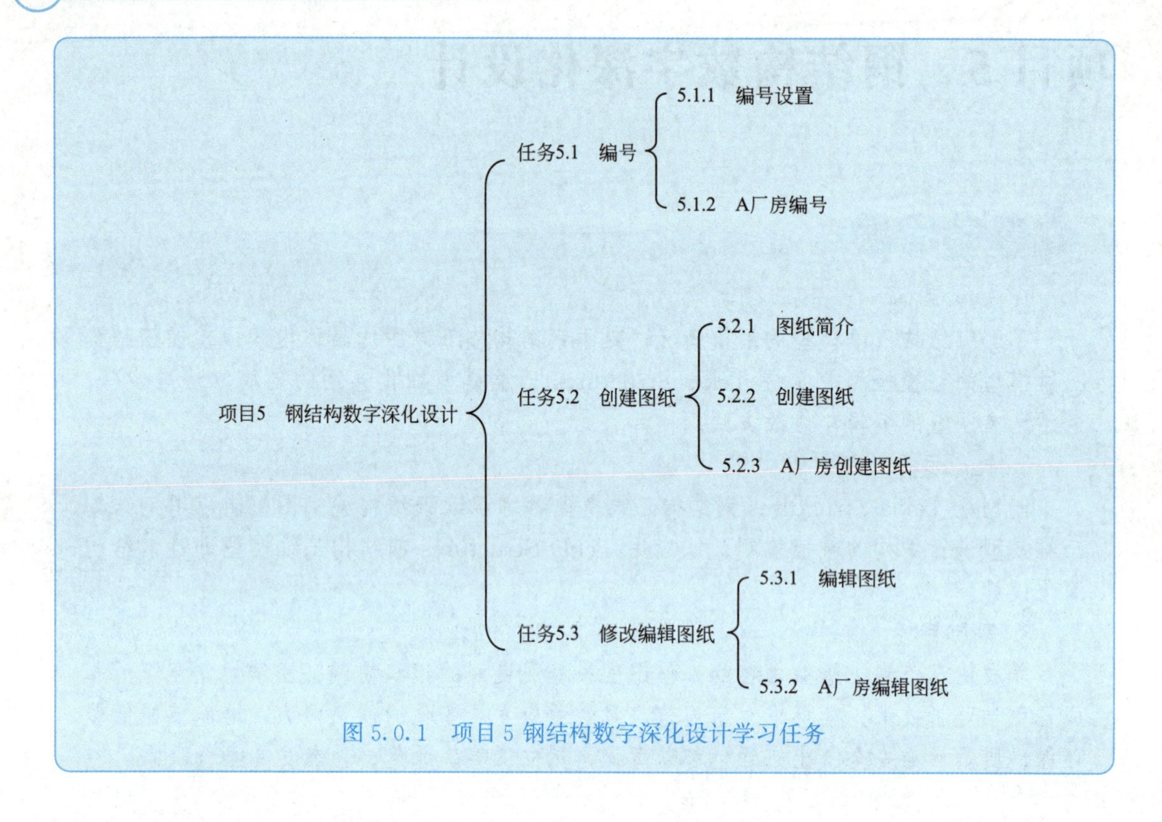

图 5.0.1 项目 5 钢结构数字深化设计学习任务

任务 5.1 编号

任务引入

钢结构 Tekla Structures 编号是钢结构设计工程中的重要环节，对每个构件与零件进行编号，是生成细化详图的编排依据，也便于项目管理、构件制作、安装施工等后续工作。

钢结构三维模型的编号设置是根据项目的需求和规范，确定钢结构构件与零件的编号规则，按照不同的构件类型、位置、尺寸等进行分类编号。在项目的实际操作中，项目编号设置要确保与项目团队其他成员保持沟通，以确保编号系统的一致性和准确性。

本任务的学习内容详见表 5.1.0。

编号学习内容 表 5.1.0

任务	技能	知识	拓展
5.1 编号	5.1.1 编号设置	5.1.1.1 编号 5.1.1.2 检查编号	
	5.1.2 A厂房编号	5.1.2.1 A厂房编号设置 5.1.2.2 A厂房检查编号	

任务实施

5.1.1 编号设置

5.1.1.1 编号

1. 制定编号计划

生成图纸或精确报告之前，需要对模型中的所有零件编号。编号是创建所有其他图纸类型（除整体布置图）的必要条件。

编号是生产输出（例如图纸、报告和 NC 文件）的关键，在输出模型时也需要编号。零件编号在制造、运输和建筑安装阶段至关重要。Tekla Structures 会为模型中的每个零件和构件/浇筑体指定一个标记。标记包括零件或构件前缀、位置编号和其他元素，例如截面或材料等级。它对于识别带有编号的零件，对了解哪些零件相似以及哪些零件不同很有用处。相同的零件编号相同，因而制定生产计划更加容易。

建议在工程早期阶段开始规划编号。如果其他用户也要使用相同的模型，制作一个在工程中人人遵守的编号规划尤为重要。在创建首份图纸和报告之前，应该已经准备好编号规划。

以 A 厂房为例，其编号序列如图 5.1.1 所示。

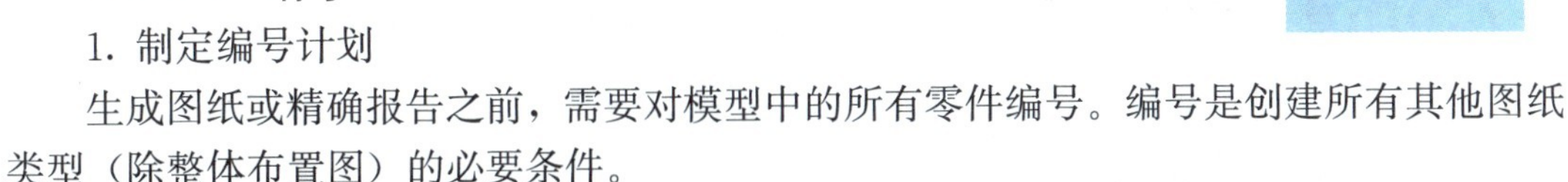

零件类型	零件 前缀	零件 开始编号	构件 前缀	构件 开始编号
钢梁	P	1	GL-	1
钢柱	P	1	GZ-	1
水平支撑	P	1	SC-	1
立面支撑	P	1	ZC-	1
圆管支撑	P	1	XG-	1
隅撑	P	1	YC-	1
屋面檩条	P	1	WLT-	1
墙面檩条	P	1	QLT-	1
拉条	P	1	LT-	1

图 5.1.1 编号序列

2. 开始编号

要开始编号，有两个命令可以选择：

① 修改编号：单击“图纸和报告”→“编号”→“修改编号”。

② 对所选对象的序列编号：单击“图纸和报告”→“编号”→“对所选对象的序列编号”。

3. 编号设置

如果默认编号设置不能满足需要，则可对设置进行调整。这种调整应在项目的早期阶段进行，即在创建任何图纸或报告之前进行。请勿在项目的中间阶段更改编号约定。

单击“图纸和报告”→“编号”→“编号设置”可以打开“编号设置”对话框，如图5.1.2所示。

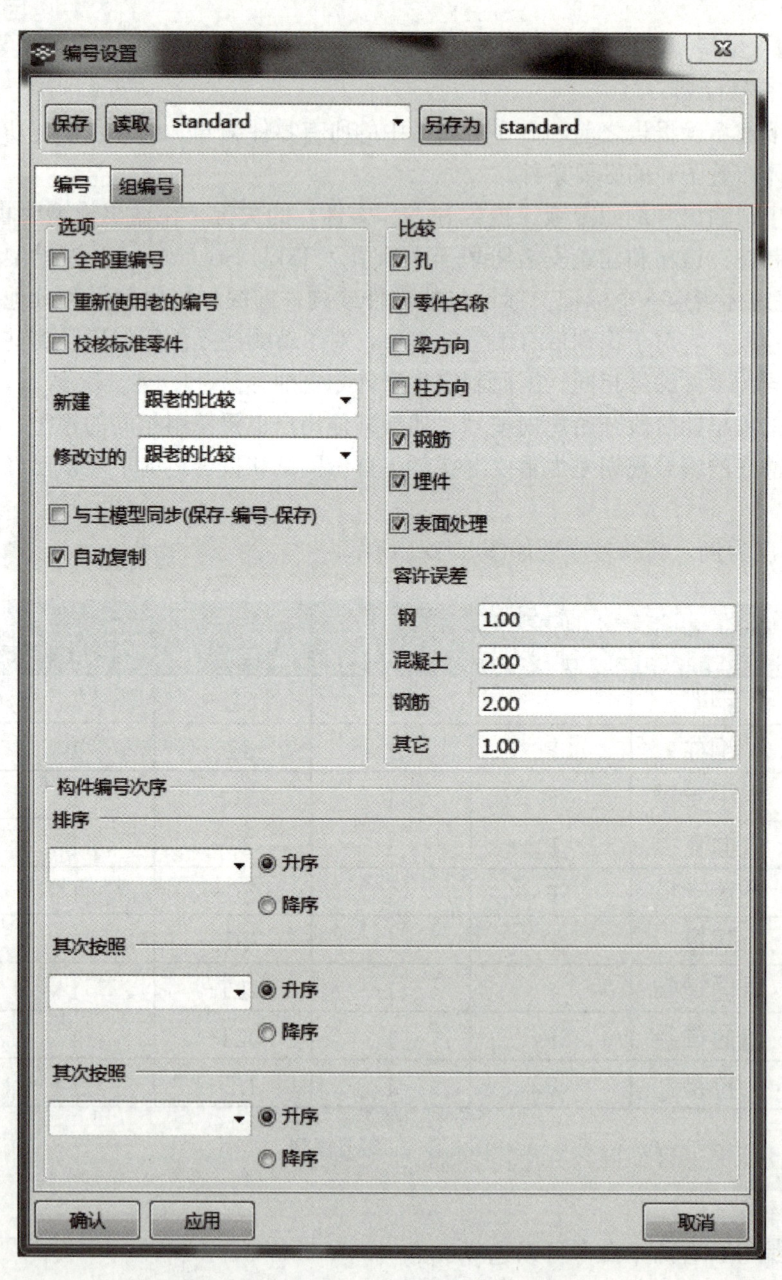

图5.1.2 编号设置

编号设置中各选项的修改可参照表5.1.1的说明根据需要进行。

编号设置中各选项的说明　　表 5.1.1

选项	说明
全部重编号	所有零件都获得一个新编号,以前所有的编号信息丢失
重新使用老的编号	Tekla Structures 重新使用已删除的零件编号,这些编号可用于对新的或修改后的零件进行编号
校核标准零件	如果已经单独建立了标准零件模型,Tekla Structures 将对当前模型中的零件和标准零件模型中的零件进行比较
	如果要编号的零件与标准零件模型中的某个零件相同,Tekla Structures 会使用与标准零件模型中相同的零件编号
跟老的比较	零件会获得与以前已编号的相似零件相同的编号
采用新的编号	即使已有相似的编号零件,零件也会获得新编号
如果可能,保持编号	在可能的情况下,修改的零件保留其以前的编号。即使一个零件或构件变得与另一个零件或构件相同,也仍然会保留原始位置编号
与主模型同步	在多用户模式中工作时使用此设置。Tekla Structures 将锁定主模型并执行保存、编号和再保存的操作序列,因此所有其他用户可在此操作期间继续工作
自动复制	如果图纸的主零件经修改而获得新的构件位置,则现有图纸将被自动分配给该位置的另一零件
	如果修改的零件移至一个没有图纸的构件位置,则会自动复制原图纸以反映被修改的零件中的更改
孔	孔的位置、尺寸和数量影响编号
零件名称	零件名称影响编号
梁方向	梁的方向影响构件编号
柱方向	柱的方向影响构件编号
钢筋	钢筋的方向影响编号
埋件	相同埋件的方向影响编号
表面处理	表面处理影响构件的编号
容许误差	如果不同零件的尺寸差异小于在此框中输入的值,那么这些零件将获得相同的编号

5.1.1.2　检查编号

1. 手动查询

可以通过“查询目标”选项对模型中的零件构件进行查询，得到具体的编号信息，如图 5.1.3 所示。

视频

清单查询、过滤器查询

2. 通过报告查询

(1) 点击“图纸和报告”→“创建报告”后，在列表中找到“Assembly _ list”(构件清单)、“Part _ list”(零件清单)、“Assembly _ part _ list”(构件零件清单)，如图 5.1.4 所示。

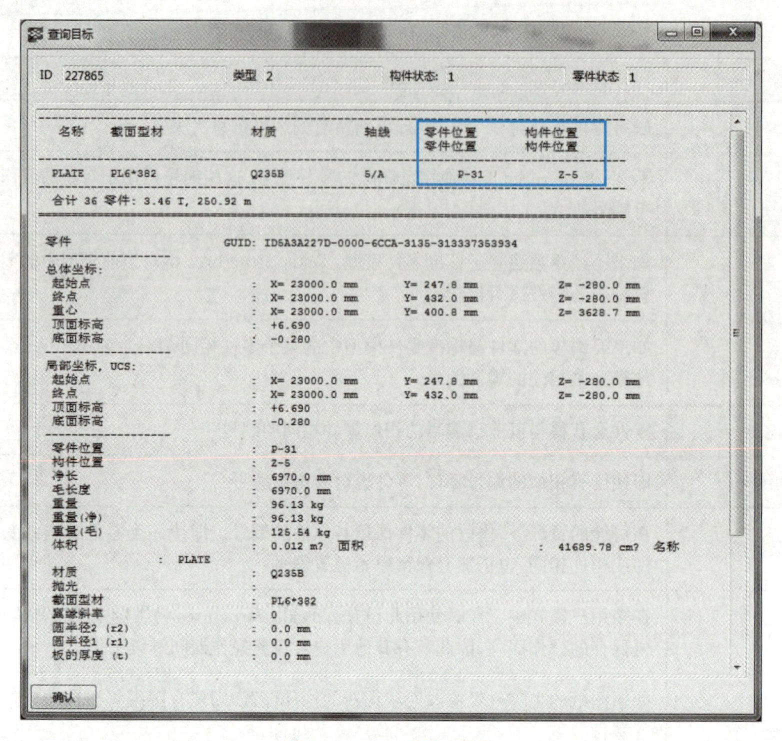

图 5.1.3 查询目标

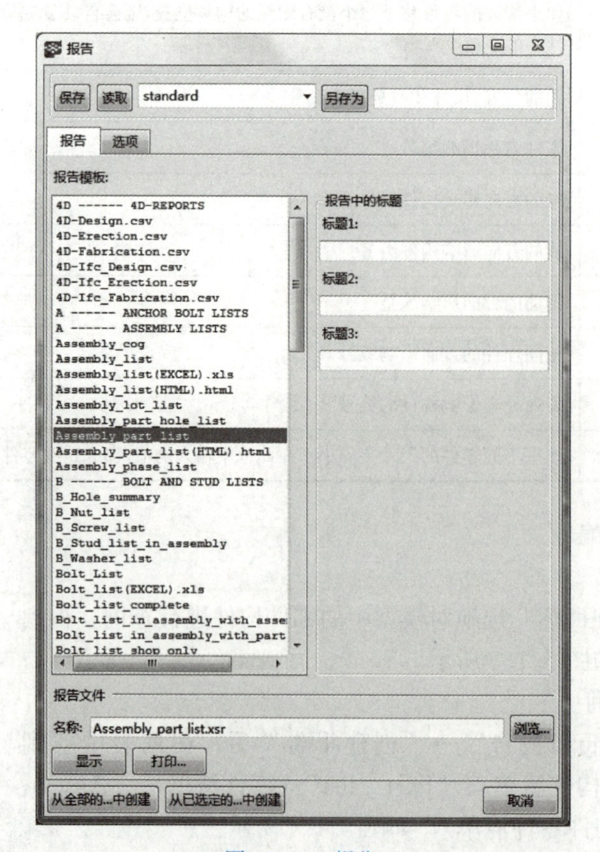

图 5.1.4 报告

（2）在名称一栏中可以修改报告的名称。

（3）点击想要查询的清单选项，可以选择从全部的模型中创建，也可以选择从已选定的模型中创建。

（4）创建完成后会自动弹出选定的报告，从清单中你能得到模型中一部分或全部零件的构件编号等信息，如图 5.1.5 所示。

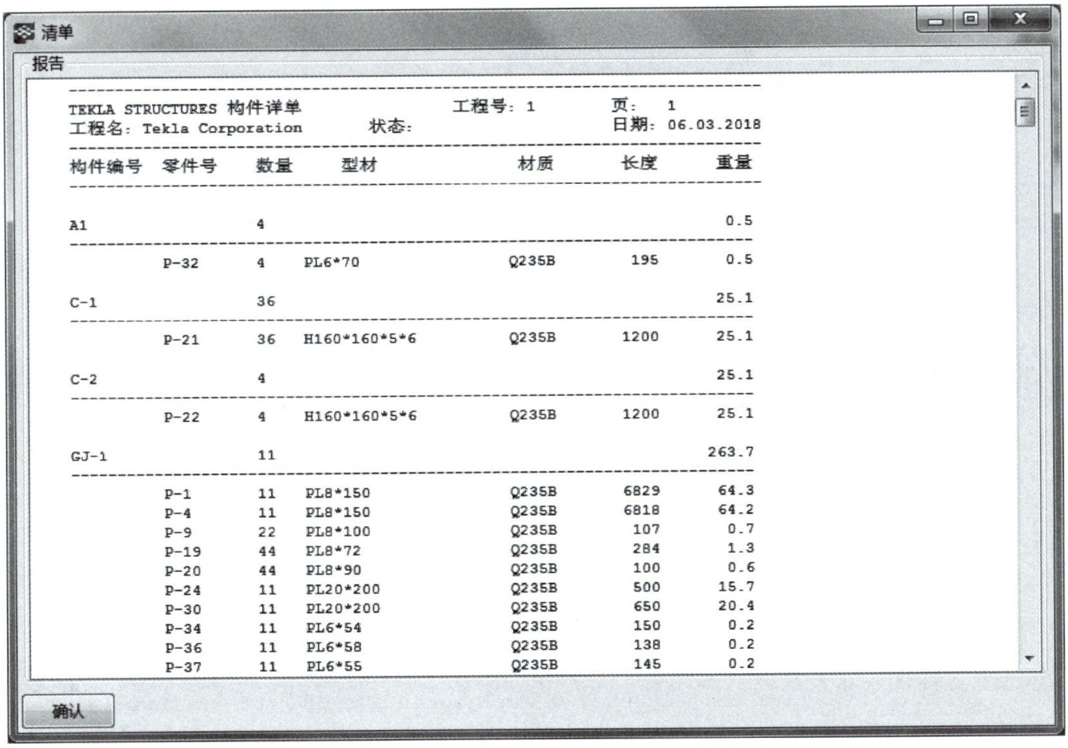

清单

报告

TEKLA STRUCTURES 构件详单　　工程号：1　　页：1

工程名：Tekla Corporation　　状态：　　日期：06.03.2018

构件编号	零件号	数量	型材	材质	长度	重量
A1		4				0.5
	P-32	4	PL6*70	Q235B	195	0.5
C-1		36				25.1
	P-21	36	H160*160*5*6	Q235B	1200	25.1
C-2		4				25.1
	P-22	4	H160*160*5*6	Q235B	1200	25.1
GJ-1		11				263.7
	P-1	11	PL8*150	Q235B	6829	64.3
	P-4	11	PL8*150	Q235B	6818	64.2
	P-9	22	PL8*100	Q235B	107	0.7
	P-19	44	PL8*72	Q235B	284	1.3
	P-20	44	PL8*90	Q235B	100	0.6
	P-24	11	PL20*200	Q235B	500	15.7
	P-30	11	PL20*200	Q235B	650	20.4
	P-34	11	PL6*54	Q235B	150	0.2
	P-36	11	PL6*58	Q235B	138	0.2
	P-37	11	PL6*55	Q235B	145	0.2

确认

图 5.1.5　构件清单

（5）此清单文件可以在“文件”→“打开模型文件夹”→双击“Reports”文件进入后找到，如图 5.1.6 所示。

3. 通过显示过滤的方式

（1）确保选择工具栏中选择视图保持激活状态，双击视图空白区域，弹出“视图属性”对话框，点击对象组选项后，弹出“对象组-显示过滤”对话框，如图 5.1.7 所示。

（2）在“构件”→“前缀”这一行后方“值”中填入“构件前缀编号＊”，将“条件”一项改为“不等于”，选中模型视图，点击“修改”后软件会把此前缀的构件全部过滤掉；反之，如果在“条件”这一项填入“等于”后修改，软件会只保留此为前缀的构件。

检查构件编号：要过滤多个编号时，用“空格”将前缀隔开。所以在“构件”→“前缀”这一行后方“值”中填入模型中所有的构件前缀，“条件”为“不等于”时，软件将会把所有为此前缀的构件全部过滤掉，这样模型中就只剩下不是现有前缀的零件，通过此方法就能检查模型中构件编号是否正确。

检查零件编号：与构件编号同理。

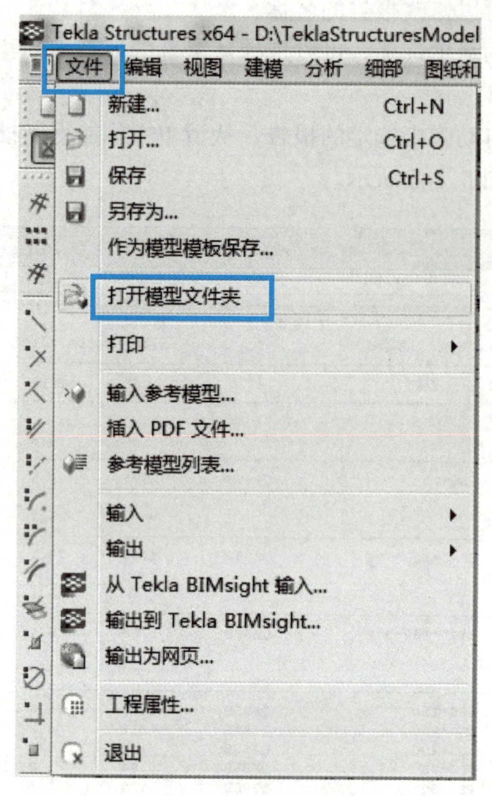

图 5.1.6　模型文件夹

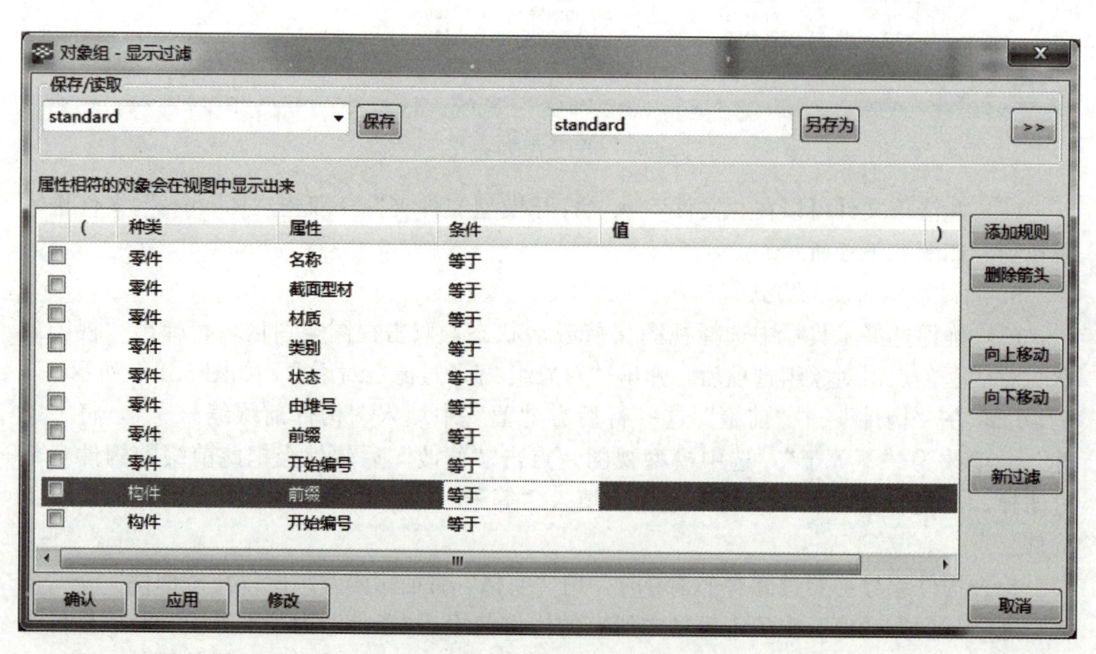

图 5.1.7　显示过滤

5.1.2 A厂房编号

5.1.2.1 A厂房编号设置

1. 构件、零件的编号设置

在查询工具条中选用“查询构件对象”命令（图5.1.8），分别在钢柱和钢梁中设置主零件，构件中出现橙色的板件即为主零件。如果默认的主零件不是需要的，可以手动修改为自己选定的主零件。选择要设置的板件，点击右键→“构件”→“设置为新的主零件”。在编号设置时，构件中的其他零件编号跟着主零件编号。

按住Alt键，点击钢柱，全选钢柱后，按住Shift键，双击钢柱，出现“梁的属性”对话框，进行属性设置。

将编号序列号打钩，在构件前附以前缀“Z-”，零件前附以前缀“p-”，其他属性关闭，再点击“修改”→“确认”，如图5.1.9所示。

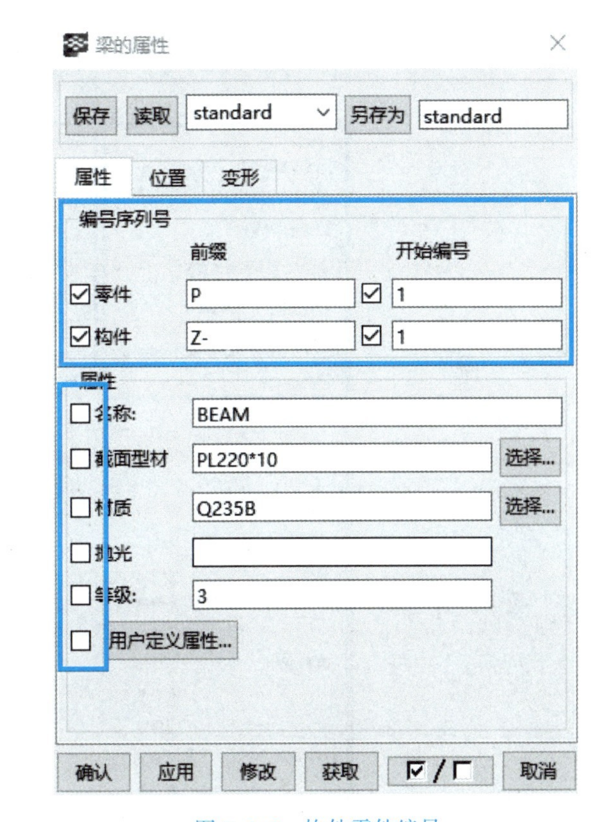

图5.1.8 查询构件对象

图5.1.9 构件零件编号

2. 编号设置

在菜单中选用“图纸和报告”→“编号”→“编号设置”，如图5.1.10所示。首次编号时，在“编号设置”对话框中如图5.1.11所示修改框选中的选项。

设置完成后点击“应用”→“确认”。

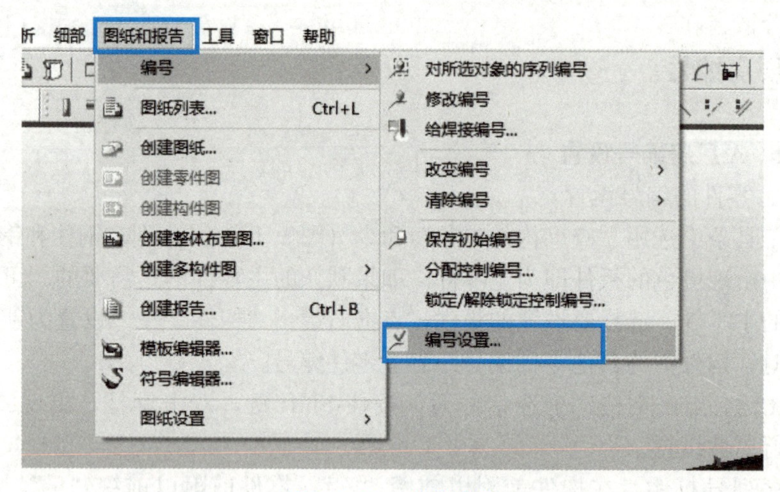

图 5.1.10 编号设置

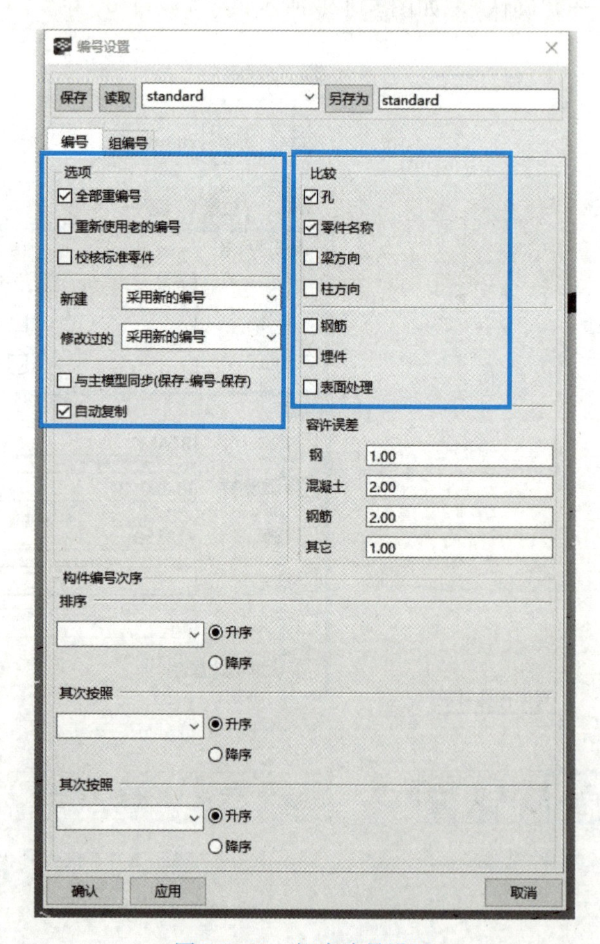

图 5.1.11 初次编号设置

3. 开始编号

编号设置完成后，点击“图纸和报告”→“编号”→“修改编号”，对模型中的构件与零件进行初次序列编号（图 5.1.12）。

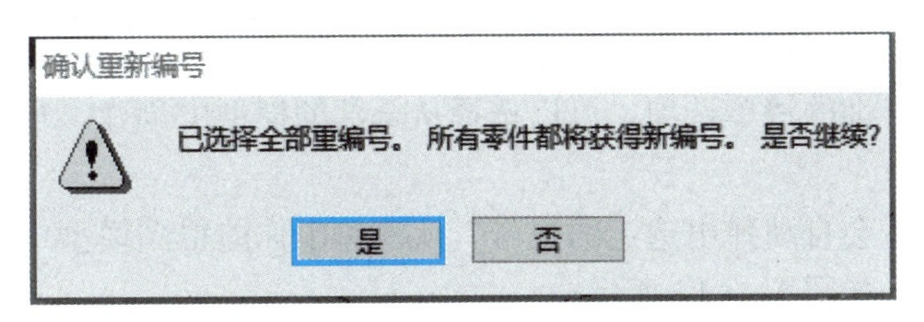

图 5.1.12　零件完成编号

5.1.2.2　A厂房检查编号

检查编号有三种方法：零件查询、报告查询、过滤查询。通常编号设置完成后，可以直接用报告查询，在报告查询中出现多余零件或与建模构件不符时，再采用过滤查询、零件查询，找出模型问题。

（1）如前所述，点击“图纸和报告”→“创建报告”后，在列表中找到 Assembly _ list（构件清单）、Part _ list（零件清单）、Assembly _ part _ list（构件零件清单），如图 5.1.13 所示。

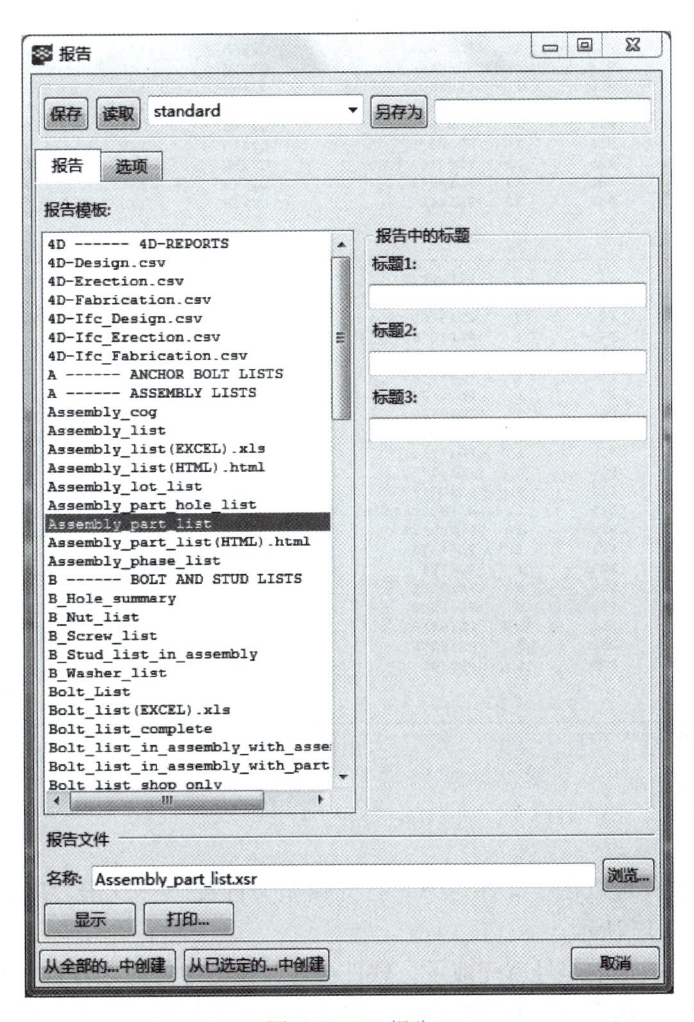

图 5.1.13　报告

(2) 在名称一栏中可以修改报告的名称。

(3) 点击想要查询的清单选项，可以选择从全部的模型中创建，也可以选择从已选定的模型中创建。

(4) 创建完成后会自动弹出选定的报告，从清单中你能得到模型中一部分或全部零件的构件编号等信息，如图 5.1.14 所示。

清单

报告

TEKLA STRUCTURES 构件详单　　工程号：1　　页：1

工程名：Tekla Corporation　　状态：　　日期：30.03.2024

构件编号	零件号	数量	型材	材质	长度	重量
L-1		2				387.6
	P10	2	PL200*20	Q235B	650	20.4
	P11	2	PL200*20	Q235B	500	15.7
	P12	2	PL200*8	Q235B	8322	104.5
	P13	2	PL200*8	Q235B	4986	62.6
	P14	2	PL200*8	Q235B	3347	42.0
	P18	8	PL97*8	Q235B	284	1.7
	P22	2	PL6*434	Q235B	8344	123.1
	P24	2	PL6*55	Q235B	145	0.2
	P25	2	PL6*58	Q235B	138	0.2
	P26	2	PL6*57	Q235B	136	0.2
	P27	2	PL6*54	Q235B	148	0.2
	P28	16	PL100*6	Q235B	100	0.2
	P29	12	PL97*6	Q235B	90	0.4
	P33	12	PL160*5	Q235B	160	1.0
	P35	12	PL5*66	Q235B	160	0.2
Z-1		1				447.7
	P1	1	PL220*10	Q235B	6970	120.4
	P2	1	PL10*80	Q235B	80	0.5
	P3	3	PL10*80	Q235B	80	0.5
	P4	1	PL220*10	Q235B	6302	108.8
	P5	1	PL220*10	Q235B	388	6.7
	P6	1	PL260*20	Q235B	290	11.8
	P7	1	PL20*80	Q235B	80	1.0
	P8	3	PL20*80	Q235B	80	1.0
	P9	1	PL220*20	Q235B	780	26.5
	P15	2	PL127*8	Q235B	250	1.9
	P16	2	PL107*8	Q235B	378	2.5
	P17	2	PL107*8	Q235B	509	3.4
	P19	1	H160*160*5*6	Q235B	1200	37.4
	P20	1	PL180*25	Q235B	60	2.1
	P21	1	PL6*378	Q235B	6970	102.2
	P23	1	PL6*56	Q235B	141	0.2
	P28	4	PL100*6	Q235B	100	0.2
	P30	2	PL168*5	Q235B	148	1.0
	P31	2	PL168*5	Q235B	81	0.3
	P32	5	PL160*5	Q235B	165	1.0
	P34	5	PL5*81	Q235B	165	0.3
Z-2		1				447.7

确认

图 5.1.14　清单

(5) 此清单文件可以在“文件”→“打开模型文件夹”→双击“Reports”文件进入后找到，如图 5.1.15 所示。

此时，初次对模型的编号就完成了。软件会对此模型中每一个零件和构件进行序列编号，图中零件位置、构件位置下方的字母和数字，就是零件编号和构件编号，其中数字就是零件是序号。

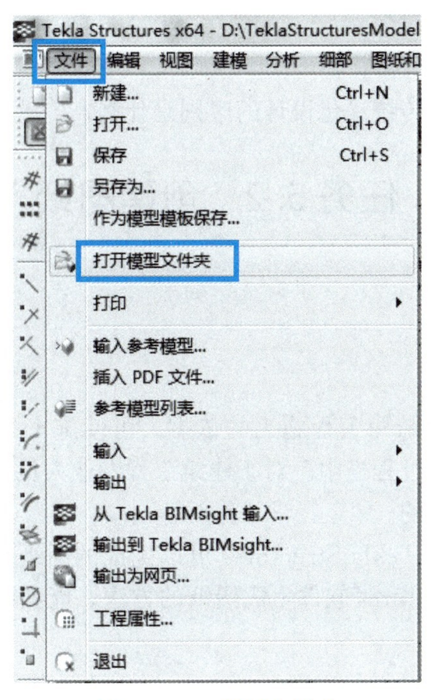

图 5.1.15　模型文件夹

任务测试

一、单选题

1. 钢梁的构件前缀为（　　）。

A. GZ　　B. GL　　C. SC　　D. LT

2. 钢柱的构件前缀为（　　）。

A. GZ　　B. GL　　C. SC　　D. LT

3. 屋面水平支撑的构件前缀为（　　）。

A. GZ　　B. GL　　C. SC　　D. LT

4. 首次编号时，在编号设置时“选项”采用（　　）。

A. 全部重编号　　B. 跟老的比较

C. 重新使用老的编号　　D. 校核标准零件

5. 通过报告查询时，在报告模版中，构件清单是（　　）。

A. Part _ list　　B. Assembly _ list

C. Assembly _ part _ list　　D. Assembly _ lot _ list

二、多选题

检查编号可以有（　　）方式。

A. 零件查询　　B. 通过报告查询

C. 通过显示过滤的方式查询　　D. 检查构件

E. 自动查询

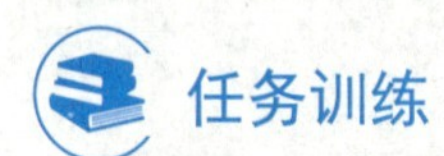

钢结构数字深化设计与传统深化设计的区别是什么？

任务 5.2 创建图纸

钢结构施工图是建筑钢结构工程施工的依据，可使施工人员明白设计人员的设计意图，进而贯彻到工程施工的过程当中。对于建筑工程专业人员来说，熟练掌握建筑图纸的内容和解读方法是非常重要的。

通过本任务学习，了解 Tekla Structures 可以生成的图纸类型，熟悉钢结构施工图包含的内容，掌握 Tekla Structures 软件生成图纸的方法，能熟练识读钢结构施工图及细化图纸。

本节任务的学习内容详见表 5.2.0。

创建图纸学习内容　　表 5.2.0

任务	技能	知识	拓展
5.2　创建图纸	5.2.1　图纸简介	5.2.1.1　图纸类型 5.2.1.2　图纸列表 5.2.1.3　图纸状态标志 5.2.1.4　打开图纸 5.2.1.5　图纸关联性 5.2.1.6　更新图纸	
	5.2.2　创建图纸	5.2.2.1　创建零件图 5.2.2.2　创建构件图 5.2.2.3　创建整体布置图	
	5.2.3　A 厂房创建图纸	5.2.3.1　A 厂房图纸创建	

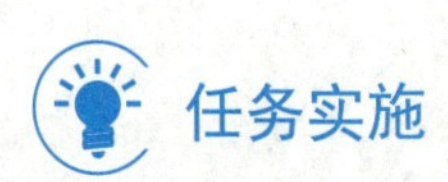

5.2.1　图纸简介

Tekla Structures 可以根据具体需求生成不同类型的图纸，如施工图、详图、加工图、装配图等，并配以材料清单（包括各构件的数量、规格、材质等信息）。

5.2.1.1　图纸类型

在 Tekla Structures 中可以生成五种不同的图纸类型：

① 零件图（W）

② 构件图（A）

③ 浇筑体图纸（C）

④ 整体布置图（G）

⑤ 多构件图（M）

在钢结构深化中常用的图纸形式有零件图、构件图、整体布置图。后面将会以这几种图纸类型作为重点介绍。

5.2.1.2 图纸列表

Tekla Structures 模型中的所有图纸都列在图纸列表对话框中。可以根据不同标准在列表中搜索、排序、选择和显示图纸，可以选择图纸并在模型中找到包含的零件，以及确定模型中的零件在图纸列表中是否存在图纸。

在模型中可以通过选择“图纸和报告”→“图纸列表（Ctrl+L）”，在图纸中点击“图纸文件”→“打开（Ctrl+O）”来打开“图纸列表”对话框，如图 5.2.1 所示。

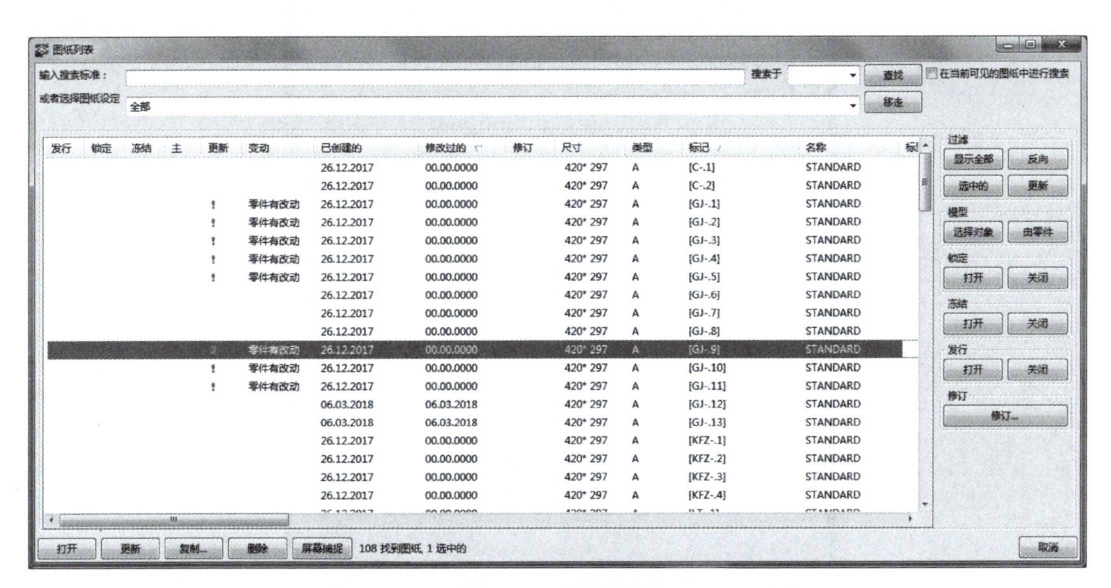

图 5.2.1 图纸列表

5.2.1.3 图纸状态标志

Tekla Structures 使用一些标志符号来标识图纸的状态，发行、锁定、冻结和更新列中包含标志，如图 5.2.1 所示。

5.2.1.4 打开图纸

（1）一次只能打开一张图纸。

（2）在图纸列表中，双击列表中的图纸或选中图纸后点击下方的“打开”。

5.2.1.5 图纸关联性

Tekla Structures 的图纸都是相互关联的，图纸对象与模型对象是链接在一起的，所以当模型更改时，大部分的图纸对象将会自动更新。

模型更新后会反映到以下图纸对象的更改：零件、标记、尺寸、焊缝、视图、坡面标记、关联注释、形状和表格。

5.2.1.6 更新图纸

修改模型后，需要更新图纸。

（1）通过点击“图纸和报告”→“编号”→“编号设置”来检查编号设置，修改模型后的编号设置如图 5.2.2 所示。

设置完成后，点击“应用”→“确认”。

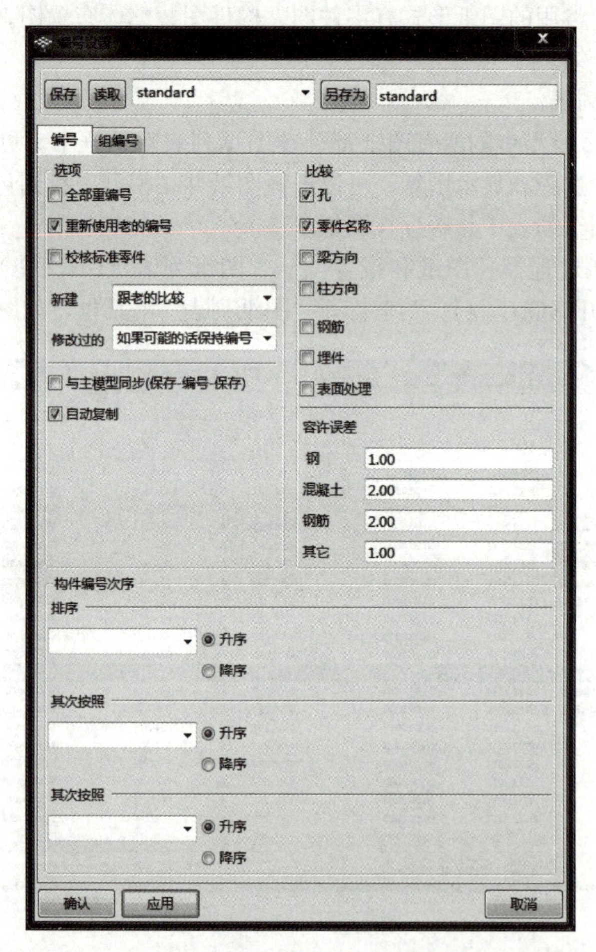

图 5.2.2 修改模型后的编号设置

（2）编号设置修改完成后，点击“图纸和报告”→“编号”→“修改编号”，此时编号运行完成，图纸已经更新。

（3）在图纸列表中找到有变动的图纸，点击“更新”后修改，如图 5.2.3 所示。

5.2.2 创建图纸

5.2.2.1 创建零件图

在模型中每一块板，每一根梁、柱都是零件，每一个不同的零件都需要一张图纸，那么现在来创建零件图纸。

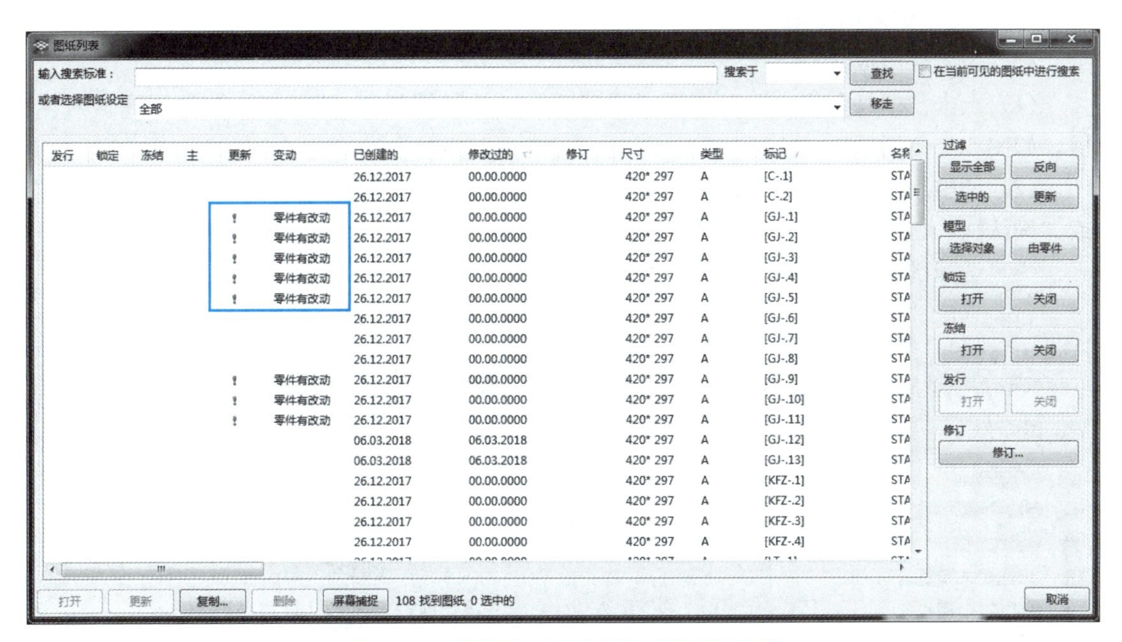

发行	锁定	冻结	主	更新	变动	已创建的	修改过的	修订	尺寸	类型	标记	名称
						26.12.2017	00.00.0000		420* 297	A	[C-.1]	STA
						26.12.2017	00.00.0000		420* 297	A	[C-.2]	STA
				!	零件有改动	26.12.2017	00.00.0000		420* 297	A	[GJ-.1]	STA
				!	零件有改动	26.12.2017	00.00.0000		420* 297	A	[GJ-.2]	STA
				!	零件有改动	26.12.2017	00.00.0000		420* 297	A	[GJ-.3]	STA
				!	零件有改动	26.12.2017	00.00.0000		420* 297	A	[GJ-.4]	STA
				!	零件有改动	26.12.2017	00.00.0000		420* 297	A	[GJ-.5]	STA
						26.12.2017	00.00.0000		420* 297	A	[GJ-.6]	STA
						26.12.2017	00.00.0000		420* 297	A	[GJ-.7]	STA
						26.12.2017	00.00.0000		420* 297	A	[GJ-.8]	STA
				!	零件有改动	26.12.2017	00.00.0000		420* 297	A	[GJ-.9]	STA
				!	零件有改动	26.12.2017	00.00.0000		420* 297	A	[GJ-.10]	STA
				!	零件有改动	26.12.2017	00.00.0000		420* 297	A	[GJ-.11]	STA
						06.03.2018	06.03.2018		420* 297	A	[GJ-.12]	STA
						06.03.2018	06.03.2018		420* 297	A	[GJ-.13]	STA
						26.12.2017	00.00.0000		420* 297	A	[KFZ-.1]	STA
						26.12.2017	00.00.0000		420* 297	A	[KFZ-.2]	STA
						26.12.2017	00.00.0000		420* 297	A	[KFZ-.3]	STA
						26.12.2017	00.00.0000		420* 297	A	[KFZ-.4]	STA

图 5.2.3　图纸变动后在列表中的显示形式

（1）点击“图纸和报告”→“图纸设置”→“零件图纸”，即会打开零件图属性对话框，如图 5.2.4 所示。

（2）调整属性至需要的属性值，若无需调整，直接使用属性的默认值，点击“应用”或“确认”。

（3）选择部分零件或整个模型。

（4）点击“图纸和报告”→“创建零件图”，即可创建零件图纸，如图 5.2.5 所示。

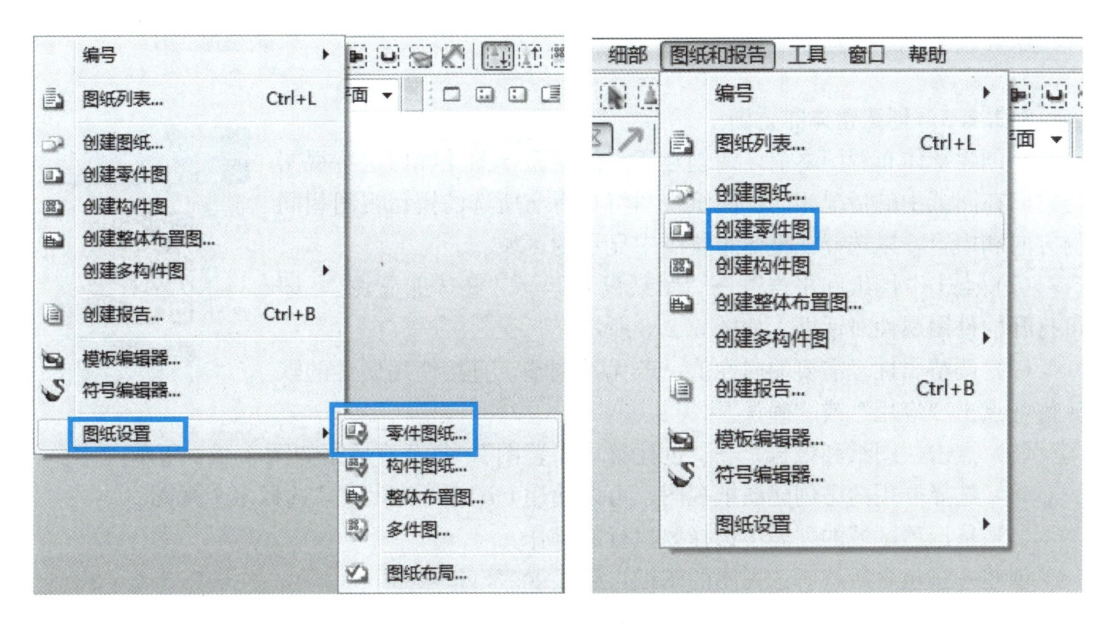

图 5.2.4　设置零件图　　　　图 5.2.5　创建零件图

5.2.2.2 创建构件图

构件由零件组成。

（1）点击“图纸和报告”→“图纸设置”→“构件图纸”，即可打开构件图属性对话框，如图 5.2.6 所示。

（2）调整属性至需要的属性值，若无需调整，直接使用属性的默认值，点击“应用”或“确认”。

（3）选择部分构件或整个模型。

（4）点击“图纸和报告”→“创建构件图”，即可创建构件图纸，如图 5.2.7 所示。

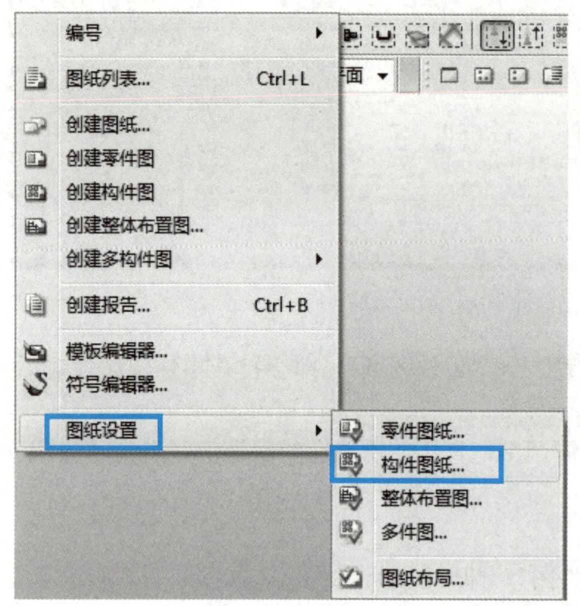

图 5.2.6 设置构件图

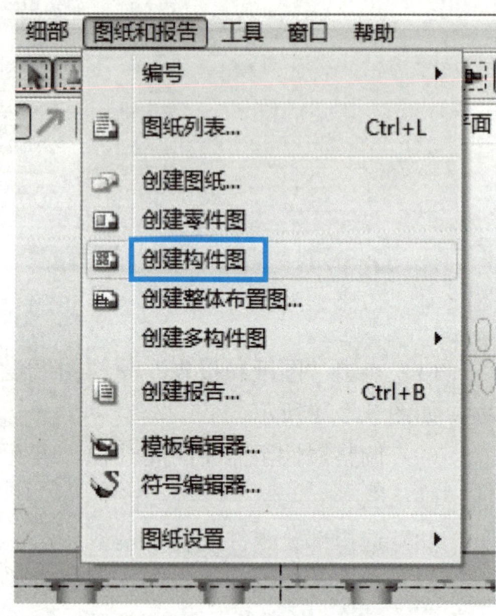

图 5.2.7 创建构件图

5.2.2.3 创建整体布置图

在创建整体布置图之前，请创建所需的模型视图并确保这些视图与它们在图纸中的情况相同。图纸视图将具有与所选的模型视图相同的方向和内容，以选择在整体布置图中显示的区域。

（1）点击“图纸和报告”→“图纸设置”→“整体布置图”，即可打开构件图属性对话框，如图 5.2.8 所示。

（2）调整属性至需要的属性值，若无需调整，直接使用属性的默认值，点击“应用”或“确认”。

（3）点击“图纸和报告”→“创建整体布置图”，打开对话框如图 5.2.9 所示。

（4）选择要用的已创建图纸视图，可以使用 Ctrl 和 Shift 键来选择多个视图。

（5）从选项区域的列表中选择要执行的操作：

创建一张包含所有所选视图的图纸：每个视图一张图纸

为每个所选视图创建一张图纸：创建全部所选视图到一张图纸中

创建一张空图纸：空图纸

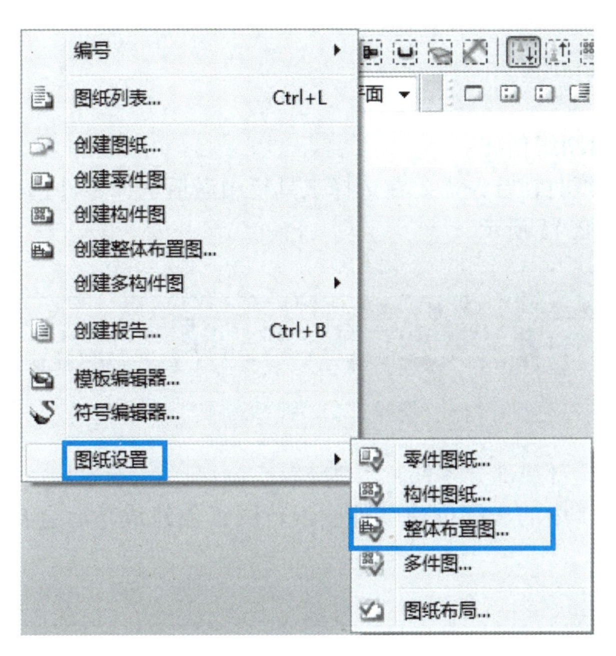

图 5.2.8　设置整体布置图

（6）选中“打开图纸”复选框以便自动打开整体布置图，如图 5.2.10 所示。

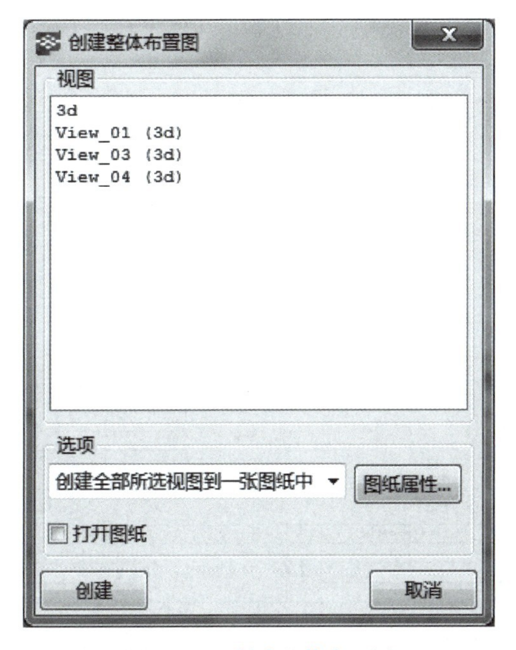

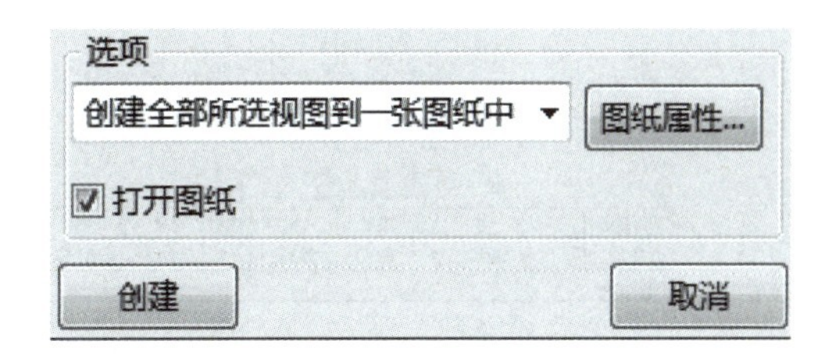

图 5.2.9　创建整体布置图

图 5.2.10　“打开图纸”复选框

（7）点击“创建”可以创建整体布置图。

图纸创建完成后，会将其添加到图纸列表中。

5.2.3 A厂房创建图纸

5.2.3.1 A厂房图纸创建

（1）创建零件图纸时，首先需要在选择工具栏中激活选择零件选项、激活选择组件中的对象选项，如图 5.2.11 所示。

图 5.2.11　激活选项

（2）选择模型中全部或部分零件。

（3）按照 5.2.2.1 中的步骤创建零件图纸，图纸创建成功后会自动添加到图纸列表中，如图 5.2.12 所示。

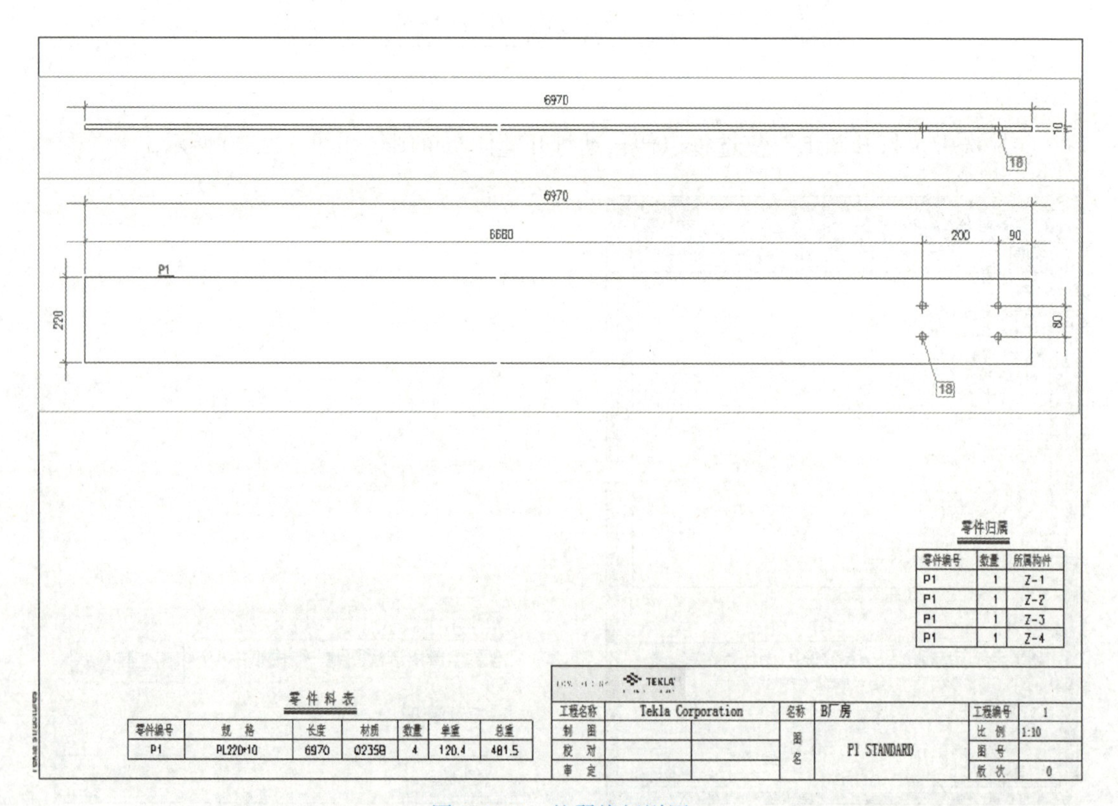

图 5.2.12　柱翼缘板详图

构件图同理，请查看 5.2.2.2 中的操作步骤，创建如图 5.2.13 所示钢柱详图。

我们还可以通过另一种方式创建图纸，在（1）（2）设置好以后，点击鼠标右键选择“创建图纸”→“零件图纸”，如图 5.2.14 所示。

此种方式同样可以用于创建整体布置图，如图 5.2.15 所示。

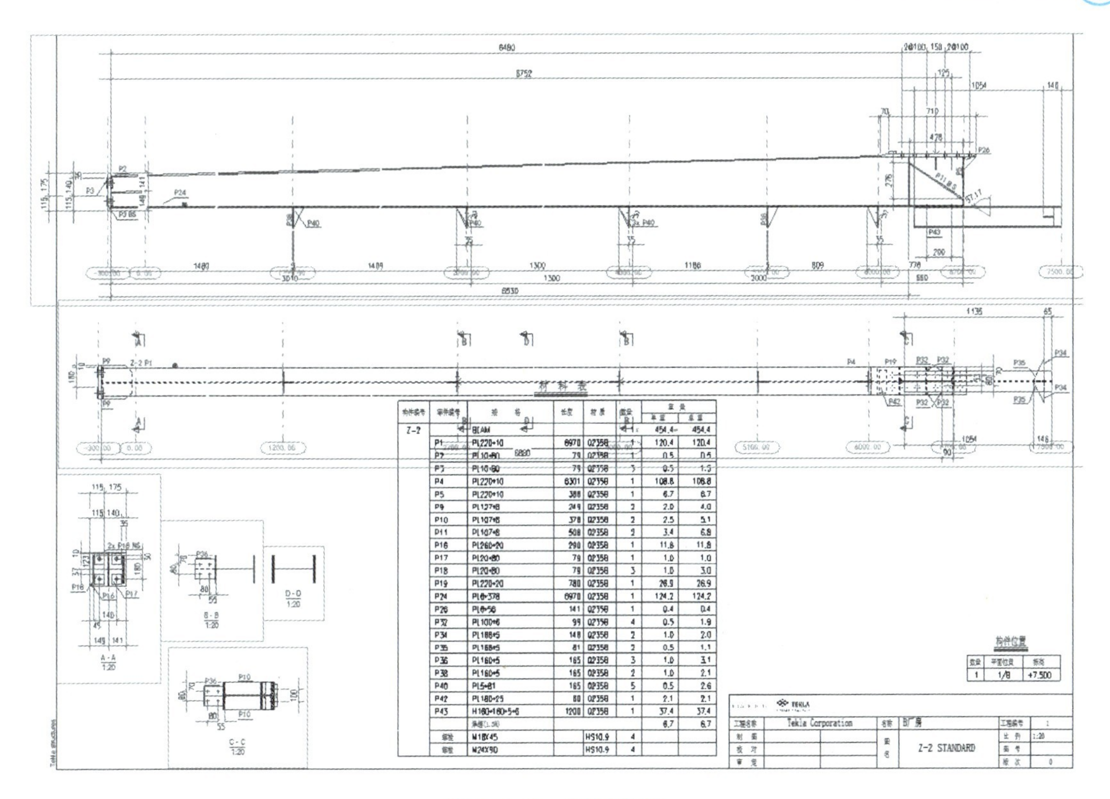

材料表

构件编号	零件编号	规格	长度	材质	数量	重量 单重	重量 总重
Z-2		BEAM			1	454.4	454.4
	P1	PL220*10	6970	Q235B	1	120.4	120.4
	P2	PL10*80	79	Q235B	1	0.5	0.5
	P3	PL10*80	79	Q235B	3	0.5	1.5
	P4	PL220*10	6301	Q235B	1	108.8	108.8
	P5	PL220*10	388	Q235B	1	6.7	6.7
	P9	PL127*8	249	Q235B	2	2.0	4.0
	P10	PL107*8	378	Q235B	2	2.5	5.1
	P11	PL107*8	508	Q235B	2	3.4	6.8
	P16	PL260*20	290	Q235B	1	11.8	11.8
	P17	PL20*80	79	Q235B	1	1.0	1.0
	P18	PL20*80	79	Q235B	3	1.0	3.0
	P19	PL220*20	780	Q235B	1	26.9	26.9
	P24	PL6*378	6970	Q235B	1	124.2	124.2
	P26	PL6*56	141	Q235B	1	0.4	0.4
	P32	PL100*6	99	Q235B	4	0.5	1.9
	P34	PL188*5	148	Q235B	2	1.0	2.0
	P35	PL168*5	81	Q235B	2	0.5	1.1
	P36	PL160*5	165	Q235B	3	1.0	3.1
	P38	PL160*5	165	Q235B	2	1.0	2.1
	P40	PL5*81	165	Q235B	5	0.5	2.6
	P42	PL180*25	80	Q235B	1	2.1	2.1
	P43	H180*180*5*8	1200	Q235B	1	37.4	37.4
		焊缝(1.5%)				6.7	6.7
	螺栓	M18X45		HS10.9	4		
	螺栓	M24X90		HS10.9	4		

图 5.2.13　钢柱详图

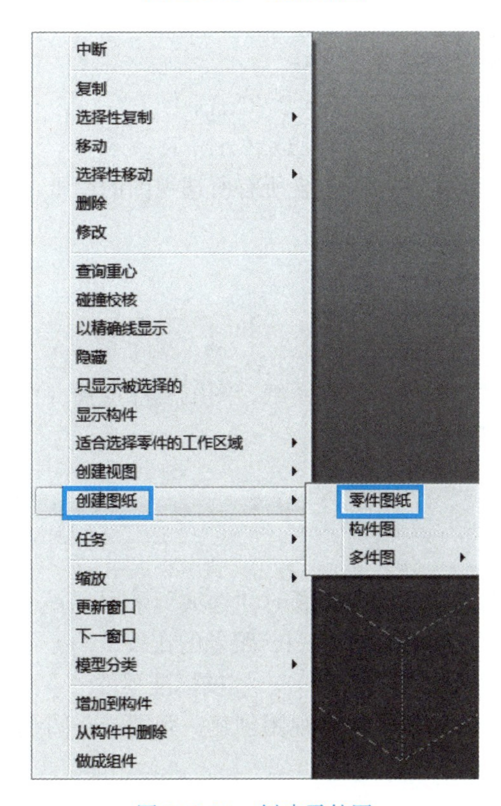

图 5.2.14　创建零件图

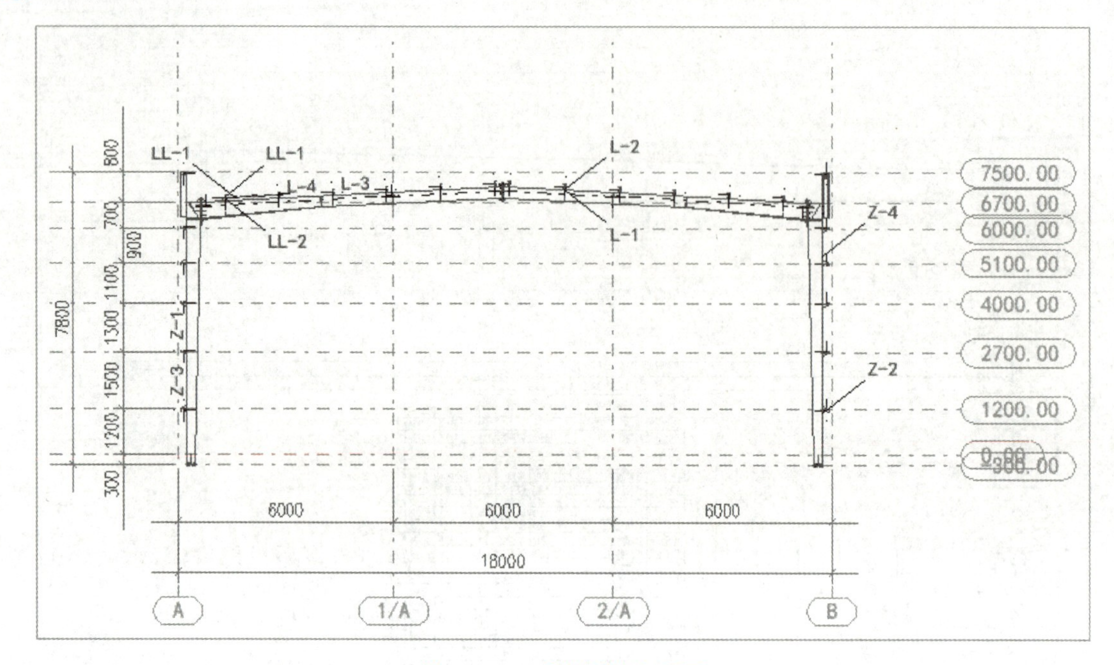

图 5.2.15 ②轴刚架布置图

任务测试

一、单选题

1. 打开图纸列表的快捷键是（　　）。

A. Ctrl+P　　B. Ctrl+L

C. Ctrl+O　　D. Ctrl+R

2. 创建整体布置图时，创建一张包含所有所选视图的图纸，图纸属性选择（　　）。

A. 每个视图一张图纸

B. 空图纸

C. 创建全部所选视图到一张图纸中

D. 以上均可

3. 创建整体布置图时，创建一张空图纸，图纸属性选择（　　）。

A. 每个视图一张图纸

B. 空图纸

C. 创建全部所选视图到一张图纸中

D. 以上均可

4. 模型更改后更新图纸，在编号设置时“选项”采用（　　）。

A. 全部重编号　　B. 跟老的比较

C. 重新使用老的编号　　D. 校核标准零件

5. 创建整体布置图时，为每个所选视图创建一张图纸，图纸属性选择（　　）。

A. 每个视图一张图纸

B. 空图纸

C. 创建全部所选视图到一张图纸中

D. 以上均可

二、多选题

Tekla Structures 可以生成的不同图纸类型包括（　　）。

A. 零件图　　B. 构件图　　C. 布置图　　D. 节点图

E. 轴线图

任务训练

钢结构数字深化设计的成果输出包含哪些？

任务 5.3　修改编辑图纸

任务引入

钢结构细化详图在 BIM 软件中生成后，其布局和表达形式不能达到很理想的状态，为方便后期施工、管理的图纸应用，需要根据工程人员识读图纸的习惯进行图纸的编辑修改。对于建筑工程专业人员来说，熟练掌握建筑图纸的识读与基本编辑是非常重要的。

通过本任务的学习，了解 Tekla Structures 编辑图纸的各个命令，熟悉钢结构施工图的表达意图，掌握图纸编辑的操作，能熟练完成 BIM 软件生成图纸的编辑修改。

本任务的学习内容详见表 5.3.0。

修改编辑图纸学习内容　　表 5.3.0

任务	技能	知识	拓展
5.3　修改编辑图纸	5.3.1　编辑图纸	5.3.1.1　图纸命令简介	
	5.3.2　A 厂房编辑图纸	5.3.2.1　A 厂房图纸修改	

任务实施

5.3.1　编辑图纸

5.3.1.1　图纸命令简介

打开图纸列表：，可以使用图纸列表管理当前模型中创建的所有图纸。

打开上一张图纸：，如果打开了列表中的第一张图纸，则 Tekla Structures 会显示一个消息框，供您选择打开列表中的最后一张图纸。

打开下一张图纸：，如果打开了列表中的最后一张图纸，则 Tekla Structures 会显示一个消息框，供您选择打开列表中的第一张图纸。

保存图纸和模型：，如果在修改图纸后关闭图纸窗口，Tekla Structures 会询问是否保存图纸的修改，还可以在此消息框中关闭自动更新，如图 5.3.1 所示。

撤销：，Ctrl+Z。

重做：，Ctrl+Y。

创建整个模型视图的图纸视图：，创建打开的模型视图的图纸视图。要打开模型视图，请在图纸编辑器中点击“视图”→“模型视图”→“模型视图列表”。启动此命令，然后单击模型视图，Tekla Structures 会将创建的视图置于图纸中。

创建模型中所选区域的图纸视图：，必须打开模型视图，在模型视图中选择您要为其创建图纸视图的区域，Tekla Structures 会将创建的视图置于图纸中。

创建剖面图：，创建现有图纸视图的剖面图，图纸必须包含至少一个视图。激活命令后，选取两点定义剖面平面的位置和剖面视图高度或宽度，然后选取一个点以指示切割框的方向和视图的深度，选取剖面图的位置即可完成。要调整切割符号属性，请双击原始视图中的剖面符号；要调整剖面图属性，请双击剖面图边框，如图 5.3.2 所示。

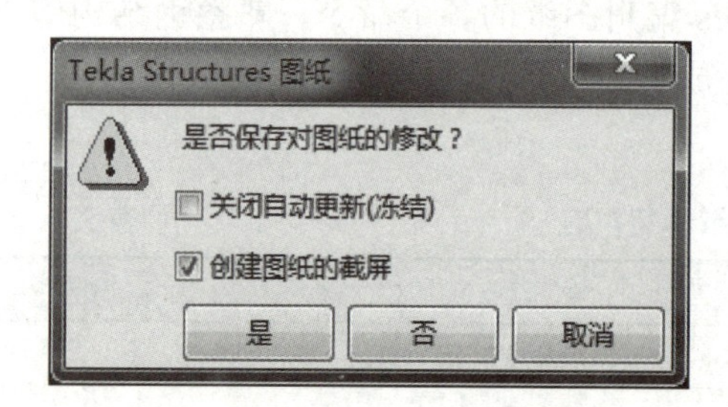

图 5.3.1　关闭窗口系统提示

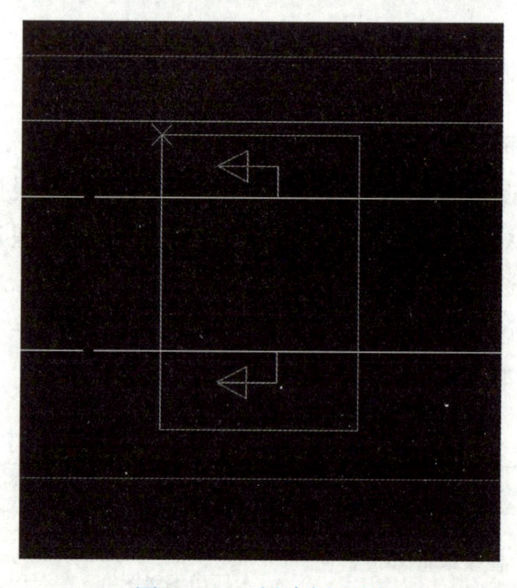

图 5.3.2　创建剖面图

复制：，通过选取原点和一个或多个目标点复制选择的对象，按 Esc 键可以中断复制。

移动：，通过选取原点和目标点移动多选对象。

增加水平尺寸：，通过选取要标注尺寸的点在 X 方向上创建尺寸，请记住 X 取决于当前的对象。

增加垂直尺寸：，通过选取要标注尺寸的点在 Y 方向上创建尺寸，请记住 Y 取决于当前的对象。

增加直角尺寸：，通过选取要标注尺寸的点在 X 或 Y 方向创建尺寸，Tekla Structures 使用较大的总距离的方向，请记住 X 和 Y 取决于当前的对象。

增加自由尺寸：，创建与您选取的任意两点之间的线条平行的尺寸。

增加平行尺寸：，创建与定义的线条平行的尺寸；先选取两点以定义尺寸线的方向，然后选取要标注尺寸的点。

利用半径参考线增加弯曲尺寸：，利用半径参考线生成弯曲尺寸；选取三点以定义弧，并选取要标注尺寸的点。线上的尺寸文本可以是距离或角度值。

增加半径尺寸：，创建半径尺寸，选取顶点和两个点以定义角，选取边以放置尺寸。

增加或删除尺寸点：，添加新的尺寸点，或从所选的尺寸集中删除现有的尺寸点。如要增加尺寸点，请选取位置；要删除尺寸点，请按住 Shift 键并选取要删除的尺寸点。

删除尺寸点：，从所选的尺寸集中删除尺寸点。

增加所选零件的零件标记：，为所选的零件、螺栓和节点添加标记。

添加带引出线的文本：，通过选取引出线的起点和终点，在指定的位置用引出线创建单行或多行文本，继续选取以另一个位置添加同一行文本。

添加文本：，在选取的位置创建单行或多行文本，继续选取以在另一个位置添加同一行文本。

添加带有引出线的关联注释：，在指定的位置添加带有引出线的关联注释，关联注释随注释所添加带对象的更改而更新。请按照状态栏中的说明进行操作，继续选取以在另一个位置添加相同的注释。

添加不带引出线的关联注释：，在指定的位置创建不带引出线的关联注释，其余同上。

增加水平标记：，在选取的位置增加水平标记（标高尺寸）。选取引出线的起点，然后选取标记的位置。

画线：，在选取的两点之间画线。

绘制矩形：，在选取的点之间绘制矩形，可以创建具有水平边和垂直边的矩形。

通过中心点和半径绘制圆：，通过先选取中心点然后选取圆上的一点指定半径来绘制一个圆。

用三点绘制弧：，绘制一条穿过选取的三个点的弧（顺时针方向或逆时针方向均可）。

画云：，创建穿过选取的点的云，通过点击鼠标中键闭合云。

删除所有尺寸修改符号：，删除所有尺寸点中的尺寸修改符号。

删除所有标记修改符号：，从图纸的所有标记中删除标记修改符号。

删除所有关联注释修改符号：，删除当前图纸中所有关联注释修改符号。

5.3.2　A 厂房编辑图纸

5.3.2.1　A 厂房图纸修改

1. 零件图纸修改

(1) 打开“图纸列表”，在“选择图纸设定”下拉菜单中选择“零件图”，此时图纸列表中将显示全部已创建的零件图纸，如图 5.3.3 所示。

(2) 双击打开一张零件图纸，打开后如图 5.3.4 所示。

白色的图纸背景不利于调整图纸，所以在高级选项图形视图中修改“XS _ BLACK _

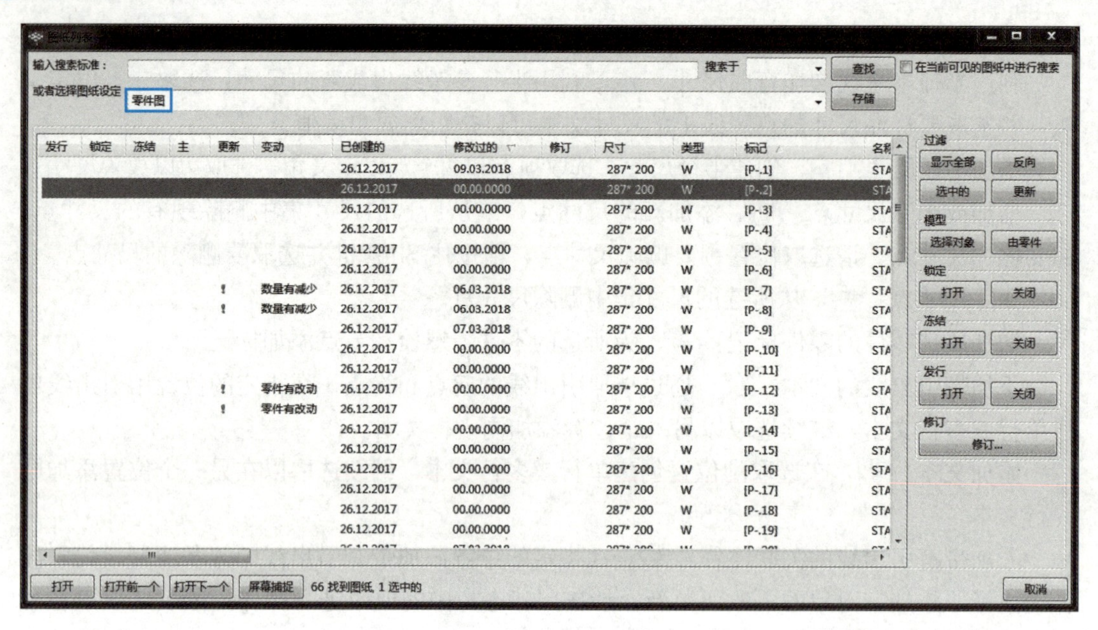

图 5.3.3 图纸列表

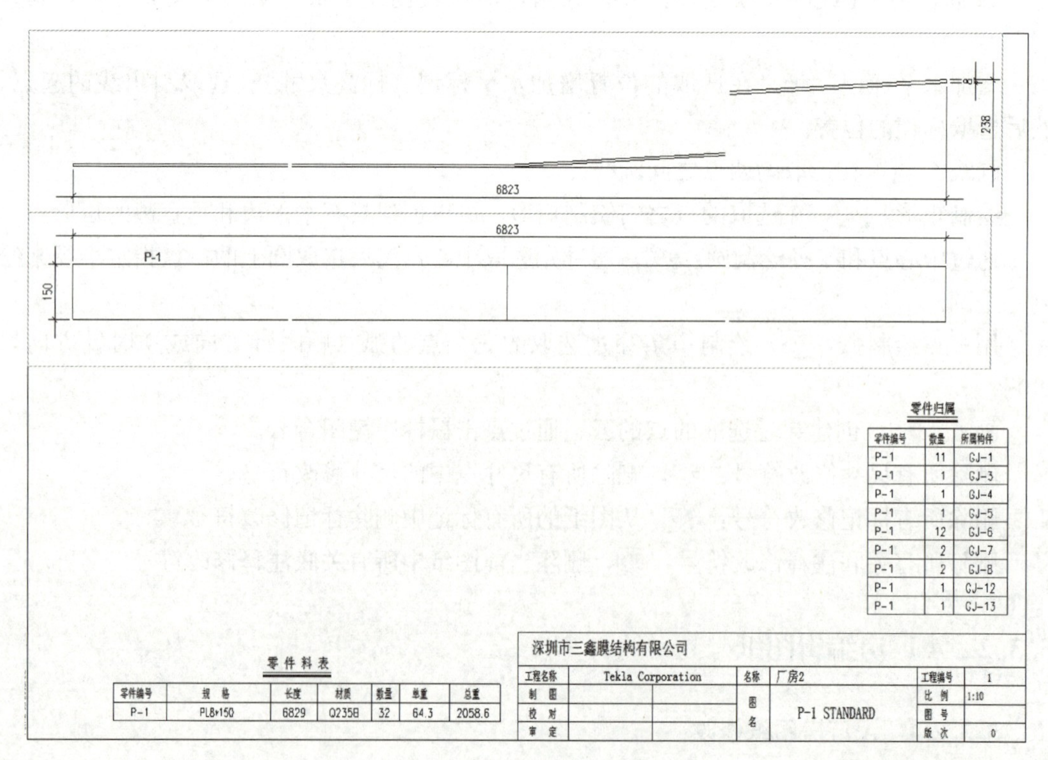

图 5.3.4 零件图纸

DRAWING _ BACKGROUND”的值为“TRUE”，此时模型的背景可以变为黑色。

（3）在打开图纸时，按“B”键可以在白色背景和黑色背景之间切换，如图 5.3.5 所示。

（4）零件图纸中默认的图纸属性是带有减短的，如图 5.3.6 所示。

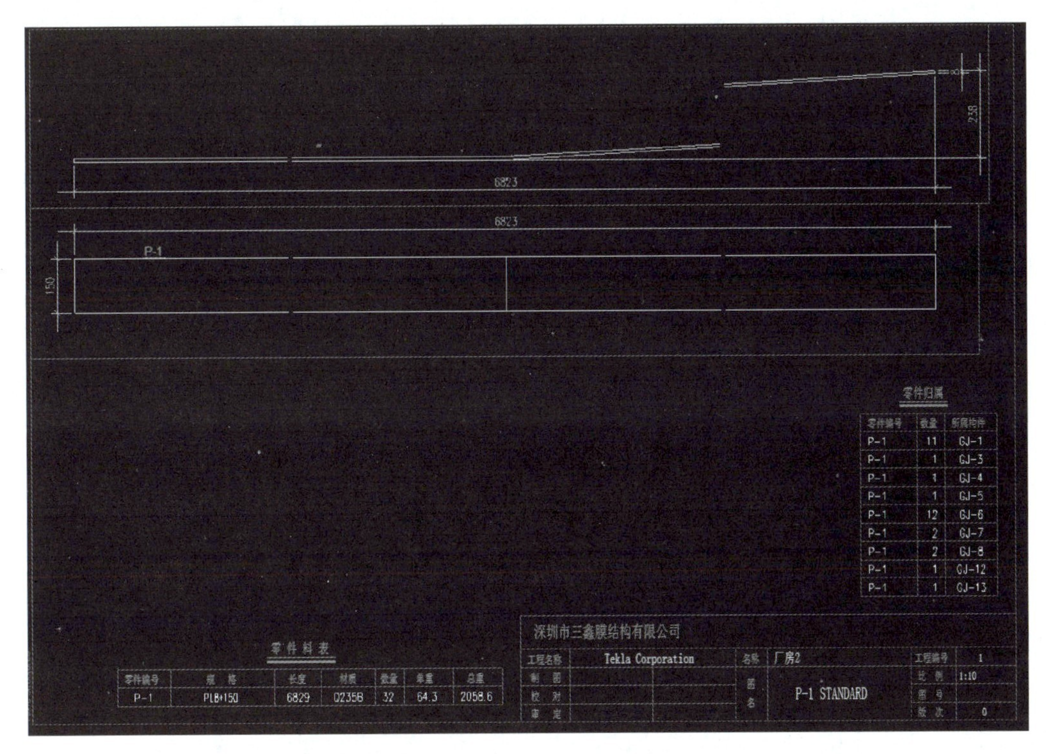

图 5.3.5　切换背景颜色

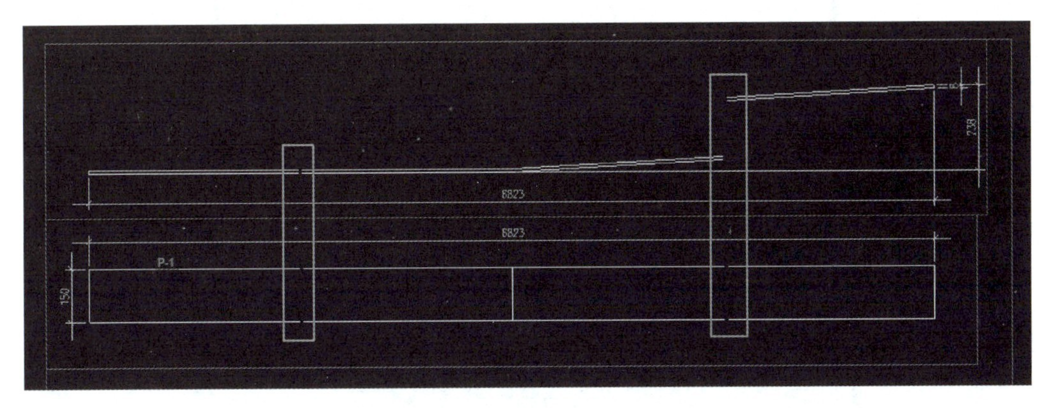

图 5.3.6　零件图纸属性

若想去掉减短则双击零件外部蓝框，在弹出的“视图属性”对话框中点击“属性 2”按钮，将“减短”下方的“切割部件”选项改为“否”，然后点击“修改”，如图 5.3.7 所示。

修改后若零件超出图框，则修改属性 1 中的比例，比例数值为 5 的倍数，调节到合适为准，然后点击“修改”，如图 5.3.8 所示。

图纸情况调节到如图 5.3.9 中所示。

(5) 一般 Tekla Structures 给出的自动标注对于零件图来说已经完全满足需要，若不满足再作调整。

此时点击“保存”，可以将修改后的图纸添加冻结标记，以方便区分。其余零件图纸均可以按照上述方式修改。

图 5.3.7　视图属性

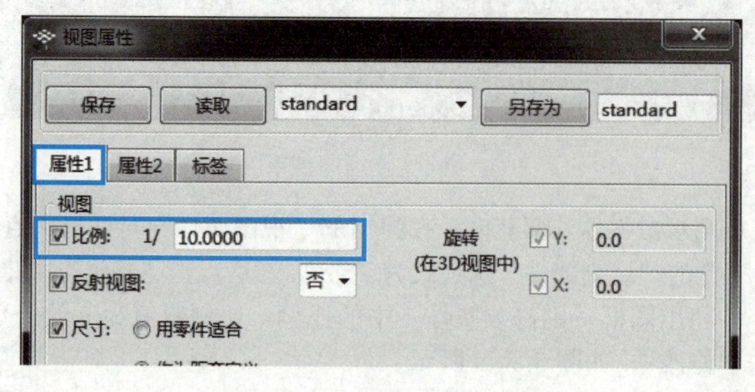

图 5.3.8　视图属性

2. 零件图纸修改

（1）打开“图纸列表”，在“选择图纸设定”下拉菜单中选择“构件图”，此时图纸列表中将显示全部已创建的零件图纸，如图 5.3.10 所示。

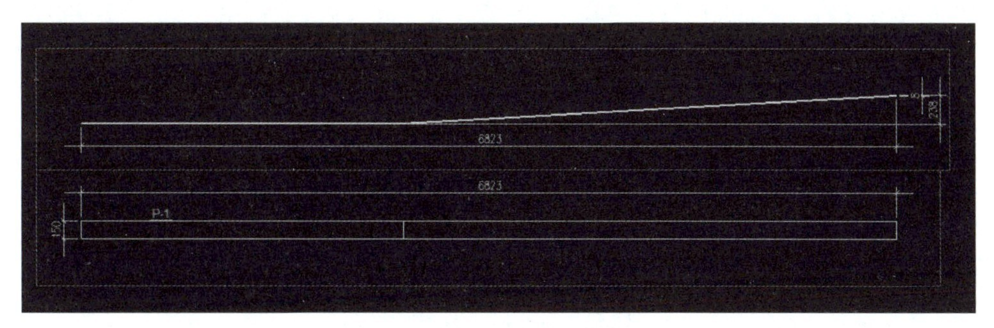

图 5.3.9　图纸情况调节

图纸列表

输入搜索标准：

或者选择图纸设定　构件图

发行　锁定　冻结　主　更新　变动　已创建的

图 5.3.10　图纸列表

（2）双击打开一张构件图纸，如图 5.3.11 所示。

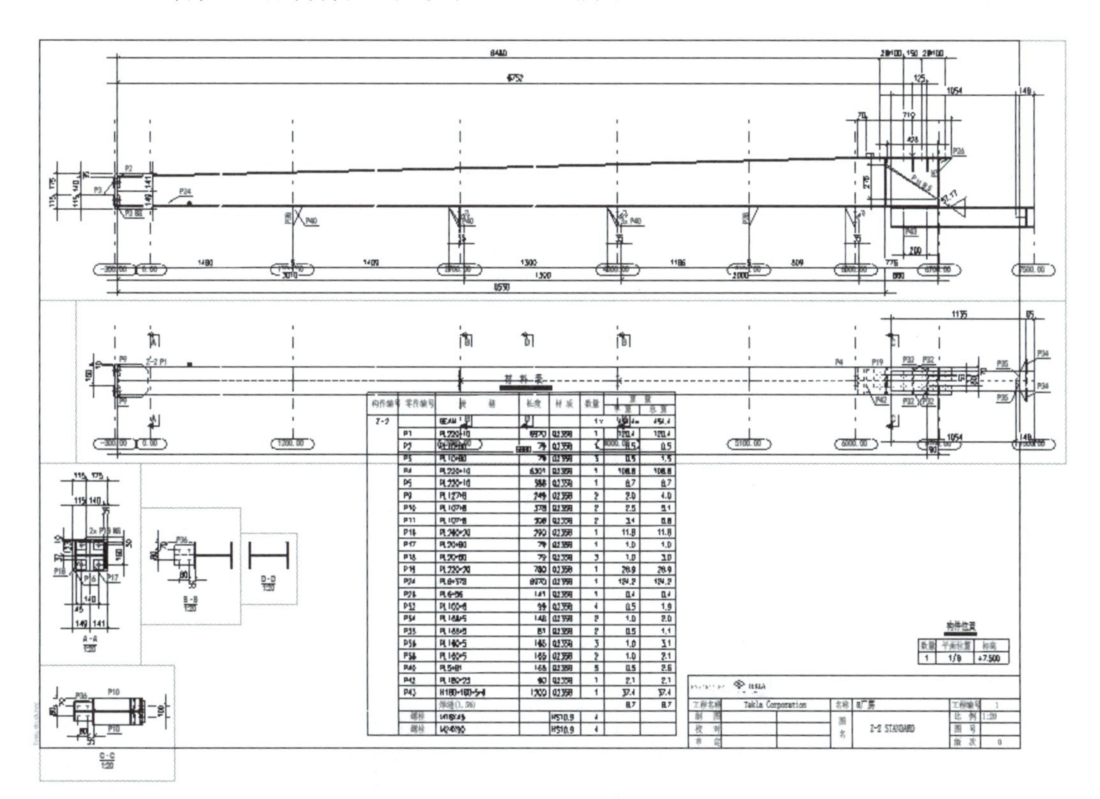

图 5.3.11　构件图纸

钢柱图纸应该立起来，所以需调整视图。双击图纸空白处，弹出“构件图属性”对话框，点击“视图”→“构件-视图属性”→“属性”→“坐标系”选项中的“模型”选项，点击“修改”，如图 5.3.12 所示。

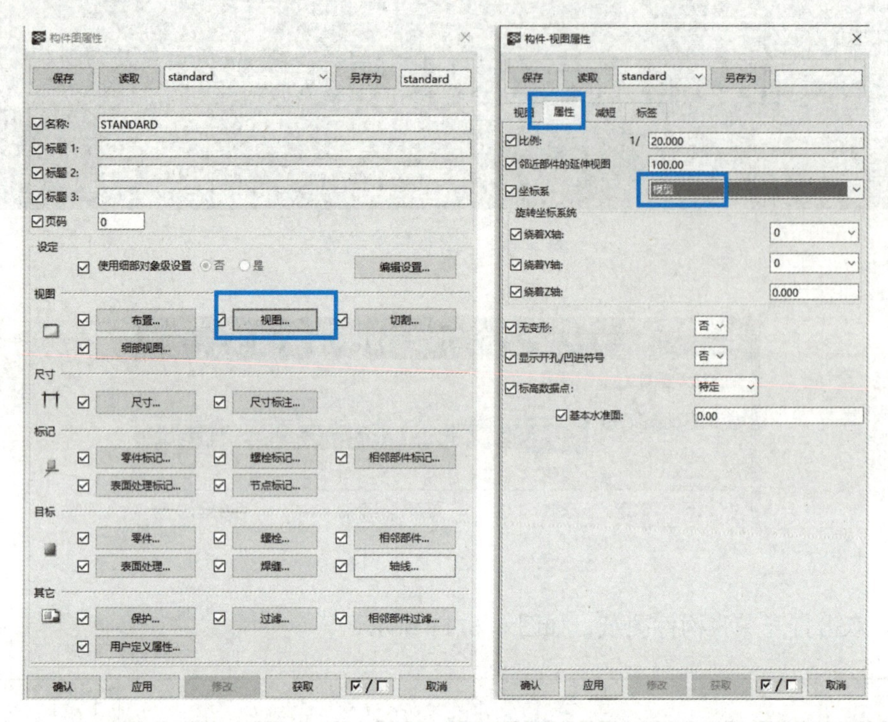

图 5.3.12　构件图属性

修改完成后的图纸情况如图 5.3.13 所示。

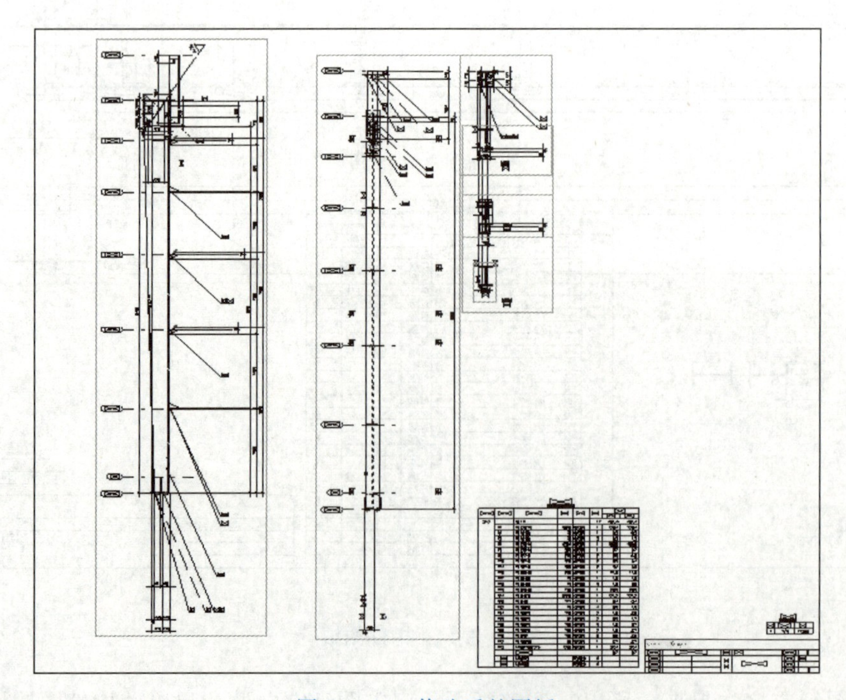

图 5.3.13　修改后的图纸

（3）结合图纸命令将图纸修改到如图 5.3.14 所示。

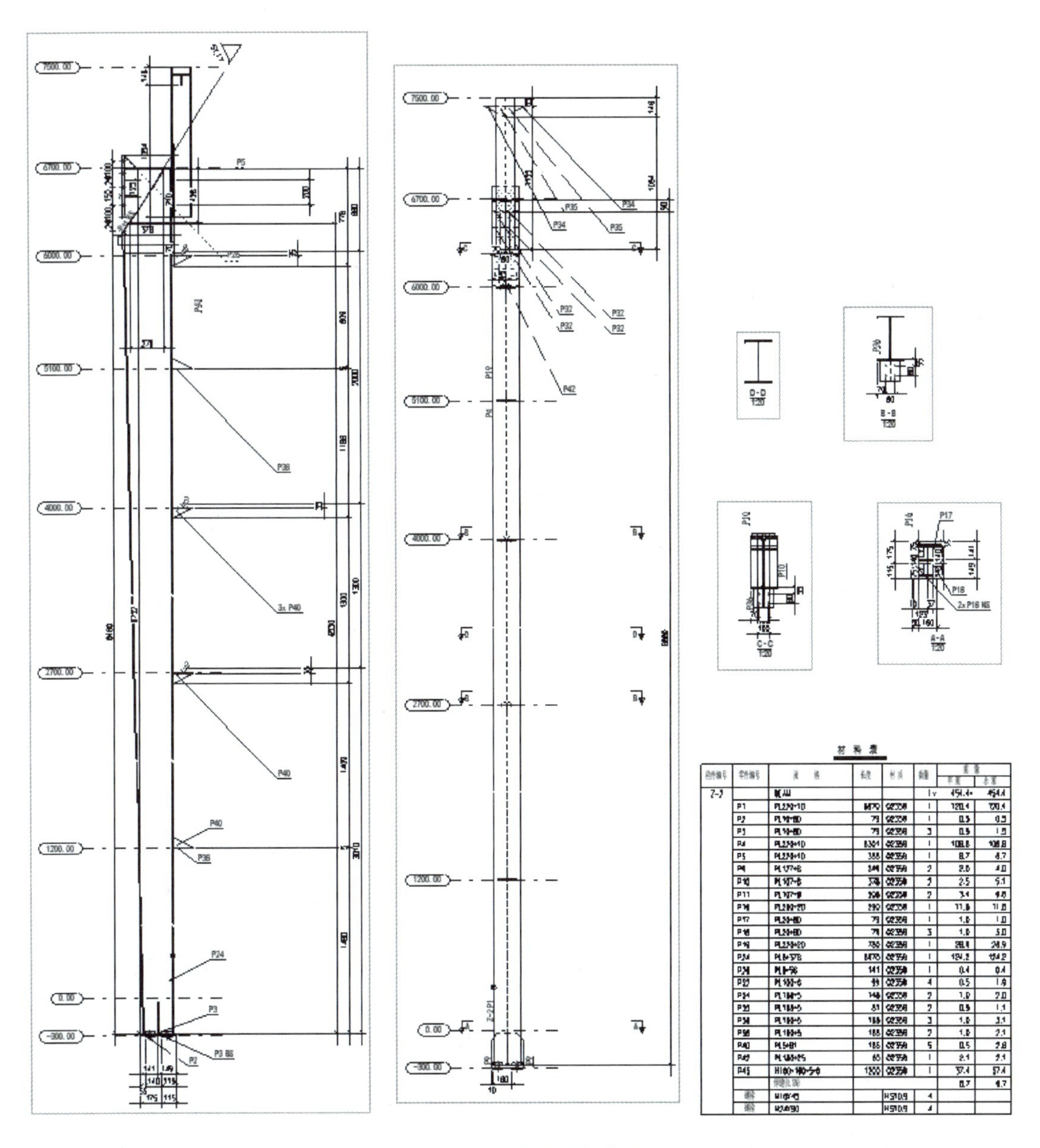

图 5.3.14　完成图纸修改

（4）保存并冻结图纸，其余构件图均按照此种形式修改。

任务测试

单选题

1. 图纸命令修改时，“重做”命令的快捷键为（　　）。

A. Ctrl＋P　　B. Ctrl＋Y　　C. Ctrl＋Z　　D. Ctrl＋R

2. 图纸命令修改时，“撤销”命令的快捷键为（　　）。

A. Ctrl+P　　B. Ctrl+Y　　C. Ctrl+Z　　D. Ctrl+R

3. 在图纸编辑时，“打开图纸列表”的图纸命令是（　　）。

A.　　B.　　C.　　D.

4. 在图纸编辑时，“创建模型中所选区域的图纸视图”的图纸命令是（　　）。

A.　　B.　　C.　　D.

5. 在图纸编辑时，“创建剖面图”的图纸命令是（　　）。

A.　　B.　　C.　　D.

任务训练

Tekla Structures 深化设计的图纸修改可以在哪些软件程序中开展？

项目小结

本项目主要由钢结构三维模型的编号、创建图纸、修改编辑图纸三大任务模块组成。在编号模块，主要了解编号在图纸生成中的作用，熟悉钢结构中各构件的前缀，掌握模型编号的设置，掌握软件中编号的正确方法，能正确合理地为模型中的构件进行编号等。在创建图纸模块，主要是了解钢结构细化详图的组成，熟悉 BIM 软件创建图纸的操作，掌握不同细化详图的生产方法，能熟练应用 BIM 软件生成项目的布置图、构件图、零件图等。在修改编辑图纸模块，主要是应用 BIM 软件进行图纸编辑，了解各图纸命令；也可以将图纸导出到 CAD 中再进行编辑。

项目评价

请扫描右侧二维码进行在线测试。

项目拓展

B 厂房三维模型的 BIM 用模

1. B 厂房三维模型编号

对已经创建的拓展任务 B 厂房三维模型进行检查，模型中是否有多余零件或是否缺少零件，并对构件、零件进行正确的编号设置。合理运用检查编号的三种方法，检查模型及编号直至正确。

2. B 厂房三维模型图纸创建

对完成检查及编号的 B 厂房进行细化详图的生产。设置图纸后分别创建整体布置图、构件图、零件图。

3. B 厂房三维模型图纸编辑

对已经生成的细化详图进行编辑修改，可以在 BIM 软件中直接操作，也可以导出到 CAD 中进行编辑修改。